化学工业出版社"十四五"普通高等教

U0673281

热带木本油料
加工技术

REDAI MUBEN YOULIAO
JIAGONG JISHU

黄昭先　主编

化学工业出版社

·北京·

内 容 简 介

《热带木本油料加工技术》根据我国近年来热带木本油料加工业的生产现状和技术发展，全面阐述了热带木本油料油脂加工的工艺理论和生产技术。全书共分八章，系统论述了热带木本油料作物的特性、分布、重要性及多方面应用；深入剖析了油料基础知识，涵盖定义、形态结构、化学组成和物理性质等；详细讲解了油脂制取的多种方法，如压榨法、浸出法、水酶法，以及油脂精炼、改性的各环节技术；还介绍了利用热带木本油脂开发人造奶油、起酥油等产品，以及对油料副产物的综合利用；最后，着眼于油脂安全与品质评价，阐述国内外法规标准、安全问题及品质评价方法。

《热带木本油料加工技术》可作为热带木本油料和油料加工业技术人员的参考书，也可以作为高校食品相关专业的教材，还可为从事热带木本油料专业、食品工业等科研人员、从业者提供丰富的专业知识，有助于推动热带木本油料产业发展。

图书在版编目（CIP）数据

热带木本油料加工技术 / 黄昭先主编 . --北京：化学工业出版社，2025. 8. -- （化学工业出版社"十四五"普通高等教育规划教材）. -- ISBN 978-7-122-48420-8

Ⅰ. TS224.2

中国国家版本馆 CIP 数据核字第 2025ZW6534 号

责任编辑：褚红喜　　　　　　　　文字编辑：白华霞
责任校对：刘曦阳　　　　　　　　装帧设计：刘丽华

出版发行：化学工业出版社
　　　　　（北京市东城区青年湖南街 13 号　邮政编码 100011）
印　　装：涿州市般润文化传播有限公司
787mm×1092mm　1/16　印张 15¾　字数 387 千字
2025 年 8 月北京第 1 版第 1 次印刷

购书咨询：010-64518888　　　　售后服务：010-64518899
网　　址：http://www.cip.com.cn
凡购买本书，如有缺损质量问题，本社销售中心负责调换。

定　　价：59.80 元　　　　　　　版权所有　违者必究

《热带木本油料加工技术》
编写人员

主　编　黄昭先

副主编　田　甜　张伟敏　郭增旺

编写人员（按姓氏拼音排序）

陈　靓（海南大学食品科学与工程学院）

郭增旺（东北农业大学食品学院）

黄昭先（海南大学食品科学与工程学院）

李东泽（海南大学食品科学与工程学院）

李　甜（海南大学食品科学与工程学院）

田　甜（海南大学食品科学与工程学院）

汪乐川（海南大学食品科学与工程学院）

王　红（海南大学食品科学与工程学院）

王艳丹（安徽师范大学生命科学学院）

谢　丹（安徽工程大学生物与食品工程学院）

张伟敏（海南大学食品科学与工程学院）

张　瑜（北京林业大学生物科学与技术学院）

前言

　　热带木本油料产业是我国的传统产业，也是健康优质食用植物油的重要来源。随着经济的快速发展和人民生活水平的不断提高，我国对食用油及各类油脂产品的需求日益增长。保障油脂资源的稳定供应，不仅关系到民生福祉，更是国家粮食安全战略的重要组成部分。在这样的大背景下，热带木本油料凭借其独特的优势，逐渐进入人们的视野，成为解决我国油脂供需矛盾、推动农业产业升级和生态环境保护的重要资源。

　　热带木本油料作物具有生长适应性强、产量高、油脂品质优良等特点。它们多分布于我国南方热带和亚热带地区，充分利用了这些地区的土地和气候资源，与传统油料作物形成互补，为我国食用油安全提供了有力的补充保障。同时，发展热带木本油料产业，有助于促进当地农业多元化发展，增加农民收入，推动乡村振兴战略的实施。此外，热带木本油料林还具有重要的生态功能，能够保持水土，改善生态环境，符合我国可持续发展战略的要求。

　　国务院颁布的《中共中央　国务院关于 2009 年促进农业稳定发展农民持续增收的若干意见》明确表明，要大力支持优势产区集中精力发展木本油料作物的生产。2010 年，《国务院办公厅关于促进我国热带作物产业发展的意见》（国办发〔2010〕45 号文件）也清晰指出，要积极推动油棕等热带作物产业的发展。紧接着，在 2011 年，农业部发布的《全国热作产业发展第十二个五年规划》进一步强调，要着重在海南、云南等具有显著优势的地区，建设油棕种植基地。2014 年，国务院颁布了《关于加快木本油料产业发展的意见》，该意见着重指出，木本油料作为优质油料的重要来源，在增加我国油料供应方面发挥着不可或缺的作用。随后，国家还组织实施了植物油料优质丰产增效科技专项，其目的在于大幅提升我国植物油料的产量，推动产业实现增效，进而助力农民增收。

　　本书内容具有以下几个显著特点：一是内容的系统性，从热带木本油料的概述、基础理论，到油脂制取、精炼、改性等加工技术，再到产品开发和副产物综合利用，以及最后的油脂安全与品质评价，形成了一个完整的知识体系。二是技术的实用性，书中详细介绍了各种加工技术的工艺流程、操作要点和影响因素，可为实际生产提供具体的指导。三是知识的前沿性，在编写过程中，编者充分吸收了国内外最新的研究成果和技术进展，使本书具有较高的学术价值和应用价值。本书的内容价值不仅在于可为热带木本油料产业提供技术支持，更在于可推动我国油脂产业的多元化发展，促进农业与工业的深度融合。通过对热带木本油料的开发利用，可以带动相关产业的发展，创造更多的就业机会，促进地方经济的繁荣。同时，本书也为我国生态环境保护和可持续发展做出了贡献，为实现"绿水青山就是金山银山"的理念提供了技术支撑。

本书的具体编写分工如下：第一章由海南大学汪乐川编写；第二章由海南大学王红编写；第三章由海南大学田甜编写；第四章由安徽工程大学谢丹编写；第五章由安徽师范大学王艳丹编写；第六章由北京林业大学张瑜编写；第七章由东北农业大学郭增旺和海南大学陈靓编写；第八章由海南大学张伟敏、李甜和李东泽编写。全书由黄昭先担任主编。

我们衷心希望本书能够成为广大读者了解和掌握热带木本油料加工技术的得力助手，为推动我国热带木本油料产业的发展贡献一份力量。同时，也期待更多的科研人员和从业者能够关注这一领域，共同为我国的油脂加工和可持续发展努力奋斗。

由于编者水平有限，书中不妥或疏漏之处恐难避免，敬请读者不吝指教。

编者
2025 年 6 月

目录

第五章　油脂改性

125

第一章
绪论

第一节　热带木本油料作物概述

在热带地区的广袤土地上，孕育着一类独特的植物资源——热带木本油料作物。这些植物以其木本特性、热带适应性以及丰富的油脂含量，成了人类经济社会发展的重要支撑。热带木本油料资源作为热带地区独有的自然馈赠，是地球上生物多样性的重要组成部分，更是人类经济社会发展的重要物质基础。

热带木本油料作物在全球食用油市场中扮演着举足轻重的角色，其高产特性使之成为油料资源中的佼佼者。这类作物中，油棕尤为突出，其平均每公顷年产油量可高达数吨，这一产量远超其他油料作物，使得油棕成为世界上产油率最高的热带木本油料作物之一。油棕的高产为食用油生产提供了充足的原料，且有效满足了全球食用油市场的庞大需求。椰子作为热带地区的另一种重要油料作物，其椰肉富含油脂，亩产油料可达数百公斤，为热带地区的食用油生产贡献了重要力量。而油茶等其他木本油料作物也展现出显著的产量优势，进一步丰富了热带木本油料作物的种类。

随着全球人口的不断增长和人们生活水平的日益提高，人们对食用油的需求呈现出持续增长的态势。这一趋势推动了热带木本油料作物市场的发展，促使种植者更加积极地投身于这些作物的种植。椰子油和油茶籽油等因其独特的营养价值和健康益处而备受消费者青睐，市场潜力巨大。这些油料富含人体所需的多种营养成分，具有降低胆固醇、预防心血管疾病等保健功效，备受健康意识日益增强的消费者的喜爱。同时，热带木本油料作物的种植为种植者带来了可观的经济收入，带动了油脂加工、包装运输等相关产业的发展。这些产业的发展进一步提高了经济效益，有利于形成完整的产业链，为热带木本油料作物的种植和销售提供更加稳定和可靠的市场保障。热带木本油料作物的种植还有助于改善生态环境和提高土地利用率。这些作物通常具有较强的适应性和抗逆性，能够在恶劣的生态环境中生长并发挥生态效益。通过合理的种植和管理，还可以提高土地的利用率和产出效益，进而实现可持续发展。

在全球化日益加深的今天，热带木本油料资源不仅承载着满足人类基本生活需求的重任，更成了连接不同国家和地区经济合作的桥梁。随着国际贸易的不断发展，这些资源逐步在全球范围内实现优化配置，从而促进了资源的高效利用和经济的快速增长。热带木本油料资源的开发还促进了科技创新和产业升级。为了提升油脂提取效率，优化产品品质和拓宽应用领域，研究者需不断探索新技术、新方法，以推动相关领域的科技进步。这些资源的深加工和综合利用也可为产业链上下游企业提供广阔的发展空间，带动整个行业的繁荣。面对未来，我们不仅要继续深化对热带木本油料资源的研究与利用，还要注重可持续发展和生态环境保护。通过推广绿色种植技术、加强病虫害防治、实施轮作休耕等措施，可以有效保护热带地区的生态环境，确保这些资源的可持续利用。同时，加强国际合作与交流，共同应对气候变化等全球性挑战，也是推动热带木本油料产业持续健康发展的重要保障。

第二节　热带木本油料作物的重要性

一、保障食用油的安全

食用油，作为民众日常生活不可或缺的基本需求，其安全性与稳定供应直接关系到国家粮食安全及民众健康。在全球粮油价格波动、供需关系趋紧的当下，我国作为全球最大的食用植物油消费国，面临着食用油进口依赖度较高的挑战。在此背景下，我国热带油料作物，如椰子、油棕和油茶等，作为补充油料资源，其战略重要性愈发凸显，成为缓解食用油供需矛盾、确保食用油安全的关键物资。

热带油料作物，如椰子、油棕和油茶等，在全球食用油市场中占据关键位置。这些作物在热带地区广泛种植，其果实或种子富含油脂，经过压榨等工艺处理后，可以生产出高质量的食用油。相较于传统草本油料作物，热带木本油料作物具有诸多显著优势。首先，在单位面积产量上，这些作物远超传统草本油料作物。油棕和椰子的亩产油量远高于大豆、花生等草本油料，极大提升了油脂生产效率。通过发展热带木本油料作物，可以在有限的土地上实现更高的油脂产出，从而有效缓解食用油供需紧张的问题。其次，这些作物榨取的油脂品质优良，富含易于被人体吸收的中链脂肪酸，不仅有助于快速补充能量，还能促进新陈代谢，提升人体健康水平，可满足民众对高品质食用油的需求。作为补充油料，我国热带木本油料作物在保障食用油安全方面发挥着重要作用。一方面，通过大力发展热带木本油料产业，我国可以显著提高食用油的自给能力，降低对外部市场的依赖，有效应对食用油供需紧张的问题。另一方面，热带木本油料产业的发展还能充分利用山区等闲置土地资源，推动山区经济发展，增加农民收入，形成山区经济与食用油安全的良性互动。为了充分发挥热带木本油料作物作为补充油料的作用，我国政府高度重视并大力支持该产业的发展。我国通过出台一系列政策措施，推动其种植面积持续扩大，产量和品质不断提升，产业链日益完善。然而，要进一步推动热带木本油料产业的发展并保障食用油安全，仍需加大政策扶持力度，加强科技研发和推广，拓宽市场销售渠道，加强国际合作与交流。

在加大政策扶持方面，政府可以进一步提供税收优惠、财政补贴等政策支持，以降低农户种植成本，提高种植积极性。在科技研发和推广上，科研机构应加大对热带木本油料作物优良品种的培育力度，研发出更适合不同地区生长的品种，并推广先进的种植技术和管理经验，以提高种植效率和产量。在加工环节，应研发新的加工工艺，提高油脂提取率和精炼程度，提升油脂品质。在拓宽市场销售渠道方面，可以利用互联网电商平台，开展线上销售，加强线下实体销售网络的建设，与超市、零售商等建立长期稳定的合作关系。在国际合作与交流方面，应积极引进国外先进的种植和加工技术，学习国外成熟的产业管理经验，并将我国优质的热带木本油料产品推向国际市场，提高国际竞争力。通过综合运用各种策略，推动热带木本油料产业的发展，既能够提高食用油的自给能力和品质，又能推动山区经济发展，增加农民收入，形成良性循环。我国应继续加大力度支持热带木本油料产业的发展，为保障食用油安全提供更加稳固、可靠的保障。

二、促进农业多元化与经济发展

热带木本油料作物，以其独特的生长特性和经济价值，正逐步成为农业领域的一颗璀璨明珠。这类作物不仅可为国家的粮食安全提供有力保障，还可在推动农业多元化进程及促进经济发展方面展现出优越的前景与无限的潜力。作为补充油料，热带木本油料作物在优化农业结构、提升经济效益、促进农民增收以及推动农村经济发展等方面发挥着重要作用。热带木本油料作物能够在多种土地条件下茁壮成长，这一独特的生长特性使其在农业多元化进程中占据了重要地位。热带木本油料作物对土地条件的要求相对宽松，其能在荒山荒地等边际土地上生长，不与粮食作物争夺耕地。无论是贫瘠的山地还是崎岖的丘陵地带，热带木本油料作物都能找到适宜的生长环境。这种广泛的适应性既可缓解粮油供应紧张的局面，还可有效利用那些因地形限制而不宜种植传统粮食作物的土地资源。

在农业多元化进程中，热带木本油料作物的种植为农民提供了更多的选择。传统上，农民主要依赖种植粮食作物来维持生计，但粮食作物的种植往往受到土地、气候等多种因素的制约。而热带木本油料作物的种植则不受这些因素的限制，且具有较高的经济效益。因此，通过种植热带木本油料作物，农民可以拓宽收入来源，提高生活水平。热带木本油料作物的种植还有助于优化农业产业结构。传统农业产业结构单一，主要依赖粮食作物种植，这导致农业经济效益低下，农民收入增长缓慢。而热带木本油料作物的种植则能够丰富农产品种类，提升农产品品质，从而提高农业综合效益和整体竞争力。热带木本油料作物具有显著的农业价值，且拥有防风固沙、保持水土以及绿化环境等诸多生态效益。例如，其发达的根系能够紧紧抓住土壤，避免水土流失；其枝叶繁茂，能够大量吸收空气中的二氧化碳并释放氧气，从而改善空气质量。热带木本油料作物的花朵和果实还能够为野生动物提供丰富的食物，这对保护生物多样性有着积极的促进作用。

在经济效益层面，热带木本油料作物的种植成本相对较低，且其生命周期长，结果期可延续至数十年乃至上百年之久，这为农民提供了一条稳定且持久的增收途径。与传统的粮食作物相比，热带木本油料作物在种植过程中不需要过多的化肥和农药投入，大大降低了生产成本，也减少了环境污染。热带木本油料作物的产品以其天然纯净、生态健康的特点备受消费者青睐。这些产品不仅油脂品质上乘，长期摄入对人体健康大有裨益，还集食用、营养保健、药用以及美容护肤等多元化价值于一体。因此，在市场上，热带木本油料作物的产品价格相对较高，为农民带来了可观的经济收益。为了推动热带木本油料产业的蓬勃发展，国家出台了一系列的优惠政策。这些政策包含税收减免、补贴激励以及信贷扶持等多个方面，旨在降低生产成本，调动经营主体的积极性。中央财政和地方财政共同对基地建设、良种培育等关键环节进行投资，并设立专门的产业发展基金，以吸引更多的社会资本参与进来，共同推动产业的发展。这些资金的投入为热带木本油料作物的种植提供了有力的支持，推动了产业的快速发展。国家在科研方面不断增加投入，致力于攻克技术难题，推广高产优质的品种以及高效的栽培方法。通过科技研发和推广，热带木本油料作物的产量和质量得到了不断提高，进而提升了产品的市场竞争力，为农民带来了更高的经济收益。随着民众消费水平的提高和健康意识的增强，热带木本油料产品的市场需求呈现出迅猛增长的态势。在国内市场，这类产品以其多元化价值非常符合现代消费者对健康绿色生活的追求。在国际市场，我国的热带木本油料产品也展现出强大的竞争优势和巨大的发展潜力。通过深入开展国际合作，拓宽国际市场渠道，我国热带木本油料产品的国际影响力和竞争力正在逐步提升，这有助于提高我国农产品的国际地位，还能够为我国农业经济的持续增长增添新的动力。

热带木本油料产业的发展还带动了农村基础设施建设、农产品加工业、物流运输业等相关产业的协同发展。这些产业的融合发展共同构建了多元化的农村经济发展模式，为农村经济的全面发展带来了新的活力和希望。在未来，随着科技的不断进步和政策的持续支持，热带木本油料产业有望迎来更为广阔的发展前景。通过加强科技创新、优化产业结构、拓展市场渠道等措施，该产业将进一步提升经济效益和生态效益，为我国的农业现代化和经济发展做出更大的贡献。

三、促进生态环境保护与可持续发展

热带木本油料作物，以其独特的生态价值和经济效益，在生态环境保护与可持续发展战略中扮演着至关重要的角色。它们在气候调节、土壤养护、生态修复以及推动农业多元化发展等方面展现出了卓越的能力，为全球的生态环境保护和可持续发展目标的实现做出了重要贡献。

热带木本油料作物在气候调节方面发挥着不可替代的作用。它们通过光合作用高效地摄取大气中的二氧化碳并释放氧气，展现出强大的碳汇功能。这一特性有助于降低大气中二氧化碳的浓度，从而减缓温室效应，抑制全球气候变化的进程。随着全球气候变暖问题的日益严峻，热带木本油料作物的碳汇作用愈发显得重要。

热带木本油料作物的大量种植还极大地拓展了绿色植被的覆盖范围，提高了森林覆盖率，有助于改善生态环境，提升生态系统的稳定性和抵抗力。在适宜的地区种植热带木本油料作物，还能形成有效的防风林带，抵御风沙对农田和生态环境的侵袭，保护周边地区的生态安全。热带木本油料作物对局部气候的调节也具有重要意义。它们能够降低地表对太阳辐射的反射率，增加大气中的水汽含量，从而影响降水、温度等气候要素。虽然这些影响在单个区域内可能相对较小，但在一定范围内，它们有助于抵御极端气候事件对当地生态环境和农业生产的冲击，为生态系统的稳定提供一定的保障。

热带木本油料作物对土壤的影响同样深远。它们的根系粗壮有力，能够深入土壤，有效疏松土壤结构，改善土壤的通气性和透水性。这不仅优化了土壤的物理性状，而且为土壤微生物的生存和繁殖提供了良好的环境。在生长过程中，热带木本油料作物的根系分泌物和残留物质在微生物的分解作用下，能够显著增加土壤中的有机物质含量，提升土壤肥力。热带木本油料作物在吸收土壤养分的同时，也在生长过程中将部分养分返还给土壤，推动了养分的循环与再利用。这种自然的养分循环机制保证了土壤肥力的长期稳定，为农作物的持续生长提供了坚实的基础。在水土保持方面，热带木本油料作物的根系起到了固定土壤的作用，有效降低了水土流失的风险。特别是在坡地和山地种植时，它们能够构建天然的防风屏障，降低风速，有效抵抗风蚀对土壤的侵蚀。

热带木本油料作物的种植还为众多生物提供了栖息之所，有助于生态系统的平衡与稳定。这些作物具有较强的环境适应性，能够在多种土壤类型和气候条件下茁壮成长，因此在不同地区都发挥着改良土壤和修复生态的重要作用。

四、提升人类健康水平

在人类追求健康生活的漫长旅途中，热带木本油料作物以其独特的营养价值和显著的健康效益，逐渐成为提升人类健康水平不可或缺的重要资源。这些作物可为人类提供丰富的油脂资源，在调节人体生理功能、预防慢性疾病及维护身体健康方面展现出了非凡的价值。

热带木本油料作物，如油茶、油棕、椰子等，其果实中含的油酸、亚油酸、亚麻酸等不饱和脂肪酸，是人体健康所必需的脂肪酸来源。这些不饱和脂肪酸在人体内发挥着至关重要的生理功能，它们能够降低血液中的胆固醇水平，减少心血管疾病的风险，还能抑制血小板的聚集，保护心血管系统的健康。此外，这些脂肪酸还能促进神经系统的发育和功能维护，对于预防神经系统疾病、提升大脑功能具有不可忽视的作用。热带木本油料作物在推动健康饮食和可持续发展方面发挥着重要作用。这些作物富含的不饱和脂肪酸、维生素 E、胡萝卜素等营养成分，使得以它们为原料的油脂产品成为现代人优化饮食结构、追求健康生活方式的重要选择。它们能够替代传统高热量、高脂肪的油脂，还能为人们提供更为丰富多样的餐桌选择。如维生素 E 作为一种强效的抗氧化剂，能够保护细胞免受自由基的损害，减缓衰老过程，同时增强人体的免疫力，提高人体抵抗力。胡萝卜素则有助于维持视力健康，促进皮肤的新陈代谢，对于保持青春活力具有重要意义。这些营养素共同作用，能够显著提升人体的健康水平，为现代人追求健康生活方式提供坚实的营养支持。热带木本油料作物中的抗氧化物质也是其健康效益的重要组成部分。油茶中的茶多酚等抗氧化物质，能够清除体内的自由基，减少氧化应激反应，从而保护细胞免受损伤，延缓衰老过程。这些抗氧化物质对于预防癌症、心血管疾病等慢性疾病也具有一定的作用。

在全球范围内，热带木本油料作物作为补充油料，日益受到各国政府和消费者的广泛关注与青睐。不同国家和地区根据其资源和气候条件，积极推动热带木本油料作物的种植与产业发展。在中国，作为拥有丰富热带木本油料作物资源的国家之一，政府高度重视这一产业的发展。油茶作为中国特有的热带木本油料作物，其种植面积和产量逐年增长，成为提升国民健康水平的重要油脂来源。

东南亚地区的马来西亚和印度尼西亚，作为棕榈油的主要生产与出口国，他们通过政府的政策扶持和企业的技术创新，不断扩大其国际市场份额。棕榈油因其高产、高效的特点，成为全球热带木本油料作物产业中的重要组成部分。这些国家通过提高棕榈油的产量和品质，为全球消费者提供更为丰富多样的健康油脂选择。非洲国家则致力于通过推广油棕等热带木本油料作物的种植，来改善农村经济结构，提高农民收入。这些国家充分利用其丰富的土地资源和适宜的气候条件，大力发展热带木本油料作物产业，为农村经济的可持续发展注入新的活力，同时，这些作物的种植也为当地居民提供了丰富的油脂资源，改善了他们的饮食结构和健康状况。在南美洲，巴西虽然以大豆种植闻名于世，但也对热带木本油料作物的种植给予高度重视。通过引进新品种、推广先进种植技术等方式，巴西正努力提升其热带木本油料作物的产量与品质，以满足国内外市场对健康油脂的需求。

随着科技的进步和产业的发展，热带木本油料作物的种植与加工技术将不断得到优化和提升，使得这些作物的健康效益将得到更充分的发挥。未来，我们可以期待更多以热带木本油料作物为原料的健康食品和保健品问世，为人类健康事业做出更大的贡献。

第三节　热带木本油料作物的应用

一、油脂资源的应用

热带木本油料作物所蕴含的油脂，不仅营养价值极高，而且应用范围广泛。作为食用油，热带木本油料的油脂富含人体必需的脂肪酸和维生素 E，其独特的风味和香气使其成为烹饪和食品加工中的优选。在烹饪过程中，热带木本油料的油脂能有效保持食材的鲜嫩和口感，使菜肴更加美味诱人。

在能源领域，热带木本油料的油脂作为生物柴油的优质原料，具有可再生和对环境友好的显著优势。生物柴油的应用能够显著减少温室气体排放，对于缓解能源危机和改善环境质量具有深远的意义。

热带木本油料的油脂还被广泛应用于润滑剂、油漆和涂料等产品的制造中。热带木本油料作物的油脂具有出色的润滑性和稳定性，可延长机械部件的使用寿命，还可增强油漆和涂料的附着力和耐久性。在化妆品行业，热带木本油料的油脂因其天然特性而备受青睐，成为生产护肤品和护发品等产品的基础原料。

二、蛋白质资源的应用

热带木本油料作物中的蛋白质资源同样丰富，可为食品工业和饲料行业提供宝贵的蛋白质原料。在食品工业中，热带木本油料作物的蛋白质可以加工成各种高蛋白食品，如蛋白粉、蛋白棒等，以满足消费者对健康饮食的多元化需求。同时，还可以作为食品添加剂，用于改善食品的质地、口感和营养价值，为食品行业带来创新和发展。

在饲料行业中，热带木本油料作物的蛋白质来源广泛、成本低廉且易于消化吸收，是畜牧业和渔业中不可或缺的饲料成分。通过科学的配方和先进的加工技术，可以将热带木本油料作物的蛋白质转化为高质量的饲料产品，提高动物的生长速率和肉质品质，推动畜牧业和渔业的可持续发展。

三、多糖资源的应用

热带木本油料作物中的多糖具有多种生物活性，被广泛应用于食品、医药和保健品等领域。在食品行业中，这些多糖作为天然增稠剂、稳定剂和胶凝剂，能够显著改善食品的质地和口感，提升食品的品质和营养价值。它们还具有一定的保健功能，如调节血糖、降低胆固醇和增强免疫力等，可为消费者带来健康益处。

在医药领域，热带木本油料作物中的多糖具有显著的抗氧化、抗炎和抗肿瘤作用，可以作为药物辅料或活性成分，用于辅助治疗多种疾病。它们可以作为生物材料，用于组织工程和药物递送系统等领域，为医学研究和临床应用提供新的选择。

四、纤维资源的应用

热带木本油料作物的纤维资源具有独特的物理和化学性质，被广泛应用于纺织、造纸和复合材料等领域。在纺织行业中，热带木本油料作物的纤维可以制成各种纺织品，具有良好的透气性和吸湿性，还能展现出独特的质感和风格，满足消费者对时尚和舒适性的需求。在造纸行业中，热带木本油料作物的纤维作为造纸原料，可以生产出高质量的纸张和纸制品，为文化、印刷和包装等行业提供优质的原材料。在复合材料领域，热带木本油料作物的纤维可以与树脂等基体材料复合，制成高强度、高韧性的复合材料，用于制造汽车部件、建筑材料等，为工业生产和城市建设提供有力支持。

五、壳资源的应用

热带木本油料作物的壳，如椰子壳、油棕壳等，经过加工处理后可以制成多种高价值产品。例如，可以作为生物质能源原料，为能源供应提供新的选择，推动可再生能源的发展；可以作为吸附剂或催化剂载体，用于处理废水、废气等环境污染问题，为环境保护做出贡献。

在工艺品和家居装饰领域，这些壳经过雕刻、打磨等工艺处理，可以制成各种精美的工艺品和家居装饰品，为人们的生活增添艺术气息，带来美的享受。

此外，热带木本油料作物的壳还可作为天然肥料或土壤改良剂，用于农业生产中，提高土壤的肥力和透气性，促进农作物的生长和发育。

六、种子资源的应用

热带木本油料作物的种子除了作为油料来源外，还具有多种其他应用价值。它们可以作为食品原料或辅料，用于制作各种美食和饮品，为人们的饮食增添色彩和风味。在农业和园艺领域，热带木本油料作物的种子可以作为繁殖材料，用于扩大种植规模和提高产量，推动农业生产的可持续发展。

此外，热带木本油料作物的种子在中药材领域也发挥着重要作用，可为人们的健康保健提供天然的原料。

第二章
热带木本油料作物与热带木本油料

第一节 热带木本油料作物的定义、品种

随着全球对植物油需求的不断增加，热带木本油料作物的栽培和利用正变得越来越重要。本节将重点介绍热带木本油料的定义和概念，探讨其在全球农业中的重要性，以及它们对经济发展和生态环境保护的贡献。

一、热带木本油料作物的概念

热带木本油料作物是指那些在热带地区广泛栽培，并通过果实、种子或其他部分提取油脂的木本植物，包括椰子树、油棕、油茶、核桃、油橄榄、辣木树、乳木果、可可、油桐等。它们不仅是热带农业的重要组成部分，还对当地经济和生态系统具有重大意义。热带木本油料作物在高温高湿的气候条件下生长迅速，产量高，适应性强，因而广泛用于食用油、工业用油和生物燃料的生产。如油棕和椰子广泛种植于马来西亚和印度尼西亚，为全球食用油市场提供了重要的原材料。此外，热带木本油料作物在生态系统中也发挥了重要作用，如防风固沙、增加植被覆盖率等，对热带地区的环境保护具有积极影响。

这类作物具有以下特点：

（1）**生长环境** 热带木本油料作物适应于热带地区生长。这些地区通常具有高温、充沛的降雨和较长的生长季节，有利于木本植物的快速繁茂和高产。

（2）**木本植物特征** 这类作物为木本植物，具备木质化的枝杆或树干，通常具有较强的抗逆性（如耐旱、耐高温）和较长的寿命，有些树种可生长数十年至上百年。

（3）**油脂来源** 油脂主要从作物的种子、果实或其他可提取部位获取。所提取的油脂广泛应用于食用油、工业用油、医药和化妆品等领域，为多种行业提供了重要的基础原料。

二、主要的热带木本油料作物

（一）椰子树

椰子树（*Cocos nucifera*）的寿命可达 50 年以上，一年四季都可以提供食物、饮料、饲料、油脂及其他化学工业原料，因此在种植椰子的国家，椰子被称为"生命之树"或"天堂之树"，这也反映了椰子树的多功能性和其对当地生态系统的贡献。

椰子的果实通常重 1 kg 以上，多为球形或椭圆形，外皮成熟时由绿色或黄色变为褐色，表面光滑。果实结构复杂，包含外果皮、中果皮、内果皮、椰肉和椰水。外果皮坚韧且光

滑，保护着 5～10 cm 厚的纤维状中果皮。内果皮为 3～5 mm 厚的坚硬壳，包裹着 1～2 cm 厚的胚乳（即椰肉）。果实内部还有一层称为外种皮的薄褐色层，将仁与壳的内表面隔开。仁的内部中空，含有约 300 mL 的胚乳液，即椰子汁。

椰果及其纵剖面如图 2-1 所示。

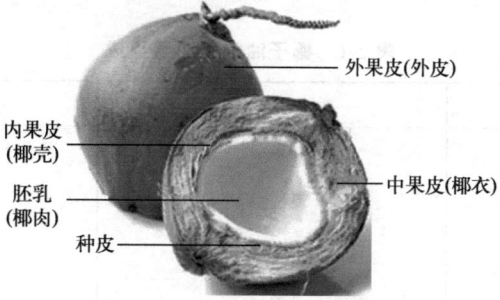

图 2-1　椰果及其纵剖面

椰子树被誉为热带的"宝树"，因为它的各个部分都可以被充分利用，几乎没有浪费。

外果皮：椰子果仁的外种皮薄而呈褐色，通常在生产椰干时被剥离，剥离物中含有少量不饱和脂肪酸。

中果皮（椰衣）：厚 5～10 cm，富含弹性纤维，适用于制造绳索、鞋刷、扫帚、床垫、席子等纤维制品，也常被用作燃料。

内果皮（椰壳）：厚 3～5 mm，坚硬，广泛用于生产木炭、活性炭、胶水、合成树脂填充物、蚊香，或作为雕刻工艺品的材料。

胚乳（椰肉）：可以加工成多种产品，包括椰子油、椰干（copra）、椰子脱脂乳、椰奶、椰子粉、蛋白粉和椰子粕等。椰子汁是果仁内的无菌液体，pH 值为 5.6，是一种健康饮料。

1. 椰子油的组成

椰子油是以椰肉为原料，经过压榨或浸出工艺而制取的油。2023～2024 年度，全球椰子油产量为 377 万吨，位居第 8 位。全球椰子油市场的主要消费地区包括欧美国家、印度尼西亚、菲律宾等，它们不仅是椰子油的主产地区，也是重要的消费市场。在中国，尽管椰子油在市场上的规模有限，但随着近年来健康食用油理念的普及以及减脂热潮的兴起，椰子油在工业和食品加工领域的应用不断增加，市场规模逐步提升。

椰子干含油率在 63% 左右，新鲜果肉含油率达到 33%。椰子油是典型的月桂酸类油脂，其脂肪酸组成如表 2-1 所示。椰子油 90% 以上的脂肪酸都是饱和脂肪酸，主要含有月桂酸（46.0%～52.6%）和豆蔻酸（16.8%～21.0%）。椰子油还含有较为丰富的中链脂肪酸（低于 12 个碳的 C_6、C_8 和 C_{10} 脂肪酸），是中链脂肪酸的重要来源。椰子油不饱和脂肪酸含量较少，碘值只有 7.0～12.5 g I_2/100 g。椰子油的饱和特征说明了其强抗氧化酸败能力。与其他油脂相比，椰子油具有较高的皂化值和较低的折射率，这是由其特殊的脂肪酸组成所决定的，利用该性质可鉴别椰子油中是否掺假。

椰子油中甘油三酯组分的碳原子数如表 2-2 所示。甘油三酯的总碳原子数是与甘油部分相接的脂肪酸碳原子的总和，如三月桂酸甘油酯的总碳原子数为 36。椰子油的甘油三酯组成如表 2-3 所示，主要的甘油三酯为 1,2-二癸酰-3-月桂酰甘油酯（CCLa），1-癸酰-2,3-二月桂酰甘油酯（CLaLa），1,2,3-三月桂酰甘油酯（LaLaLa）和1,2-二月桂酰-3-肉豆蔻酰甘油酯（LaLaM），占甘油三酯总含量的50%～75%。椰子油中链甘油三酯含量较高，中链甘油三酯能迅速被吸收，并快速氧化放热，可为术后患者、儿童、运动员等特殊人群快速提供能量。因此，用椰子油制备中链甘油三酯是椰子油应用的重要方向。富含中链脂肪酸的甘油三酯，也就说人们所说的中链甘油三酯（MCT），是医疗食品和婴幼儿配方食品的成分。

表2-1　椰子油的脂肪酸组成

脂肪酸	缩写	含量/%
辛酸	$C_{8:0}$	4.6～10.0
癸酸	$C_{10:0}$	5.5～8.0
月桂酸	$C_{12:0}$	46.0～52.6
豆蔻酸	$C_{14:0}$	16.8～21.0
棕榈酸	$C_{16:0}$	7.5～10.2
硬脂酸	$C_{18:0}$	2.0～4.0
油酸	$C_{18:1}$	5.0～10.0
亚油酸	$C_{18:2}$	1.0～2.5
亚麻酸	$C_{18:3}$	ND～0.2
花生酸	$C_{20:0}$	ND～0.2
花生一烯酸	$C_{20:1}$	ND～0.2

注：ND表示未检出，定义为0.05%。

表2-2　椰子油中甘油三酯的碳数组成

甘油三酯总碳数	含量/%	甘油三酯总碳数	含量/%
28	0.7～1.0	42	6.5～8.0
30	2.8～4.1	44	3.6～4.6
32	11.5～14.4	46	2.1～3.0
34	15.6～17.6	48	1.6～2.6
36	18.3～19.8	50	0.8～2.0
38	15.1～17.7	52	0.4～2.0
40	9.2～11.1	54	0.1～1.5

表2-3　椰子油的甘油三酯组成　　　　　　　　　　单位：%

甘油三酯种类	精炼椰子油	马来西亚VCO	印度尼西亚VCO
1,2-二辛酰-3-月桂酰甘油酯（CpCpLa）	1.24	0.82～1.37	0.71～1.32
1-辛酰-2-癸酰-3-月桂酰甘油酯（CpCLa）	3.53	3.91～4.20	3.29～4.32
1,2-二癸酰-3-月桂酰甘油酯（CCLa）	13.15	15.12～16.54	14.31～16.71
1-癸酰-2,3-二月桂酰甘油酯（CLaLa）	17.33	19.71～21.38	19.20～21.80

甘油三酯种类	精炼椰子油	马来西亚 VCO	印度尼西亚 VCO
1,2,3-三月桂酰甘油酯（LaLaLa）	21.95	22.78～25.84	23.50～23.91
1,2-二月桂酰-3-肉豆蔻酰甘油酯（LaLaM）	17.18	13.62～15.55	14.21～16.50
1,2-二月桂酰-3-油酰甘油酯（LaLaO）	2.29	1.32～1.94	1.20～1.80
1-月桂酰-2,3-二肉豆蔻酰甘油酯（LaMM）	10.19	8.20～9.51	7.39～9.47
1-月桂酰-2-肉豆蔻酰-3-油酰甘油酯（LaMO）	2.11	0.87～1.59	1.17～1.53
1-月桂酰-2-肉豆蔻酰-3-棕榈酰甘油酯（LaMP）	5.80	4.78～4.94	4.70～5.67
1-月桂酰-2,3-二油酰甘油酯（LaOO）	1.39	0.23～1.75	0.91～1.13
1-月桂酰-2,3-二棕榈酰甘油酯（LaPP）	1.59	0.41～1.98	1.67～1.95
1-肉豆蔻酰-2,3-二油酰甘油酯（MOO）	0.77	0.01～0.62	0.30～0.63
1-棕榈酰-2,3-二油酰甘油酯（POO）	0.34	0.01～0.44	0.15～0.51

椰子油中不皂化物含量一般只有 0.1%～0.3%，包括生育酚、生育三烯酚、植物甾醇和多酚等微量组分。不皂化物中 40%～60% 为植物甾醇。椰子油中仅含有微量的生育酚，主要为 α-生育酚和 δ-生育酚。椰子油中还含有少量生育三烯酚，生育三烯酚可以防止膜脂质过氧化。多酚也是一类抗氧化剂、自由基清除剂和过氧化作用抑制剂，具有抗癌和改善心血管疾病症状的作用。椰子毛油、精炼椰子油和天然椰子油（virgin coconut oil，VCO）的物理化学特性如表 2-4 所示。不同的加工方式得到的椰子毛油、精炼椰子油和天然椰子油的物理化学性质有差异。椰子毛油和天然椰子油中生育酚含量和总酚含量都高于精炼椰子油。这是由于椰子毛油和天然椰子油的加工方法温和，最大程度地减少了维生素 E 和多酚等营养成分的损失。

表 2-4   椰子油的营养成分

营养成分	椰子毛油	精炼椰子油	天然椰子油
生育酚/（mg/kg）	150～200	150～200	4～100
植物甾醇/（mg/kg）	400～1200	400～1200	400～1200
总酚/（mg/kg）	640	618	20

椰子油中还含有微量的 δ 和 γ 系列内酯等椰子风味物质。椰子油由于含有较多的中短链脂肪酸甘油酯，较易水解产生游离脂肪酸，形成类似肥皂的风味。若椰子肉在干燥过程中受到含硫物污染，则制得的椰子油会有难闻的橡胶味。若以烟道气烘干的椰子肉为原料生产椰子油，则椰子毛油中会含有 3 mg/kg 左右的多环芳香烃类物质，但精炼后基本可去除掉。精炼的椰子油中含有 1.5～4 mg/kg 的 3-氯丙二醇酯（MCPD），在植物油脂中属于中等含量水平。控制毛油组成、改善精炼工艺是降低 3-MCPD 含量的有效手段。

2. 椰子油的制油工艺

制造椰子油通常有两种途径。一种是干法加工工艺，另一种为湿法加工工艺。椰子果肉脱水后可得到椰子干，椰子干粗脂肪含量在 65%～75%，压榨出油率在 65% 左右。传统的干法榨油工艺是通过压榨椰干得到椰子毛油，然而，椰肉在日晒或者烘烤制成椰干过程中，容易受到污染，产生腐臭味，因此得到的椰子毛油品质较差，必须进行精炼。椰子毛油经过脱胶、脱酸、脱色、脱臭等精炼工艺处理制取得到精炼椰子油。近年来，采用湿法工艺制备的天然椰子油受到了广泛的关注。天然椰子油是用机械或天然的方法，经过或不经过高温处理，不用化学方法精炼、脱色或脱臭，而从新鲜、成熟果肉中制得的椰子油。酶解法也可以制备椰子油，即可通过酶分解椰奶乳化体系，使椰奶中油脂与蛋白质分离，从而获得椰子油。

3. 椰子油的应用

（1）食用价值　椰子油是从椰子果肉中提取的食用油，具有多种独特的物理和化学特性。椰子油中富含中链脂肪酸，这些脂肪酸易于被人体消化吸收，并能迅速转化为能量，而长链脂肪酸容易储存在体内形成脂肪。椰子油的烟点较高，一般在230℃左右，非常适合用于高温烹饪，如煎、炒、炸等。椰子油还具有良好的稳定性和抗氧化性，能够延长食品的保质期，并保持其新鲜口感。

在煎炒食物时，椰子油能够迅速达到适宜的温度，使食材快速熟透并保持其原有的色泽和口感。椰子油的香气也能为食物增添独特的风味。由于椰子油的高烟点和稳定性，它非常适合用于油炸食物。在炸制食物时，椰子油能够使食物形成一层酥脆的外壳，使食物更加美味可口。而且，椰子油在高温下不易产生有害物质，相对其他油脂更为健康。椰子油也可用于烤箱烹饪，如烤鱼、烤肉等，能够锁住食材的汁液和营养，使其更加鲜嫩多汁。椰子油同样适用于低温烹饪，在煮汤、炖菜等低温烹饪过程中，椰子油能够缓慢释放其香气和营养成分，使食物更加鲜美健康。椰子油的加入能够保持食物的原汁原味和营养成分不被破坏，而汤品更加浓郁，提升整体口感。

椰子油作为调味品使用，无论是炒菜、拌凉菜还是调制蘸酱，加入适量的椰子油都能使食物的风味更加突出。在腌制肉类、海鲜等食材时，椰子油的渗透性较好，能够帮助调味料更好地渗透到食材内部，使其更加香醇可口。椰子油还可与柠檬汁、酱油等调料混合使用，制作出美味的调味汁或腌料。

在烘焙过程中，椰子油可以按1∶1的比例替代黄油或植物油使用。由于椰子油具有独特的香气和口感，它能够赋予烘焙食品一种独特的椰香风味。椰子油的高饱和度使得它在低温下也能保持固态，具有一定的酥脆性，因此在烘焙过程中能够使烘焙食品更加酥脆可口。椰子油也可用于制作烘焙食品的馅料或用于装饰。例如，在制作椰子奶酥时，将椰子油与糖、椰蓉等原料混合搅拌制成馅料，然后填充到蛋糕或饼干中；将椰子油与可可粉、糖粉等混合后制作成椰子油巧克力涂层，可为蛋糕、饼干等烘焙食品增添一层美味的巧克力外衣。

椰子油在健康饮食中扮演着重要的角色，其丰富的营养成分和多种健康功效有助于提升身体健康水平。月桂酸作为椰子油中的主要成分之一，能够破坏细菌的细胞膜结构，从而杀死细菌。月桂酸在进入人体后，能够与体内的月桂酸甘油酯结合，形成一种抗病毒物质。这种物质能够有效抵抗多种病毒的侵袭，包括流感病毒、疱疹病毒等。由于月桂酸的抗菌抗病毒功能，椰子油在预防和治疗一些由细菌或病毒引起的疾病方面具有积极作用。椰子油中的中链脂肪酸能够直接被肝脏代谢，无须经过消化酶系统，有助于减轻消化负担，改善消化功能。椰子油具有抗氧化、抗炎等特性，能够保护细胞免受自由基的损害，减轻炎症反应，可以辅助治疗口腔溃疡、牙龈炎等口腔疾病，从而有助于维护身体健康。

尽管椰子油具有多种健康功效，但并不意味着可以无限制地摄入。过量摄入椰子油可能导致热量过剩和脂肪堆积，从而增加肥胖和心血管疾病的风险。在使用椰子油时，应根据个人体质和需求适量摄入，并避免与其他高热量食物同时食用。对椰子油或月桂酸过敏的人群，应避免使用椰子油或相关产品。

（2）**保健与美容** 椰子油因具有天然的滋润、保湿、抗菌和抗氧化等特性，而成为许多护肤产品的优选成分。随着消费者对天然、安全、高效日化产品的需求不断增加，椰子油在日化产品中的应用前景将更加广阔。椰子油在日化产品中的应用介绍如下。

洗发水、护发素、发膜等：椰子油护发产品能够滋养发丝和头皮，修复受损的发质，解决分叉问题，去除多余的油脂和污垢，使其滋润成分能够保护头发不受损伤，使头发更加柔顺有光泽。许多洗发产品都添加了椰子油成分，以满足消费者对头发护理的需求。

沐浴露：椰子油在沐浴露中的应用也很普遍。它能够温和地清洁皮肤，保持皮肤的水分和油脂平衡，避免皮肤干燥。椰子油沐浴露还具有淡淡的椰香，能够带给使用者愉悦的沐浴体验。

洗衣液：椰子油作为天然的表面活性剂，能够有效去除衣物上的污渍和异味，保护衣物纤维不受损伤，使衣物更加柔软、舒适。

面霜和乳液：许多面霜和乳液都添加了椰子油成分，用于提升产品效果，为皮肤提供持久的滋润和保湿效果。椰子油中的脂肪酸和维生素 E 等成分能够深入肌肤，形成保护膜，减少水分蒸发，滋养肌肤，使其保持柔软、光滑和富有弹性。

唇膏：椰子油具有良好的滋润性，能够缓解唇部干燥和脱皮问题。许多唇膏产品都含有椰子油成分，以带给使用者舒适的唇部护理体验。

防晒产品：椰子油中的某些成分具有一定的防晒效果，能够保护皮肤免受紫外线的伤害。其防晒效果相对较弱，但与其他防晒成分结合使用时，能够提升防晒产品的整体效果。

卸妆产品：椰子油具有优异的清洁能力，一些卸妆产品采用椰子油作为主要成分，能够溶解彩妆和污垢，保持皮肤的湿润和柔软。与传统卸妆产品相比，其不会给皮肤造成刺激或负担，可提供更加温和、有效的卸妆体验。使用时，只需取适量产品涂抹于面部，轻轻按摩片刻，然后用清水或湿巾擦拭干净即可。

牙膏：椰子油在牙膏中的应用相对较少，目前一些品牌已尝试将椰子油添加到牙膏中，以利用其抗菌和清洁功效来保持口腔健康。

椰子油是一种天然的植物油脂，小分子结构使其容易被皮肤吸收，且不含对人体有害的化学成分，在使用上更加安全。在用椰子油进行护肤时，建议根据个人肤质和需求适量使用。油性皮肤或易长痤疮的人群在使用时需注意控制用量和频率，以免堵塞毛孔。椰子油天然温和，但也会引起过敏反应。因此，在使用前建议先在手腕内侧等敏感部位进行皮肤测试，确认无过敏反应后再使用。椰子油在保存时应避免阳光直射和高温环境，以保持其品质和稳定性。

（3）**工业用途** 作为可再生资源，椰子油脂肪酸具有较高的能量密度，作为燃料使用可提供更多能量。椰子油在生物燃料领域的应用有助于降低碳排放和环境影响，也可作为生物柴油的替代品，在现有的燃油基础设施下直接使用，无须进行重大改造。随着生物燃料市场需求的增长和科技进步的不断创新，椰子油脂肪酸有望在生物燃料市场中占据一席之地。但同时也面临挑战，椰子油的生产成本相对较高，这限制了其大规模的商业应用。椰子油脂肪酸需要合适的处理和储存条件，以确保其质量和可靠性。

椰子油具有适中的黏度，这使得它在某些低速、轻负载的润滑场合下能够发挥一定的作用。椰子油中富含脂肪酸，这些脂肪酸能够在摩擦表面形成一层具有抗磨损作用的膜，从而保护机械部件。椰子油是由天然植物提取而成的，不含有害化学物质，在使用过程中不会对人体或环境造成危害。椰子油在家庭生活中可用作门锁、抽屉轨道等轻负载设备的润滑剂，这些设备对润滑性能的要求不高，椰子油能够满足其需求。制作椰子油润滑剂时，将其加热熔化后，加入适量维生素E油以增强其润滑性能。在某些特定的工业领域，如纺织、食品加工等，椰子油也可作为润滑剂使用，这些领域对润滑剂的要求相对较低，且椰子油的无毒、无害特性符合食品安全和环保要求。

但椰子油无法满足高速运转和大负载设备的润滑需求，不适合用于蒸汽机、液压系统、齿轮箱等润滑机器。在这些场合下，需要使用具有更高润滑性能的润滑剂来确保设备的正常运行。

椰子油中富含月桂酸和肉豆蔻酸等饱和脂肪酸，这些脂肪酸在皂化过程中能够产生强大的清洁力。椰子油是肥皂中重要的起泡油，其含有的脂肪酸在皂化反应后能产生丰富的泡沫。椰子油属于"硬油"，其高饱和脂肪酸含量使得它在肥皂中起到增加硬度的作用，使其更加耐用，不易变形。椰子油是制作手工皂和商用肥皂的基础原料之一，常与其他油脂如橄榄油、棕榈油等混合使用，以达到更好的清洁和滋润效果。在制作肥皂时，椰子油的添加量需要根据具体配方进行调整。一般来说，椰子油的添加量建议不要超过总油重的20％，以避免肥皂过于干燥，影响使用感受。并且椰子油在制作肥皂前需要加热至液态，然后再与其他油脂和碱液混合在一起，经过一系列的化学反应后，形成肥皂的基本成分。在搅拌和保温过程中，需要控制适当的温度和搅拌速度，以确保化学反应的顺利进行和肥皂的质量。由于椰子油具有出色的清洁能力，椰子油肥皂能够深入毛孔，彻底清除皮肤表面的污垢和油脂，让肌肤保持清爽、干净。

（二）油棕

油棕树（*Elaeis guineensis*）全年开花结果，果穗呈长圆形，穗上生长着众多果实，果实形状为梨形或卵形，未成熟时呈黑色，成熟后变为橙红色。油棕果实的结构包括果肉和果核，每粒果实含一粒果核，果肉的油脂含量为46％～81％，而果实中的核仁油脂含量为42％～54％。油棕果肉经压榨可制得毛棕榈油，进一步精炼后可生产精炼棕榈油，广泛用于煎炸等食品加工。油棕的种子（核仁）可提取棕榈仁油。由于油棕果肉中含有较高的解脂酶活性，果实在收获后需立即进行灭酶处理，以防止油脂氧化。

油棕的果实如图2-2所示。

图2-2　成熟的油棕果实

棕榈油和棕榈仁油的成分差异显著。棕榈油中饱和脂肪酸与不饱和脂肪酸的比例接近
1∶1，具有较低的碘值和良好的氧化稳定性，因此广泛应用于煎炸等食品加工领域。棕榈仁
油主要含中链脂肪酸，适用于生产月桂酸、豆蔻酸等化学品。棕榈仁油与椰子油的成分相
似，富含月桂酸，但在氧化稳定性上稍逊于椰子油。

1. 棕榈油的组成

棕榈油脂肪酸组成如表 2-5 所示，富含棕榈酸和油酸，其含量超过了总脂肪酸的 80%。
另外，棕榈油中饱和脂肪酸和不饱和脂肪酸约各占 50%，这种组成使棕榈油的碘价约为
53 g I_2/100 g，并且赋予了棕榈油较其他植物油更好的氧化稳定性。

表 2-5　棕榈油的脂肪酸组成与含量（引自 GB/T 15680—2009）

脂肪酸组成	缩写	含量/%
癸酸	$C_{10:0}$	ND
月桂酸	$C_{12:0}$	ND～0.5
豆蔻酸	$C_{14:0}$	0.5～2.0
棕榈酸	$C_{16:0}$	39.3～47.5
棕榈油酸	$C_{16:1}$	ND～0.6
十七烷酸	$C_{17:0}$	ND～0.2
十七碳一烯酸	$C_{17:1}$	ND
硬脂酸	$C_{18:0}$	3.5～6.0
油酸	$C_{18:1}$	36.0～44.0
亚油酸	$C_{18:2}$	9.0～12.0
亚麻酸	$C_{18:3}$	ND～0.5
花生酸	$C_{20:0}$	ND～1.0
花生一烯酸	$C_{20:1}$	ND～0.4
二十二碳烷酸	$C_{22:0}$	ND～0.2

注：ND 表示未检出，定义为 0.05%。

棕榈油中含量最多的甘油三酯为 POP、POO，其次是 PPO、PPP、PLO 和 PLP（见
表 2-6）。其甘油三酯组成决定了其在室温下呈半固半液状态，熔点在 31～38℃。

棕榈油主要是由二饱和甘油三酯、一饱和甘油三酯组成。二饱和甘油三酯、三饱和甘油
三酯作为整体，与一饱和甘油三酯、三不饱和甘油三酯的物理特性（如熔点）有很大的区
别，可以采取分提方法将棕榈油分为棕榈硬脂和棕榈液油。

棕榈油含有类胡萝卜素、生育酚、植物甾醇、磷脂、三萜烯醇、脂肪醇等有益伴随物，
尽管总量还不足棕榈油总量的 1%，但对棕榈油的稳定性及营养价值都有很重要的作用。棕
榈油富含生育酚和生育三烯酚，总量为 600～1000 mg/kg，而精炼棕榈油中约保留了一半的
含量。棕榈毛油中主要含有菜油甾醇 90～151 mg/kg，豆甾醇 46～66 mg/kg，谷甾醇 218～
370 mg/kg。经过精炼后，三者含量分别降低为 15～16 mg/kg、8～30 mg/kg 和 45～
167 mg/kg。毛油中含有 500～700 mg/kg 甚至更高的类胡萝卜素，主要以 α-胡萝卜素和

β-胡萝卜素的形式存在，呈深橙红色，这种色素不能通过碱炼有效地除去，但高温可破坏。若想得到这些物质，就必须在精炼棕榈油之前提取类胡萝卜素，否则会在脱臭过程中丧失殆尽。类胡萝卜素是良好的抗氧化剂，能优先于甘油三酯氧化，从而保护油脂。

表 2-6　棕榈油的甘油三酯组成与含量　　　　　　　　单位：%

甘油三酯	含量	甘油三酯	含量	甘油三酯	含量
无双键		其他	0.34	PLO	6.59
MPP	0.29	总计	33.68	POL	3.39
PMP	0.22	2个双键		SLO	0.60
PPP	6.91	MLP	0.26	SOL	0.30
PPS	1.21	MOO	0.43	OOO	5.38
PSS	0.12	PLP	6.36	OPL	0.61
其他	0.16	PLS	1.11	其他	0.15
总计	9.57	PPL	1.17	总计	17.16
1个双键		OSL	0.11	4个及以上双键	
MOP	0.83	SPL	0.10	PLL	1.08
MPO	0.15	POO	20.54	OLO	1.71
POP	20.0	SOO	1.81	OOL	1.76
POS	3.50	OPO	1.86	OLL	0.56
PMO	0.22	OSO	0.18	LOL	0.14
PPO	7.16	其他	0.19	其他	0.22
PSO	0.68	总计	34.12	总计	5.47
SOS	0.15	3个双键			
SPO	0.63	MLO	0.14		

注：M—豆蔻酸；P—棕榈酸；S—硬脂酸；O—油酸；L—亚油酸。

2. 棕榈油的制油工艺

棕榈油的制油工艺流程如图 2-3 所示，棕榈果经采收后，先经过蒸汽高温蒸煮灭菌，同时破坏果肉中的脂肪酶，以免油中的游离脂肪酸含量升高。此外，高温杀菌可使果实松软，便于机械脱粒、剥壳，减少果仁的破损。然后通过脱粒机将棕榈果从果束上分离出来，再加热使果肉松软。在搅拌打棒的打击和衬板的碰撞作用下，果肉被捣碎。通过连续式螺旋榨油机使棕榈果经压榨后分为两部分：油、水、固体杂质的混合物；纤维及果核。棕榈毛油中一般有 66% 的油脂、24% 的水分、10% 的非油固体。油中含有较多的固体杂质，因此需要用水洗稀释，稀释后的棕榈油要经过过滤把纤维物质从油中去除掉，然后将棕榈油泵入连续沉降罐以使混合油分成上下两部分——油及沉淀物。上部油脂撇出后，送入离心机离心分离，然后送入真空干燥器干燥，经冷却后最终泵入储存罐储存。沉淀物中约含油 10%，油经回收后再打回沉降罐进行二次沉降。泵入储存罐的油脂需要达到一定要求，即水分含量为 0.1%～0.2%，杂质含量应小于 0.02%。

```
                        鲜果束
                          ↓
                   ┌──────────┐
                   │ 进料坡道 │
                   └──────────┘
                          ↓
                   ┌──────────┐
                   │  灭菌箱  │ ──→ 浓缩液
                   └──────────┘
                          ↓
                   ┌──────────┐
                   │  脱粒    │ ──→ 枝
                   └──────────┘
                          ↓
                   ┌──────────┐
                   │  浸煮    │
                   └──────────┘
                          ↓
         油 ←──────┌──────────┐
                   │  压榨    │ ──────→ 饼
                   └──────────┘
          ↓                                    ↓
  ┌──────────┐                          ┌──────────────┐
  │  过滤    │                          │ 核/纤维分离机│ ──→ 纤维
  └──────────┘                          └──────────────┘
          ↓                                 湿核 │
  ┌──────────┐          油                     ↓
  │  静置罐  │ ────────────┐            ┌──────────┐
  └──────────┘             │            │  干燥器  │
   滤渣 │                  │            └──────────┘
        ↓                  ↓                 ↓
  ┌──────────┐     ┌──────────┐       ┌──────────┐
  │  脱渣器  │     │  离心机  │       │  破碎机  │
  └──────────┘     └──────────┘       └──────────┘
        ↓                ↓                  ↓     仁壳混合器
  ┌──────────┐     ┌──────────┐       ┌──────────┐
  │  离心机  │     │真空脱水罐│       │  吹壳室  │ ──→ 干的轻质果壳
  └──────────┘     └──────────┘       └──────────┘
        ↓                ↓                  ↓
      残渣              油          ┌──────────────┐
                                    │  水力旋流室  │ ──→ 壳
                                    └──────────────┘
                                           ↓
                                    ┌──────────┐
                                    │  仁干燥器│
                                    └──────────┘
                                           ↓
                                          仁
```

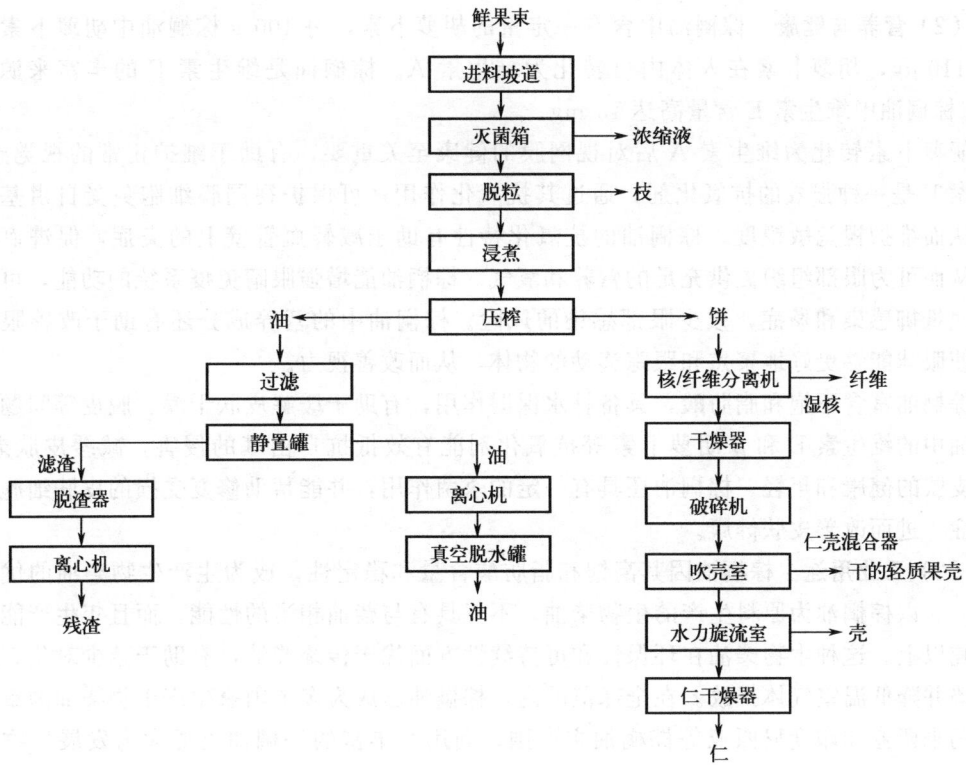

图 2-3　棕榈油制油工艺

3. 棕榈油的应用

（1）食用价值　棕榈油由于其高烟点和稳定性，适合高温烹饪，如油炸、煎炒，这使得它在快餐业和家庭烹饪中广受欢迎。高烟点意味着在烹饪过程中不易产生有害的烟雾和化学物质，从而可保证食品的安全性和健康性。棕榈油的不易氧化变质特性也使其在油炸食品中能够延长食品的保质期，有利于保持食品的口感和风味。

棕榈油的高饱和脂肪酸含量使其在烘焙过程中能够提供稳定的结构和口感。在制作饼干、蛋糕和面包等烘焙食品时，棕榈油能够增强产品的质地，还能延长保质期。

在奶油精制中，棕榈油可以作为人造奶油的主要原料之一，通过特定的工艺加工制成人造奶油，制品具有类似于天然奶油的口感和质地。这种人造奶油在烘焙和烹饪中得到了广泛应用。棕榈油还可以用于制作涂抹酱等类似产品，这些产品具有浓郁的奶油风味和细腻的口感，深受消费者喜爱。

棕榈油易形成稳定的微小液滴分散在水中，起到乳化作用。在冰淇淋和其他乳制品中，棕榈油能够帮助混合不同的成分，保持产品的均匀性和稳定性。这种乳化作用使得棕榈油成为食品工业中不可或缺的一部分，有助于提高食品的质量和口感，使产品更加细腻和顺滑。在巧克力制作过程中，首先，棕榈油可以作为可可脂的替代品，降低生产成本；其次，棕榈油具有良好的稳定性和乳化性，能够帮助巧克力中的不同成分混合均匀，有利于保持巧克力的口感和质地；最后，棕榈油还能够增加巧克力的光泽度和滑顺感，提升巧克力的整体品质。棕榈油也常被用在方便面、薯片、饼干等零食的生产中，作为配料帮助保持产品的脆度和新鲜度。棕榈油作为配方成分，可模仿母乳中的脂肪，帮助婴儿更好地消化和吸收营养。

（2）**营养与健康** 棕榈油中含有一定量的胡萝卜素，每 100 g 棕榈油中胡萝卜素含量约为 110 μg，胡萝卜素在人体内可转化为维生素 A。棕榈油是维生素 E 的丰富来源，每 100 g 棕榈油中维生素 E 含量高达 15 mg。

胡萝卜素转化为维生素 A 后对视网膜的健康至关重要，有助于维护正常的视觉感知。维生素 E 是一种强效的抗氧化剂，通过其抗氧化作用，可保护视网膜细胞免受自由基的损害，从而维护视觉敏锐度。棕榈油的抗氧化特性有助于减轻血管壁上的炎症，促进血液循环，从而可为眼部组织提供充足的营养和氧气。棕榈油能增强眼睛免疫系统的功能，可使其更好地抵御感染和炎症，减少眼部感染的风险。棕榈油中的营养成分还有助于改善眼肌功能，使眼球能够更好地聚焦和跟踪移动的物体，从而改善视力。

棕榈油富含不饱和脂肪酸，具备补水保湿作用，有助于缓解皮肤干燥、脱皮等问题。而棕榈油中的维生素 E 和 β-胡萝卜素等抗氧化剂能有效抵抗自由基的侵害，减缓皮肤老化，保持皮肤的健康和年轻。棕榈油还具有一定的杀菌作用，并能帮助修复受损的皮肤细胞，减轻炎症，进而改善皮肤健康。

（3）**工业用途** 棕榈油因其高饱和脂肪酸含量和稳定性，成为生产生物柴油的优质原料之一。以棕榈油为原料生产的生物柴油，不仅具有与柴油相当的性能，而且年生产能力可达万吨以上。这种生物柴油在环保性和可持续性方面优于传统柴油，有助于减少对化石燃料的依赖并降低温室气体排放。在全球范围内，棕榈油已成为多个国家生产生物柴油的重要原料。马来西亚和印度尼西亚等棕榈油主产国，利用其丰富的棕榈油资源大力发展生物柴油产业。

棕榈油具有较高的热稳定性和氧化稳定性，这使得棕榈油在高温环境下不易氧化、分解，从而保证了其作为润滑油的稳定性。尽管棕榈油在润滑油领域具有潜在的应用价值，但由于其成本相对较高且润滑性能可能无法完全满足某些特定工业设备的需求，目前棕榈油在润滑油领域的应用还相对有限。随着科技的进步和环保要求的提高，棕榈油在润滑油领域的应用可能会得到更广泛的推广。为了提升棕榈油润滑油的性能并降低成本，还需要进一步研究和优化其生产工艺和配方。

4. 棕榈仁油的组成

虽然均来自油棕，但棕榈仁油与棕榈油的组成差异较大。棕榈仁油中的饱和脂肪酸含量在 80% 左右，主要为中长链脂肪酸，如月桂酸（含量为 41%～55%）、肉豆蔻酸（含量为 14%～20%），而不饱和脂肪酸的含量很低。但由于其脂肪酸分子量低，棕榈仁油的熔点并不高（25～28℃）。

棕榈仁油的中链脂肪酸（$C_{8:0}$、$C_{10:0}$）含量约为 10%，与椰子油相似，也是中链脂肪酸的良好来源。这两种油品的理化性质十分接近，基本上可以互相代用。与椰子油相比，棕榈仁油作为棕榈油的副产物，产量稳定增长，货源有保证。

棕榈仁油的甘油三酯组成也与椰子油相似，其碳数集中在 C_{32}～C_{42}。棕榈仁油含有较多的三饱和甘油三酯（SSS），以及二饱和一不饱和甘油三酯（SSU），还含有少量的一饱和二不饱和甘油三酯（SUU）。这样的甘油三酯组成使得棕榈仁油具有陡峭的固体脂肪曲线，在温度较低时固体含量较高，在环境温度 28℃ 以下呈半固体状态，但温度稍提高到 30℃ 时，固体含量就会迅速下降。

棕榈仁油中含有少量不皂化物，含量在 0.1%～0.8%，其主要成分是植物甾醇，其次是维生素 E。棕榈仁油中维生素 E 的含量约为 355.3 mg/kg，低于棕榈油的 600～1000 mg/kg。棕榈仁油中的植物甾醇总量约为 900 mg/kg，其中以谷甾醇为主（含 591.54 mg/kg），还包括菜油甾醇（80.12 mg/kg）和豆甾醇（134.46 mg/kg）。棕榈仁油胆固醇含量在 9～40 mg/kg。

5. 棕榈仁油制油工艺

棕榈仁油压榨工艺主要采用二次压榨工艺，如图 2-4 所示。存储的棕榈仁经输送设备送到一次压榨机上方的存料箱中，物料经缓冲后进入榨油机进行压榨，压榨饼再经过收集、提升送到二次压榨机上方的存料箱中，经缓冲后进行第二次压榨。两次压榨得到的毛油汇集到毛油箱，再经过过滤后送至毛清油箱。该工艺能确保棕榈仁饼中残油率在 5%～7%。

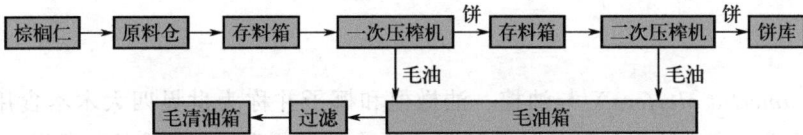

图 2-4　棕榈仁油二次压榨制油工艺

此外，工业上也采用一次热榨工艺制备棕榈仁油，如图 2-5 所示。贮存的棕榈仁通过刮板输送至车间，计量后先经自衡振动筛去除大杂、小杂等杂质，再经风选机去除轻质杂质后，进入磁选器，去除铁磁性杂质。清理完毕的物料经刮板分配到一级破碎机进行破碎，一级破碎的物料经控制阀直接流入二级破碎机，经二级破碎的物料流入轧胚机进行轧胚，轧胚后的物料经刮板收集后送入榨油机进行榨油，榨出的油用油渣刮板送入澄油箱，经过粗过滤后送入毛油罐，再经毛油泵送入叶片过滤机进行过滤，得到毛清油。榨油机榨出的饼经刮板收集后，送入浸出车间。

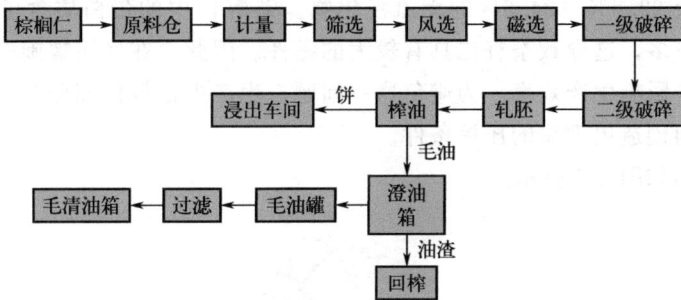

图 2-5　棕榈仁一次热榨制油工艺

6. 棕榈仁油的应用

棕榈仁油常温下呈固态，与其他植物油相比，棕榈仁油产量高，价格低廉，富含微量成分，营养价值高，具有良好的热稳定性和塑性，且结晶易于形成 β′型晶体，被广泛用于人造奶油、起酥油等专用油脂产品中。由于其熔化特性独特，也非常适合应用于糖果业，使糖果产品产生一种冰爽的口感。此外，棕榈仁油富含中链脂肪酸，适合于生产月桂酸、豆蔻酸。通过对棕榈仁油分提，可获得不同理化性质的棕榈仁液油和棕榈仁硬脂等（见表 2-7）。分提产物的熔点和结晶性质各不相同，单独使用或与其他油脂复配使用可以获得独特的理化性质，赋予加工产品良好的特性。例如，棕榈仁硬脂熔点较高，拥有与氢化油脂类似的加工特性，可代替氢化油脂应用，以消除反式脂肪酸的困扰，为食品提供良好的口感。目前，已有研究利用棕榈仁油部分替代氢化油脂，但是棕榈仁油及其分提组分的结晶速率较慢，存在共晶现象，进而影响产品的稳定性，最终导致产品质量不佳、生产效率低下。

表 2-7　棕榈仁油、棕榈仁硬脂和棕榈仁液油的性质

特性	棕榈仁油	棕榈仁硬脂	棕榈仁液油
碘值/（g/100g）	16.9～19.6	5.8～8.1	20.6～25.3
滑动熔点/℃	25.9～28.0	31.8～33.1	23.0～25.4

（三）油茶

油茶（*Camellia oleifera*）与油棕、油橄榄和椰子并称为世界四大木本食用油料植物，是我国特有的重要木本油料树种。油茶的果实称为"茶果"，成熟后呈卵圆形，表面覆盖着细长的绒毛，果实由外壳（茶蒲）和种子两部分组成。一个茶果内通常包含 1～5 粒种子，这些种子占茶果总重量的 38.7％～40％。油茶籽为双子叶无胚乳种子，种子呈茶褐色或黑色，形状为椭圆形或球形，背部圆润而腹部扁平，具有光泽。

油茶籽的结构主要分为种皮（茶籽壳）和种仁。茶籽壳呈棕黑色，质地坚硬，主要由半纤维素（多缩戊糖）、纤维素和木质素组成，含油量极少，但富含皂苷。壳中的色素可能影响油品质量，因此制油前须去壳，以确保油的色泽和品质，提高油脂的得率和副产品的利用价值。

油茶籽含油量丰富，整籽的含油量为 30％～40％。种仁呈淡黄色，含油量高达 26.79％～54.98％。此外，种仁中还含有 9％的粗蛋白、3.3％～4.9％的粗纤维、8％～16％的皂苷，以及 22.8％～24.6％的无氮浸出物。茶籽仁中的蛋白质含量较低，而皂苷和淀粉等胶体物质较多，这导致茶籽仁具有较大的黏性。因此，在使用螺旋榨油机榨油时，可能导致榨膛堵塞，影响生产效率。为避免这一问题，生产中常保留部分茶壳，以调节压榨过程中的塑性，从而创造更理想的压榨条件。

油茶籽的结构如图 2-6 所示。

图 2-6　油茶籽的结构

油茶籽中的皂苷含量较高，易溶于水，若摄入可导致红细胞溶解，从而引起中毒。在制油过程中，皂苷会留在茶籽饼粕中，因此，未经处理的茶籽饼粕不能直接作为动物饲料。然而，经过除皂苷处理后，茶籽饼粕则可成为一种优质饲料。此外，提取的皂苷还能作为化工原料使用。

1. 油茶籽油的组成

国标中规定了油茶籽油的脂肪酸，其中饱和脂肪酸在 $7\%\sim11\%$，油酸含量在 $68\%\sim87\%$，亚油酸含量在 $3.8\%\sim14\%$。OOO 是油茶籽油中最主要的甘油三酯，其次为 SLO，二者之和达到 60% 以上。此外油茶籽油的甘油三酯中还含有适量的 OOL、SOO、POL 和 SLL。油茶籽油含有丰富的有益微量伴随物，主要有生育酚、植物甾醇、角鲨烯和多酚类物质。

油茶籽油中的生育酚以 α-生育酚为主，同时也可能含有一定量的 β-生育酚、γ-生育酚和 δ-生育酚。毛油中生育酚的含量一般 >50 mg/kg，个别油茶籽毛油的生育酚含量可高达 750 mg/kg。

β-谷甾醇和 Δ^7-豆甾烯醇是油茶籽油的主要植物甾醇，此外油茶籽油中还含有一定量的羊毛甾醇、香树脂醇、菜油甾醇、菠菜甾醇、麦角甾烷醇、禾本甾醇、豆甾二烯醇等。大豆油、菜籽油等植物油含有 $1000\sim5000$ mg/kg 甾醇，与之相比，油茶籽油中的植物甾醇含量一般为 $100\sim1500$ mg/kg，含量相对较低。

角鲨烯是一种高不饱和的开链三萜烯，具有极强的生物活性和抗氧化能力。油茶籽油中角鲨烯的含量为 $20\sim300$ mg/kg。除角鲨烯外，*C. japonica* 等部分品种的油茶籽油中还含有环化的和部分环化的三萜醇类物质。

油茶籽毛油中含有种类丰富的多酚，包括鞣酸、表儿茶素、儿茶素、香豆素、芦丁、苯甲酸、肉桂酸、原儿茶酸、酪醇、羟基酪醇等。某种油茶籽油中还分离出一种名为 2,5-双（苯并 [1,3] 二氧-5-基）-四氢呋喃并 [3,4-*d*][1,3] 二氧杂环（2,5-bis-benzo [1,3] dioxol-5-yl-tetra-hydro-furo [3,4-*d*][1,3]-dioxine）的化合物，其化学式为 $C_{20}H_{18}O_7$，结构如图 2-7 所示。

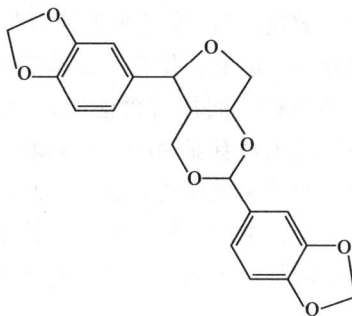

图 2-7　油茶籽油特殊木脂素的结构

这种木脂素推测其在体内一定条件下可转化为酚类。脂溶性多酚是油茶籽油中重要的天然抗氧化剂。

2. 油茶籽油的制油工艺

油茶籽油的制油工艺复杂且精细，主要包括以下几个步骤：原料选择、破碎、蒸炒、压榨、精炼等。

（1）**原料选择**　选择优质的油茶籽是保证油茶籽油品质的关键，采摘后的油茶果需要经过堆沤和晾晒，使其自然开裂，然后取出油茶籽备用。

（2）**破碎**　油茶籽通过提升机进入破碎机，被破碎成四至八瓣，以便于后续的蒸炒能够均匀。破碎机的齿辊间距可以根据实际情况进行调整，确保破碎程度适中。

（3）**蒸炒**　破碎后的油茶籽需要进行蒸炒。蒸炒在专门的蒸炒锅内进行，温度一般控制在105℃左右。蒸炒过程中，油茶籽在温度和水分的作用下发生微观生态和物理状态的变化，细胞结构被破坏，油脂聚集，为压榨做好准备。

（4）**压榨**　压榨是出油的关键步骤，即通过榨油机的机械外力作用，将油脂从油料中挤压出来，压榨机的温度一般调整在105～110℃之间。经过压榨得到油茶籽毛油，其中含有磷脂、水分、蜡和固体脂等杂质，需要进一步精炼。

（5）**精炼**　精炼过程包括脱磷、脱水、脱蜡脱脂、脱色、脱酸脱臭等多个环节。首先，通过离心机进行脱磷处理，去除影响油茶籽油保存时间和烹饪效果的磷脂，然后利用真空干燥器进行脱水，确保油脂的稳定性。接着通过低温结晶的方法去除蜡和固体脂，提高油茶的透明度和口感。

（6）**脱色**　脱色处理一般在脱色锅内进行，即加入适量的活性白土，利用其强吸附能力去除油脂中的色素（如叶绿素和胡萝卜素），以确保油茶籽油的色泽清亮。之后，通过脱酸塔在高温高真空条件下脱除游离脂肪酸和易挥发物，改善油茶籽油的口感和风味。

（7）**冷却和精滤**　利用冷却器可将油脂快速冷却至常温，避免氧化变质。精滤则通过高精度过滤网，去除微小的机械杂质，以得到纯净的油茶籽油。油茶籽油基本加工完成。

3. 油茶籽油的应用

（1）**食用价值**　油茶籽油是一种源自山茶科植物油茶成熟种子的天然油脂，可通过压榨法或亚临界低温萃取技术提取获得。这种油脂性质偏凉，味道甘甜，兼具药用与食用价值。油茶籽油色泽金黄诱人，口感香醇，富含高达90％以上的不饱和脂肪酸，包括油酸、亚油酸及亚麻酸等，这些成分对维护人体健康具有不可忽视的作用。油茶籽油还含有丰富的维生素A和维生素E等营养素，这些成分具有显著的抗氧化功效，并能有效提升机体的免疫力。

油茶籽油之所以被誉为"东方橄榄油"，关键在于其脂肪酸构成与橄榄油高度相似，且营养价值卓越。橄榄油的核心成分——油酸，作为一种单不饱和脂肪酸，对于调控胆固醇水平和预防心血管疾病尤为重要。油茶籽油同样富含油酸，含量普遍介于74％～87％，与橄榄油相比毫不逊色。此外，油茶籽油还含有亚油酸、亚麻酸等多种不饱和脂肪酸，这些成分对于维持人体生理机能的正常运转起着关键作用，进一步凸显了油茶籽油在全球食用油领域的重要地位，以及在中国传统饮食文化中的独特风采。相较于橄榄油，油茶籽油在栽培、加工与消费层面展现出更为鲜明的地域特色与文化底蕴，它是中国南方不可或缺的木本食用油料作物。

（2）**保健与美容**　油茶籽油作为高级保健食用油，其营养价值极高。油茶籽油富含的亚油酸、亚麻酸等多种不饱和脂肪酸，对人体健康具有显著益处。亚油酸和亚麻酸是人体必需的脂肪酸，对维持皮肤、眼睛和大脑的正常功能至关重要。油茶籽油还含有丰富的维生素E、角鲨烯、多酚等抗氧化物质，这些成分能够有效清除体内的自由基，延缓衰老，保护细胞免受氧化损伤。

在食用方面，油茶籽油具有极高的消化吸收率，人体对其吸收率可达97％以上。长期食用油茶籽油，能够满足人体对必需脂肪酸的需求，并能降低血液中的胆固醇水平，预防动脉硬化和冠心病等心血管疾病。对于体质虚弱的患者，油茶籽油还能增强胃、脾、肠、肝和胆管的功能，预防胆结石，并对胃炎和胃十二指肠溃疡等消化系统疾病有一定的辅助疗效。油茶籽油还因其低热量、高营养的特点，成为孕产妇和婴幼儿等特殊人群的理想食用油。

油茶籽油中的抗氧化物质，能延缓皮肤衰老过程。使用油茶籽油制成的护肤霜等化妆品，能够渗透到肌肤底层，为肌肤提供持久的保湿和滋润效果，改善皮肤干燥、粗糙等问题，还能满足不同肤质人群的需求。对于敏感性肤质或易过敏人群，其展现出了独特的优势，具有一定的抗炎作用，能够减轻皮肤炎症反应，缓解红肿、瘙痒等症状。

（3）药用价值　油茶籽油具有清热解毒的功效。在中医理论中，它用于治疗因热毒引起的各种症状，如咽喉肿痛、皮肤疮疡等。油茶籽油还具有杀虫解毒的作用，可治疗一些寄生虫感染及由其引起的症状，这在古代医学文献中已有记载。民间也常用其浸泡蜈蚣、螃蟹等以治疗烫伤和烧伤。油茶籽油能够润滑肠道，促进排便，对于便秘患者有良好的缓解作用。长期适量食用油茶籽油，可改善肠道环境，促进肠道健康。油茶籽油具有理气止痛的功效，可用于治疗因气滞引起的疼痛，如胸胁胀痛、胃痛等。

现代医学研究表明，油茶籽油中的茶多酚和山茶苷等成分也具有抗氧化、抗炎等作用，能够保护心血管系统健康。茶多酚等活性成分在体外实验和动物实验中表现出一定的抗癌作用，能够抑制肿瘤细胞的生长和扩散。虽然这些研究仍处于初步阶段，但为油茶籽油在抗癌领域的应用提供了可能。油茶籽油中富含的维生素E等抗氧化剂能够增强机体免疫力，提高人体抵抗疾病的能力，这对于预防感冒、支气管炎等呼吸道疾病具有一定的帮助。油茶籽油中的茶多酚等成分还具有抗菌消炎的作用，能够抑制细菌、真菌等微生物的生长和繁殖。此外，油茶籽油还具备防晒、缓解皮肤炎症、治疗感染性疾病及加速创伤复原等多重潜在功效。这些多样化的应用均源自其含有的丰富营养要素与独特的药理特性。

（四）可可

可可树（*Theobroma cacao*）原产于赤道附近的美洲，现已广泛种植于非洲西部、亚洲和印度西部。可可树是一种中小型常绿树木，通常在种植3～5年后首次开花结果，到了第10年左右，产果量达到高峰，并且可持续产果40年以上。可可树的主干和大枝干上通常只结一个果实或荚果，这些荚果的外形类似起皱的瓜，呈橙色或黄色，直径约为10 cm，长度约为20 cm。每个荚果内含有20～40粒被果肉包裹的豆子，这些豆子即为可可豆（cocoa bean），其质量约占整个豆荚质量的40%。可可豆的构造如图2-8所示。

图2-8　可可豆的构造

可可豆仁中的脂肪含量为45%～55%。一粒成熟的可可豆中含有高达700 mg的可可脂，而一棵可可树每年能生产多达2000粒可可豆，这相当于约15 kg的可可脂。可可脂蕴藏在豆仁的纤维组织中，因此需通过研磨或压榨等工艺将其释放。

在加工过程中，可可豆需要经历发酵、干燥和焙炒等步骤。这些处理使豆荚变得干脆，易于破碎，并可产生浓郁而独特的香味和苦味，颜色也变为褐色。接着，豆荚被压碎、脱皮和筛选，以分离出果仁，随后对果仁进行加工和压榨，提取可可脂。

可可脂的特征指标如表2-8所示。

表2-8　可可脂的特征指标

项目		特征值
相对密度 $\left(d\frac{99}{15}\right)$		0.856～0.864
折射率 (n_{40})		1.456～1.459
碘值（以 I_2 计）/（g/100 g）		33～42
皂化值（以 KOH 计）/（mg/g）		188～198
不皂化物/%		≤0.35
滑动熔点/℃		30～40
脂肪酸组成/%	棕榈酸（$C_{16:0}$）	24～30
	硬脂酸（$C_{18:0}$）	34～38
	油酸（$C_{18:1}$）	30～40
	亚油酸（$C_{18:2}$）	2～5

可可脂的主要成分包括：98%的甘油三酯、约1%的游离脂肪酸、0.3%～0.5%的甘油二酯、0.1%的甘油一酯、0.2%的醇类物质（主要为谷甾醇和豆甾烷醇）、150～250 mg/kg的生育酚（其中85%为 α-生育酚）和0.05%～0.13%的磷脂。可可脂具有良好的氧化稳定性，活性氧法（AOM）值可达200 h以上。这种特性使得可可脂在巧克力、糖果等食品的生产中极具价值。

可可脂的脂肪酸组成以棕榈酸、硬脂酸和油酸为主。可可脂的甘油三酯结构较为特殊，油酸大多分布在甘油的2位上，而棕榈酸和硬脂酸则分布在1位和3位，形成1,3-二饱和-2-不饱和的对称型甘油三酯，如POS、POP和SOS。这三种对称型分子占到可可脂总甘油三酯的80%以上。由于这种独特的结构，可可脂具有良好的体温即化特性，即在27℃以下时可可脂较为坚硬、易碎；而当温度越过27～33℃这个窄区间时，开始逐渐熔化；到35℃时基本完全熔化。因此，可可脂是巧克力和糖果制作的理想原料。

随着对巧克力需求的增加，可可豆的需求量也在逐年上升，推动了其价格不断攀升，这也促使糖果制造业开始寻求可可脂的替代品。

（五）乳木果

乳木果树（*Vitellaria paradoxa*）原产于非洲西部和中部，是一种属于山榄科（Sapotaceae）的木本油料作物。乳木果树寿命极长，可达200年，通常在种植后15～20年开始结果，并在 20～30 年后达到产量高峰。该树可长至 15～25 m 高，树冠宽大，叶子为长椭圆形，常绿，适应性强，具有极高的耐旱性。乳木果树主要生长在年降水量 600～1000 mm 的热带和亚热带草原气候地区。

乳木果树的果实是椭圆形的浆果，成熟时呈黄绿色，果实直径为 4～6 cm。每个果实内含有 1～2 颗种子，种子即为乳木果仁，是提取乳木果油（shea butter）的主要原料。乳木果仁含油量高，约占种子重量的 50%。乳木果油因其丰富的营养成分和广泛的用途，特别是在护肤品和化妆品中的应用，备受关注。

乳木果的构造如图 2-9 所示。

图 2-9　乳木果的构造

1. 乳木果油的组成

乳木果油的生产过程包括以下几个步骤：首先，采收成熟的乳木果，取出果仁并将其晒干；之后，对果仁进行破碎和烘焙处理；提取油脂的过程可以通过冷压法或传统的手工捣碎法进行，冷压法在提取过程中不使用化学溶剂，同时避免高温加热，这种方法能保留乳木果油的天然营养成分和独特的香味。

乳木果油具有良好的保湿性和抗氧化特性，因此广泛用于护肤品和化妆品中。乳木果油的特征指标如表 2-9 所示。

表 2-9　乳木果油的特征指标

项目		特征值
密度/（kg/m^3）		900～950
折射率（n^{40}）		1.460～1.480
碘值（以 I_2 计）/（g/100 g）		88～95
皂化值（以 KOH 计）/（mg/g）		160～200
不皂化物/%		≤15
脂肪酸组成/%	棕榈酸（$C_{16:0}$）	2～7
	硬脂酸（$C_{18:0}$）	35～45
	油酸（$C_{18:1}$）	40～55
	亚油酸（$C_{18:2}$）	3～8

乳木果油的主要组成为甘油三酯与不皂化物，其中甘油三酯含量为 80% 左右，不皂化

物含量在 1.2%～17.6%。

乳木果油的脂肪酸组成为：油酸 41%～52%，硬脂酸 30%～46%，棕榈酸 3%～8%，棕榈油酸 0%～0.3%，亚油酸 4%～12%，亚麻酸 0%～1.3%，花生酸 0.2%～3.0%，花生烯酸 0%～0.6%。不同地区乳木果油脂肪酸含量有所不同。乌干达和布基纳法索乳木果油均含 9 种脂肪酸，加纳乳木果油含有 12 种脂肪酸。3 个国家的乳木果油中含量最高的 4 种脂肪酸均为油酸、硬脂酸、亚油酸和棕榈酸，这 4 种脂肪酸总含量均超过 95%。但乌干达乳木果油中油酸含量高于其他两个国家，同时不饱和脂肪酸的含量达到 65.17%，高于加纳的 50.26% 和布基纳法索的 53.12%。

此外，乳木果油最令人感兴趣的是含有高达 10% 的不皂化物，这在植物油中是极为少见的。其不皂化物的主要成分是三萜醇、甾醇、异戊二烯烃类和生育酚。其中三萜醇类主要包括香树脂醇、羽扇豆醇和丁酰鲸鱼醇等；而甾醇主要由 $\Delta^{7,22}$-豆固酮-3β-醇（45%）、Δ^7-豆甾烯醇（38%）、Δ^7-燕麦甾醇（11%）、24-甲基-Δ^7-胆甾烷醇（6%）等组成，完全不同于常见植物油的甾醇种类。约 86% 的上述三萜醇和甾醇以酯类形式存在，使乳木果油成为一种理想的护肤和化妆用品原料。近年来，乳木果油被广泛用于化妆品、护肤品等日化用品（特别是中高端产品）中。

2. 乳木果油的应用

历史上，乳木果油是非洲居民的主要经济来源和日常用品，通常根据油脂的色泽、气味、口感和水分含量，判别产品的品质，并决定其在烹饪、化妆品、辅助医疗等领域的用途。色泽较白的乳木果油常用于烹饪，这部分油脂往往较硬，含水少，更易储藏；而较黄的乳木果油则制成护肤品等日化用品，当地人认为黄色更易使人接受，质地较软且气味愉悦。乳木果油是富含对称硬脂酸的甘油三酯的第二大天然来源，这使得乳木果油适合作为可可脂替代物，巧克力制造商将其用作可可脂替代品以增加丝滑感或用于烘焙中丰富产品口感。此外，乳木果油在非洲地区被广泛用于治疗麻风病和其他疾病。在工业中，也常用于肥皂、化妆品、润滑剂和油漆等的生产。

乳木果油中硬脂酸和油酸含量较高，使其在低温下保持固态，便于储存和加工。由于其熔点范围为 32～45℃，在手掌温度下即能熔化，因此经常被用作护肤品和化妆品的基料。乳木果油的塑性范围广泛，适合多种用途。

乳木果油的不皂化物含量高达 6%～17%，显著高于其他植物油。这些不皂化物包括甾醇、维生素 E、维生素 A 和三萜类化合物等，可赋予乳木果油卓越的抗炎、抗氧化和修复皮肤屏障的能力。此外，乳木果油具有良好的氧化稳定性，尽管其 AOM 值略低于椰子油，但在保湿和抗衰老方面效果显著。

在食品工业中，乳木果油由于具有良好的熔点特性，常被用于巧克力生产，作为可可脂的替代品或调和油。而在非食品领域，乳木果油因其保湿、修复和抗炎特性，被广泛应用于护肤品、润唇膏、香皂、洗发水和护发素等个人护理产品的生产。其抗氧化和抗菌特性也使其成为制药行业中药膏和治疗乳膏的重要成分。

乳木果油作为一种可持续生产的工业原料，近年来也在生物燃料生产中崭露头角，尤其在非洲，乳木果油产业对当地经济的发展起到了积极作用。

（六）辣木树

辣木树（*Moringa oleifera*），又称奇迹树，属于辣木科（Moringaceae），原产于印度，

是一种快速生长的落叶乔木，现广泛种植于热带和亚热带地区，特别是非洲、南亚和南美洲。

辣木树因其丰富的营养价值和广泛的经济用途，被誉为"奇迹之树"或"生命之树"。在热带地区，辣木树的各个部分都具有重要的食用、药用和工业价值。例如，辣木树的叶子常被用作蔬菜，其富含维生素和矿物质。辣木树的种子、叶片、花朵、果实和树皮均可用于食用或药用。辣木树的长条状荚果中含有10～20粒种子，种子呈球形，外壳坚硬，有三片翼状结构。种子的胚乳中富含油脂，可用于榨取辣木油（moringa oil），这是一种高价值且用途广泛的油料。

辣木树荚果及种子的构造如图2-10所示。

图 2-10　辣木树荚果及种子的构造

1. 辣木籽油组成

辣木成熟果实及种子在食用、药用和工业领域都具有广泛的应用。辣木籽油是一种淡黄色或透明的植物油，具有较高的氧化稳定性和优异的营养价值。它富含不饱和脂肪酸，尤其是油酸，其脂肪酸组成与橄榄油相似。辣木籽油的生产工艺包括将辣木种子去壳、压榨提取油脂，并通过精炼工艺去除杂质，从而获得高品质的辣木籽油。辣木籽油的提取方法有冷压法和热压法，两者在油的风味和营养成分保留上有所不同。

辣木籽油可以直接食用，口感清淡、不油腻，适合用于沙拉或作为调味油，且富含抗氧化剂、维生素 E 等营养成分，具有良好的健康价值。辣木籽油含有 10 种脂肪酸，其中油酸含量最高，其次为棕榈酸，以油酸为代表的不饱和脂肪酸含量高达 95.59%。此外还含有硬脂酸、山嵛酸和花生酸，以及微量的二十碳烯酸、棕榈油酸和亚油酸。在辣木籽油的甘油三酯中，亚油酸（$C_{18:2}$）主要分布在 sn-2 位上，而在 sn-1,3 位上几乎没有。sn-1,3 位中的总不饱和脂肪酸含量为 82.30%，饱和脂肪酸含量为 13.49%；而 sn-2 位中的总不饱和脂肪酸含量为 84.03%，饱和脂肪酸含量为 9.06%。

辣木籽油中的植物甾醇含量很高，达到了油重的 1.95%。其中包含菜油甾醇（16.0%）、豆甾醇（19.0%）、β-谷甾醇（46.65%）、Δ^5-燕麦甾醇（10.70%）和谷甾醇（1.95%）。辣木籽油富含植物甾醇的特性使其成为一种特种功能油脂。辣木籽油的特征指标如表 2-10 所示。

表 2-10　辣木籽油的特征指标

项目		特征值
密度/（kg/m³）		0.910～0.930
折射率（n^{40}）		1.459～1.461
碘值（以 I_2 计）/（g/100 g）		60～80
皂化值（以 KOH 计）/（mg/g）		180～200
不皂化物/%		≤1
脂肪酸组成/%	棕榈酸（$C_{16:0}$）	6～10
	硬脂酸（$C_{18:0}$）	4～8
	油酸（$C_{18:1}$）	65～75
	亚油酸（$C_{18:2}$）	5～10

2. 辣木籽油的应用

辣木籽油具有丰富的营养成分和多种生物活性物质，被广泛应用于食品、化妆品和医药领域。其不仅具有抗氧化、抗炎等健康功效，还对皮肤和头发护理有着显著的作用。

在食品领域，辣木籽油是一种高品质的食用油。由于其富含不饱和脂肪酸，尤其是油酸，辣木籽油有助于降低血液中的胆固醇和脂肪，可预防心血管疾病。辣木籽油可用于烹饪，如炒菜、炖汤，也可以直接滴在沙拉、面包等食物上，增加食物的营养价值。

在美容领域，辣木籽油因其抗氧化和抗炎特性，成为许多护肤品的成分之一。它能有效滋润皮肤，保持皮肤紧致有弹性，有助于延缓皮肤衰老。辣木籽油还能用于治疗皮肤问题，如湿疹、痤疮和头皮屑。将辣木籽油涂抹在皮肤上，可以形成一层保护膜，防止外界环境对皮肤的侵害。

辣木籽油在医疗领域的应用也日益广泛。辣木籽油具有抗菌、抗病毒和抗肿瘤的作用，它能增强机体的免疫力，预防疾病的发生。此外，辣木籽油还有助于排毒养颜，促进新陈代谢，对于饮酒者，辣木籽油能保护肝脏，减轻酒精对肝脏的损伤。

除了上述应用，辣木籽油还可用于制作高级润滑油、香水、天然肥皂等工业产品。其良好的稳定性和抗氧化性能，使其在这些领域具有很大的潜力。总之，辣木籽油是一种具有很高营养价值和应用价值的植物油。

（七）美藤果

美藤果（*Plukenetia volubilis* Linneo），别名印加果、印加花生、南美油藤、星油藤，为大戟科多年生木质藤本植物。美藤果生长于海拔 80～1700m 的南美洲安第斯山脉地区热带雨林，在秘鲁、厄瓜多尔等地区已被当地土著人食用了上千年。2007 年，我国从秘鲁引种种植成功，2011 年正式定名为"美藤果"，并向卫生部申报了国家新资源食品，于 2013 年 1 月 4 日批准美藤果油为新资源食品，目前主要种植基地在云南省普洱市思茅区、宁洱县以及西双版纳景洪市等。

美藤果呈星形，有棱角，而且棱角内有种子（图 2-11）。

美藤果种子含油量为 35%～60%，蛋白质含量约为 27%，同时，还含有一些轻微的苦味物质。

图 2-11 美藤果和美藤果籽

1. 美藤果油的组成

美藤果油属于亚麻酸油脂，其主要脂肪酸依次为亚麻酸（≥35%）、亚油酸（≥30%）和油酸（≥5%）。美藤果油中不饱和脂肪酸含量高达 93% 以上，主要为 α-亚麻酸、亚油酸和油酸。美藤果油中 ω-6 多不饱和脂肪酸（PUFAs）与 ω-3 PUFAs 比值接近 1∶1，这被认为是有利于健康的最佳比例。

利用 HPLC-APCI-MS 技术从美藤果油中检出 21 种不同的甘油三酯，其中大部分甘油三酯都至少含有一个亚麻酸。美藤果油甘油三酯大多为 1,3-二亚麻酰-2-亚油酰甘油酯（Ln-LLn）、1,2-二亚油酰-3-亚麻酰甘油酯（LLnL）和 1,2,3-三亚麻酰甘油酯（LnLnLn），其中以 LnLLn 含量最高（22.2%）。美藤果油中含有大量三不饱和甘油三酯（80.3%），其他为二不饱和甘油三酯，几乎没有三饱和甘油三酯。因此美藤果油熔点低，低温性能优异。

美藤果油中含量丰富的生物活性成分，主要为维生素 E、植物甾醇、多酚、胡萝卜素等。有研究报道了不同制油方式的美藤果油的生育酚含量，见表 2-11。

表 2-11　美藤果油生育酚含量　　　　　　　　　　　　　　单位：mg/100 g

方法	β-生育酚	γ-生育酚	δ-生育酚	总生育酚
超临界萃取	2	150	155	307
冷榨	—	144	135	279
索氏抽提	—	114	125	239

由表 2-11 可知，美藤果油中的生育酚主要是 γ-生育酚和 δ-生育酚，不同提油方法所得美藤果油的生育酚含量有一定差异。与具有相似亚麻酸含量的亚麻籽油相比，美藤果油的生育酚含量远大于亚麻籽油（39～60 mg/100 g）。

美藤果油中多酚含量为 6.2 mg/100 g，主要包括苯乙醇、类黄酮、木酚素等。美藤果油中高含量的多酚提高了多不饱和脂肪酸的氧化稳定性，并形成了美藤果油特有的风味。

2. 美藤果油的应用

美藤果油不仅是一种健康的食用油，还在日化和医药领域展现出广泛的应用前景。其丰富的营养成分和独特的脂肪酸比例使其成为现代生活中不可或缺的天然产品。

美藤果油可以作为日常食用油，用于低温烹饪、凉拌蘸汁、煲汤等，能够有效降低血脂、血压，预防心血管疾病。它还可提供与鱼油相似的好处，且没有鱼腥味，每日建议摄入 5～10 mL，有助于补充人体所需的 ω-3 和 ω-6 脂肪酸。

美藤果油在化妆品中的应用非常广泛。它能够滋润并保护皮肤，使皮肤保持弹性。美藤果油富含 ω-3 和 ω-6 脂肪酸，这些脂肪酸有助于改善皮肤微循环，促进皮肤伤口愈合，具有抑菌抗炎、抗氧化和抗衰老的功效。它对干性皮肤特别有益，可以显著增加皮肤水合作用，并缓解视觉干燥。美藤果油中的 ω-3 脂肪酸和维生素能够帮助修复干枯发质，可以用于制作洗发水和护发素，也可直接涂抹在头发上作为护理油。美藤果油还可以作为化妆品的溶剂，其分子结构小，利于吸收，有助于维持皮肤和头发的健康和光泽。

美藤果油中的植物甾醇具有强大的抗炎特性，有利于减少皮肤发红和肿胀，适用于治疗湿疹、银屑病和痤疮等皮肤病。

（八）澳洲坚果

澳洲坚果（*Macadamia integrifolia*）又名昆士兰果、昆士兰栗、巴布果、澳洲胡桃、夏威夷果等，属山龙眼科（Proteaceae）澳洲坚果属（*Macadamia*）的多年生常绿乔木，主要种植于澳大利亚、美洲中部、亚洲东南部和非洲南部等地。在我国，目前主要在云南、广西、贵州和广东等热带地区大量种植，种植面积已超过 400 万亩，占世界种植面积的 60% 左右，这使得我国成为全球最大和增长最快的澳洲坚果种植国家。

1. 澳洲坚果油的组成

澳洲坚果果仁中油脂含量较高，在 60%～80% 之间。研究者调查了我国 15 个品种的澳洲坚果油的脂肪酸组成，发现主要脂肪酸为油酸（61.74%～66.47%）、棕榈油酸（$C_{16:1}$，n-7，13.22%～17.63%），两种单不饱和脂肪酸含量达到 80% 以上，同时还含有棕榈酸（6.81%～8.29%）、硬脂酸（2.54%～4.08%）、花生烯酸（$C_{20:1}$，2.54%～3.17%）。

澳洲坚果油中鉴定出 20 种甘油三酯，即 1,3-二豆蔻酸-2-油酸甘油酯（MOM）、1,2-二棕榈酸-3-棕榈油酸甘油酯（PPPO）、1-豆蔻酸-2-油酸-3-棕榈酸甘油酯（MOP）、1-豆蔻酸-2-亚油酸-3-棕榈酸甘油酯（MLP）、1,3-二棕榈酸-2-油酸甘油酯（POP）、1-豆蔻酸-2,3-二油酸甘油酯（MOO）、1-棕榈酸-2-亚油酸-3-棕榈油酸甘油酯（PLPO）、1-棕榈酸-2,3-二硬脂酸甘油酯（PSS）、1-棕榈油酸-2-油酸-3-硬脂酸甘油酯（POOS）、1-棕榈油酸-2,3-二油酸甘油酯（POO）、1-棕榈油酸-2-亚油酸-3-硬脂酸甘油酯（POLS）、1-棕榈酸-2-亚油酸-3-油酸甘油酯（PLO）、1-棕榈酸-2,3-二亚油酸甘油酯（PLL）、1-硬脂酸-2-亚油酸-3-油酸甘油酯（SLO）、1,3-二油酸-2-亚油酸甘油酯（OLO）、1-硬脂酸-2-油酸-3-二十碳酸甘油酯（SOA）、1-二十碳酸-2,3-二油酸甘油酯（AOO）、1,3-二硬脂酸-2-油酸甘油酯（SOS）、1-硬脂酸-2,3-二油酸甘油酯（SOO）和三油酸甘油酯（OOO）。其中，OOO（19.18%～26.14%）、POO（16.36%～18.19%）、POOS（11.87%～13.65%）、POP（6.89%～8.96%）、MOO（6.08%～8.46%）和 SOO（4.81%～6.93%），它们的含量占甘油三酯总量的 70% 以上。不同品种间澳洲坚果油的甘油三酯组成存在差异。

我国种植的 15 个品种的澳洲坚果油中仅检测出 α-生育三烯酚，含量为 27.9～53.1 mg/kg。种植在夏威夷的澳洲坚果油中检测到 α-生育三烯、γ-生育三烯、δ-生育三烯酚，以及少数品种检测到较少的 α-生育酚与 γ-生育酚，总生育酚含量在 30.69～86.54 mg/kg。我国澳洲坚果油中鉴定出 8 种植物甾醇，即赤桐甾醇、$\Delta^{5,24}$-豆甾二烯醇、Δ^5-燕麦甾醇、Δ^7-燕麦甾醇、β-谷甾醇、菜油甾醇、β-豆甾醇和 Δ^7-豆甾烯醇，总植物甾醇含量为 1829.4～2310.4 mg/kg，以广西产区澳洲坚果油中含量最高（2310.4 mg/kg）。澳洲坚果油中角鲨烯含量在 108.01～626.73 mg/kg，其中贵州产区含量最高，除云南产区外，显著高于国外种植区域的澳洲坚果油，如巴西澳洲坚果油（22.9 μg/g）和夏威夷澳洲坚果油（72.44～171.26 μg/g）。澳洲坚果油中多酚含量最高的是云南产区的（71.04 GAE mg/kg），而最低的则是贵州产区的（21.98 GAE mg/kg）。夏威夷地区澳洲坚果油中多酚含量为 48.7 GAE mg/kg，巴西地区澳洲坚果油中多酚含量仅为 2.36 GAE mg/kg。可见，澳洲坚果油中微量伴随物的组成与其品种、生长条件及种植区域密切相关。

2. 澳洲坚果油的功能特性

澳洲坚果油中富含单不饱和脂肪酸油酸与棕榈油酸，其含量高于常见食用油。研究表明，长期摄入富含单不饱和脂肪酸的饮食，可以显著降低血清中低密度脂蛋白含量，降低患心血管疾病的风险。富含澳洲坚果的饮食可以降低高胆固醇患者血清中总胆固醇（TC）和低密度脂蛋白胆固醇（LDL-C）含量，增加高密度脂蛋白胆固醇（HDL-C）水平，但对甘油三酯（TG）含量没有显著影响。帅希祥发现我国澳洲坚果油具有较强的细胞抗氧化能力；且 1000 μg/mL 澳洲坚果油处理有效降低了高脂 HepG2 细胞的脂质积累，显著降低了甘油三酯、总胆固醇、低密度脂蛋白胆固醇的水平，提高了高密度脂蛋白胆固醇的水平，还显著降低了活性氧和丙二醛（MDA）含量，增加了超氧化物歧化酶（SOD）的活性。研究表明，澳洲坚果油通过激活 AMPK 信号通路和缓解氧化应激而起到降血脂作用。同时，小鼠试验结果表明，澳洲坚果油的摄入有效控制了高脂小鼠的体重和脏器指数，显著降低了高脂小鼠血清中 TG、TC、LDL-C 含量，并增加了 HDL-C 含量；其以剂量依赖性方式提高了小鼠血清和肝脏中谷胱甘肽过氧化物酶与 SOD 的活性以及总抗氧化能力，降低了 MDA 含量，从而缓解了机体的氧化应激反应，并有效改善了肝脏脂肪堆积和病变。通过蛋白免疫印迹测定脂质代谢相关蛋白质的表达，进一步证实了其潜在的降血脂机制。

3. 澳洲坚果油的应用

澳洲坚果油具有很强的保湿作用，频繁使用配方含有 25% 以上澳洲坚果油的外用产品，有助于预防或缓解老年人的皮肤干燥、刺激和裂伤；其也能用来生产唇膏，用于唇部护理。长期食用澳洲坚果油具有预防癌症、降低胆固醇和降低炎症等功效，且其所含各种营养成分在人体内极易被消化吸收。澳洲坚果油在食品、医药、化妆品等方面均具有广阔的应用前景。澳洲坚果油含有丰富的棕榈油酸（ω-7），这种脂肪酸常见于深海鱼油（如凤尾鱼），植物油中较为少见，而澳洲坚果油含量较多，占 17%～25%。与 ω-3 和 ω-6 等常见功能性脂肪酸相比，对 ω-7 的研究一直偏少，鲜为人知，但多项研究表明，ω-7 脂肪酸在人类健康、医药上具有独特价值，且可作为再生资源。另外，澳洲坚果油易被干性皮肤吸收且不留油渍，目前已广泛添加在日常护肤用品中，长期使用能有效淡化皮肤细纹，延缓衰老。

（九）芒果

芒果（*Mangifera indica* L.）是世界第二大热带水果，素有"热带水果之王"的美誉，属漆树科芒果属常绿乔木，在世界热带和亚热带地区广泛种植，主要产于印度、中国、南欧和美洲中部等地（图 2-12）。传统上，人们一直将芒果果实直接食用或榨汁饮用，而忽略了仁的价值，粗略估计每年浪费的芒果仁达 100 万吨以上。从芒果的果仁中可以提取出芒果仁油，这种油脂稳定性好，在常温下呈现半固态。芒果仁的干基含油率波动在 3.7%～15% 之间，这一比例很大程度上取决于芒果的产地和品种，平均而言，其含油率在 7%～9% 之间。我国芒果仁油潜在的年产量估计在 2 万～5 万吨之间，这一产量足以满足全球市场对可可脂替代品（诸如类可可脂和可可脂改良剂等）的需求。芒果仁油是良好的可可脂替代品。

图 2-12 芒果与芒果核（仁）

芒果仁油无反式脂肪酸，作为可可脂替代品，可缓解可可脂资源紧缺问题。此外，芒果仁油中并无任何致敏和有毒成分，且富含维生素和矿物质，这些成分对人体健康有益，因此，芒果仁油是一种可食用的新型油脂。但大多数品种的芒果仁油的游离脂肪酸含量较高，一般高于1%，高水平的游离脂肪酸会加速芒果仁油的氧化，影响油脂的贮藏性和品质，因此，在提取芒果仁油前，对芒果仁进行快速预处理和干燥非常重要。去除果肉的芒果核一般需晒2~3天，然后置于60℃烘箱中烘干12 h，再取其中的芒果仁，作为芒果仁油的原料。

1. 芒果仁油的组成

芒果仁油的脂肪酸组成与芒果品种及其种植条件（如温度、降雨等）有关。芒果仁油脂肪酸组成比较简单，其主要含有棕榈酸（7.1%~11.9%）、硬脂酸（22.4%~40.0%）、油酸（$C_{18:1}$，n-9，40.7%~48.4%）、亚油酸（6.9%~16.6%）、亚麻酸（0.5%~1.3%）、花生酸（1.2%~2.8%），还有少量的豆蔻酸（0%~0.3%）、棕榈油酸（0.1%~0.2%）、十七烷酸（0.2%~1.0%）、花生一烯酸（0%~0.5%），十四碳以下脂肪酸未检出。可见，芒果仁油的饱和脂肪酸含量高，不饱和脂肪酸的比例均衡。

芒果仁油的脂肪酸在甘油三酯分子中呈规律性地分布，97%以上的不饱和脂肪酸分布在甘油三酯 sn-2 位上，饱和脂肪酸多数在 sn-1 位和 sn-3 位上。因此，芒果仁油中甘油三酯主要以对称型甘油三酯［SOS（20.0%~59.0%）、POS（9.0%~16.0%）、POP（0.6%~2.0%）］为主，含量高达60%~80%，还含有适量的 SOO、SOA、POO、OOO。芒果仁油的甘油三酯组成中 SOS 和 POS 与可可脂类似，这类甘油三酯的熔点较高，熔程很短，是制作巧克力的理想原料。如果从芒果仁油分提出 SOS，则可作为优良的可可脂改良剂，富含 SOS 的脂肪可以通过改变固体脂肪含量来解决可可脂的软化问题，并有利于进一步改善巧克力生产过程中的起霜抑制，减少回火时间。

芒果仁油含有多种伴随物，主要包括植物甾醇（0.38%~1.03%）、生育酚（0.01%~0.33%）和角鲨烯（0.02%~1.06%）等物质。其中生育酚总含量为81~916 mg/kg，生育酚含量受品种、产地、气候和提油工艺等的影响。其主要为 α-生育酚，占总生育酚的40%以上，为73~435 mg/kg；δ-生育酚占比较高，为8~384 mg/kg，占总生育酚的15%~45%；最后是 γ-生育酚和 β-生育酚。芒果仁油中的甾醇主要以甾醇酯的形式存在，总甾醇含量为 3837~7085 mg/kg，菜油甾醇占总含量的6.8%~11.5%，豆甾醇占总含量的

11.5%～22.7%；β-谷甾醇是芒果仁油中主要的甾醇种类，占总甾醇物质的72%～89%；此外，还有少量的胆固醇（1.0%～9.3%）、Δ^5-燕麦甾醇（0.2%～8.5%）及微量的Δ^7-豆甾醇和Δ^7-燕麦甾醇。在部分品种的芒果仁油中也检测出少量的24-亚甲基环阿屯醇、羽扇豆醇、α-香树脂醇等甾醇物质。此外，芒果仁油是丰富的角鲨烯来源物，与部分植物油（如橄榄油）角鲨烯含量相当，高达164～941 mg/kg，可作为食品加工过程中的角鲨烯添加剂使用。

2. 芒果仁油制油工艺

在芒果仁油的制取方面，最常见的方法是索氏抽提法，还有有机溶剂浸提法、超声辅助提取法、微波提取法、超声和微波联合提取法等。但在提取之前应先将芒果核仁粉碎，通常需要过筛，筛孔大小在40～80目之间，以便于后续的萃取过程。常用的有机溶剂包括石油醚、正己烷、异丙醇、乙醇、正丁醇、异丁醇、乙酸乙酯等，可以单独使用或组合使用，料液比（质量体积比）通常在1：6到1：25之间，提取温度在65～85℃，提取时间在30～90 min。此外，也可以采用微波和超声辅助浸提芒果核仁油，与索氏抽提的芒果仁油相比，采用超声和微波联合提取的芒果仁油提取率为96.67%±1.30%。部分植物油可采用水酶法提取工艺，但对于含油率较低的芒果仁油不适用。

3. 芒果仁油的应用

芒果仁油是特种脂肪和健康食品成分的潜在来源，因为具有稳定性好、抗氧化能力强、零反式脂肪酸、独特的甘油三酯组成等特点，芒果仁油在多个领域有广泛的应用。在食品领域，由于含有对称型甘油三酯，如SOS等，是可可脂的主要甘油三酯类型，因此它是高档巧克力的理想原料，可作为可可脂替代品，不仅能够赋予巧克力特殊的热带水果风味，还可以生产更好的低脂巧克力；芒果仁油也可以用于烘焙、烹饪等食品制作过程中，为食品增添独特的风味和口感。在医疗健康领域，芒果仁油因其丰富的营养成分，如维生素、矿物质、角鲨烯等，可以为人体补充所需的营养成分，且对抗氧化、预防动脉硬化和高血压等有一定的作用。在化妆品领域，芒果仁油氧化稳定性强，可以作为高档化妆品的生产原料，具有抗皱、防晒、保湿等功效。未来，芒果仁油会进入更多国家的食品、医药和化妆品等领域。

第二节　热带木本油料种子及果实的形态和结构

热带木本油料作物的种子通常含有高比例的油脂，这些油脂以脂肪酸甘油酯的形式储存在胚乳或果肉中。种子的外部结构，如外种皮、内种皮和胚的分层，为油脂的合成和储存提供了良好的环境。同时，果实的形态和结构特征，如果皮的厚度和果肉的油脂含量，也直接影响油脂的提取效率和品质。

本节将重点探讨热带木本油料作物的种子和果实的形态与结构特征。

一、种子的形态与结构

热带木本油料作物的种子是其主要的油脂来源，通常具有复杂的结构和特征。

（1）外种皮　外种皮通常厚实且坚硬，具有提供保护、防止水分蒸发和防止病虫害侵袭等作用。其表面可能存在微小的孔隙，允许气体交换，但仍能有效阻止病原体的入侵。

（2）内种皮　内种皮较薄，易于透气，可促进油脂合成过程中所需的氧气交换。内种皮的细胞壁结构通常较薄，有助于种子的发芽和油脂的释放。

（3）**胚乳** 胚乳是种子内的主要储油部位，富含油脂和营养物质。其细胞内的油脂主要以脂肪酸甘油酯的形式存在，通常含有丰富的单不饱和和多不饱和脂肪酸，对营养价值和油品质量起到关键作用。

（4）**胚** 胚是种子的生长部分，虽然其油脂含量相对较低，但仍包含发芽所需的必要营养。胚的结构决定了种子的发芽能力和初期生长的营养供应能力。

二、果实的形态与结构

果实不仅保护种子，还在油脂积累中起着重要作用，其结构特征直接影响油脂的提取效率。

（1）**果皮** 果皮的厚度和坚硬度因物种而异，通常具有较强的保护作用。果皮内部可能含有额外的油脂储存细胞，在某些作物中（如油棕），果肉部分含有丰富的油脂。

（2）**果肉** 果肉是果实的主要组成部分，通常富含油脂和糖类。果肉细胞中油脂的分布、储存方式和细胞壁的结构都会影响油脂的提取。果肉的油脂含量和性质是影响油质和风味的重要因素。

（3）**果核** 果核包裹着种子，提供额外的保护。某些作物的果核中也可能含有一定量的油脂。果核的结构与种子发芽的方式和生长环境密切相关。

三、油脂的合成与储存机制

油脂的合成主要发生在种子和果肉细胞内，受到遗传、环境和管理因素的影响。种子和果实的细胞通常具有较高的脂肪酸合成酶活性，这促进了油脂的积累。此外，在果实成熟过程中，细胞内的油脂含量会显著增加，以满足种子发芽后的能量需求。

四、物理特性

这些含油部位的结构特点，如细胞壁的厚度和细胞的排列方式，都会影响油脂的提取效率和品质。例如，果肉细胞的紧密排列可能会影响油脂的释放，而种子的外种皮厚度则可能影响油脂提取的难易程度。

第三节　热带木本油料的化学组成

热带木本油料在全球经济中占有重要地位，不仅可为人们提供丰富的营养来源，还有广泛的工业应用价值。了解这些油料的化学组成，不仅对提高油脂的生产率和利用效率具有指导意义，同时也可为开发新型功能性食品提供科学依据。本节将详细探讨热带木本油料的化学组成及其特性。

一、热带木本油料的主要化学成分

热带木本油料的化学成分主要包括脂肪酸、甘油酯、植物甾醇、抗氧化成分、蛋白质以及矿物质等。这些成分的含量受到多种因素的影响，包括植物种类、生长环境、采收时期、处理与加工方法、贮存条件和遗传因素等。常见热带木本油料的化学成分见表2-12。

表 2-12　常见热带木本油料的化学成分（以干基计）　　　　　　　　单位：%

油料作物	脂肪	蛋白质	磷脂	糖类	粗纤维	灰分
椰子	65～70	5～6	1～2	15～20	9～10	3～4
油棕	45～50	4～5	1～2	1～2	3～5	3～5
油茶籽	50～60	20～25	2～3	5～10	5～10	3～5
辣木籽	30～40	20～25	2～5	5～10	5～10	5～6
乳木果	50～60	6～8	1～2	5～10	5～8	3～5
可可	50～55	10～15	1～2	10～15	20～25	4～5

二、油脂

油脂是油料的种子在成熟过程中由糖类物质转化而形成的一种复杂的混合物，是油籽中主要的化学成分。天然油脂，大多数为商业概念上的油脂，其组成中除 95% 以上为甘油三酯外，还有含量极少而成分又非常复杂的非甘油三酯成分，非甘油三酯成分实际上可分为两大类，即脂溶性成分和脂不溶性成分。脂不溶性成分如水、固体杂质、金属、蛋白质和胶体物质等，含量甚微（0.1% 以下）。脂溶性成分包括甘油二酯（也称为二酰基甘油或甘二酯）、甘油一酯（也称为单酰基甘油或单甘酯）、游离脂肪酸、磷脂、色素、甾醇、三萜醇、脂溶性维生素等，这些成分可按照表 2-13 分类。

表 2-13　天然油脂的成分

天然油脂成分	含量	分类	
油脂	＞95%	甘油三酯的混合物	
脂质	1%～5%	可皂化的脂质	脂肪酸
			甘油一酯、甘油二酯
			蜡酯、甾醇酯等
			磷脂
			醚脂
		不可皂化的脂质	甾醇、脂肪醇
			烃类
			脂溶性维生素、色素等

脂溶性成分根据极性及分子结构的特点，分为三大类：简单脂质、复杂脂质和衍生脂质。简单脂质主要包括甘油酯、蜡酯、角醇酯、维生素 D 酯等；复杂脂质包括磷酸甘油酯、糖基甘油二酯、鞘脂类等；衍生脂质是由简单脂质和复杂脂质衍生而来或与其密切相关的物质，仍具备脂质的基本特性，主要包括取代烃、甾醇类、萜类及其他相关化合物。

三、蛋白质

大多数热带木本油料的蛋白质含量相对较高，尤其是经过脱脂处理后，其蛋白质含量可超过 40%。其中，种子中的球蛋白是主要的蛋白质类型之一。蛋白质按照其化学结构可分为简单蛋白质和复杂蛋白质。简单蛋白质包括清蛋白、球蛋白、谷蛋白和醇溶蛋白，复杂蛋白质则涵盖核蛋白、糖蛋白、磷蛋白、色蛋白和脂蛋白等。

蛋白质大多数呈无色或淡黄色，无味、无气味，通常为固态。油料中的蛋白质相对密度通常为 1.25~1.30，除了醇溶蛋白外，大部分蛋白质不溶于有机溶剂。在加热、加压或接触有机溶剂等情况下，蛋白质可能发生变性。这种变性在油脂加工过程中尤其重要，因为它会影响油脂的提取效率和质量。

蛋白质可与糖类发生美拉德反应，生成深色且不溶于水的化合物，影响食物的风味和色泽。此外，蛋白质在酸、碱或酶的作用下可发生水解，生成各种氨基酸，进一步影响其在食品加工中的应用。

在热带木本油料的种子中，蛋白质主要存在于种子的凝胶部分，其性质对油料的加工和利用有直接影响。油脂提取过程中，不同步骤会影响蛋白质的结构和功能，进而影响终产品的品质。

热带木本油料中的蛋白质被广泛应用于多个领域，其主要用途介绍如下

（1）动物饲料 脱脂后的饼粕或蛋白质粉通常用于动物饲料，为动物提供丰富的蛋白质和氨基酸，以满足其营养需求。

（2）食品工业 某些油料作物的蛋白质在食品加工中起增稠剂、乳化剂和保湿剂的作用，可改善食品的质感和营养。

（3）植物蛋白补充剂 脱脂蛋白可作为植物蛋白来源，广泛应用于运动营养和健康食品中。

（4）功能性食品 利用其特定的功能特性，脱脂蛋白可用于开发功能性食品，提供额外的营养价值或健康益处。

（5）生物材料 脱脂后的蛋白质可以用于开发生物材料，如可降解塑料和包装材料。

（6）化妆品和护肤品 一些油料作物的蛋白质具有良好的保湿和抗氧化特性，常被用于化妆品和护肤品中。

四、糖类

热带木本油料中糖类的含量通常较低，特别是在高油分的油料作物中，大部分糖类在种子成熟过程中被转化为脂肪。然而，糖类仍然是种子细胞的重要组成部分，起到储存营养的作用。糖类在油料加工中的作用不容忽视，其能够影响油脂提取效率和产品质量。

根据其结构，糖类可以分为三类：单糖、低聚糖和多糖等。单糖，如葡萄糖和果糖等，是最简单的糖类形式；低聚糖由 2~10 个单糖分子聚合而成，水解后生成单糖；多糖，如淀粉和纤维素，是更复杂的糖类。

在油料种子中，糖类常以糖苷的形式存在，这些化合物由糖与非糖基团结合而成。根据其结构，可分为 α 型和 β 型糖苷。天然糖苷多为 β 型，这些化合物往往带有苦味，部分糖苷具有生理活性和毒性。油料作物中常见的糖苷包括亚麻苷、苦杏仁苷、硫代葡萄糖苷等。这些糖苷具有特殊的生理活性，可用作药物，许多中药的有效成分也是糖苷。然而，需注意其潜在的毒性问题，在油料加工时应采取相应的安全措施。

糖在高温下会发生焦化作用，变黑并分解。同时，糖还会与蛋白质等物质发生反应，生成颜色较深且不溶于水的化合物，这在油料加工过程中需要特别关注。

油料种子的淀粉主要存在于种子内部，随着种子的成熟，淀粉的含量逐渐减少。纤维素主要集中在种子的外壳部分，仁中含量较少。纤维素的含量对油料加工过程有着重要影响。

五、次要成分

（一）游离氨基酸

热带木本油料中的游离氨基酸通常较少，主要是以结合状态存在于植物组织和油脂中。游离氨基酸的含量与油料作物的成熟度、储存时间、保管方法以及加工方式等因素密切相关。若油料作物的成熟度较差，或在储存过程中遭遇不良环境条件，游离氨基酸的含量可能会升高。例如，油棕和椰子的成熟程度直接影响其游离氨基酸的组成和含量，而辣木和乳木果等在储存和加工过程中，若处理不当，可能导致游离氨基酸的释放和变化。

此外，某些油料作物如棕榈果中含有较多的酶类，可能促进游离氨基酸的释放。因此，油料作物的游离氨基酸含量不仅与其生长状态相关，还受到后续储存和加工过程的影响。

（二）部分甘油酯

热带木本油料中，部分甘油酯（即甘油一酯和甘油二酯）是其常见的次要成分。部分甘油酯是由甘油与一个或两个脂肪酸形成的酯类化合物。在这些作物的油脂中，甘油三酯是主要成分，但由于脂肪合成过程中反应不完全，油料作物在成熟时通常会含有少量的部分甘油酯。此外，油料作物的种子中常含有一种酶类，即解脂酶，当种子受伤或破损时，解脂酶会与甘油三酯发生反应，导致油脂发生部分水解，生成甘油一酯和甘油二酯。

在油脂的精炼过程中，甘油一酯通常可以去除，但甘油二酯较难通过传统方法完全去除，因此它们常与甘油三酯共存于精制油中。这类部分甘油酯的存在可能影响油脂的物理化学性质，尤其是在棕榈油、橄榄油等油脂中，甘油二酯的含量有时高达5%以上。这些部分甘油酯可能影响油脂的风味、乳化特性和稳定性等品质。因此，部分甘油酯的存在使得热带木本油料的成分特性更加丰富，对油脂的应用性能也具有重要影响。

（三）游离脂肪酸

游离脂肪酸是热带木本油料中相对较少的成分，但对油脂的品质有重要影响。游离脂肪酸的含量主要由油料作物的生长条件、成熟度、采收后的储存条件以及加工方法决定。当油料作物在收获后处理不当时，储存过程中油脂中的甘油三酯会在酶的作用下发生水解，生成游离脂肪酸。这些游离脂肪酸对油脂的风味、稳定性和酸败程度具有直接影响。含量过高的游离脂肪酸不仅会使油脂变得酸涩，影响食用口感，还会加速油脂的氧化，使其质量下降。

在精炼过程中，游离脂肪酸通过脱酸工艺可以被去除，从而可减少油脂的酸败反应，延长其保质期。因此，将热带木本油料中的游离脂肪酸水平控制在较低范围内尤为重要。这类脂肪酸也可以通过转化为脂肪酸酯而被有效利用，从而提高油料作物的经济价值。

（四）甾醇及其酯

热带木本油料中的甾醇含量虽然相对较低，但它们主要以植物甾醇的形式存在，常见的包括 β-谷甾醇、豆甾醇和菜油甾醇等。甾醇是一类以环戊烷多氢菲为基础结构的脂质化合物，其特征是分子中具有羟基，并且在特定位置上具有甲基和支链。

在这些作物的种子油中，甾醇通常以四种形式存在：游离甾醇、甾醇酯、甾醇糖苷及酰化甾醇糖苷。游离甾醇和甾醇酯是最常见的形式，通常与甘油三酯等脂质共存于植物种子中，并在油脂精炼过程中，成为油脂中的主要不皂化成分之一。甾醇对油脂的质量、营养价值以及抗氧化性等特性有显著影响。

在热带木本油料的油脂中，甾醇的含量和组成会受油料品种、收获条件以及精炼程度的影响。例如，精炼过程中的碱炼和脱臭环节会导致甾醇含量的显著下降，约有50%的甾醇会流失到精炼副产物中。因此，副产物中的甾醇具有很高的开发潜力，这使得副产物成为一种具有经济价值的植物甾醇来源，可广泛应用于食品、药物及化妆品等领域。

甾醇因其在降低胆固醇水平、增强免疫系统功能、抗炎等方面的作用，已逐渐引起健康食品和药物开发领域的重视，这使得甾醇及其酯类化合物在热带木本油料中的存在变得尤为重要。

（五）蜡酯

蜡酯由长链一元脂肪酸和长链一元醇通过酯键结合而成，通常存在于热带木本油料的种子表面或果皮内，含量较少。这些蜡酯具有较高的熔点，通常比甘油三酯更高。例如，某些蜡酯的熔点在77.5～78.5℃之间，在常温下表现为固态且具有黏稠性。

在油脂精炼过程中，随着温度的升高，蜡酯的溶解度会显著增加，并可能随着油脂的提取和处理过程进入油脂中。然而，随着温度的降低，尤其是在低温贮藏或运输过程中，蜡酯的溶解度会显著下降，导致其在油中析出，进而影响油脂的透明度和外观。高端食用油脂产品通常需要通过脱蜡工艺（如冬化工艺）去除蜡酯成分，以确保油脂的清澈度和品质。

蜡酯的化学性质与甘油酯有所不同，其水解速率相对较慢。蜡酯在酸性溶液中难以水解，仅在碱性条件下会缓慢分解。这种较慢的水解速率是由于蜡酯的分子两端由长链脂肪酸和长链醇构成，且其亲水性极性基团较小，因此在水解反应中的活性较低。这也使得蜡酯在热带木本油料中表现出较高的稳定性，尤其是在油脂长期贮藏和加工过程中。

蜡酯的存在进一步丰富了热带木本油料的油脂成分，并影响油脂产品的加工和贮存性能。

（六）类胡萝卜素

纯净的甘油三酯通常呈无色液体，但热带木本油料（如油棕、椰子、辣木、乳木果、山茶和可可）的油脂往往带有明显色泽，有时颜色较深。这种色泽主要是由油溶性色素引起的，油料种子中的色素一般包括类胡萝卜素、叶绿素、黄酮色素和花青素等。在某些油料种子中，还可能存在特有的色素，例如棉籽中的棉酚。

类胡萝卜素是一类由八个异戊二烯单位组成的共轭多烯长链化合物，是天然色素，主要赋予大多数油脂黄红色。类胡萝卜素可以进一步分为烃类和醇类两种。烃类类胡萝卜素包括α-胡萝卜素、β-胡萝卜素和番茄红素；而醇类类胡萝卜素则主要包括叶黄素，通常与叶绿素共同存在于植物中。

这些色素在油脂加工中可以通过活性白土或活性炭吸附去除，也可以在碱炼过程中通过皂脚吸附来去除。色素的存在不仅影响油脂的颜色，还显著影响油脂的品质与外观。因此，在热带木本油料的加工与应用中，合理处理和去除色素是提升油脂品质的重要步骤。

（七）生育酚

生育酚是一种淡黄色或无色的油状液体，具有较长的侧链，使其在油脂中具有良好的溶解性。它不溶于水，但易溶于石油醚和氯仿等弱极性溶剂，而在乙醇和丙酮中的溶解性较差。生育酚在碱性环境下的反应相对缓慢，对酸的稳定性较强，即使在高温（如 100℃）下也不会发生显著变化。

生育酚被视为色满环的衍生物，具有一元酚的特性，含有一个长碳链，能够溶于油脂。在热带木本油料的油脂中，生育酚的含量通常较高，如棕榈油、椰子油和辣木籽油中均可发现其存在。

生育酚有四种异构体，即 α-生育酚、β-生育酚、γ-生育酚和 δ-生育酚。由于结构和构型的差异，这些异构体所表现出的生理活性和抗氧化性有所不同。研究表明，生育酚的生理活性通常为 α-生育酚 $>$ β-生育酚 $>$ γ-生育酚 $>$ δ-生育酚，因此在医学、食品和饲料中，维生素 E 的应用常以 α-生育酚为基础。

天然维生素 E 主要存在于含油的植物组织中，特别是在热带木本油料的种子和果肉的油中，其含量相对丰富。例如，棕榈油和椰子油中的生育酚含量较高。生育酚在油脂加工中通常集中于脱臭馏出物中，这些馏出物可通过分子蒸馏法进行浓缩，以便于后续的加工和应用。

（八）角鲨烯

角鲨烯是一种高不饱和烃，其分子式为 $C_{30}H_{50}$，由于最初在鲨鱼肝油中发现而得名。角鲨烯具有六个反式双键，属于三萜类化合物。它是一种无色的液体，凝固点为 $-75℃$，沸点在 3.3 Pa 的压力下为 $240\sim242℃$。

在热带木本油料中，角鲨烯的含量通常较高，尤其是在棕榈油和椰子油中。此外，辣木籽油和乳木果油中也可能含有一定量的角鲨烯。角鲨烯含量较高的油脂，在贮存过程中不易酸败。

角鲨烯作为三萜醇和醇的前体，可以在肝脏中被氧化形成环氧化物，并进一步转化为三萜醇。虽然角鲨烯在油中具有抗氧化作用，但一旦氧化后会转变为助氧剂，氧化产物可能形成聚合物，这些聚合物具有潜在的致癌性。

（九）三萜醇

三萜醇是一类广泛存在于热带木本油料中的生物活性化合物。近年来的研究已从多种热带植物油脂中分离并鉴定出 41 种不同的三萜醇，其中含量较高且分布广泛的主要有环阿屯醇、24-亚甲基环阿屯醇和 β-香树素，此外还包括 α-香树素及环阿屯醇等。

三萜醇通常易于结晶且不溶于水，但能溶于热醇。在实验中，三萜醇少量溶于无水乙酸中，滴加一滴硫酸后，反应初呈红色，随后迅速变为紫色，最后呈现褐色。作为甾醇的前体，三萜醇可以通过去除特定的基团而生成甾醇。

在热带木本油料的油脂中，三萜醇的含量通常为 $0.42\sim0.7$ g/kg 油，尤其是在棕榈油和某些其他植物油中，其含量可超过 1 g/kg。在棕榈油中，三萜醇主要以酯的形式存在，与阿魏酸结合形成阿魏酸酯，进而形成具有潜在药用价值的谷维素，这种物质在治疗植物神经失调等方面显示出良好的应用前景。这些特性使得三萜醇在热带木本油料的研究与开发中具备重要的经济与药用价值。

（十）磷脂

磷脂可根据化学结构分为甘油磷脂和神经鞘磷脂。其中，热带木本油料中主要存在的是甘油磷脂。

在热带木本油料的种子中，磷脂大部分存在于胶体相中，通常与蛋白质、酶、苷、生物素或糖以结合状态存在，形成复杂的复合物，游离状态的磷脂相对较少。不同油料种子中磷脂的含量差异较大，即使是同一种油料作物，由于品种和生长环境的影响，其磷脂含量也可能显著不同。一般而言，热带植物油中常见的磷脂类型包括磷脂酰胆碱（PC）、磷脂酰乙醇胺（PE）、磷脂酰肌醇（PI）和磷脂酸（PA）。

磷脂的脂肪酸组成与油脂中的甘油三酯相似，但可能存在一些差异。例如，在某些热带植物油中，磷脂的亚油酸含量可能高于其甘油三酯的含量。这种成分的多样性使得磷脂在植物油的应用中具有重要价值。

作为油脂的重要伴随物，磷脂在油料的浸出过程中会受到影响，溶剂可能会破坏磷脂与蛋白质的结合，从而使磷脂游离并被萃取到毛油中。毛油中的磷脂含量受到原料的磷脂含量、提取方法和工艺条件的影响。由于磷脂分子中含有较多不饱和脂肪酸，易于氧化，这可能导致油脂的色泽加深，甚至变为褐色。

磷脂分子兼具疏水基团和亲水基团，是良好的表面活性剂，具有优良的乳化特性，因此在医药、食品、饲料及其他工业领域得到广泛应用。尽管热带木本油料中主要存在甘油磷脂，但它们的多样性和功能性使得磷脂在植物油的利用中极具价值。

（十一）糖脂

糖脂是由糖与脂质结合形成的化合物，广泛存在于生物体中，但其总量相对较少，仅占脂质总量的一小部分。糖脂主要分为两大类：糖基酰甘油和糖鞘脂。

在热带木本油料中，如油棕、椰子树、辣木树、乳木果、山柚和可可等植物的种子中，含有一定量的糖脂，主要为单半乳糖甘油二酯和二半乳糖甘油二酯。其中，单半乳糖甘油二酯在这些植物中较为常见，而二半乳糖甘油二酯的含量则相对较低。

这些糖脂的存在对植物的生理功能和油脂的特性有重要影响，特别是在影响油脂的流动性、稳定性以及乳化性等方面。同时，糖脂也在植物细胞的膜结构和能量存储中发挥关键作用。这些特性使得糖脂在热带木本油料的研究与应用中具有重要的经济学和生物学价值。

第四节　热带木本油料的物理性质

热带木本油料在全球农业中占据重要地位，特别是在食品、化妆品和生物燃料等领域。热带木本油料不仅富含油脂，还蕴含丰富的营养成分和生物活性化合物，具有广泛的应用潜力。随着对植物油需求的增加，对油料作物的研究也愈加深入，尤其是在其物理性质方面。

本章将重点探讨热带木本油料（如椰子、油棕、辣木树、乳木果、山柚和可可等）的物理性质。这些特性包括密度、散落性、自动分级、比热容和热导率、吸附性和解吸性等。它们对油脂的提取、加工、储存以及最终产品的质量均有显著影响。

一、密度

油籽的密度为单位体积内油料种子的质量，单位为 kg/m^3。热带木本油料的密度受到以下多种因素的影响。

（1）**水分含量**　水分含量的增加通常会降低油料作物的密度，这是因为水分增加（通常＞5％～8％）会通过渗透作用导致细胞结构膨胀和孔隙率增加，从而降低油籽表观密度，这一现象与油料的多孔介质特性相关，在含油量高的油料中尤为明显。

（2）**油脂组成**　不同油脂的组成会影响其密度，饱和脂肪酸和不饱和脂肪酸的比例不同，导致密度有所差异。例如，富含不饱和脂肪酸的油脂通常密度较低，而富含饱和脂肪酸的油脂密度较高。

（3）**温度**　温度变化会导致油脂的体积膨胀或收缩，从而影响其密度。温度升高时，油脂分子间的运动加剧，可能导致密度降低。

（4）**加工过程**　在提取和加工过程中，物质状态的变化（如脱水、加热）会影响密度。例如，通过脱水减少水分含量通常会增加油籽的密度。

密度在油脂提取、加工和储存中发挥着重要作用。在油脂的分离与提取过程中，密度的差异有助于有效分离油脂和固体物质。密度较低的油脂可通过浮选等方法进行提取。此外，在质量检测过程中，通过测量密度，可以评估油脂的纯度和质量，从而判断是否有其他物质掺入。理解密度的特性也有助于设计合适的储存容器和运输方式，以确保油脂在运输过程中的稳定性。

主要热带木本油料的密度见表 2-14。

表 2-14　主要热带木本油料的密度　　　　　　　　　　　　单位：kg/m³

油料	密度	油料	密度
椰子	450～600	辣木籽	800～1000
油棕	550～800	乳木果	500～600
油茶籽	600～700	可可	500～800

二、散落性

热带木本油料的散落性是指油料在自由落下时形成的圆锥体的斜面与底面直径的角度，通常用静止角来表示。这一特性主要由粒子间的摩擦力决定，受到多种因素的影响，包括果实的形状、大小、水分含量和杂质含量。例如，油棕和椰子的果实形态直接影响其自然流动性，而辣木籽和乳木果的水分含量变化则可能直接影响散落性。此外，储存过程中的发热或霉变可能导致油料散落性降低，影响油料的处理效率和质量。因此，了解这些因素对散落性的影响，对于优化收割和运输过程至关重要。通过合理设计储存和运输条件，可以使油料的处理效率和质量得到保障。

主要热带木本油料的静止角见表 2-15。

表 2-15　主要热带木本油料的静止角

油料	静止角/（°）	油料	静止角/（°）
椰子	25～35	辣木籽	30～45
油棕	30～40	乳木果	35～50
油茶籽	20～30	可可	30～45

三、自动分级

在热带木本油料的处理过程中，自动分级现象常常发生。自动分级是指在油料的振动或移动时，相同类型的油料或杂质会集中在料堆的某一部分，导致组成成分的重新分布，从而破坏原有的均匀性。这一现象主要源于油料堆中各组分的相对密度、大小及内摩擦因数的差异，并依赖于料堆的散落性。

随着油料数量的增加、移动距离的加大以及散落性的提升，自动分级现象愈加显著。尽管这种现象可能对样品检验和安全储存构成挑战，但在筛选过程中，它为同类油料与杂质的高效分离提供了便利。因此，深入理解自动分级的机制，对于优化热带木本油料的处理与储存至关重要，这将有助于提升后续加工的质量与效率。

四、比热容和热导率

在热带木本油料的加工和储存过程中，比热容和热导率是两个至关重要的物理特性。比热容（specific heat capacity）指的是将 1 kg 油料的温度提高 1℃所需的热量，单位通常为 kJ/（kg·℃）。比热容的大小受到水分含量、油脂组成和内部化学成分等因素的影响，这些因素直接关系到油料的储存稳定性和加工效率。例如，水分含量较高的油料通常会有较高的比热容，这意味着它们在加热过程中需要更多的热量。

热导率（thermal conductivity）则定义为单位时间内通过单位面积的热流量与温度梯度的比值，反映了材料传导热量的能力。热带木本油料的热导率通常较低，一般为 0.12～0.23 W/（m·℃），这表明它们在导热方面相对较弱。因此，在储存和加热过程中，需要关注散热和加热的均匀性，以确保加工过程的效率和最终产品的质量。

了解上述两种特性对于优化热带木本油料的加工工艺和储存条件至关重要。

五、吸附性和解吸性

热带木本油料的多细胞结构中分布着众多微小的毛细管，这些毛细管的内壁具备吸附环境中气体和蒸气的能力，这一现象称为吸附性和解吸性。

吸附性指的是油料在其表面或孔隙中吸附水分、气体及其他物质的能力，其影响因素包括：

（1）**表面特性** 料的表面粗糙度与化学组成会显著影响其吸附能力。通常，表面较为粗糙的油料表现出更强的吸附能力。

（2）**孔隙结构** 孔隙的大小、形状及分布对气体和液体的吸附同样起重要作用。孔隙较多且分布均匀的油料通常具备更强的吸附能力。

（3）**水分含量** 高湿度环境下，油料的吸附能力往往增强，这可能导致储存稳定性下降并影响油脂质量。

解吸性则是指吸附在油料表面或孔隙中的物质释放到环境中的能力，此过程受以下因素影响：

（1）**温度** 温度升高会加速解吸过程，可能导致油料品质下降。

（2）**环境湿度** 较低的湿度环境有助于解吸，有利于提升油料的储存稳定性。

（3）**内部结构** 油料的细胞结构与化学成分影响其解吸特性。

吸附性使得油料在吸湿后容易引发发热与霉变，从而对安全储存造成挑战。此外，若油料吸附了有毒或有异味的气体，且解吸困难，则可能导致油料污染。因此，在储存和处理过程中，需避免油料与有害气体接触，以确保其质量与安全。深入了解吸附性和解吸性的特征，有助于制定有效的储存与加工策略，从而提升油料的稳定性和安全性。

第五节　热带木本油料中油脂的形成和转化

油脂在热带木本油料中扮演着至关重要的角色，不仅是植物的能量储存形式，也是人类生活中不可或缺的营养成分。热带木本油料，如油棕、椰子、辣木籽、乳木果、山柚和可可等，其生产的油脂在全球市场上占据着重要地位，广泛应用于食品、化妆品和工业等领域。油脂富含必需脂肪酸和维生素，能够提供丰富的能量，并在体内发挥重要的生理功能。油脂不仅是健康饮食的重要组成部分，还有助于改善皮肤健康和增强免疫力。此外，油脂是许多国家的主要出口产品，可为农民和地方经济带来可观的收入。

本章将重点介绍热带木本油料中油脂的形成和转化过程，这对于提高其生产效率和质量，满足市场需求，以及促进可持续发展都具有重要意义。

一、油脂在油料种子中的形成过程

油脂与蛋白质和糖类一样，是植物细胞的重要组成部分，且与糖类共同为细胞呼吸提供能量。热带木本油料的细胞中含有少量油分和类脂，这些油分通过代谢途径形成，并以油滴形式积累在细胞质中。研究表明，油脂的形成过程通常从细胞内淀粉的生成开始，淀粉在叶绿体和白色体的作用下，经过复杂的生化转化，最终形成油脂。这一过程展示了油脂在植物生理中的重要性，为油料作物中的油脂积累奠定了基础。

在热带木本油料种子成熟过程中，油脂的形成主要来源于单糖（如葡萄糖）的代谢。葡萄糖通过糖酵解生成丙酮酸，丙酮酸进入线粒体并转化为乙酰辅酶A。乙酰辅酶A是脂肪酸合成途径的关键中间体，它通过一系列反应生成饱和脂肪酸和不饱和脂肪酸。同时，葡萄糖在糖酵解过程中也生成甘油。甘油与脂肪酸在脂肪酶的作用下结合，形成甘油三酯（油脂）。脂肪酶的催化作用具有可逆性，它在适宜的生理条件下促进油脂合成，而在不利条件下，可能导致油脂分解为糖类。这种动态过程对于油脂的积累和储存起到重要作用。

油脂的积累通常从盛花期开始，子房膨大时油脂逐渐形成，持续到种子或果实完全成熟。一般而言，油脂积累在果实或种子发育的1～2周后开始，并在成熟期达到峰值。在此过程中，油脂的质量和组成经历显著变化。热带木本油料的种子在早期阶段会积累大量游离脂肪酸，但随着果实成熟，游离脂肪酸的含量逐渐减少。例如，油棕果实在开花后的初期，油脂的酸值相对较高，但随着果实完全成熟，酸值显著降低，显示出油脂质量的提升。

油脂的形成过程如图2-13所示。油脂的形成过程始于葡萄糖，它通过一系列连续的还原反应转化为甘油和脂肪酸，最终在脂肪酶的作用下合成油脂。然而，关于该图中饱和脂肪酸转化为不饱和脂肪酸的过程存在异议。

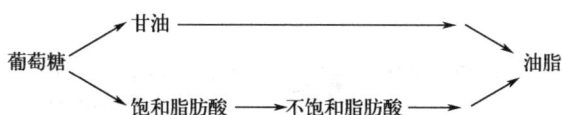

图2-13　油脂的形成过程

后续的研究进一步验证得出更为准确的概念，即在许多植物中，油脂形成过程中饱和脂肪酸和不饱和脂肪酸是同时产生的。在种子的活组织中，发生着复杂的氧化还原反应，这些反应影响特定植物中各种脂肪酸的饱和度，形成其特有的脂肪酸组合。因此，修改后的油脂形成过程如图 2-14 所示，展示了饱和脂肪酸和不饱和脂肪酸的平行生成，而非从一种转化为另一种。

图 2-14　修改后的油脂形成过程

此外，环境条件，如温度、光照和水分，对油脂合成有重要影响。不同条件下，油脂积累的速率和质量有所不同。例如，高温环境下，不饱和脂肪酸比例可能增加，以保持细胞膜的流动性。

二、甘油、脂肪酸和甘油三酯的生物合成途径

（一）甘油的合成

甘油的合成通常通过糖类的糖酵解途径进行。如图 2-15 所示，糖类（如葡萄糖）首先被转化为磷酸二羟丙酮。随后，在甘油三磷酸脱氢酶的催化下，磷酸二羟丙酮被还原为 L-α-磷酸甘油，后者是脂质合成中的重要前体。L-α-磷酸甘油为后续的脂肪酸与甘油结合形成甘油三酯提供了核心的甘油骨架。

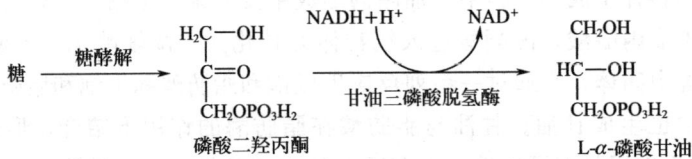

图 2-15　磷酸甘油的生物合成过程

（二）脂肪酸的合成

脂肪酸的合成依赖于乙酰辅酶 A（乙酰 CoA），它是脂肪酸合成过程中提供碳原子的关键原料。乙酰 CoA 由作物在呼吸过程中通过糖类的代谢生成，继而通过转化生成丙二酰辅酶 A（丙二酰 CoA）。其合成过程如图 2-16 所示。

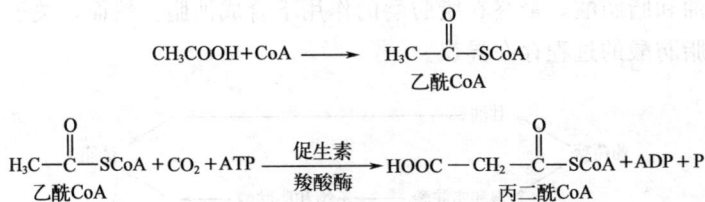

图 2-16　丙二酰辅酶 A 的生物合成过程

丙二酰 CoA 为脂肪酸合成提供碳链的基础，并与乙酰 CoA 发生缩合反应，开始脂肪酸碳链的延长。每次反应中，丙二酰 CoA 提供的二碳单元被添加到增长的碳链上，同时释放二氧化碳，二氧化碳在此过程中起到催化作用。随着二碳单元的持续添加，脂肪酸碳链逐渐延长，最终形成中长链脂肪酸（如图 2-17 所示）。这些脂肪酸会迅速转化为最终产物，不会在作物体内长期积累。

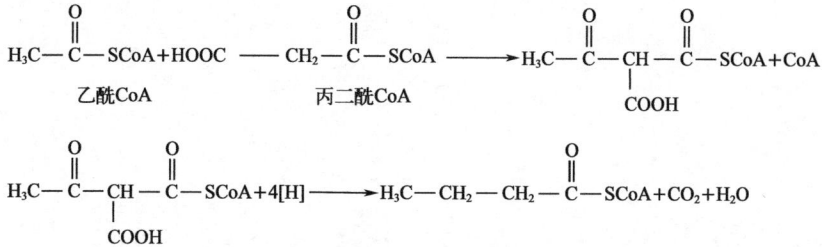

图 2-17　中长链脂肪酸的生物合成过程

（三）甘油三酯的合成

在脂肪酸合成完成后，它们会迅速与 L-α-磷酸甘油结合，形成甘油三酯。在甘油与脂肪酸结合过程中，辅酶 A 或 ADP 被释放，磷酸甘油中的磷酸也被移除。甘油三酯的合成涉及三个活性脂肪酸与甘油结合的过程，最终生成细胞中储存的油脂，该过程可通过图 2-18 展示。

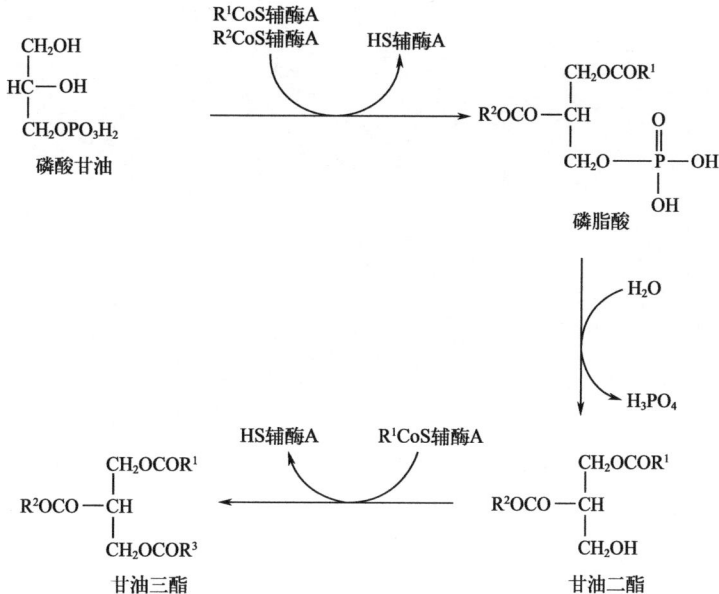

图 2-18　甘油三酯的生物合成过程

植物体内油脂的形成与外界环境密切相关，包括气候、土壤和耕作条件等。不同的环境因素通过影响植物的生理过程及化学反应，进而影响其解剖结构与形态特征。因此，油脂合成与环境的相互作用在油料作物中至关重要。

储藏期间，种子中的化学成分会发生缓慢变化，这可能影响油脂的质量和数量。因此，油料作物的种子需要存放在防潮、密封、通风良好的环境中，且须确保良好的管理。如果储藏条件不佳或管理粗放，种子容易受潮变质，导致油脂损失并影响整体质量。

第三章
热带木本油料油脂制取

第一节　油料的预处理

热带木本油料作物生长在热带地区，果实和种子可榨油。世界四大木本油料作物为椰子、油棕、油茶、油橄榄，前三者均属于热带木本油料，它们的种植面积最大，产油量也最多，是世界最主要的热带油料作物。

热带木本油料在收获、晾晒、运输和贮藏等过程中会混进一些砂石、泥土、茎叶及铁器等杂质，如果生产前不予清除，将对生产过程非常不利。因此，制油前应对油料进行一系列的处理，以使油料具有最佳的制油性能，从而满足不同制油工艺的要求。油料的预处理一般包括油料的清理、脱绒、剥壳、干燥、破碎、软化、轧坯和蒸炒等内容。

一、油料的清理

（一）油料清理的目的和要求

油料清理指的是通过各种设备去除油料中杂质的综合工序。在进入油厂的植物油料中，通常会混杂一些杂质，这些杂质的含量一般在 $1\% \sim 6\%$，最高可达 10%。在制油过程中，这些杂质会吸附一定量的油脂，造成油分损失，从而降低出油率。混入油料中的有机杂质不仅会使油的颜色加深，还可能导致油中沉淀物增多，影响油品的质量，同时使饼粕的质量下降，进而影响饼粕资源的开发和利用。杂质的存在还会导致生产设备效率下降、生产环境的粉尘增多以及空气质量变差。因此采用各种清理设备将这些杂质清除可提高油脂和饼粕的质量，提高出油率，减少损失，增加设备的处理量，减轻对设备的磨损，还可保证车间的安全，实现文明生产。

（二）油料清理的方法及机理

在进厂油料中，常常会含有各种杂质，这些杂质包括无机杂质、有机杂质和含油杂质。其中，无机杂质主要指泥土、沙粒、石子、瓦块、金属等；有机杂质包括茎叶、皮壳、蒿草、麻绳、布块、纸屑等；含油杂质则包括病虫害粒、不实粒和混入的其他油料的种子。为了达到高效清理油料的目的，需要采用多种方法综合处理。在清理方法方面，主要有以下几种：

1. 筛选法

此法利用油料和杂质颗粒大小、形状、密度等差别，借助筛面开孔大小、长宽比上下分层或前后分段组合，并结合相对运动（振幅、转速），将大于和小于孔径的杂质分离，是主要的清理方法。

2. 风选法

此法根据油料和杂质在气体动力学性质上的差别，利用气流，借助于风选设备将浮尘及其他轻于或重于油料的杂质去除。

3. 撞击法

此法根据油料和杂质在机械强度上的差异，先使其在设备中受到研磨及打击作用，将杂质击碎，再用筛选方法除去。

4. 比重法

比重法又称水选法，根据油料与杂质密度和悬浮速度不同的原理，利用比重去石机及水洗设备除去杂质。

5. 磁选法

此法根据油料和金属磁性不同的原理，借助磁选设备将油料中的金属（铁）类杂质除去。

二、油料的剥壳及仁壳分离

（一）剥壳的目的

油料一般都含有皮壳，皮壳中的主要成分是纤维素和半纤维素，且某些油料含壳率高，不去除将会影响制油。剥壳后制油，能减少油脂损失，提高出油率。油料皮壳中色素、胶质和蜡含量较高，在制油过程中这些物质溶入毛油中，将造成毛油色泽深、含蜡高、精炼处理困难。剥壳后制油，毛油质量好，精炼率高。此外，油料脱壳可以减轻对油料加工设备的磨损，增加设备的合理生产量，利于轧坯等后续工序的进行及皮壳的综合利用等。油棕在碾碎的过程中，棕仁被分离出来，再经过碾碎和去掉外壳，剩下的果仁经过榨取可得到毛棕榈仁油（CPKO）和棕仁粕（PKE）。油棕果实中含两种不同的油脂，从果肉中获得棕榈油，从油棕种子中得到棕榈仁油。

（二）剥壳的方法

油料剥壳时根据油料皮壳性质、形状大小、仁皮结合情况的不同，采用不同的剥壳方法。同时应考虑油料水分对剥壳的影响。油料含水量低，则皮壳脆性大易破碎，但水分过低时，在剥壳过程中易产生粉末。常用的剥壳方法有如下几种：

（1）**摩擦搓碾法**　即借粗糙工作面的搓碾作用使油料壳破碎。
（2）**撞击法**　即借壁面或打板与油料之间的撞击作用使皮壳破碎。
（3）**剪切法**　即借锐利工作面的剪切作用使油料皮壳破碎。
（4）**挤压法**　即借轧辊的挤压作用使油料皮壳破碎。
（5）**气流冲击法**　即借助于高速气流将油料与壳碰撞，使油料皮壳破碎。

三、油料的破碎与软化

（一）破碎

用机械的方法，将油料粒度变小的工序叫破碎。大粒油料破碎后有利于轧坯操作，预榨饼经破碎后其粒度应符合浸出和二次压榨的要求。对油料或预榨饼的破碎要求：破碎后粒度均匀，不出油，不成团，粉末少。为了使油料或预榨饼的破碎符合要求，必须正确掌握破碎时油料水分的含量。水分过低将增大粉末度，粉末过多，容易结团；水分过高，油料不容易破碎，易出油。破碎的设备种类较多，常用的有辊式破碎机、锤式破碎机、反击式破碎机，此外也有利用圆盘剥壳机进行破碎的。其中，辊式破碎机是借助一对拉丝辊相向差速运动产生的剪切挤压作用，使油料破碎的设备，适用于处理较软的物料；锤式破碎机是利用安装于高速旋转的转子上锤片的打击作用使油料破碎，适用于处理脆性物料；反击式破碎机是利用高速运动的物料与固定或运动的反击板撞击来破碎物料，适用于处理较硬的物料。

椰干要先破碎成适当大小的椰粒，才能输入螺旋压榨机进行压榨。破碎的机械通常选用锤式破碎机，其直径为 300 mm，转速为 1300～1400 r/min，筛孔为 14 mm。椰干从机器上端的进料口输入后，受到绕轴高速旋转锤棒的锤击而破碎，较小的椰肉碎粒通过筛板的筛孔甩出，而较大的椰肉碎粒不能通过筛孔，仍留在机内继续被破碎，直到能通过筛孔被甩出为止，因此筛孔的直径一般就是椰肉粒的最大粒度。

棕榈油分布在油棕果肉的油细胞组织内，由细胞壁所包围。为使油脂能顺利提取出来，就必须捣烂果肉，破坏油细胞壁。所以，捣碎的目的在于撕破棕果表皮，破坏果肉的物理结构，使果肉与果核分离，进而破坏油细胞壁。因此，捣碎的程度直接影响出油率。当捣碎率达 95% 时，出油率为 85%；当捣碎率达 99% 以上时，在同样条件下，出油率可达 91%～93%。捣碎的同时进行加热，有利于棕果破碎，以及破坏油与水所形成的乳化状态，进而使蛋白质进一步凝固变性。加热又可降低油的黏度，有利于促进含油细胞从纤维中松脱，使油脂易于析出和流动，故捣碎时加热对提高出油率起着很重要的作用。

（二）软化

软化通过对油料温度和水分的调节，使油料具有适宜的弹塑性，以降低轧坯时的粉末度，减少粘辊现象，保证坯片质量。软化还可以减轻轧坯时油料对轧辊的磨损和机器的振动，有利于轧坯操作的正常进行和油脂的提取。软化的要求为料粒有适宜的弹塑性且内外均匀一致，能够满足轧坯的工艺要求。对于含油率低的、水分含量低的油料，软化操作必不可少；对于含油率较高、水分含量高的油料等一般不予软化。为此，软化时应根据油料种类和所含水分的不同制定软化操作条件，确定软化操作是加热去水还是加热湿润。当油料含水量高时，应在加热的同时，适当去除水分；反之，应在加热的同时，适量加入水蒸气进行湿润。油料含水量较高时软化温度要低一些；反之，软化温度应高一些。另外，必须保证有足够的软化时间，同时还应根据轧坯效果调整软化条件。若油料含油量较低，塑性较差，轧坯前一般都要进行软化，若轧坯前已采用热脱皮工艺就无须再进行软化。

常用的软化设备有层式软化锅和滚筒软化锅，层式软化锅的结构类似于层式蒸炒锅，滚筒软化锅的结构类似于回转式干燥机。如图 3-1 所示，滚筒软化锅又称卧式软化锅。软化锅的圆筒外壳上有一个齿圈和两个铸铁导轨，驱动装置通过齿轮和齿圈的啮合，使整个筒身均匀转动，托轮通过导轨支撑整个滚筒的重量。滚筒内装有若干组随筒体转动的加热排管，滚筒内壁焊有内螺旋板，滚筒安装的倾斜角为 5°～6°。油料从进料端进入滚筒，由于筒身的倾斜和内螺旋板的推动而运动到滚筒的另一端卸出，油料在滚筒中被加热排管加热软化。滚筒软化锅的特点是由于滚筒的转动使物料的翻动更加均匀，避免了由于物料运动的死角而造成的焦煳现象，软化效果均匀透彻，并且动力消耗小。

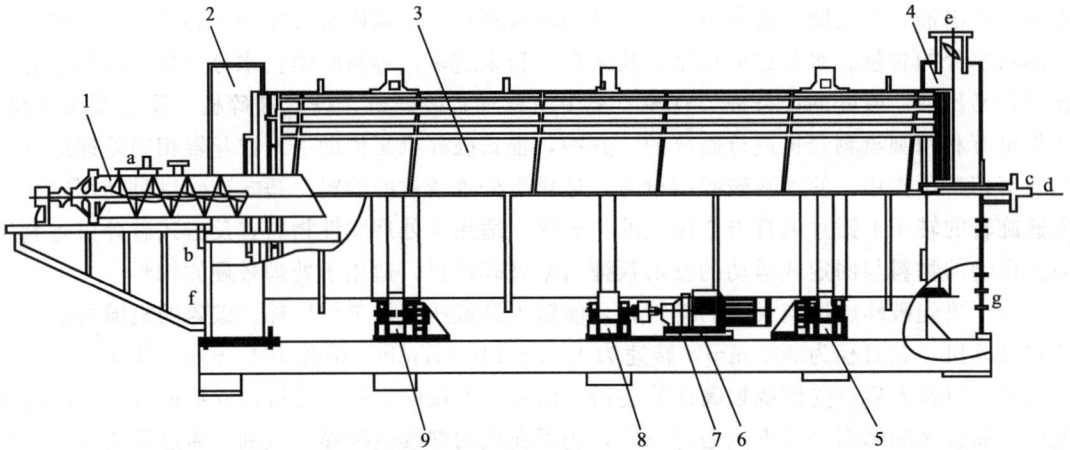

图 3-1　滚筒软化锅

1—进料螺旋输送机；2—进料端箱体；3—旋转筒体；4—出料端箱体；5—滚轮装置；6—调速电机；

7—摆线针轮减速器；8—小齿轮传动机构；9—挡料装置

a—进料口；b—调质水汽进口；c—加热蒸汽进口；d—冷凝水出口；e—蒸发水汽出口；f—物料出口；g—手孔

滚筒软化锅在国内使用开始于 20 世纪 90 年代初，随着国内油脂加工业的迅速发展，生产油脂设备的科研院所、工程公司和加工企业，对滚筒软化锅进行了不断改进，使该类型设备逐步标准化和系列化，滚筒软化锅主要技术性能见表 3-1。

表 3-1　滚筒软化锅系列产品的主要技术性能

型号	生产能力 /（t/d）	配备功率 /kW	蒸气压 /MPa	滚筒转速 /（r/min）	换热面积 /m²
RHG-180	200～250	7.5～11	0.45～0.5	3～5	195
RHG-200	300～400	15～18.5	0.45～0.5	3～5	280
RHG-220	450～500	18.5	0.45～0.5	3～5	360
RHG-240	600～650	22	0.45～0.5	3～5	450
RHG-260	700～750	30	0.45～0.5	3～5	515
RHG-280	800～900	37	0.45～0.5	3～5	570
RHG-300	1000	45	0.45～0.5	3～5	635

四、油料的轧坯

轧坯是利用机械的挤压力，将颗粒状油料轧成片状料坯的过程。经轧坯后制成的片状油料称为生坯，生坯经蒸炒后制成的料坯称为熟坯。

（一）轧坯的目的和要求

油料由大量细胞构成，其细胞表面覆盖着由纤维素和半纤维素组成的坚韧细胞壁，油脂及其他物质被包裹在这些细胞壁内。要提取细胞内的油脂，必须破坏细胞壁，从而破坏油料的细胞组织。轧坯的目的是通过轧辊的碾压和油料细胞之间的相互作用，破坏油料的细胞组织，增加油料的表面积，同时使料坯成为片状，以缩短油脂从油料中排出的路程，从而提高制油时出油速度和出油率。油料轧制得越薄，细胞组织破坏越多，油脂的提取效果也会越好。将油料轧制成薄片后，有利于在蒸炒过程中实现水分和温度的均匀作用，提高蒸炒效果。对于生坯直接浸出取油来说，轧制的效果直接影响浸出效果，因为轧制是破坏油料细胞组织并确保所需料坯结构的关键环节。相较之下，压榨取油和预榨取油对轧坯厚薄的要求没有生坯直接浸出那么严格，因为在压榨前的蒸炒过程及压榨过程中产生的湿热和压力能够进一步破坏油料细胞。

对轧坯的要求是料坯厚薄均匀，粉末大小适度，不漏油，并具有一定的机械强度。对于不同油料和不同制油工艺，其料坯的适宜厚度有所不同。高油分油料的料坯应厚些，低油分油料的料坯应薄些；直接浸出工艺的料坯应薄些，预榨浸出或膨化浸出的料坯应厚些。在轧坯时，还须防止高油分油料的受轧出油，避免由于辊面带油而造成轧辊的吃料困难和料坯粘辊现象。

（二）轧坯设备

轧坯设备又称轧坯机，主要由两个或几个相对旋转的轧辊组成，按轧坯方式可分为平列式轧坯机和直列式轧坯机两类。

平列式轧坯机分为单对辊轧坯机和双对辊轧坯机两种，单对辊轧坯机的轧辊是光面辊，双对辊轧坯机的轧辊一般是带槽辊。单对辊轧坯机如图3-2所示。各种类型的轧坯机，其结构和工作原理都基本相同，主要由喂料装置、轧辊、刮刀、挡板、机架及传动装置所组成。

直列式轧坯机有三辊轧坯机和五辊轧坯机两种，由于其辊面压力和生产能力较小，在新建油厂已很少使用。目前油厂应用最多的是平列式的单对辊轧坯机。

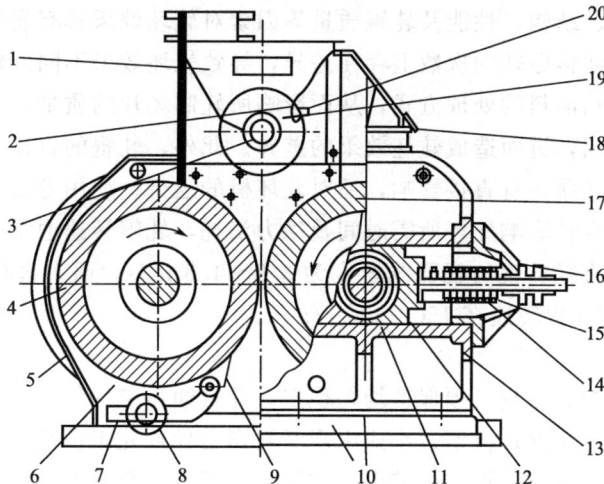

图3-2 单对辊轧坯机

1—料斗；2—下料活门；3—喂料辊；4—链条；5—皮带轮；6—后辊（主动碾）；7—重锤轮；8—重链；
9—副刀；10—机座；11—轴承；12—轴承座；13—机架；14—调节螺杆；15—弹簧；16—锁紧螺母；
17—目辊；18—调节手柄；19—凸轮轴；20—凸轮

（三）影响轧坯效果的因素

1. 油料的性质

对轧坯效果影响较大的油料性质主要有含油量、含水量、含壳量、含杂量、粒度、温度和塑性等。首先，进入轧坯机的油料必须经过严格的除杂，不得含有硬杂，否则将造成轧辊表面损伤，甚至造成轧辊掉边的严重事故。其次，油料粒度必须符合轧坯的要求，并保证轧辊对其有足够小的咬入角。同时，要求油料粒度均匀一致，以保证轧坯后的料坯基本均匀。最后，对于大颗粒油料在轧坯前必须经过适当的破碎，否则会造成轧辊不吃料或设备生产能力降低。

（1）含油量 油料含油量对轧坯质量产生很大影响，轧坯时油料受到轧辊压力的作用，油脂被挤压出来，并附着在新生的坯片表面。当油料含油量很高，且坯片又轧制得很薄时，被挤压出的大量油脂将润滑辊面，使轧坯机产量降低，甚至无法工作。

（2）含水量 在轧坯过程中，油料受轧辊的外力作用而发生变形，油料抵抗外力作用的能力随油料水分含量变化而变化。干燥油料有很显著的脆性，轧制成的坯片上有很多裂痕，稍加压力即容易粉碎；潮湿油料具有很大的塑性，受压时易成片状。当油料水分含量高时，在轧辊的作用下会分离出部分油脂使坯片黏结起来，形成很薄的带状。当油料水分含量很高时，在轧辊的作用下会提前出油，使油料与轧辊之间的摩擦力减小，甚至会使轧坯操作停止。在轧坯和其后的运输过程中，坯片可能损失 1% 的水分。

（3）含壳量 油料中若含过多的坚硬外壳，在轧坯时会因外壳有较高的抵抗外力作用的能力而使辊间缝隙增大，造成轧坯质量降低或质量不稳定。

（4）温度 油料抵抗外力作用的能力随温度而变化。温度越低，油料的弹性越大，塑性越小；反之，塑性越大。随着温度提高，油料塑性增加，且所含油脂的黏度降低，在轧坯时更容易出油。

2. 轧坯设备

轧坯设备的形式、结构、性能及轧辊质量等因素对轧坯效果具有显著影响。直列式轧坯机和平列式轧坯机在油料碾轧的次数上存在差异，导致轧坯效果不同。轧辊的辊面形式、轧辊转速等因素也会影响油料的处理方式，从而影响所轧制坯片的质量。不同的轧辊紧压方式会导致辊面压力的不同，进而造成轧坯效果的差异。此外，轧辊的直径、圆度、辊面硬度和平整度等，不仅对轧坯质量有直接影响，还对轧坯机的运行、使用寿命和动力消耗产生重要影响。轧辊的转速和直径影响轧坯所需时间及动力消耗，轧辊转速通常依据轧坯时所需的辊面线速度来确定。小直径轧辊的辊面线速度为 3.5～4.5 m/s，而大直径轧辊的辊面线速度为 5～6 m/s，相应的轧辊转速在 150～300 r/min。

3. 轧坯操作

在轧坯过程中，油料流量必须保持均匀稳定，并且油料应均匀分布在整个辊面上。若流量过大则会导致轧坯机堵塞；流量过小或出现断料则会导致轧辊空转，从而造成轧辊相互碰撞，导致轧辊表面磨损不均，形成马鞍形辊和圆台形辊，这会导致轧坯厚薄不一致，并容易产生轧辊掉边现象。轧辊在未松开之前不得空转。如果由于条件限制无法松开，也应尽量缩短空转时间。为防止断料后轧辊空转造成的损坏，一些轧坯机配备了低料位报警装置，当料斗中的存料高度低于规定值时，喂料会自动停止，轧辊电机会停电并发出警报。

为了保持轧辊表面较高的平整度及相互平行度，必须确保刮刀工作状态良好，以彻底清除附着在辊面上的生坯。根据辊面的磨损情况，应定期检查并维护。同时，要经常检查整个轧辊长度上的料坯厚薄均匀性。如发现厚薄不均，应检查轧辊两端的松紧是否一致或辊径是否一致。无论是弹簧紧压还是液压紧压，都要求轧辊两端的缝隙和压力保持一致，以确保料坯质量。此外，还应经常检查轧辊两端挡板的密封情况，以防止油料泄漏。

五、油料生坯的挤压膨化

油料生坯的挤压膨化是利用挤压膨化设备将生坯制成膨化颗粒物料的过程。生坯经挤压膨化后可直接进行浸出取油。油料生坯的挤压膨化浸出是一种先进的油脂制取工艺，油料生坯挤压膨化浸出工艺和设备的研究及应用发展迅速。含油率低的油料生坯的膨化浸出工艺在国内外已得到广泛的应用，含油率高的油料生坯的膨化浸出工艺也已开始得到应用。油料生坯的挤压膨化浸出工艺大有取代直接浸出和预榨浸出制油工艺的趋势。

（一）挤压膨化的目的

油料生坯经挤压膨化后，其容重增大，多孔性增加，油料细胞组织被彻底破坏，酶类被钝化。这使得膨化物料浸出时，溶剂对料层的渗透性和排泄性都大为改善，浸出溶剂比减小，浸出速率提高，混合油浓度增大，湿粕含量降低，浸出设备和湿粕脱溶设备的产量增加，浸出毛油的品质提高，并能明显降低浸出生产的溶剂损耗以及蒸汽消耗。

（二）挤压膨化原理

油料生坯由喂料机送入挤压膨化机，在挤压膨化机内，料坯被螺旋轴向前推进的同时受到强烈的挤压作用，物料密度不断增大，并由于物料与螺旋轴和机腔内壁的摩擦发热以及直接蒸汽的注入，物料受到剪切、混合、高温、高压联合作用，油料细胞组织被较彻底地破坏，蛋白质变性，酶类钝化，容重增大，游离的油脂聚集在膨化料粒的内外表面。物料被挤出膨化机的模孔时，压力骤然降低，造成水分在物料组织结构中迅速气化，物料受到强烈的膨胀作用，形成内部多孔、组织疏松的膨化料。物料从膨化机末端的模孔中被挤出，并立即被切割成颗粒状物料。

（三）挤压膨化设备

挤压膨化机包括单螺杆挤压膨化机和双螺杆挤压膨化机两种，单螺杆挤压膨化机的结构相对较简单，双螺杆挤压膨化机的结构相对较复杂。双螺杆挤压膨化机能膨化黏稠状物料，且出料稳定，受喂料波动的影响较小，单螺杆挤压膨化机则与其相反。

根据在挤压螺杆前是否设置添加蒸汽的调质器，挤压膨化机又分为干法挤压膨化机和湿法挤压膨化机。干法挤压膨化机没有设置调质器，但也可在挤压螺筒上添加少量水分，主要依靠机械摩擦和挤压对物料进行加压加温处理，适用于含水和含油脂较多的原料的加工。其他含水和油脂较少的物料在挤压膨化过程中需加入蒸汽或水，常采用配有调质器的湿法挤压膨化机。

1. 单螺杆挤压膨化机

单螺杆挤压膨化机主要由动力传动装置、喂料装置、直接式数字控制器调质器、挤压部件以及出料切割装置等组成（图3-3）。挤压部件由螺杆、膨化腔及模板组成。膨化腔一般是组装而成，方便零件的更换及保养。膨化腔内表面分为直形槽和螺旋形槽。直形槽有剪切、搅拌作用，一般位于膨化腔的中段；螺旋形槽有助于推进物料，通常位于进料口部位，靠近模板的膨化腔也设计成螺旋形槽，使模板压力和出料保持均匀。螺杆从喂料端到出料端，齿根逐渐加粗，固定螺距的螺片逐渐变浅，使机内物料容量逐渐减少，同时在螺杆中间安装一些直径不等的剪切环，以减缓物料流速而加剧熟化。捣烂的棕果由喂料口投入后，经喂料螺杆送入压螺杆，直至饼渣最后从压榨机尾部可调锥体的四周排出。棕榈油则通过螺杆周围的多孔榨笼和压榨螺杆尾部机轴周围的短榨笼流出机外。这种螺旋压榨机的加工能力，自3～13 t/h不等，可根据需要选择。

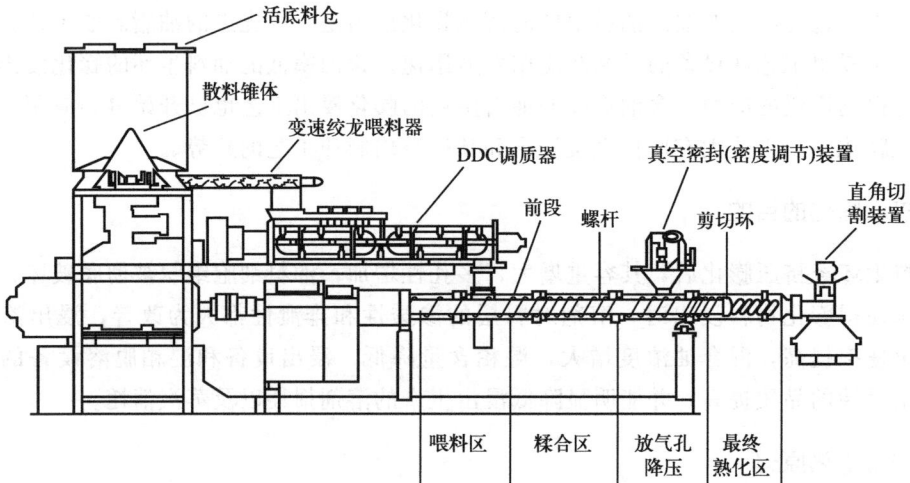

图3-3　单螺杆挤压膨化机

2. 双螺杆挤压膨化机

近年来，在膨化颗粒饲料和食品加工中，双螺杆挤压膨化机的使用日益增多。双螺杆挤压膨化机与单螺杆挤压膨化机的机理基本相同，所不同的是双螺杆挤压膨化机膨化所需要的热量不只靠挤压物料产生的"应变热"（机械热），还需设置专门的外部控温装置。其螺杆的主要作用是推进物料，而双螺杆更有利于物料的输送、混合、剪切和自清（图3-4）。

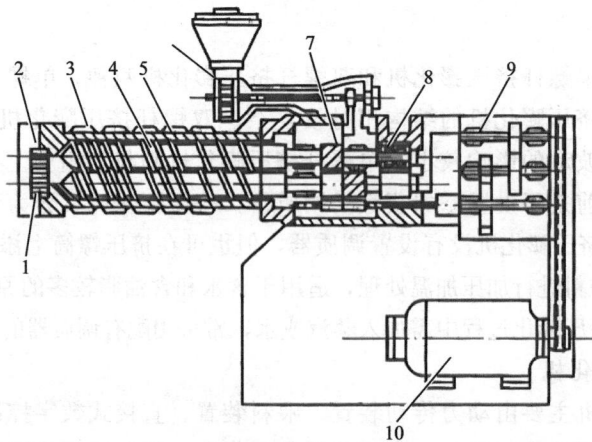

图3-4　双螺杆挤压膨化机

1—连接器；2—过滤器；3—料筒；4—螺杆；5—加热器；6—加料器；7—支座；8—上推轴承；9—减速器；10—电动机

双螺杆挤压膨化机的啮合方式包括异向旋转啮合式、同向旋转啮合式、异向旋转非啮合式、同向旋转非啮合式，其中以同向旋转啮合式最为常见。在运转中，这种类型的膨化机一个螺杆的螺纹与相邻螺杆的流槽发生相互作用，因而膨化腔壁无须提供防止物料反转的机构。双螺杆挤压膨化机对物料具有良好的混合效果，且具有较高的单机生产能力以及螺杆表面的自清洁能力。工作中的物料被相互啮合的螺杆分隔成一些小腔室，各小室的物料在螺杆的推动下均匀地向前移动，从而使各小腔内物料的温度和所受的剪切力比较容易控制。双螺杆挤压膨化机在质量控制及加工灵活性上更有优势。它可以加工黏稠、多油的原料以及其他在单螺杆挤压膨化机中无法加工的原料。

双螺杆挤压膨化机的螺杆为分段结构，根据热带木本油料对调质的要求，可增减螺杆长度，以改变物料在膨化腔内的滞留时间。分段机构可选用不同断面的螺杆，以适应各种加工需要。有时将螺杆设计成带剪切阻流器或糅合部件的螺杆段，以降低螺杆向前输送挤压物料的能力，促进机械能向热能的转换。与单螺杆挤压膨化机相比，双螺杆挤压膨化机有以下优点：①可加工高油脂的物料，油脂含量可大于 17%；②可加工水分含量超过 30% 的高水分物料；③可加工小颗粒的油料（直径为 0.3～1.0 mm）；④具有自清洁能力，便于清理与维修。

第二节　压榨法制油

一、压榨法制油概述

压榨法是一种传统制油方法，我国最早有楔式榨油的记录在 14 世纪中叶。压榨法制油的历史悠久，原始的压榨法制油是以人力、水力、畜力等为动力的静态压榨制油。根据压榨机机械形式可将其分为单螺旋压榨机、双螺旋压榨机及液压榨机。与其他取油方法相比，压榨法制油具有以下优点：工艺简单，配套设备少，对油料品种适应性强，生产灵活，油品质量好、色泽浅、风味纯正。其缺点是压榨后的饼残油量高，出油效率较低，饼粕质量差，动力消耗大，设备零件易损耗。

（一）压榨制取椰子油

传统压榨法制备椰子油时，对新鲜椰肉的干燥是采用阳光直晒法或者是在烘炉里面进行干燥，最后得到含水率在 5% 左右的椰肉干，然后再经过物理压榨得到椰子毛油。但是在椰肉的干燥过程中，可能会出现各种各样的质量问题，比如椰肉在阳光的直接照射下进行干燥，会导致椰肉的腐败变质和椰肉变黑或者变成黄褐色，进而影响椰子油的品质。因此制备得到的椰子毛油必须经过精炼，如脱胶、脱色、脱臭等，最终才能得到健康的椰子油。该方法历史悠久，出油率高，所得的椰子油有浓郁的椰奶香味，但是游离脂肪酸含量较高，且压榨过程中产生的高温会破坏椰子油中原有的营养成分，并使椰子油颜色变黄，影响椰子油品质。

椰干的含油量很高，采用间歇式的榨油机一次压榨难以把油全部榨出，所以通常选用连续式的螺旋榨油机，这样从椰干破碎到榨油的整个过程是连续进行的。椰肉粒被送入螺旋榨油机后，在带有滴油装置的密闭榨笼内向前推进时，油被连续榨出并被收集在容器中，而在榨机末端，料坯被压缩成一个柱状或塞状物体。当油饼被推出校饼器后，新饼不断形成，使柱状物维持不变。新输入的椰肉粒由螺旋喂料器克服校饼器前端柱状物体的摩擦力强制推进，从而产生榨油的压力。这种压榨方式比液压榨油需要的劳动量少，而且出油率较高，饼残油量为3%～4%，而液压榨油饼残油量则为6%～10%，且其动力消耗更大，维修的费用更高。在小规模生产椰子油时，可以只用螺旋压榨机榨取椰子油，而不需再对饼渣进行溶剂浸提处理。

（二）压榨制取棕榈油

制取棕榈油需要用液压机压榨，其在印度尼西亚和西非用得较多，我国海南省使用也较多，适用于小型油棕加工厂。液压机的种类很多，有手压机、标准1.5 t型、标准3 t型等，可根据产量和动力条件选用。我国多用国产90型液压机改装型，主要是改进笼的设计。榨笼的结构通常有两种形式，一种是圆筒形的，用钢板焊接制成，圆筒的表面钻有许多直径为5 mm的出油孔；另一种是用由10 mm×10 mm的方钢制成的多个圆形钢圈重叠起来焊接制成的。除位于最底部的榨笼高度为40 mm以外，其余笼每节均为100 mm高。榨笼的内径为345 mm，活塞顶板的直径为340 mm，这样可保证活塞在榨笼内自由升降。捣碎的棕果从进料漏斗送入双螺杆压榨室，部分棕榈油先从滤网中滤出，然后碎棕果进入多孔筒形榨膛中。棕榈油在此处被挤压并从泄油孔排出，饼渣则继续被螺杆压送到多孔榨膛的末端，此处的轴套也开有泄油孔，可将后来榨出的棕榈油排出。榨膛的尾部出渣口，可通过液压控制的锥体来调节其大小，从而控制榨膛内部的压力。

（三）压榨制取油茶籽油

压榨法提取得到的油茶籽油为浅褐黄色，具有油茶籽油的清香，是一种能较好地保障油茶籽油感官品质的提取方法，其主要的工艺流程为：鲜茶果→烘干→脱壳→取出茶籽→烘干→破碎→轧坯→蒸炒→压榨。

此工艺的优点是提取工艺简单且不添加任何化学药剂，可较好地保留油茶籽油的特有风味，还能保证油脂的品质和安全。压榨法的缺点是批量生产成本较高，且提油率低、杂质多、酸值高、过氧化值高、粕中残油率较高，还需要经过后续的过滤、碱炼、脱色等复杂的精炼处理。另外，该工艺在前期的蒸炒高温会使油茶籽仁中的蛋白质等物质变性，还会使油品中生育酚、皂苷、茶多酚、角鲨烯等生理活性物质分解，后期精炼工艺也会对油的品质产生影响，如产生三氯丙醇、脱水甘油酯等对人体有害的物质。因此，在传统热榨工艺基础上衍生出了冷榨法，但是冷榨法残油率高达12%～20%，对茶籽的质量要求也相对较高，故暂时无法取代热榨法。

二、压榨法制油的基本原理

（一）压榨过程

压榨是通过机械外力将油脂从榨料中挤压出来的过程。在压榨过程中，主要发生的是物理变化，如物料变形、油脂分离、摩擦发热和水分蒸发等。然而，温度、水分和微生物的影响，也会产生一些生物化学变化，如蛋白质变性、酶的失活和破坏，以及某些物质的结合等。在压榨过程中，榨料粒子在压力作用下内外表面紧密接触，导致液体部分和凝胶部分分别经历两个不同的过程，即油脂从榨料的空隙中被挤压出来，同时榨料粒子发生变形，形成坚硬的油饼。

1. 油脂与凝胶部分分离的过程

油脂从榨料中分离的过程如下：在压榨的初期阶段，粒子发生变形并在接触处相互结合，使粒子间的空隙缩小，油脂开始被压出；在主要压榨阶段，粒子进一步变形结合，空隙缩得更小，油脂大量被挤出；而在压榨的结束阶段，粒子结合完毕，空隙的横截面突然缩小，油路显著封闭，油脂的分离量显著减少。解除压力后，油饼由于弹性变形而膨胀，形成细孔，有时出现粗裂缝，未排出的油反而可能被重新吸入。

在压榨的主要阶段，油脂的挤出过程遵循黏液流体的流体动力学原理，即油脂的流动可以视为在变形的多孔介质中不可压缩液体的运动。因此，油脂流动的平均速度主要取决于孔隙中液体的黏度和施加的压力。同时，液体层的厚度（即孔隙的大小和数量）以及油流路径的长度也是影响油脂排出速度的重要因素。一般而言，油脂的黏度越小，所需的压力越大，油脂从孔隙中流出的速度越快。同时，油流经的路径越长、孔隙越小，则流速越低，导致压榨过程变慢。

在强力压榨下，榨料粒子表面挤压到最后阶段时，会出现一个极限情况，即在挤压的表面形成单分子厚的油层或接近单分子的多分子油层。这一油层由于受到强大的表面分子力的作用而完全结合在表面，不再遵循一般的流体动力学规律，也无法从表面的空隙中被进一步压榨出来。这时，油脂分子可能形成极薄的吸附膜。这些油膜在某些地方可能会破裂，使部分表面直接接触并相互结合。由此可见，压榨过程结束后，榨料粒子间的紧密程度导致的油膜残留量非常低。实际上，饼中残留的油脂量要高于表面的单分子油层，这是因为粒子的内外表面并非全部挤紧，个别粒子表面直接接触，使得一部分油脂残留在封闭的油路中。

2. 油饼的形成过程

在压力作用下，榨料粒子在油脂排出的过程中不断被挤紧，直接接触的粒子相互产生压力，导致榨料的塑性变形，尤其是在油膜破裂的部位，会发生粒子间的相互黏结。在压榨过程结束时，榨料不再是松散体，而是形成了一种完整的可塑体，称为油饼。然而，并非所有粒子都完全结合，因而，油饼是一种不完全结合且具有大量孔隙的凝胶多孔体。具体来说，除了部分粒子发生结合形成连续的凝胶骨架外，粒子之间或已结合的粒子组之间仍然保留许多孔隙。这些孔隙中，一部分可能互不连通，从而封闭了油路；另一部分则可能相互连接，形成通道，仍有可能被继续压榨。由此可见，饼中残留的油脂包括：被油路封闭包容在孔隙内的油脂、粒子内外表面结合的油脂，以及未被破坏的油料细胞内残留的油脂。

需要指出的是，由于压力分布不均和油流速度不一致等因素，实际的压榨过程往往会出现油饼中残留油脂分布不均匀。同时，在压榨过程中，特别是在最后阶段，由于摩擦发热或其他因素，榨出的油脂中可能含有一定量的气体混合物，主要是水蒸气。因此，实际的压榨取油过程包括了变形多孔介质中液体油脂的榨出，以及水蒸气与液体油脂混合物的榨出。

（二）制油的基本原理

压榨过程中，压力、黏度和油饼成型是压榨法制油的三要素。压力和黏度是决定榨料排油的主要动力和可能条件，油饼成型是决定榨料排油的必要条件。

1. 排油动力

在榨油过程中，榨料受压后，其间隙被压缩，空气被挤出，榨料的密度迅速增加，导致料坯发生挤压变形和位移。此时，榨料的外表面被封闭，内表面的孔道逐渐缩小。当孔道缩小到一定程度时，常压下的液态油会转变为高压油。在高压油的作用下，小油滴会聚集成大油滴，甚至形成独立的液相存在于榨料的间隙中。当压力达到一定水平时，高压油会打开流动通道，克服油分子与榨料蛋白质分子之间以及油分子之间的摩擦阻力，从而突破榨料的高压力区域，与塑性油饼分离。在压榨过程中，油脂的黏度和流动动力与温度密切相关。机械能转化为热能，可导致物料温度上升，使分子运动加剧，分子间的摩擦阻力和表面张力降低，油脂的黏度减少。这些因素共同作用，使得油脂能够更迅速地流动、聚集，并有效地从塑性油饼中分离出来。

2. 排油深度

在压榨过程中，榨料中残留的油量能有效反映排油的深度。残留油量越低，表示排油深度越深。排油深度受多种因素影响，包括压力大小、压力递增量和油脂黏度等。

在压榨过程中，需要施加足够的压力，使榨料发生变形，密度增加，空气排出，孔隙逐渐缩小，内外表面积减少。压力越大，物料的变形也越明显。因此，为了获得良好的排油深度，必须合理递增压力，且压力递增的速度应适中，增压时间不宜过短。这有利于榨料间的孔隙逐渐变小，油脂能在足够的时间内聚集和流动，从而打开油路，排出榨料，提高排油深度。

"轻压勤压"的传统榨油方法说明了这一原理，它也适用于所有压榨机的增压设计。在压榨过程中，榨料的温度升高会降低油脂的黏度，减少油脂在榨料中的运动阻力，从而有利于油脂的排出。因此，通过调整压榨温度，使油脂黏度降低至最小，可以有效提高排油深度。

3. 油饼成型

排油的关键在于油饼的成型。如果榨料的塑性较低，受压后难以变形或不易变形，则油饼无法成型，排油压力难以建立，外表面无法封闭，内表面孔道也不会缩小，密度不能增加。在这种情况下，油脂无法由不连续的状态转变为连续相，不能由小油滴聚集成大油滴，常压油也无法转变为高压油，因此无法产生流动的排油动力，排油深度也无法提高。因此，油饼的顺利成型是实现排油的必要条件。

当榨料形成油饼时，压力可以顺利建立。通过适当控制温度，减少排油阻力，可以提高排油深度。油饼的成型与以下因素密切相关：首先，物料的含水量应适中，适当的含水量和温度能够使物料具有足够的受压变形塑性，降低抗压能力，从而使压力作用充分发挥；其次，排渣和排油量也须适当；最后，物料应被封闭在容器内，以形成一个有利于受力和塑性变形的空间力场。通过合理控制这些因素，可以有效地提高油饼的成型质量，从而提升排油深度。

三、影响压榨法制油的因素

压榨取油的效果受很多因素影响，主要包括榨料结构与压榨条件两个方面。

（一）榨料结构与性质对出油效果的影响

榨料结构包含榨料的机械结构和内外结构两方面，其结构性质主要取决于油料预处理的好坏以及自身成分。榨料颗粒大小应适当且均匀一致，如果榨料颗粒过大，则易结皮封闭油路，不利于出油；如颗粒过细，会使榨料塑性加大，不利于压力提高，也不利于出油，因压榨中会带走细粒，增大流油阻力，甚至堵塞油路。榨料中完整细胞的数量越少越好，有利于出油。榨料容重在不影响内外结构的前提下越大越好，这样有利于设备处理量的提高。榨料中油脂黏度与表面张力尽量要低。榨料粒子应具有足够的塑性，一方面须不低于某一限度，以保证粒子有相当完全的塑性变形。另一方面塑性又不能过高，否则榨料流动性大，不易建立压力，压榨时会出现"挤出"现象，增加不必要的回料；同时，塑性高，将导致早成型、提前出油，且易形成坚饼而不利于出油，而且油质也差。

榨料要有适当的水分，流动性要好。榨料要有必要的温度，以尽量降低榨料中油脂黏度与表面张力，以确保油脂在压榨全过程中保持良好的流动性。水分含量与榨料塑性有很大关系。一般来说，随着水分含量的增加，其塑性也逐渐增加。当水分含量达到某一点时，压榨出油情况最佳。一旦略超过此含量，则会产生很剧烈的"挤出"现象，即"突变"现象。如果水分略低，也会使塑性突然降低，使粒子结合松散，不利于油脂榨出。因此，在榨油操作技术可能的水分范围之内，对于某一种榨料，在一定条件下都有一个较狭窄的最佳水分范围。当然，最佳水分范围与温度、蛋白质变性程度等因素密切相关。

（二）压榨条件对出油效果的影响

除榨料自身结构的影响以外，压力、时间、温度、料层厚度、排油阻力等压榨条件，即工艺参数，是提高出油效率的决定因素。

1. 压榨压力

压榨法取油的本质是对榨料施加压力取出油脂。然而，压力大小、榨料受压状态、施压速度以及变化规律等均可对压榨效果产生不同影响。

在压榨过程中，榨料的压缩主要源于受压后固体内外表面的挤紧和油脂的挤出。同时，水分蒸发、排出液体带走饼屑、凝胶体受压后凝结以及某些化学转化等因素，也会导致榨料体积收缩。施加的压力越大，颗粒的塑性变形程度越高，油脂的榨出也越彻底。然而，在一定压力条件下，油料的压缩有一个限度，此时即使压力增加至极大值，其压缩亦微乎其微，此状态的油料被称为"不可压缩体"。这种不可压缩的起始压力被称为"极限压力"（或"临界压力"）。在压榨过程中，压力的大小与榨料的压缩比有关，两者之间通常呈指数或幂函数关系。在相同的出油率要求下，动态压榨所需的最大压力通常低于静态压榨，且压榨时间也较短。对榨料施加的压力必须合理，并应与排油速度相匹配，以确保油脂不断流出。突然施加过高的压力会导致油路迅速闭塞，影响排油效果。

榨料受压状态一般分为静态压榨和动态压榨。静态压榨，即榨料受压时颗粒间位置相对固定，无剧烈位移交错，因而在高压下粒子因塑性变形易结成硬饼，静态压榨易产生油路过早闭塞、排油分布不均的现象。动态压榨时，油料在压榨全过程中呈运动变形状态，粒子在不断运动中被挤压成型，且油路不断被压缩和打开，因而有利于油脂在短时间内从孔道中被挤压出来。

对压榨过程中压力变化规律最基本的要求是：压力变化必须满足与排油速度的一致性，即所谓"流油不断"。施压过程的规律可描述如下：

压榨主要阶段（从压力开始上升到最大压力值），升压过程与时间呈指数或幂函数规律变化；在压力开始下降时，同样呈指数或幂函数规律变化，榨膛压力变化曲线形式如图 3-5所示。为了取得不同油料适应的最大出油效果，压榨过程可分阶段（称为级数）进行，有一级、二级和多级压榨之分。然而，每一级压榨的压力变化仍应连续并符合上述变化规律。螺旋榨油机的最高压力区段较小，最大压力通常集中在主榨段。对于低油分的油料籽粒，其一次压榨的最高压力点一般出现在主压榨段的初期；而对于高油分油料籽粒的压榨或预榨，最高压力点则一般出现在主压榨段的中后段。长期实践中总结出的施压方法——"先轻后重、轻压勤压"——被证明是一种有效的策略。

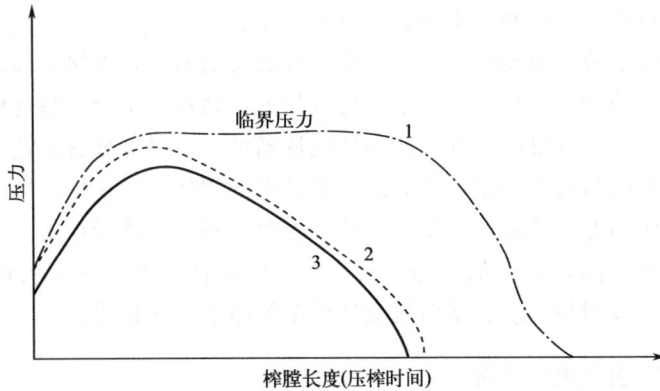

图 3-5　榨膛压力变化曲线形式
1—液压机；2—螺旋榨油机（轴向压力）；3—螺旋榨油机（径向压力）

2. 压榨时间

压榨时间是影响油脂生产能力和排油深度的重要因素。通常认为，压榨时间长，出油率高。这在静态压榨中比较明显，对于动态压榨也适用。然而，压榨时间也不宜过长，否则，会造成不必要的热量散失，对出油率的提高不利，还会影响设备处理量。控制适当的压榨时间，必须综合考虑榨料特性、压榨方式、压力大小、料层厚薄、榨料含油量、保温条件以及设备结构等因素。在满足出油率要求的前提下，应尽可能缩短压榨时间。

3. 压榨温度

压榨温度直接影响榨料的塑性及油脂黏度，控制压榨温度有利于榨料中酶的破坏和抑制，进而影响压榨取油效率，以及榨出油脂和饼粕的质量。若压榨时榨膛温度过高，水分将急剧蒸发，破坏榨料在压榨中的正常塑性，进而导致饼色加深焦化，油脂、磷脂及棉酚的氧化，色素、蜡等在油中溶解度增加，饼中残油率增加，以及榨出油脂的色泽加深。用冷的、不加热的榨油机压榨，不利于得到成型的硬的压榨饼和榨出最多的油脂。因此，保持适当的压榨温度是不可忽视的。

合适的压榨温度范围通常是指榨料入榨温度（100～135℃），不同的压榨方式及不同的油料有不同的温度要求。但是，此参数只有在入榨时控制才有必要和可能，压榨过程中温度的变化要控制在上述范围实际是很难做到的。对于静态压榨，由于其本身产生的热量小，而且压榨时间长，多数采用加热保温措施。对于动态压榨，其本身产生的热量高于需要量，故以采取冷却或保温为主。低温压榨技术俗称"冷榨"，是相对传统蒸炒压榨而言的一种方法，英国将榨油温度低于50℃的称为"冷榨"。人们一般采用冷榨法对椰干进行榨油，这种方法的优点是不需要将椰干进行高温蒸炒，而是将椰肉直接进行低温干燥处理，然后送入榨油机进行加工。低温压榨法和传统压榨法相比，其优点是显而易见的。主要是因为椰肉不需要经过高温蒸炒处理，所以椰子油中的营养成分不会受到破坏。另外，低温压榨法可避免一些胶质和杂质溶于椰子油中，能够有效地减少后期的精炼环节。

（三）榨油设备的影响

榨油设备的类型和结构在工艺条件的确定中起着重要作用。因此，压榨设备的结构设计应尽可能满足多个要求，包括：生产能力大、出油效率高、操作维护便捷、动力消耗低等。具体来说，设备应具备以下特性：

（1）**施压能力**　能够对榨料施加足够的压力，并能根据排油规律适当调节压力变化。

（2）**进料均匀**　确保进料均匀一致，实现连续压榨。

（3）**饼薄且油路通畅**　保证压榨饼薄且油路通畅，以减少排油阻力。

（4）**排油面积调整**　能根据不同油料的特性，调整排油面积，以适应不同需求。

（5）**温度调节**　应配备适当的压榨温度调节装置，以保持最佳的流油状态。

（6）**生产连续化**　能实现生产过程的连续化，保证设备运转的可靠性。

（7）**结构与操作**　设备结构应简洁，操作应方便，维修也应便捷。

（8）**节约能源**　应尽可能节约能源，以提高设备的综合效益。

第三节　浸出法制油

一、浸出法制油概述

浸出是植物油厂利用溶剂从油料中提取油脂的常用方法，这种方法也被称为萃取法制油，利用的是固-液萃取的原理。固-液萃取利用特定溶剂分离固体混合物中的成分，通过喷淋和浸泡的过程，将油料中的油脂萃取出来。这是一种高效的取油方法，通常具有较高的油脂提取率。与其他制油方法相比，浸出法具有显著的经济优势。随着现代工业的不断发展，浸出法在植物油料加工中被越来越广泛地采用，并且用于浸出法的木本油料品种和浸出形式也日益丰富，其功能也在不断增强。

（一）浸出法制取椰子油

浸出法制取椰子油即对经预榨所得的椰饼，用适当的溶剂浸出其残油。一般来说低含油油料采取浸出法更为有利，因为用机械压榨法不能取得的油占总含油量的百分比，随油料含油率的减少而增加。对于椰干这种含油率高达 68% 的油料来说，由于油料的含水量很低（6%～10%），若采用液压榨油时，一次压榨极难把油全部压出，即使采用螺旋榨油机，要想把椰饼中的残油尽可能降低，耗费的动力和时间也会增加。因此一些大型的椰子油加工厂，可以考虑采取预榨与浸出相结合的工艺。预压阶段采用液压榨油机或螺旋榨油机，椰饼中的残油量可以略高，以减少动力和时间的耗费，进而提高总的生产效率和减少加工费用。近年来我国海南省已建有一座以椰干为原料，采用液压榨油机预榨和溶剂浸出相结合工艺的椰子油加工厂。

椰子油萃取工艺所使用的溶剂，一般为轻石蜡族石油的各种馏分，其中的己烷型是最广泛使用而且是最适于油脂浸出用的馏分，其沸点范围为 63.3～68.9℃。但这种溶剂的缺点是非常易燃，使用时要有极其严格的防火措施。目前各国都在研究寻找比较安全而又高效无毒的新型溶剂。

椰子油浸提法工艺路线：新鲜椰肉→干燥→椰干→清选→破碎→浸出→椰子油。

（二）浸出法制取棕榈油

浸出法提油往往仅用于试验过程中棕皮油的提取。由于油棕果所含的组分与其他油料作物的种子非常不同，尤其是其脂肪、水分和固体物质的百分比，不适宜采用直接溶剂浸出的方法。要想使油棕果肉变为适宜溶剂浸出的原料，必须花费更大的成本，在经济效益上难以过关。此外，浸出法提油对溶剂具有依赖性，且需要大量的水，后续的废水处理等也将使得生产成本增加。因此，油棕果的浸出法提油基本未应用到实际生产过程中。

（三）浸出法制取油茶籽油

油茶籽油一般采用预榨-浸出的工艺，即先用压榨法提取大部分油脂，然后对含油较低的油茶籽饼粕进行溶剂浸出得到毛油。油茶籽油中的部分微量活性成分，如维生素 E 和 β-胡萝卜素，是热敏性物质，高温在破坏这些物质结构的同时，可使油脂的抗氧化能力随之降低。而浸出制油过程中最不可忽视的是溶剂残留的问题，目前用于油脂浸出加工最多的正己烷，其代谢物 2,5-己二酮等对神经系统和生殖系统均有毒害作用，学者们也在不断探索开发新的低毒萃取溶剂，如醇类（乙醇和异丙醇）和萜烯类（D-柠檬烯等），值得一提的是，由于羟基的存在，萜烯的溶解参数在较高温度下比醇类化合物更稳定。

二、浸出法制油特点

浸出法制油是目前植物油脂提取率最高的一种方法，在经济效益方面比其他制油方法具有明显的优势。浸出法与压榨法相比，具有以下优点：

（1）出油率高 采用浸出法制油，粕中残油可控制在 1% 以下，出油率明显提高。

（2）油料粕含蛋白质较高 由于溶剂对油脂有很强的浸出能力，浸出法取油时完全可以不进行高温加工而取出其中的油脂，因此可使大量水溶性蛋白质得到保护，粕可以用来制取植物蛋白。

（3）加工费用低 由于采用非机械方法，浸出法制油容易实现生产规模的扩大，从而使加工成本降低。

（4）自动化控制程度高，劳动强度低 浸出法制油属化工生产单元的组合，容易实现温度、压力、液位、真空、流量、料位等工艺的自动控制，生产过程自动化控制程度高，劳动强度低。

（5）生产环境好 浸出法制油是封闭性生产，无泄漏、无粉尘，且温度低，生产环境比压榨方法的生产环境好。

（6）毛油质量好 浸出法生产采用的是有机溶剂，具有选择性，可在油脂浸出过程中对非脂类脂溶性杂质进行有效控制，其控制方法可以靠溶剂的性能、浸出的温度、浸出过程中添加其他溶剂的方法来实现。

其缺点为：

（1）初期投资成本相对较高 浸出生产工艺所采用的溶剂具有易燃易爆的特性，并且对人体有害，因此其生产车间的建筑火灾危险等级应划分为甲类，且最低耐火等级必须达到二级。为了确保安全，车间设备需要进行接地处理，所使用的电器设备必须是防爆型，同时车间还需安装避雷装置。此外，车间内的设备和管道也必须严格密封。这些要求都增加了浸出车间的整体建设投资。

（2）**生产安全性降低**　浸出工艺使用的溶剂通常具有易燃、易爆和有毒的性质，这使得生产过程的安全性降低。目前，浸出法主要选用的溶剂是烃类化合物，如国内常用的轻汽油，其主要成分为己烷。这类溶剂不仅易燃易爆，而且对人的神经系统有强烈的刺激作用。

（3）**浸出法制得的毛油品质相对较差**　由于有机溶剂具有很强的溶解能力，它不仅能溶解油脂，还会将油料中的色素、类脂等杂质溶解出来，并混入油脂中，导致油脂色泽加深，杂质含量增加。因此，与压榨毛油相比，浸出毛油的质量较差，精炼率也较低，同时还会增加精炼工序的负担。

（4）**浸出工艺中使用的溶剂在油脂中会有残留**　虽然经过混合油分离和毛油精炼过程后，成品油中的溶剂残留量可以达到国家规定的安全标准，但即使是少量的残留也会对油脂的品质和食用安全产生不良影响。

三、浸出法制油的基本原理

油脂浸出是利用溶剂对不同物质具有不同溶解度的特性，将固体物料中的成分分离出来的过程。这一过程不仅涉及油脂从固体相向液体相的转移，还包括传质过程。当油料在静止状态下进行浸出时，油脂通过分子扩散的方式转移。然而，大多数浸出过程是在溶剂与油料之间发生相对运动的情况下进行的。因此，油脂除了通过分子扩散的方式转移外，还依赖于溶剂流动的"对流扩散"过程进行转移。

（一）分子扩散

分子扩散是指物质以单个分子的形式进行的转移，这种现象源于分子的无规则热运动。当油料与溶剂接触时，油料中的油脂分子会通过不规则的热运动从油料中渗透出来，并扩散到溶剂中，形成混合油。同时，溶剂分子也会不断渗透进油料，与油脂分子混合，使得油料内部和溶剂中都形成溶液（即混合油）。由于分子的热运动和两侧混合油浓度的差异，油脂分子会从浓度较高的区域向浓度较低的区域转移，直到两侧的分子浓度达到平衡为止。

在分子扩散过程中，扩散物质通过某一扩散面的扩散量与扩散面积成正比，与该截面垂直方向上的浓度梯度成正比，与扩散时间成正比，还与分子扩散系数成正比。分子扩散系数受多种因素的影响，包括扩散物分子的大小、介质的黏度和温度。其中，主要因素是温度。温度的升高可以加速分子的热运动，降低液体的黏度，从而增大分子扩散系数并提升扩散速率。然而，由于溶剂的沸点及其他工艺条件的限制，浸出温度不能无限制地升高。

（二）对流扩散

对流扩散指的是物质在溶液中通过流动进行转移的过程。在对流扩散中，部分溶液在流动时带着被溶解的物质移动，从而实现物质的转移。这种流动带来的物质扩散过程与分子扩散类似，也受扩散面积、浓度差、扩散时间和扩散系数的影响。在对流扩散中，体积越大，单位时间内通过单位面积的体积越多，物质的转移量也越大。同时，对流扩散系数越大，物质转移的数量也越多。

在油脂浸出过程中，实际的传质过程是由分子扩散和对流扩散共同完成的。原料与溶剂接触的表面层主要通过分子扩散进行物质转移，这一过程依靠分子的热运动能量。而在远离原料表面的液体中，对流扩散则占主导地位，这种转移方式主要依靠外界提供的能量。对流扩散传递的物质数量远大于分子扩散。通常，通过液位差或泵产生的压力来促使溶剂或混合油与油料进行相对运动，以促进对流扩散的发生。

四、浸出溶剂的选择

在浸出法制油过程中，浸出溶剂贯穿整个工艺，其成分和性质对生产技术指标、经济效益、产品质量及安全生产等方面有着重要影响。因此，所选溶剂必须在技术和工艺上满足浸出工艺的要求。所选溶剂应确保油料中的有效营养成分不被破坏，保持油脂中脂溶性物质的完整性，并保证脱脂后粕中蛋白质的稳定性，从而有利于油料蛋白质的开发和资源的充分利用。此外，所用溶剂还需确保油脂生产过程的安全，并能有效去除油料粕中的有毒物质。在浸出工艺中，混合溶剂可以用于选择性提取油料中的不同成分，实现对脂溶性物质的选择性溶解。混合溶剂的应用是油脂工业中一个值得进一步探索的课题。

物质的溶解一般遵循"相似相溶"的原理，即溶质分子与溶剂分子的极性越接近，相互溶解程度越大，否则，相互溶解程度小甚至不溶。分子极性大小通常以"介电常数"来表示，分子极性越大，其介电常数也越大。植物油脂的介电常数较小，在常温下一般在 3.0～3.2 之间。所选用的浸出溶剂也应极性较小。几种主要有机溶剂的理化性质见表 3-2。正是这几种有机溶剂的介电常数与油脂比较接近，从而可保证油脂的浸出过程得以顺利进行。

表 3-2　常用有机溶剂的理化性质

溶剂	正己烷	轻汽油	正丁烷	丙烷
分子量	86.176	91（平均）	58	44
介电常数（20℃）	1.89	2.0	1.78	1.69
沸点（常压）/℃	68.7	70～85	−0.5	−42.2
爆炸极限/（mg/L）	1.2～6.9	1.25～4.9	1.6～8.5	2.4～9.5

根据油脂浸出工艺及安全生产的需要，用作浸出油脂的溶剂，应符合以下几项要求。

1. 溶解能力较强

在室温或略高于室温的环境下，能够以任意比例出色地溶解油脂。同时，对于油料中的其他组分，期望其溶解能力尽可能小，甚至达到不溶的状态。这样一来，既能最大化地从油料中提取出油脂，又能确保混合油中尽可能少地溶解其他杂质，从而提升毛油的整体质量。

2. 挥发性好，沸点范围小

为了轻松地脱除混合油与湿粕中的溶剂，确保毛油和成品粕不带有任何异味，溶剂应具备易于气化的特性，即拥有较低的沸点和较小的气化潜热。然而，也应兼顾到在脱除过程中产生的溶剂蒸气能够方便地冷凝回收，这就要求沸点不能过低，以避免不必要的溶剂损耗。实践证明，溶剂的沸点控制在 65～70℃ 的范围内是较为适宜的。

3. 化学性质稳定

在生产过程中，溶剂会经历反复地加热与冷却，这就要求溶剂本身必须具备稳定的物理和化学性质，在与油脂和粕中的成分接触时不会发生化学变化，更不能产生有毒物质。同时，溶剂还应避免对设备产生腐蚀作用。

4. 在水中的溶解度小

在生产过程中，溶剂难免会与水接触，而油料本身也含有一定的水分，溶剂应与水能够相互分离，不互溶，以减少溶剂的损耗并节约能源。理想的安全溶剂在使用过程中应不易燃烧和爆炸，对人畜无毒。考虑到生产过程中可能会因设备、管道的密闭不严或操作不当导致液态和气态溶剂泄漏，因此应选择闪点高且不含毒性成分的溶剂。

5. 溶剂来源丰富

油脂浸出的溶剂要满足较大工业规模生产的需求，即溶剂的价格要便宜，来源要充足。

符合上述所有要求的溶剂可以被称为理想溶剂。然而，至今尚未发现完全符合这一标准的理想溶剂。因此，浸出溶剂的选择主要依据其满足要求的程度。在选择工业溶剂时，应优先考虑具有更多优点的溶剂，对于其缺点，可以通过工艺和操作中的适当措施来加以克服。

五、浸出法制油的分类以及工艺流程和要点

（一）浸出法制油的分类

浸出法制油工艺按操作方式可分为间歇式浸出和连续式浸出；按溶剂与油的混合方式，可分为浸泡式浸出、喷淋式浸出和混合式浸出；按生产取油次数，可分为直接浸出和预榨浸出。

1. 按操作方式分类

（1）间歇式浸出 在间歇式浸出工艺中，料坯进入浸出器中，经过一定时间的浸出后，粕从浸出器中卸出，新鲜溶剂被注入，混合油被抽出等，以上工艺操作都是分批、间断、周期性进行的。这种工艺类型的特点是各项操作不是同时进行的，而是分阶段、间歇地完成。

（2）连续式浸出 在连续式浸出工艺中，料坯持续进入浸出器，粕也持续从浸出器中卸出，同时新鲜溶剂的注入和混合油的抽出等操作都是连续不断进行的。这种工艺类型能够实现全程无缝作业。目前，木本油料生产中绝大多数采用的是连续式浸出法。

2. 按溶剂与油料的混合方式分类

（1）浸泡式浸出 在浸泡式浸出工艺中，油料被浸泡在溶剂中，以完成油脂的溶解过程。此类浸出设备包括罐组式浸出器，以及弓形、U形和Y形浸出器等。

（2）喷淋式浸出 喷淋式浸出工艺通过将溶剂喷洒到油料床上实现浸出，溶剂在油料间以非连续的滴状流动形式进行喷淋，这种工艺类型的设备包括履带式浸出器等。

（3）混合式浸出 混合式浸出工艺结合了浸泡式和喷淋式两种方式，在同一个设备中同时进行。在这种工艺中，溶剂与油料的接触方式包括浸泡和喷淋。常见的混合式浸出设备有平转式浸出器和环形浸出器等。

3. 按生产取油次数分类

（1）直接浸出 在直接浸出工艺中，油料经过一次浸出后，使油料中残留的油脂量降低到极低水平，这种取油方式通常适用于处理含油量约为20%的油料。

（2）预榨浸出 对于含油量在30%～50%之间的高含油量油料，直接浸出方法可能导致粕中残留的油脂量较高。为了改善这一问题，通常在进行浸出取油之前，先采用压榨方法提取油料中80%～85%的油脂，然后将产生的饼粉碎至一定粒度，再进行浸出法取油。这种方法称为预榨浸出，不仅可提升油脂的提取率和毛油的质量，还可提高浸出设备的生产能力，同时可确保预榨的毛油没有溶剂残留，具有良好的卫生和安全性。

（二）浸出法制油的工艺流程和要点

浸出法制油工艺，一般包括预处理、油脂浸出、湿粕脱溶、混合油蒸发和汽提、溶剂回收等工序。

1. 油脂浸出

在植物油料的浸出工艺中，油料的浸出过程是最关键的工序。无论是直接浸出、预榨浸出还是膨化浸出，其基本的浸出机理都是相同的，只是在浸出的深度和速率上有所不同。不同种类的油料或相同油料的不同生产目标，都会影响浸出工艺参数的设置以及所选择的溶剂。对于直接浸出的油料，处理的是生料；对于预榨浸出的油料，处理的是预榨饼；而膨化浸出的油料，则是膨化颗粒。由于不同处理技术和方法的差异，油脂在油料中的状态和形式也各不相同，因此在加工过程中需要经过一定的处理。如生料需要进行烘干，以控制水分；榨机出饼需破碎成适宜的块状物，以便浸出；膨化颗粒则需调节其温度和水分。油料的浸出深度和效率受到油脂在油料结构中存在状态的影响，而这种状态又取决于油料的预处理方法。预处理后的料块会被送入浸出设备，完成油脂的萃取和分离过程。最终，通过油脂浸出工序得到的产品包括混合油和湿粕。

2. 湿粕脱溶

湿粕中挥发物含量一般在25%～40%（湿基），其含水量5%～10%，溶剂在湿粕中以游离态、吸附态和结合态形式存在，其中游离态的溶剂占湿粕中总溶剂量的70%～80%。湿粕脱溶过程中要根据粕的用途来调节脱溶的方法及条件，以保证粕的质量。经过处理后，粕中水分不超过8.0%～9.0%，残留溶剂量不超过0.07%。游离态溶剂的脱除一般采用自然沥干、自然沥干加上轻微的机械挤压、强制沥干等方法完成。吸附态和结合态的溶剂（常规浸出使用的溶剂正己烷）通常会采用间接蒸汽加热升温、直接蒸汽汽提的方法来脱除，其脱除效果除了与溶剂馏程、蒸汽含水量、湿粕含水量、湿粕粉末含量、湿粕含油量、浸出时间等因素有关外，还取决于脱溶时间、物料温度等因素，其中脱溶时间越长、物料温度越高，溶剂脱除越彻底。因此，改进脱溶设备的结构，有利于溶剂脱除。

3. 混合油蒸发和汽提

从油脂浸出工序中得到的混合油是由易挥发的溶剂、溶解在其内的油脂及油脂伴随物组成的。混合油的蒸发和汽提就是从混合油中分离出溶剂，从而得到浸出毛油的工艺过程。其工艺流程为：混合油→预热→第一长管蒸发器→第二长管蒸发器→汽提塔→浸出毛油。

混合油蒸发是利用油脂与溶剂的沸点不同，将混合油加热至沸点温度，使溶剂气化，从而与油脂分离。混合油沸点随混合油浓度增加而提高，相同浓度的混合油沸点随蒸发操作压力降低而降低。混合油蒸发一般采用二次蒸发法。第一次蒸发使混合油浓度由20%～25%提高到60%～70%，第二次蒸发使混合油浓度达到90%～95%。

汽提即水蒸气蒸馏，其基本原理是：向混合油中通入直接蒸汽，当混合油液面上方的水蒸气分压和溶剂蒸气分压之和等于系统总压时，混合油就会沸腾。此时，混合油的沸点较任一组分的沸点都低，从而可使浓度较高的混合油的沸点大大降低。这样溶剂即可在较低的温度下，以沸腾状态从混合油中分离出来，得到质量较高的浸出毛油。

4. 溶剂回收

在油脂浸出生产中，溶剂是循环使用的，溶剂回收是浸出生产中的一个重要工序，它直接关系到生产的成本和经济效益，浸出毛油和粕的质量，生产的安全性，废气、废水对环境的污染，以及车间的工作条件等，因此应予以高度重视。生产中应对溶剂进行有效的回收，并进行循环使用。

油脂浸出生产过程中的溶剂回收工序包括溶剂气体冷凝和冷却、溶剂和水分离、废水中溶剂回收、废气中溶剂回收等。由湿粕蒸脱机、混合油蒸发器、汽提塔、蒸煮罐等设备排出的溶剂气体，通常采用冷凝器进行冷凝回收。

六、影响浸出制油的主要因素

在浸出过程中，有许多因素影响浸出速率，主要的影响因素包括以下六个方面。

（一）料坯结构与性质的影响

料坯和预榨饼的性质主要取决于料坯的结构和料坯入浸水分。

料坯结构应具有均匀一致性，料坯的细胞组织应最大限度地被破坏且具有较大的孔隙度，以保证油脂向溶剂中迅速扩散。料坯应该具有必要的力学性能，容重和粉末度宜小，外部多孔性应好，以保证混合油和溶剂在料层中良好的渗透性和排泄性，从而提高浸出速率和减少湿粕含溶剂量。料坯的水分应适当，料坯入浸水分太高会使溶剂对油脂的溶解度降低，溶剂对料层的渗透困难，同时会使料坯或预榨饼在浸出器内结块膨胀，造成浸出后出粕困难。料坯入浸水分太低，会影响料坯的结构强度，从而产生过多的粉末，同样削弱溶剂对料层的渗透性。物料最佳的入浸水分量取决于被加工原料的特性和浸出设备的形式。一般认为料坯入浸水分低一些为好。

1. 油料的内部结构

在油料的浸出过程中，油脂的分布情况可以大致分为两类：游离油脂和结合油脂。生料中的油脂主要分布在料粒的内外表面，只有少量油脂存在于变形或未破坏的油料细胞内部。预榨饼和膨化料粒在熟坯蒸炒、压榨或膨化过程中形成了二次结构组织，但油脂依然主要存在于料粒的内外表面，这部分油脂被称为游离油脂或溶解浸出油脂；而处于变形和未破坏油料细胞中的油脂则称为结合油脂或渗透浸出油脂。

根据油脂与入浸物料结合的两种形式，浸出过程可以分为两个阶段：第一阶段提取游离油脂，即料粒内外表面的油脂；第二阶段提取细胞内部或二次结构内的油脂。这些阶段的划分已通过实验室和生产试验的数据得到验证。

为了实现高效和充分的油脂提取，在油料预处理过程中需要尽量破坏油料的细胞结构，减少预榨饼或膨化料粒中的二次结构形成，从而使大量油脂转为游离状态。同时，还需确保溶剂能够良好地渗透至料坯之间，促使油脂向外部混合油中扩散。

入浸油料的内部结构应符合以下条件：油料中不应有完整且未破坏的细胞组织，因为完整细胞内的油脂由于细胞壁的存在而难以扩散，导致浸出时间延长。此外，油料不应具有二次结构，而应具备较大的内部孔隙度。这些要求限制了油料的轧坯程度，以确保油脂能高效地释放和提取。

2. 油料的外部结构

为了确保油料具备适当的结构力学性质，必须优化油料的内外部结构，以实现最佳的浸出效果。油料的外部结构包括料坯的大小、厚度及不同料坯之间的相互关系。为实现油脂的快速和充分浸出，油料的外部结构应满足以下条件：

首先，为了最大化油料与溶剂的接触面积，生坯的厚度应尽可能薄，料粒的直径也应尽量小。然而，当料粒直径小于 0.5 mm 时，溶剂在料层中的渗透能力会显著下降，导致粕中残油率增加。此外，细小的粉末容易被溶剂带走，导致混合油中的渣量增加，从而使混合油的净化难度增大。其次，为了均匀地浸出所有料坯中的油脂，料层中的孔隙度是必需的，即应保留料坯之间的间隙。对料坯外部结构的要求限制了油料预处理的轧坯程度，因此轧坯的厚度应通过实验确定，以确保达到适宜的厚度，而不是越薄越好。

对于预榨饼块，如果块度过大，会影响浸出效果并导致粕残油量升高。因此，在浸出之前需要对饼块进行适当破碎。破碎可以使用锤式破碎机等专用设备，但国内多数油厂通常采用较简单的破碎方法，即通过榨油车间至浸出车间的输送设备在输送过程中进行破碎。这种方法可以有效地将饼块破碎到合适的粒度，确保浸出效果良好。

3. 油料的组分

无论是单个油料料坯还是油料料坯层，对溶剂和水的吸附能力及持留能力（湿粕含溶率）应保持较低。这可以确保料坯层中的溶剂能够自然挥发，减少不同浓度混合油之间的相互渗混现象，同时降低湿粕中的溶剂含量。油料浸出后的湿粕含溶剂量与油料的组成成分有关。含有较多低分子糖的油料溶剂吸附能力较强，而蛋白质变性后的油料溶剂吸附能力较弱。在实际生产中，生料直接浸出后的湿粕含溶剂量通常可达到 35%～45%，而预榨饼浸出后的湿粕含溶剂量则较低，为 20%～25%。

霉变油料在浸出过程中，粕中的残油超标和湿粕含溶剂量增加的主要原因是霉变生成的大量低分子物质增强了其对有机溶剂的吸附能力。此外，油料种子不成熟或含水量过高也会导致低分子物质的增加，使浸出过程更加困难。

4. 油料水分的影响

入浸油料的水分对溶剂润湿油料和油脂在料坯内部的扩散有重要影响。水分增加会导致料坯外表面、细胞壁、二次结构组织以及毛细孔壁的润湿情况变差；水分增加时，料坯的膨胀会减少其内部孔隙度，这些因素共同使溶剂在料坯内部的渗透以及油脂向外部的扩散变得困难。

此外，水分的增加还会影响油料的结构力学性质。高水分会导致油料结块，破坏料坯之间通道的连续性，从而降低溶剂在料层中的渗透性。在水分较低时，生料和料粒在输送及浸出过程会形成大量细末，这也会减弱料层的渗透性，并增加混合油中的粕末含量。

在进行油料浸出时，需要维持最适宜的水分水平。适宜的水分取决于原料的特性、浸出方法和设备。对于使用平转式浸出器的油料生料，通常将水分控制在 8%～9% 范围内，而预榨饼的水分一般控制在 4% 左右。使用带式浸出器时，油料生料的适宜水分为 9%～9.5%，而环型浸出器的适宜水分则为 10%～12%。

对于油料的水分控制和调节，一般情况下预榨饼的含水量已能满足要求，无须额外调节。然而，对于一次浸出的生料，通常需要进行专门的水分调节。水分调节的工艺和方法在不同生产工艺中有所不同，有时采用多级调节工艺，有时使用一次干燥工艺。多级调节工艺常用于油茶籽脱皮工艺中，即先进行干燥，然后脱皮，再进行软化以调节温度和水分，最后进行轧坯和干燥处理，以达到适宜的入浸水分。干燥方法包括对流干燥、传导干燥或两者结合，也可结合慢速干燥和快速干燥方法。

（二）浸出的温度

浸出温度对浸出速度有显著影响。提高浸出温度可以促进扩散作用，增强分子热运动，降低油脂和溶剂的黏度，从而加快浸出速度。然而，若温度过高，会导致浸出器内气化溶剂量增加，油脂浸出困难，设备压力上升，生产中的溶剂损耗增加，同时还可能使浸出毛油中的非油物质增多。通常，浸出温度应控制在低于溶剂馏程初沸点约5℃的范围内。使用轻汽油作为溶剂时，浸出温度通常设定在55℃左右。在条件允许的情况下，可以在接近溶剂沸点的温度进行浸出，以提高浸出速度。

浸出过程的温度由油料温度、溶剂温度及其比例共同决定。浸出过程的温度应由溶剂的初沸点确定，而各个浸出阶段的温度则依据混合油的初沸点来设置。油脂的扩散在接近溶剂沸点时最为强烈，而各阶段的浸出也会在接近混合油初沸点时最为有效。

为了保证油料在浸出过程中的温度适宜，料坯需要在预处理到浸出车间的输送过程中进行保温。而对于预榨饼和膨化料粒，可能需要在输送过程中进行冷却。因此，使用热风或冷风干燥（冷却）输送机是比较合适的，其不仅能调节温度，还能降低油料的水分含量。

（三）浸出时间

浸出时间须确保油脂分子有充足的时间溶解并扩散到溶剂中。然而，随着浸出时间的增加，粕中残留油脂的减少速度会逐渐放缓，同时浸出毛油中的非油物质含量会上升，而且会导致浸出设备的处理能力下降。因此，过长的浸出时间并不经济。在实际操作中，应在确保粕残油量满足标准的前提下，尽可能地缩短浸出时间，通常控制在90～120 min。若料坯性质及其他操作条件均达到理想状态，浸出时间甚至可以缩减至约60 min。

（四）料层高度

料层高度是影响浸出设备利用率和浸出效果的关键因素。一般而言，随着料层的提升，同一套浸出设备的生产能力也会相应增强。同时，更高的料层能更好地自过滤混合油，从而有效减少混合油中的粕末含量，并提高混合油的浓度。然而，若料层过高，可能会对溶剂和混合油的渗透与滴干性能产生不利影响。因此，在追求高料层浸出的同时，必须确保料坯具备足够的机械强度，应不易粉碎，且可压缩性小。在保障良好浸出效果的基础上，应尽量提升料层高度。

此外，浸出深度与浸出时间紧密相关。在油料内外部结构一致的情况下，浸出时间成为决定浸出深度的核心要素。不论在何种条件下，油料浸出后的残油都会随着浸出时间的延长而减少，但当达到某一程度后，这种减少的幅度会显著减小。值得注意的是，不同浸出设备所需的浸出时间各不相同。例如，低料层浸出设备所需时间相对较短，而生坯的浸出时间则通常比预榨饼的浸出时间要长。

（五）浓度差和溶剂比的影响

浸出溶剂比是指使用的溶剂与所浸出的料坯质量之比。一般来说，溶剂比越大，浓度差越大，对提高浸出速率和降低粕残油越有利，但混合油浓度会随之降低。混合油浓度太低，将增大溶剂回收工序的工作量。溶剂比太小，又达不到或部分达不到浸出效果，而使干粕中的残油量增加。因此，要控制适当的溶剂比，以保证足够的浓度差和一定的粕中残油率。对于一般的料坯浸出，溶剂比多选用（0.8～1）∶1，混合油浓度要求达到18％～25％。对于料坯的膨化浸出，溶剂比可以降低为（0.5～0.6）∶1，混合油浓度可以更高。对于浸泡法浸出，为了获得粕中残油率为0.8％～1.0％的效果，溶剂和浸出油料的最适宜比例为

（0.6～1）：1。采用多阶段喷淋方法浸出时，比例为（0.3～0.6）：1。在浸出的中间阶段，溶剂比达到（6.0～8.0）：1。在浸出生产中，应在保证粕残油量小于1%的前提下，尽量提高混合油浓度。提高混合油浓度有利于减少浸出毛油中的残溶量，有利于降低混合油蒸发和汽提的蒸汽消耗及溶剂冷凝的冷凝水消耗，并且由于减少了溶剂的周转量，而减轻了溶剂回收的负荷，使浸出生产的溶剂损耗降低。

混合油浓度越高，料坯与混合油中的油脂浓度差越小，浓度差是浸出过程的主要推动力，因此，浸出速率也越小。同时混合油浓度越高，其黏度越大，也会降低浸出速率。为降低饼粕中的残油率，混合油浓度低一些较好。然而，混合油浓度太低会增加混合油蒸发、汽提和溶剂回收的困难。一般要求在保证饼粕残油达到规定指标的前提下，尽量提高混合油的浓度。

（六）沥干时间和湿粕含溶剂量

在油料经过浸出后，仍有部分溶剂（或稀混合油）残留在湿粕中，需要通过蒸烘工艺进行回收。为了减轻蒸烘设备的负担，通常需要在浸出器内给予一定时间，使溶剂（或稀混合油）尽可能地从湿粕中分离出来，这段时间称为沥干时间。在生产过程中，应在尽量减少湿粕含溶剂量的前提下，尽量缩短沥干时间。沥干时间依据所用原料不同而有所变化，一般为15～25 min。湿粕中的溶剂含量与浸出器的种类及操作时间密切相关。使用相同浸出器时，预榨饼的湿粕含溶剂量通常比一次浸出后的湿粕含溶剂量要低。

总的来说，油脂浸出过程由多种因素共同决定，这些因素相互影响。因此，在浸出生产过程中，需要辩证地掌握并优化这些因素，以提高生产效率并降低粕中的残油量。

第四节　水酶法制油

一、水酶法制油概述

水酶法制油结合机械处理和酶解，降解植物细胞壁，使油脂在温和条件下得以释放。与传统方法相比，水酶法能够获得更高品质的油品，并且由于酶解在水相中进行，磷脂会进入水相中，从而可避免油脂的脱胶过程。在适当物理破碎的基础上，采用蛋白酶或与降解植物细胞壁的酶协同作用的蛋白酶对高含油油料进行处理，可以有效优化水酶法的预处理制油工艺。影响水酶法工艺的主要因素包括料坯的破碎度、酶的种类和用量、酶的作用条件（如温度、时间、pH值和料液比）以及分离方法等。

水酶法制油具有工艺简单、能耗低的优点，并能对提油后的残渣中的蛋白质进行进一步利用。在应用于高油分油料时，可以采用离心分离提取油脂，这种方法能够替代传统的预榨或溶剂浸出工艺，既安全又可行，但出油率略低，且残渣中的蛋白质提取过程能耗较高。

（一）水酶法制取椰子油

新鲜的椰肉通过离心法制备椰子油时，首先应将新鲜的椰肉榨汁得到椰奶，然后将椰奶加热使其分离，得到的产物主要有椰奶酪、脱脂椰奶和残渣；然后，将椰奶酪加热浓缩并高速离心，分离得到的产物经过干燥即可制得最终产品——椰子油。离心法制得的椰子油未经过高温处理，营养丰富，但是此方法提油率低且油中水分含量高，油的存储时间短。结合油料蛋白质的开发，水酶法在经济上具备合理性。然而，仍需解决的主要问题包括选择合适的酶、降低酶的用量以及有效分离乳液。通过优化这些因素，可以提高水酶法的经济性和实用性，使其在油料加工中发挥更大的作用。

（二）水酶法制取棕榈油

利用离心机提取油脂是油棕加工的一个特殊方法。油棕的果肉中含纤维较多，含油含水均很高，结构比较疏松，这是其能够采用离心法提油的主要依据。用于提油的离心机，其结构与糖蜜分离机近似，由外壳、机篮、转鼓、皮带轮、蒸汽加热管等主要部件组成，体积比糖蜜分离机小，一般机篮内径为 917 mm，内高 517 mm，转速为 1420 r/min。使用离心机提油，每次可装捣碎料 150～200 kg。离心时同时喷直接蒸汽加热，从喂料、甩油到出渣共需 20～25 min。在离心力的作用下，棕榈油从物料中甩出，经出油孔流进转鼓与固定的机壳之间的空室，最后由油泵抽至澄油工段。

（三）水酶法制取油茶籽油

将油茶籽破碎，有利于增加底物的浓度，增大酶作用的表面积，提高酶的作用效率。粉碎粒度大小对蛋白质的提取率影响比较显著，其中过 80 目的效果最好，出油率最高。先加水浸泡，浸泡温度 25℃，浸泡 2 h 后，加入 2.5％的复合纤维素酶，调节 pH 值为 4.5，此时蛋白质沉淀量最大，酶解温度 55℃，搅拌酶解 4 h 后灭酶，在此条件下出油效率达到83％。灭酶后用卧式离心机进行离心分离，离心机的转速为 5000 r/min，轻相为乳油，重相为蛋白质和淀粉等非油成分。向乳油中加入破乳剂，调节 pH 值为 4.5，用强烈的机械搅拌机进行破乳，温度调节为 80℃，可促使乳化液由水包油型（O/W）向油包水型（W/O）转化而实现破乳。加热到 80℃，用碟式离心机分离出含水油脂和废水。加热到 110℃时，油进入真空罐，真空度为 0.67 kPa 以上，进行脱水后，即得到油茶籽油。

二、水酶法制油的基本原理

水酶法是在水剂法的基础上发展而来的，利用酶的专一性将原料中的果胶、纤维素、半纤维素等非蛋白质成分水解去除，从而在提高蛋白质含量的同时提取目标油脂。水酶法的操作是先将油料破碎后加水，水作为分散相，酶在该相中进行水解，使油脂更容易从油料固体粒子中释放，并通过固体粒子在水相中的分散来实现油脂的分离。与传统的提油工艺相比，水酶法具有处理条件温和、工艺简便、能耗低等优点。这种方法不仅结合了酶法提油与蛋白质的综合利用，而且还能够保持蛋白质的营养不被破坏，同时可将蛋白质从大分子降解为小分子，便于人体消化和利用，这使得酶法提油更具产业化潜力。水酶法提取的植物油脂主要来源于油料植物的种子。在油料种子的细胞中，油有两种存在形式：一种是游离形式，通常存在于细胞液泡中；另一种是结合形式，常与细胞内的糖类或蛋白质等高分子物质结合形成脂多糖或脂蛋白等复合体，主要存在于细胞质中。在提取植物油脂时，首先通过机械方法粉碎油料，然后加入酶液处理细胞壁，降解包裹油脂的半纤维素、纤维素和木质素等物质，促使细胞壁破裂，进而使油脂游离出来，经过液固分离后即可获得油脂。

提升出油率和油品品质的方法包括以下几种：

① 用复合纤维素酶降解植物细胞壁骨架、破坏细胞壁，使油脂游离出来。

②用蛋白酶等物质对蛋白质进行水解，将包裹于油滴外的一层蛋白膜或细胞中的脂蛋白破坏，将油脂释放出来。

③用果胶酶、α-淀粉酶、β-葡聚糖酶等对果胶质、淀粉、脂多糖进行水解及分离作用，有利于提取油脂，而且可有效保护油脂、蛋白质及胶质等。

三、水酶法提油的研究现状

近年来，水酶法作为一种先进的油脂提取工艺受到广泛关注。这种方法不仅可以替代正己烷进行油脂提取，还能同时从油料中分离出油脂和蛋白质。虽然替代溶剂提取油脂的技术已存在多年，其中一些方法甚至早于溶剂提取法几个世纪，但至今尚无方法能够与溶剂提取法在油脂提取率上相媲美。然而，随着石油开采量的增加和开采难度的提升，其开采成本逐渐上升，同时随着人们环境保护意识的增强，使得石油资源的使用愈发受到限制，因此，替代传统溶剂提取法的技术变得尤为重要。

水酶法的出现引起了越来越多的关注，因为它不仅对环境友好且安全，还能在提取过程中同时获取油脂和蛋白质。这种方法有助于降低环境污染，提高油料作物的综合利用率，同时可保证油脂的绿色健康以及一线工人的安全。因此，水酶法在现代油脂提取技术中展现了广阔的应用前景。油料水酶法预处理制油工艺与原料品种（含油率）、成分、性质以及产品质量要求等因素密切相关。

（一）水酶法提取植物油常用的酶制剂

水不仅可以用作提取油的溶剂，还可以回收相应油料中的蛋白质，这种方法被称为水剂法，也是水酶法的前身。尽管该方法绿色环保、成本低，但相比于有机溶剂萃取植物油来说，其提油率不高，这也使水剂法提油工艺的发展一直处于停滞阶段。随着酶制剂的出现与应用，学者开始尝试加入酶作为辅助剂，进一步发展原有的水剂法，使原来的水剂法逐渐发展形成水酶法。酶制剂对水酶法提取热带木本油料的提油率方面有着重要作用。根据对热带木本油料破坏的成分不同，酶制剂可以分为植物细胞壁酶、蛋白水解酶和复合酶等。

1. 植物细胞壁酶

植物细胞壁酶的添加或者使用植物细胞壁酶对油料进行预处理，可使椰子、油棕和油茶的细胞壁和细胞膜组分产生水解作用，使其细胞壁稳定的网络结构打开，从而可促进油滴的聚集和释放。

2. 蛋白水解酶

植物细胞壁中的蛋白质（如糖蛋白）具有支撑作用，界面膜中的蛋白质对界面膜的稳定性十分重要。采用蛋白水解酶处理不仅可酶解油料种子周围的油体蛋白，使植物油料中的油体聚集，也可破坏维持界面膜稳定的蛋白质，使乳状液的界面稳定性降低，便于破乳后回收植物油。

3. 复合酶

复合酶一般是将细胞壁酶、蛋白水解酶、纤维素酶等多种类型的酶按照不同的比例进行复配而成的，可对植物细胞壁、界面蛋白和磷脂等进行不同程度的破坏，从而可提高油脂和蛋白质提取率。一般来说，复合酶比单一酶更易使植物细胞壁破损。复合酶会对油料作物的细胞壁和油脂复合体造成不同程度的损坏。相比而言，复合酶的使用，更能提高植物油料作物的提取率，因为酶复合后会对植物油料细胞的破坏产生一定的协同作用，但具体采用复合酶的种类和配比需要根据植物油料细胞周围的组成成分来确定。采用纤维素酶、木聚糖酶和果胶酶酶解椰奶制备椰子油，椰子油的提取率可达 86.65 %。

（二）水酶法提取的植物油的品质

1. 脂肪酸组成及含量

脂肪酸具有增强免疫力、预防高血压和提供能量等作用，被分为饱和脂肪酸与不饱和脂肪酸两种，其中不饱和脂肪酸主要有亚油酸和亚麻酸。脂肪酸的重要性使得脂肪酸的组成和含量成为了评价植物油品质的重要指标。水酶法提取的植物油品质优于其他方法提取的，由于不同植物油中脂肪酸含量有所不同，同一种提取方法在提取不同种植物油时其脂肪酸含量也有所不同。

2. 理化指标

评价植物油的理化指标有酸价、碘值、皂化值和过氧化值等。酸价和过氧化值的测定值越低，表明植物油的水解程度和氧化程度越低，即油脂的新鲜度越好。

3. 活性成分

植物油含有众多活性成分，如生育酚、角鲨烯和甾醇等，活性成分具有众多功效，如抗炎、抗氧化和预防癌症等，所以植物油中活性成分含量也会用于植物油品质的比较。

（三）破乳

1. 物理破乳

物理破乳是指通过物理方法破坏乳液的稳定性，从而使乳液中的油相和水相分离。乳液是一种由油和水通过乳化剂稳定混合的液体，但在某些情况下（如在工业加工或清洗过程中）需要破坏这种稳定性。物理破乳的常用方法包括加热、冷却、离心、电场、超声波、机械搅拌等。

2. 化学破乳

化学破乳是通过添加化学物质（破乳剂）来破坏乳液的稳定性，从而使乳液中的油相和水相分离。化学破乳通常用于处理难以通过物理方法破乳的乳液，也用于在需要快速有效分离的情况下，常用的方法有无机盐破乳和酸碱破乳等。

3. 酶法破乳

蛋白质、磷脂和糖类的存在使乳液十分稳定，所以一般采用蛋白酶和磷脂酶等改变乳液稳定性。磷脂酶会削弱磷脂和蛋白质之间的相互作用，使乳液不稳定。蛋白酶会将蛋白质消化成小分子肽，破坏乳液的界面膜。

无论是物理破乳、化学破乳还是酶法破乳，一般都是破坏界面蛋白质的结构，降低界面膜的稳定性。但物理破乳耗时且耗能；化学破乳会有化学试剂残留，影响植物油的品质；而酶法破乳的酶制剂成本较高。乳液的稳定是限制水酶法发展的瓶颈之一，为推动水酶法的工业化发展，目前主要采用将物理、化学和酶法破乳 3 种方式结合，来研究新型破乳方法和破乳试剂，以期探索出一种低能、高效、绿色环保的破乳方式。

四、水酶法制油的工艺流程和要点

（一）原料预处理

常见的油料细胞结构如图 3-6 所示，油脂体和蛋白质位于植物细胞内，并被含有纤维素、半纤维素、木质素和果胶的细胞壁包围。油脂存在于种子的各个部分，包括胚轴、子叶、巨核细胞、胚乳及糊粉层。在植物油料细胞内油脂被一层单层磷脂和结构蛋白包裹，构成脂多糖、脂蛋白等复合体，油脂难以游离。除此之外，细胞壁也是阻碍油脂从细胞中游离出来的屏障。细胞壁是一种很牢固的结构，且不溶于水，难以被降解。因此，水酶法提油工艺中需破坏原料的细胞壁及脂蛋白、脂多糖等复合物，以将油脂释放出来。

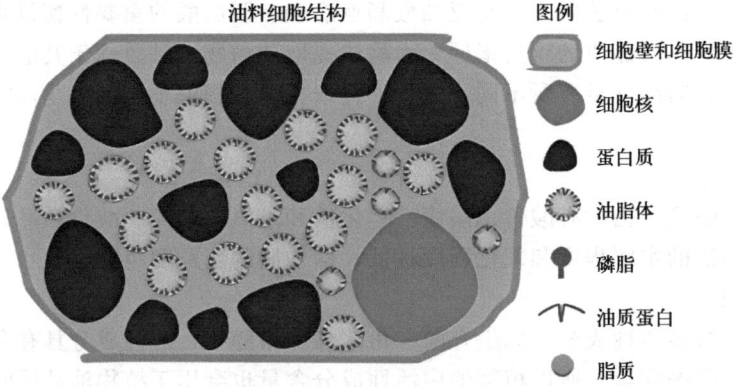

图 3-6　油料细胞结构

　　原料预处理可以破坏油料的细胞壁和细胞晶体结构，暴露脂蛋白、脂多糖等复合物的酶促作用位点，提高酶解效果，从而提高出油率及油脂品质。常见的水酶法提取油脂的工艺流程如图 3-7 所示。其中，粉碎是必不可少的。部分油料由于其自身硬度、组成成分等原因，需使用其他处理方法与粉碎结合进一步破坏油料的细胞结构。可在粉碎之前对原料进行处理，例如蒸煮烘干后再粉碎；也可在粉碎之后进行处理，如粉碎后按照一定料液比加水对原料进行超声处理。

原料 ➡ 预处理 ➡ 粉碎、过筛 ➡ 酶解 ➡ 灭酶 ➡ 破乳 ➡ 离心 ➡ 获得清油

图 3-7　水酶法提油工艺流程

　　油料预处理方式是影响出油率和油脂品质的重要因素，并且随着原料品种的不同，油料预处理方式也有所差异。为提高水酶法提油的得率，选择适宜的原料预处理方法显得尤为重要。目前，水酶法提油工艺中主要使用的原料预处理方法有机械破碎、超声预处理、热处理（微波、高温蒸煮、蒸汽爆破等）、挤压膨化、乙醇预处理等。

　　在这些预处理方法中，机械破碎是必不可少的。机械破碎一方面破坏了油料细胞的内部结构，使更多的油脂游离释放出来；另一方面减小了油料粒径，暴露了更多酶促位点，增加了油料与溶剂、酶制剂的接触面积，便于后续酶解。值得注意的是，在粉碎时，粉碎程度与出油率并不是正相关的。在一定范围内，油料的粉碎程度越大，出油率越高。但是，粉碎度过大，水相体系中可溶性蛋白质将以共价交联或非共价交联的方式形成稳定的界面蛋白膜包裹油滴，阻碍油滴的释放。

　　此外，将油料粉碎会导致油料中的甘油三酯和种子的天然酶系统之间产生一个接触界面，活性酶会将油脂水解或产生磷脂。热处理可以使油料中的天然酶失活，减少油脂的损失。高温蒸煮后烘干可以在一定程度上破坏油料的细胞结构。细胞在蒸煮过程中细胞壁发生膨胀，烘干后细胞会出现剧烈的皱缩，导致细胞结构发生一定的破坏，使油脂体破裂，油滴聚集。然而，长时间加热处理或过于剧烈的热处理条件会使油脂的色泽加深、酸价升高、过氧化值升高，使油脂品质降低。

乙醇预处理可以从源头上减少乳液的形成。油料中含有的磷脂和蛋白质都是良好的乳化剂，另外小分子的糖类也会增加蛋白质的乳化性。在粉碎后使用一定浓度的乙醇对原料进行萃取，可以有效去除原料中的磷脂、糖类、醇溶性蛋白等物质，从源头上减少后续酶解提油时出现的乳化作用，从而有效提高出油率。

其中，部分原料含油率较低，硬度较大，粉碎只能破坏部分油料细胞结构，导致后续酶解时酶与酶促位点不能充分接触，油脂仍存在于油料中，难以游离。因此在设计实验方案时还需选择一种或几种方法对原料进行预处理，以辅助机械破碎来提高细胞结构的破坏程度。在选择原料预处理方法时，不仅要考虑出油率的高低、油脂品质等问题，还需要考虑是否适用于工业化生产，以尽量降低生产成本。

（二）酶解

酶解提油是指利用淀粉酶、蛋白酶或纤维素酶等对油料种子细胞壁和蛋白质、多糖等大分子物质进行破坏和降解，使油脂和大分子物质游离，再通过离心等操作将高品质油脂分离。目前，有关水酶法提油中酶解技术的研究主要集中于酶种类、加酶量、酶解温度和时间、体系 pH 值、料液比等。

1. 酶种类

酶种类的使用与出油率的高低有着密切的关系。酶的选择取决于植物油料细胞结构组成以及油脂体周围的组成成分。研究中使用的酶主要有纤维素酶、半纤维素酶、果胶酶、碱性蛋白酶、中性蛋白酶、酸性蛋白酶、淀粉酶和复合酶等。纤维素酶、半纤维素酶和果胶酶主要用于降解植物油料细胞的细胞壁。细胞壁是植物细胞特有的结构，可在阻止细胞内油脂和蛋白质等物质向外扩散的同时防止外界溶剂渗透到细胞内。细胞壁主要成分是纤维素、半纤维素和果胶，是一种很牢固的结构，且不溶于水，难以被降解。纤

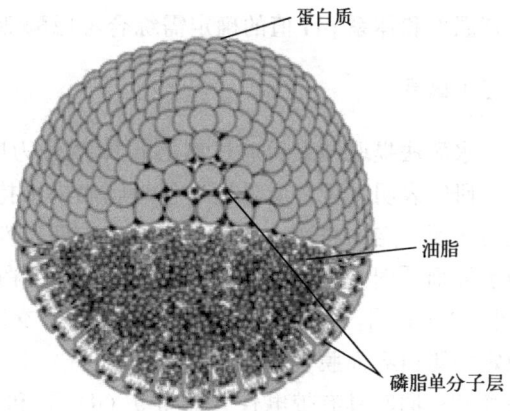

图 3-8　油脂体结构模型

维素酶、半纤维素酶、果胶酶等酶的使用，可破坏细胞壁的结构，有利于油脂的释放。如图 3-8 所示，油脂被一层磷脂覆盖，磷脂内嵌有结构蛋白。结构蛋白由深入油脂内部的疏水区域和亲水部分构成。蛋白酶可以将细胞壁和界面膜上的结构蛋白水解为多肽和氨基酸，破坏细胞壁的网状结构和脂蛋白复合物，从而释放细胞内的油脂。

淀粉酶主要作用于淀粉，以防止淀粉糊化增大体系黏度，从而促进油脂的释放。α-淀粉酶将淀粉分子中的 α-1,4-糖苷键切断，使其成为长短不一的短链糊精及少量的低分子糖类。

由于植物油料细胞的成分和组织结构比较复杂，使用单一酶制剂可能会有一定的局限性。因此有研究将不同的酶按照一定的比例进行复配，来增强酶水解细胞壁和油脂体结构的

作用，从而提高油脂和蛋白质得率。但是，研究发现复合酶并不一定会提高出油率。

由于油料含油量及其化学组分会受原料品种、产地、生长条件等因素的影响而不同，因此在探索水酶法提油工艺时，需要根据原料的细胞结构、化学组分、提取工艺和下游产业等综合考虑选择酶的种类。

2. 加酶量、酶解温度、酶解时间、体系 pH 值和料液比

加酶量、酶解温度、酶解时间、体系 pH 值和料液比的确定需在实际研究中通过试验进行优化。加酶量过低导致酶解不完全，出油率较低；加酶量过高不仅增加成本，浪费资源，甚至还会导致出油率下降。酶解时间会因原料和酶种类的不同而有差异，反应时间过短，酶解不充分；反应时间过长会导致油脂表面重新形成界面膜，进而导致出油率下降。酶解破坏了蛋白质的一级、二级和三级结构，即对蛋白质的空间立体结构产生了重要影响，从而改变了蛋白质的乳化性能。适度的酶水解可以有效地破坏由蛋白质形成的界面膜，有利于油脂的释放。相比之下，过度的酶解可能导致蛋白质聚集体的形成，蛋白质聚集体吸附在界面处可形成弹性界面膜，形成稳定的乳液。料液比过低时，体系黏稠，酶与底物不能充分接触，酶解反应不彻底；料液比过高时，酶浓度降低，酶与底物分子的碰撞概率降低，酶解反应的效率也随之降低。

在酶解过程中，酶解温度和体系的 pH 值也至关重要。酶解温度和体系 pH 值过高或过低都会影响酶的活性甚至会使酶失活，从而影响酶解的效果。酶解温度因原料及所用酶的种类不同而有差异，一般在 40～55℃，以有利于酶解而不影响最终油品和蛋白质（副产品）的质量为目的。pH 值既影响酶的活性，又影响油与蛋白质的分离。且许多酶的最适 pH 值在蛋白质的等电点范围内，蛋白质在这个 pH 值范围内高度不溶，可能会抑制油脂的游离。酶解温度和体系 pH 值的确定需综合考虑酶活性、酶解工艺及原料种类等问题。

（三）破乳

水酶法提取结束后通过离心将体系分为四层，从上到下分别为油相、乳相、水相和渣相。研究表明，蛋白质是通过包封脂滴来维持乳液稳定性的。水酶法提油过程中，原料被粉碎后按照一定的料液比加入到溶液中，两亲性蛋白被释放进入水相体系，蛋白质缓慢分散到油水界面［图 3-9（a）］。到达界面后，蛋白质的分子结构打开，内部的疏水氨基酸暴露［图 3-9（b）］，由此产生的分子间的共价交联和（或）非共价相互作用导致油滴周围形成稳定的蛋白界面膜包裹油滴［图 3-9（c）］，阻碍油滴的聚集。该膜有一定的厚度、强度、黏弹性，同时具有带电性［图 3-9（d）］和空间稳定性［图 3-9（e）］，可维持乳液的稳定性。

破乳的核心是破坏影响乳液稳定性的因素。许多因素如液滴尺寸、表面电荷、蛋白质水解度、表面疏水性等都会影响乳液的稳定性。根据斯托克斯（Stokes）定律，乳液的液滴尺寸越小，乳液越稳定。液滴的大小主要取决于所使用的乳化剂（蛋白质）和乳化过程中的剪切力。剪切力越大，粒径越小，乳液越稳定。通常用 Zeta 电位对乳液的表面电荷定量。有研究表明，当 Zeta 电位的绝对值高于 30 mV 时，体系的热力学稳定性较好，体系的 Zeta 电位绝对值越高，表明液滴之间静电斥力越大，乳液体系的稳定性越好。通过调节体系的 pH 值和离子浓度可以改变乳液的 Zeta 电位，降低乳液的稳定性。蛋白质浓度越高，覆盖油滴的面积越大，油滴越难以聚集而形成较小的油滴。水酶法提油时蛋白酶的使用不仅可以破坏脂蛋白结构，还可以减少体系中蛋白质浓度，从而降低乳液的稳定性。目前，使用的破乳技

术主要集中在加热法、冷冻-解冻法、有机溶剂法、盐法破乳、调节 pH 值法、酶法破乳等。

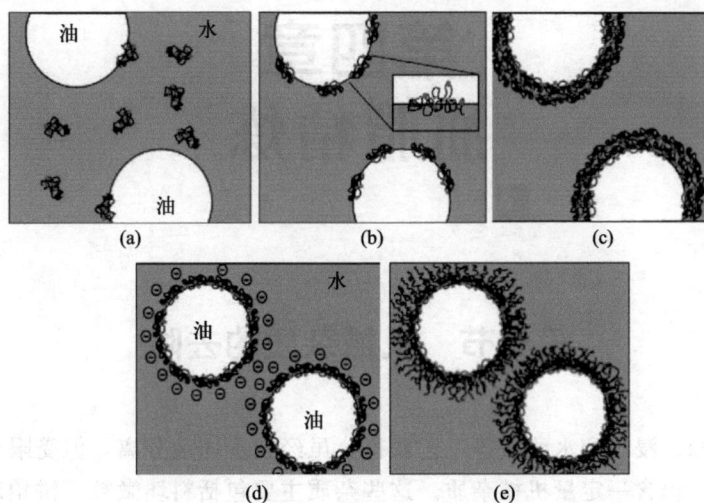

图 3-9 蛋白质在油水界面的运动过程及乳液的稳定机理

第四章
油脂精炼

第一节 机械杂质的去除

毛油通过压榨、浸出和水酶法等工艺获得，虽经初步固液分离，但受限于分离技术和储运中的交叉污染，仍含一定量机械杂质。这些杂质主要包括料坯微粒、饼粕碎片、泥沙和纤维等，其含量因油料种类、制油方法及操作条件的差异而变化。杂质粒径和形态不一，既有大于 $100~\mu m$ 的颗粒，也有粒径在 $0.5\sim100~\mu m$ 之间的微粒，甚至存在小至 $100~nm$ 并以胶溶状态分散的微颗粒。这些颗粒以悬浮状态分布于毛油中，故常称为悬浮杂质。此类杂质会加速油脂的水解和酸败，并在精炼过程中可能造成离心设备堵塞，或在水化脱胶和碱炼脱酸时引起过度乳化，因此其有效去除至关重要。

毛油中固体颗粒成分复杂，不同颗粒的耐压性能差异明显。此外，毛油作为液相分散介质，其中水分、胶溶性和脂溶性等物质的相互作用，使其表现出非牛顿流体特性，黏度随悬浮颗粒浓度升高而增加。

精炼过程中，除了毛油自带的悬浮杂质，还会形成多种新悬浮体系。例如，水化阶段产生磷脂和油脚的混合物，碱炼时形成油与皂脚的体系，脱色过程涉及油与白土的混合物，而脱蜡与脱脂则会生成由不同凝固点成分组成的悬浮体系。

一、毛油的沉降

在重力作用下的自然沉降分离是最简单且最常用的分离方法。它是利用悬浮杂质与油脂的密度不同，在自然静置状态下，使机械杂质从油中沉降下来而与油脂分离。重力沉降的分离效率低，只适用于毛油中大颗粒悬浮杂质的分离和油脂水化脱胶或碱炼脱酸过程中胶粒、皂粒的分离。当重力沉降用于微细粒子分离时，为了提高沉降速率，一般要进行凝聚处理。

二、毛油的过滤

过滤法是去除毛油中机械杂质的一种常用方法，过滤法主要基于筛分原理，即利用过滤介质（如滤布、滤网、滤芯等）上的微孔或纤维结构，将大于这些孔径或纤维间隙的杂质颗粒截留在介质表面或内部，而油脂则通过这些孔径或间隙流出，从而实现杂质与油脂的分离。

（1）重力过滤 利用毛油本身的静压力作为驱动力，使毛油穿越过滤介质，而固体颗粒则被截留在介质表面或内部。该方法操作简便，设备简易，但过滤效率不高，适用于处理杂质粒度大、含量低的滤浆。在清除毛油机械杂质时，虽耗时较长，但无须额外能耗。

（2）**压滤** 即通过泵等提升操作压力，强制毛油穿越过滤介质，实现高效过滤。此法广泛用于固体含量为 1%～10%、可滤性差的悬浮液的分离，在油脂工厂中应用最为普遍。

（3）**真空过滤** 真空过滤推动力较小，因而只适用于细颗粒所占质量分数较低的悬浮液和可压缩滤饼的过滤。

三、毛油的离心分离

离心分离是利用离心力分离悬浮杂质的一种方法。虽然离心机种类很多，但其主要结构都是快速旋转的转鼓，安装在垂直或水平轴上。转鼓可分为有孔式（孔上覆以滤网或其他过滤介质）和无孔式。当鼓壁有孔，转鼓在高速旋转时，鼓内液体受离心力的作用由滤孔迅速流出，固体颗粒则被截留在滤网上，此过程称为离心过滤。鼓壁无孔，则物料受离心力的作用按密度大小分层沉淀，密度最大的直接附于鼓壁上，密度最小的则集中于鼓中央，此过程称为离心沉降。

四、除杂设备

（一）沉降设备

重力沉降设备有沉降池、暂存罐、澄油箱等。澄油箱是最普通的一种毛油粗沉降分离设备，如图 4-1 所示。

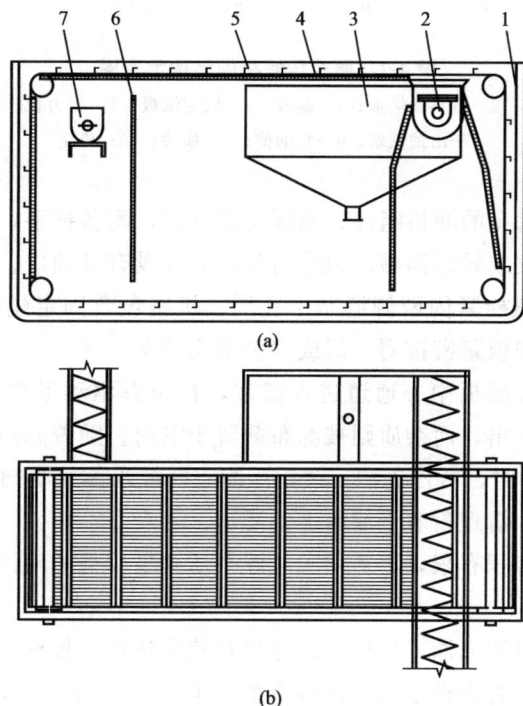

图 4-1 澄油箱的结构示意图

1—澄油箱壳体；2—回渣螺旋输送机；3—清油池；4—筛板；5—捞渣刮板；6—挡板；7—进油螺旋输送机

澄油箱为长方体，内置回转刮板输送机，顶部装有特制长形筛板。该设备通过螺旋输送机引入含渣毛油，经静置沉淀后，毛油穿越多层隔板，由溢流管导入清油池，再泵送至滤油机细化除渣。刮板输送机低速连续运行，将沉积的油渣刮起，途经筛板时，油分透过筛孔回流，饼渣则随刮板移至末端，落入横贯油箱的螺旋输送机中，最终送往复榨单元。

澄油箱的优势在于有效沉降粗大饼渣，并实现机械化自动捞渣与回渣作业。然而，其缺点在于沉降周期长，油渣分离效果欠佳。此外，热毛油在油箱内长时间与空气接触，会对油品造成不良影响。

（二）过滤设备

1. 厢式压滤机

厢式压滤机如图 4-2 所示。

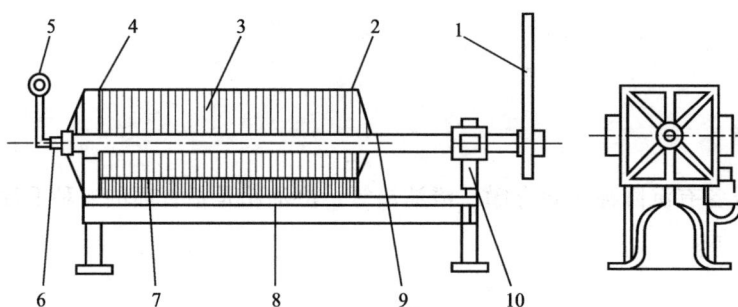

图 4-2　厢式压滤机的结构示意图

1—压紧装置；2—可移动端板；3—滤板；4—固定端板；5—压力表；6—进油管；
7—出油旋塞；8—集油槽；9—横梁；10—机座

其核心部件为装有滤布的滤板组件，滤板呈正方形，配备把手，竖直安装于机座横梁两侧。滤板表面设计有直纹或异形沟槽，边缘凸起，底部设有排油口。滤板中央穿孔，安装滤布时，采用专用螺母和螺栓紧固两侧滤布于孔周。机座包含固定端板与可移动端板，工作前，通过压紧机构将各滤板紧密排列，形成多个密闭滤室。

过滤流程中，毛油经滤板中心通道进入滤室，在压力驱动下穿过滤布，汇聚于滤板沟槽，最终由底部排油口排出，而杂质则被滤布截留于室内。随着滤渣积累，滤饼增厚，当进油压力达到约 0.34 MPa 时，暂停进油，改用压缩空气或水蒸气吹扫滤饼，释放其中残留的油脂。之后，松开滤板，清理附着于滤布上的滤饼。

厢式压滤机因滤室容积有限，更适用于悬浮杂质含量较低的毛油的处理。

2. 板框式压滤机

对于高悬浮杂质含量的毛油，板框式压滤机是较优选择。板框式压滤机与厢式压滤机结构相似，主要区别在于前者增设了与滤板等大的空心中框，滤布覆盖滤板，两者相间排列，显著增大了滤室容积，延长了过滤周期，减少了停机清渣频率。

依据滤液流出方式，板框式压滤机可分为明流式和暗流式两种。明流式直接从各滤板旋塞排液，便于发现滤布破损并单独控制；暗流式则集中于尾板出液。油厂倾向于选用明流式，因其便于维护。

板框式压滤机的优点包括结构简单、过滤面积广、能耗低、运行稳定；其缺点为劳动强度大、效率相对较低、滤饼含油高。近年的改进包括电动液压压紧、轻质塑钢材料替代铸铁、涤纶布作过滤介质、自动化紧松板及卸渣，有效降低了滤饼含油率，减轻了劳动强度，提升了效率。

3. 叶片过滤机

叶片过滤机分为立式和卧式两种，其中立式应用广泛，卧式则适用于大面积过滤，以方便卸料。该设备最初用于白土脱色油脂过滤，经改进后，在压榨毛油过滤中也表现出色。

立式叶片过滤机结构包括罐体、过滤叶片、支撑结构、集油管、排渣阀、振动装置、液压压紧系统及罐盖锁紧机构等，如图4-3所示。

工作时，待滤油经油泵加压送入罐内，油脂穿过滤网进入叶片清油通道，最终汇入集油管排出。杂质则被滤网截留形成滤饼，当滤饼厚度达到设定值（1.0～1.2 MPa 拦截极限）时，关闭进油阀，开启压缩空气转移油脂，同时压出渣中残油，并用干燥蒸汽吹扫滤饼。吹扫后，减压并启动脉冲振动器使滤饼脱离叶片，随后打开排渣阀，利用罐内余压排出滤饼。清理完毕后，关闭排渣阀，调整管路阀门，进入下一过滤周期。两机并联可实现连续过滤作业。

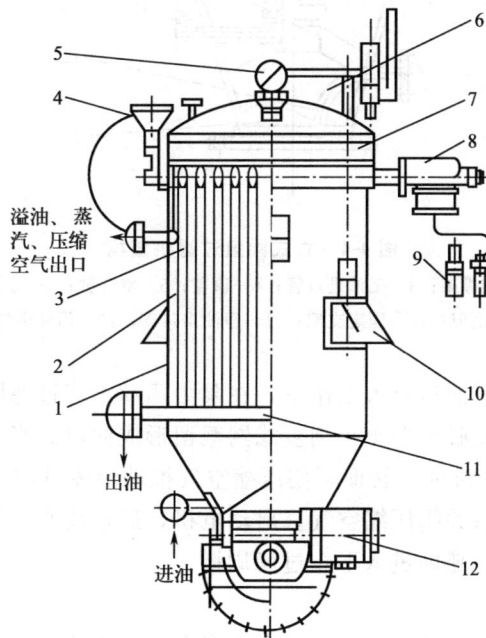

图4-3 立式叶片过滤机

1—罐体；2—工作腔；3—滤叶；4—锁帽；5—压力表；6—碟形盖提升装置；
7—碟形盖；8—振动器；9—气阀；10—支座；11—滤叶集油管；12—卸渣碟阀

叶片过滤机设计紧凑，占地面积小，过滤面积大，操作维护简便。配合自控装置，可实现过滤作业的连续化和自动化，因此在毛油悬浮物分离中得到广泛应用。

卧式叶片过滤机与立式叶片过滤机在结构和原理上大致相同，主要差异在于卸渣方式，其通过快开碟形盖与推拉装置将滤叶移出罐外，实现更彻底的滤叶清理。

4. 圆盘过滤机

圆盘过滤机有一个圆筒形密闭工作腔，内装水平或竖直放置的滤盘。如图 4-4 所示，立式圆盘过滤机主要由罐体、空心过滤轴、滤盘传动机构和卸渣阀门等组成。

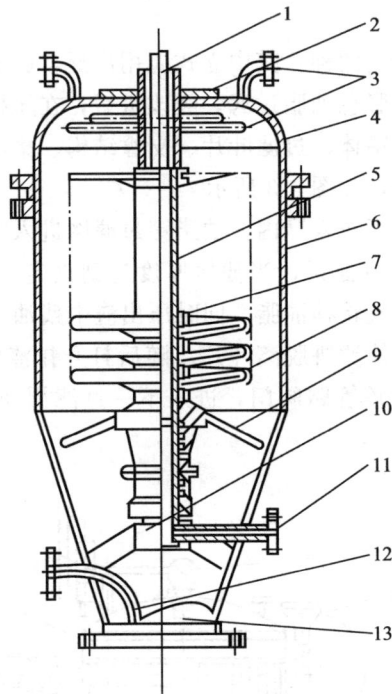

图 4-4　立式圆盘过滤机结构

1—传动轴；2—支撑架；3—毛油进口管；4—顶盖；5—空心轴；6—罐体；7—隔离环；
8—滤盘；9—排渣刮刀；10—固定支架；11—净油出口管；12—污油出口管；13—排渣口

含悬浮颗粒的油脂经进油口泵入工作室，在泵力驱动下穿过滤网流入空心轴，最终由出油口排出，而悬浮杂质（或脱色白土）则被滤网截留形成滤饼。当滤饼增厚至罐体工作压力极限（0.5 MPa）时，停止进油，转而利用压缩空气推动油体过滤至低位，随后由污油口排出残余悬浮液，滤饼沥干后关闭压缩空气。启动电机，通过离心力和刮刀作用，将滤盘上的滤饼卸下，经排渣口排出，随即进入下一过滤周期。

5. 袋式过滤器

袋式过滤器具备圆柱形立式金属外壳，内置多孔金属板或网制成的篮子，篮子内壁装有布袋，单个壳体内可配置多个布袋。原料自顶部进入，穿过滤布及篮子后，滤油从底部排出。布袋材质多样，孔径各异，表面积介于 0.05～0.41 m² 之间。

其优点包括投资成本低、清理便捷；但固体容纳量小，布袋更换成本高，且难以有效吹干滤渣中的残油，导致油脂损失较大。因此，袋式过滤器常用于大型压滤机后的补充过滤，如安装在板框压滤机与叶片过滤机之后，以截留少量渗漏的滤渣或助滤剂。在补充过滤中，常用滤布孔径约为 10 μm；而在成品油脂精过滤时，则常用 3～5 μm 孔径的滤布。

（三）离心设备

1. 卧式螺旋卸料沉降式离心机

用于机械杂质分离的螺旋离心机多为卧式，如图 4-5 所示是国内油厂使用的 WL 型卧式螺旋卸料沉降式离心机。它主要由圆锥筒形转鼓、螺旋输送器、传动装置等组成。

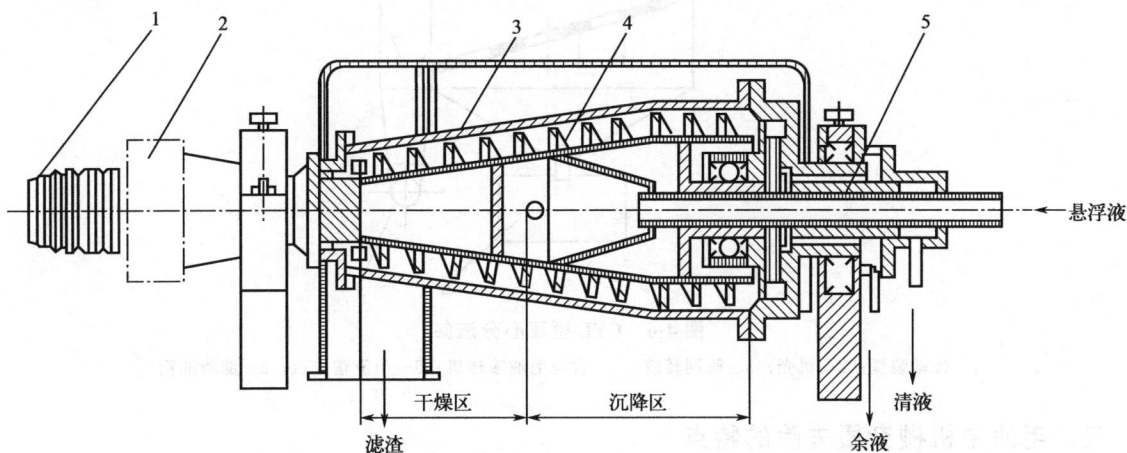

图 4-5　卧式螺旋卸料沉降式离心机内部结构
1—离心离合器；2—摆线针轮减速器；3—转鼓；4—螺旋推料器；5—进出料装置

运行过程中，毛油连续不断地沿进料套管进入螺旋内筒，通过内筒上的开孔抛出，在惯性离心力作用下，固相逐渐沉降积聚在转鼓内壁上，依靠螺旋卸料器与转鼓的相对运动，被推向转鼓小端，并在螺旋推力和径向离心力的作用下，得到压缩，最后由转鼓小端卸渣口排出。当澄清油的液面超过转鼓大端封板上的溢流口时，即由此汇入澄清油出口管，完成机械杂质的去除。

该装备分离能力较强，去杂效果较好，经过滤的毛油，含渣率可降至 0.3％以下，渣中含油率一般在 30％左右，而且其生产过程连续，出渣自动并可均匀送回减少油损，处理量大，结构紧凑，适应范围广（颗粒度 0.005～2 mm，含量 2％～30％，温度 0～90℃，相对密度在 1.2 左右的毛油较合适）；但设备制造要求高，螺旋叶易磨损，操作时调节较困难。

2. CYL 型离心分渣筛

CYL 型离心分渣筛结构如图 4-6 所示，主要由转鼓、传动装置和进出料输送机组成。转鼓是水平卧置的截头圆锥，表面有孔并覆有滤网。

工作时，含渣毛油经输送机送入转鼓小端，在离心力作用下，油脂穿过滤饼与筛网，汇聚至滤清油箱。转鼓内壁截留的饼渣沿斜壁移向大端，落入输送机，从而实现毛油固液分离。

CYL 型离心分渣筛结构紧凑，能耗低，具备连续自动排渣能力，对高含渣毛油除渣效果显著，能将油中含渣率从 15％～30％降至 0.17％～1.5％；但处理量有限，渣中含油率高达 30％～40％。此外其过滤效果还受进料均匀度影响，可能导致滤饼厚薄不均，还需进一步优化。

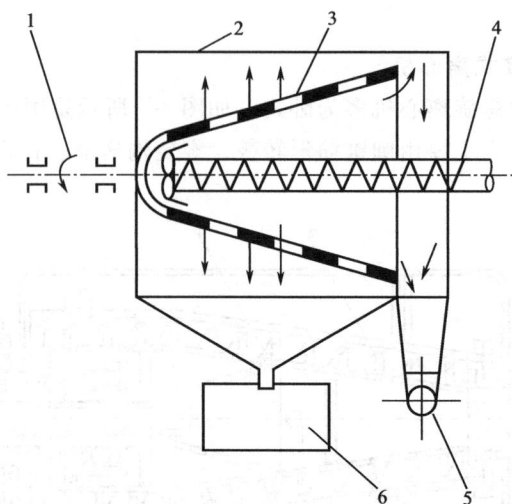

图 4-6 CYL 型离心分渣筛
1—传动装置；2—机壳；3—筛网转鼓；4—含渣毛油输送机；5—出渣输送机；6—滤渣油箱

五、毛油中机械杂质去除的特点

木本油料制取的毛油中机械杂质的去除都遵循着一些共同原则，但由于它们的原料特性和油脂成分的不同，又各有特点。

棕榈油由于毛油中的固体杂质含量较高，因此在生产过程中需要通过水洗稀释后再进行过滤等操作。第一轮去杂工艺完成后，还需对毛油进行脱水，相对其他毛油除杂较为复杂。

椰子毛油熔点为 19～22℃，因此一般在常温下椰子毛油会凝固，这给椰子毛油的去杂带来麻烦。因此，在成品油罐以及过滤油池中需安装加温装置，同时操作时需注意因局部温度过高而产生的翻腾现象，必须控制好加热温度。

多数木本油料毛油的去杂工艺都较为简单，例如茶籽油通过传统的去杂工艺（沉降、过滤及离心）就足以使毛油达到后续精炼的要求。

木本油料毛油中机械杂质的去除虽各有特点，但是都离不开沉降、过滤或离心操作。

第二节 油脂脱胶

一、油脂脱胶的意义

毛油中含的磷脂、蛋白质、黏液质和糖基甘油二酯等杂质，因与油脂组成溶胶体系而被称为胶溶性杂质。这些胶溶性杂质的存在不仅可降低油脂的使用价值和储藏稳定性，而且在油脂的精炼和加工中，会产生一系列不良的影响，导致成品油质量下降。例如，胶质使碱炼时产生过度的乳化作用，使油、皂不能很好地分离，即皂脚夹带中性油增加，导致炼耗增加，同时使油中含皂增加，进而使水洗的次数及水洗引起的油脂损失增加；脱色时胶质会覆盖脱色剂的部分活性表面，使脱色效率降低；脱臭时温度较高，胶质会发生炭化，增加油脂的色泽；氢化时会降低氢化速率等。因此油脂精炼工艺中一般是先脱胶。

脱除毛油中胶溶性杂质的工艺过程叫作脱胶。因毛油中胶溶性杂质主要是磷脂，所以工业生产中常把脱胶称为脱磷。在碱炼前先除胶溶性杂质，可以减少中性油的损耗，提高碱炼油质量，可以节约用碱量，并能获得有价值的副产品——磷脂。

二、油脂脱胶的方法

（一）水化脱胶

脱胶常采用水化法，即用一定数量的热水或稀碱、盐及其他电解质溶液，加入毛油中，使水溶性杂质凝聚沉淀而与油脂分离。水溶性杂质以磷脂为主，沉淀出来的胶质称为油脚。

当毛油中不含水分或含水分极少时，磷脂以内酯盐形式溶解分散于油中；油中含水量增加时，磷脂吸水变为游离羟基式，极性增大，呈现出强的双亲性并在水油界面上定向排列，磷脂达到一定浓度时，形成胶态集合体（胶束），进一步形成整体亲水性的双（多）分子层；磷脂极性基的强烈亲水性可吸引水分子插入双（多）分子层之间，产生膨胀，随着吸水量的增加，磷脂膨胀加剧，相互凝结成密度比油脂大得多的胶粒而从油中沉淀析出。

磷脂有水化磷脂（HP）和非水化磷脂（NHP）之分。水化磷脂含有较强的极性基团，与水接触时形成水合物，且在水中析出。非水化磷脂主要是磷脂酸和溶血磷脂的钙镁盐类，亲水性差。非水化磷脂的含量主要与毛油种类和品质有关。

不同磷脂的水化速率有差别，如果从磷脂的乳化性质来理解，则卵磷脂（PC）由于易形成水包油（O/W）的乳化液，而具有最大的水化速率，而其他磷脂易形成油包水（W/O）的抗乳化结构，水化速率降低。

水化法操作简单，但只能除去水化磷脂，一般的水化和碱炼过程能去除 80%～90% 的磷脂，还含有 10% 左右的非水化磷脂，需采取另外方法脱除。在毛油中加入一定量的无机酸或有机酸，可使非水化磷脂转化为水化磷脂而亲水，从而达到容易沉淀和分离的目的。

毛油种类和品质是影响水化脱胶的首要因素。一般木本油料的油脂较易脱胶，而大豆油、花生油、葵花籽油、棉籽油等较难一些，亚麻籽油、菜籽油更难一些。对于变质、未成熟油料或蒸炒不好的油料制得的毛油，不易脱胶。

水是磷脂水化的必要条件，水化时适量的水能使磷脂逐渐吸水膨胀，并相互絮凝形成稳定的胶粒。水量不足，磷脂水化不完全，胶粒絮凝不好；水量过多，则有可能产生局部的水/油或油/水乳化现象，难以分离。

水化加水量通常是胶质含量和操作温度的函数。工业生产中，间歇式为胶质含量的 3～5 倍；连续式为油量的 1%～3%。在胶质含量一定时，操作温度高，胶体质点布朗运动剧烈，诱导极化度大，故凝聚需要的水量大；反之，需要的水量少。

毛油胶粒凝聚的过程是可逆的。毛油中胶体分散相开始凝聚时的温度称为凝聚临界温度，已凝聚的胶质可在高于凝聚临界温度下重新分散。临界温度与胶粒粒度有关，胶粒吸水越多，凝聚临界温度也就越高。因此水化温度与加水量相关，加水量大，宜高温；加水量小，宜低温。一般操作温度与临界温度相对应并稍高于临界温度。

在具体操作中，适宜的加水量可通过小样试验来确定。即先确定工艺操作温度，然后根据油中胶质含量计算加水量，最后再根据分散相水化凝聚情况，调整操作的最终温度。但终温要严格控制在水的沸点以下。

借助于机械混合可使物料既能产生足够的分散度，又不使其形成稳定的油/水或水/油乳化液。当胶质含量大，操作温度低的时候，尤应避免过分激烈地搅拌，以防止形成油/水乳化液，使分离操作困难。连续式水化脱胶的混合时间短，混合强度可以适当高些。间歇式水化脱胶的混合强度须密切配合水化操作，搅拌速度应可控，先快后慢，开始时以 60～70 r/min 为宜，水化结束阶段控制在 30 r/min 以下，以使胶粒絮凝良好，有利于分离。

胶质完成水化需要一定的时间。离心分离时，如果重相是乳浊水，或油脚呈稀松颗粒状、色黄并伴有明水，或脱胶油 280℃加热试验不合格时，即表明水化时间不足。反之，当分离出的油脚呈褐色黏胶时，则表明水化时间适宜。

根据胶体凝聚的原理，通过添加食盐、硅酸钠、磷酸、柠檬酸、酸酐、磷酸三钠或氢氧化钠等电解质稀溶液可改变胶体分散相的水合度，促使凝聚。特别是当用普通水水化脱不净胶质、胶粒絮凝不好或操作中发生乳化现象时，可添加 0.05%～0.3% 的电解质。电解质在脱胶过程中的主要作用是：

① 中和胶体的表面电荷，消除或降低电位或水合度，促使胶质凝聚。

② 磷酸和柠檬酸等可促使 β-磷脂等非水化磷脂转变成水化磷脂。

③ 磷酸、柠檬酸螯合并脱除与胶体结合在一起的微量金属离子，有利于精炼油气味、滋味和氧化稳定性的提高。

④ 促使胶粒絮凝紧密，降低絮团含油量，加速沉降，提高水化得率与生产率。

水化法按生产的连贯性可分为间歇式和连续式。间歇式水化按操作温度及加水方式不同分为高温、中温、低温及直接蒸汽水化方法，它们的基本工艺流程包括加水（或加直接蒸汽）水化、沉降分离、水化油干燥和油脚处理等，如图 4-7 所示。

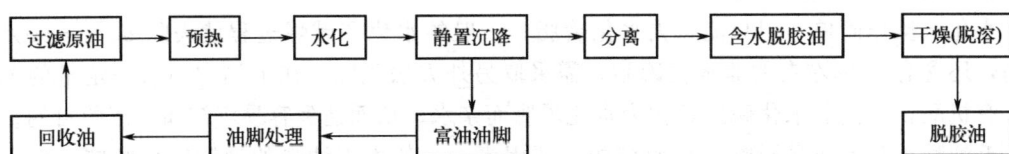

图 4-7　间歇式水化法工艺流程

连续式水化是一种先进的脱胶工艺，包括预热、油水混合、油脚分离及油的干燥等工序，均为连续操作，如图 4-8 所示。水化脱胶的主要设备有水化器、分离器及干燥器等。

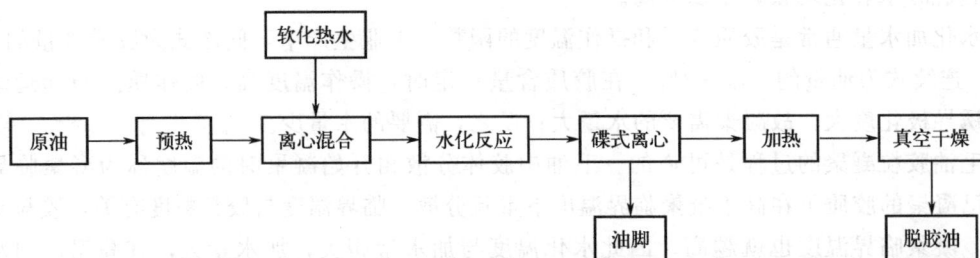

图 4-8　连续式水化法工艺流程

一般，水化脱胶油中磷脂含量为 0.15%～0.45%，杂质＜0.15%，水分＜0.2%，可基本达到四级油标准。

（二）酸炼脱胶

通常将粗油中加入一定量的无机酸，使胶溶性杂质变性分离的一种脱胶方法称为酸炼脱胶。一般采用硫酸和磷酸进行脱胶，前者又分为浓硫酸法和稀硫酸法两种工艺。硫酸对磷脂、蛋白质及黏液质等能产生强烈的作用，因此主要用于工业用油的加工，常常被用来精炼含有大量蛋白质、黏液质的粗油，例如用于生产生物柴油的菜籽油、脂肪酸裂解前用油、精炼米糠油、蚕蛹油及劣质鱼油等。

与普通水化法相比，磷酸脱胶具有油耗少、油色浅、能与金属离子螯合，并能解离非水化磷脂等优点，脱磷效果可达到 30 mg/kg。操作中添加一定量的 85% 磷酸，在 60～80℃ 温度条件下充分搅拌，然后送入离心机进行分离、脱胶。对于棕榈油等胶质含量较少的特殊油种，仅用酸炼脱胶就可达到要求，这种方法又称为干法脱胶。

（三）其他方法脱胶

1. 酶法脱胶

酶法脱胶的原理是利用磷脂酶，把油脂中的非水化磷脂转化成溶血磷脂，而成为水化磷脂，再用水化法除去。目前可提供的有 3 种商品化磷脂酶，即 Lecitase 10L、Lecitase NO-VO、Lecitase Ultra。

为了减轻负荷，酶法脱胶要求待脱胶油中含磷量控制在 100～250 mg/kg（含磷脂 0.3%～0.75%），含 Fe<2 mg/kg，含游离脂肪酸<3%。待脱胶油加热至 80℃ 左右，加入柠檬酸溶液（或磷酸溶液）以络合金属离子，然后加入碱溶液形成缓冲溶液并控制 pH 值在 5～6，降低温度至 45～55℃，加入磷脂酶溶液，经高速混合后在反应釜里滞留数小时，具体时间根据油脂品种和磷脂含量调整，待非水化磷脂转化为水化磷脂后，再次加热至 80℃ 左右灭酶，用离心机分离磷脂和油。脱胶油中含磷一般低于 10 mg/kg，可满足物理精炼的要求。

酶法脱胶工艺将生物技术与油脂精炼工艺相结合，目前在生产上已得到应用。

2. 硅法脱胶

硅法脱胶适合于物理精炼的预处理脱胶脱色，唯材料成本较高。该法关键是使用新型硅材料，如 TriSyl 硅这种人造的非结晶硅胶体，对油中极性组分如磷脂、肥皂等吸附力很高，既可以单独作为吸附脱胶剂使用，也可与白土一起使用，加强白土的吸附效果，同时保护白土免受皂脚和磷脂的影响。

待加工油脂中含皂量的增加可提高 TriSyl 硅对磷脂的吸附能力。利用这一点，在实际生产中可省去水洗工序，只要油中含有足够的水分（0.2%～0.4%），皂脚和其他极性杂质即可一起被 TriSyl 硅除去。

3. 膜法脱胶

磷脂和甘油酯的分子量相近，但磷脂在非极性溶剂中会形成分子量达 2 万～5 万的胶束，胶束的外形尺寸在 18～200 nm，远远大于甘油酯分子的尺寸（15 nm），因此，膜法脱胶可在混合油中将磷脂与甘油酯分离。磷脂胶束还容易包络糖和蛋白质及微量金属离子，因此可将它们与磷脂一起脱除，一般可使磷含量降到 15 mg/kg 以下。

三、精炼过程中的脱胶

（一）棕榈油精炼过程中的脱胶

1. 物理精炼法脱胶

早在 1973 年棕榈油的精炼工艺就采用了物理精炼。物理精炼的主要特点是：棕榈油在一个不锈钢脱臭塔中一步完成脱胶、脱酸和脱臭等工艺。

脱胶一般是在物理精炼的预处理中完成。预处理是指在毛油中加入浓磷酸脱除胶质，再用脱色白土进行吸附去杂的过程。磷酸（质量分数 80%~85%）添加量一般为毛油质量的 0.05%~0.2%。油脂在 90~110℃ 条件下停留 15~30 min 后泵入脱色罐，同时加入白土（白土与油混合均匀，以液状加入），白土添加量为 0.8%~2.0%，主要取决于毛油的质量。

加入磷酸是使油中非水化磷脂凝结析出，添加白土主要有以下四点作用：①吸附杂质，如微量金属、水分、油不溶物、部分类胡萝卜素以及其他色素；②降低氧化物的量；③吸附经磷酸沉淀后的磷脂；④去除脱胶后油中过量的磷酸。预处理后最终的产品颜色不是那么重要，因为白土不仅是作为一种去除颜色的脱色剂，更是一种吸附净化剂。尽管如此，在脱色阶段完全去除油脂中残留的磷酸是非常关键的，否则残留的磷酸会使游离脂肪酸含量上升，同时也会影响成品油的色泽。为了防止这种现象的发生，建议在脱色白土中混入适量的碳酸钙后再加入脱色罐，以达到中和残留磷酸的目的。

预处理过程可以采用间歇式、半连续式或连续式装置，过滤机可以是板式或柜式压滤机，也可以是带有立式不锈钢滤板的立式或卧式压滤机。

2. 化学精炼法脱胶

化学精炼也称为碱炼，化学精炼包括三个单元：①脱胶和脱酸；②脱色、过滤；③脱臭。

脱胶一般与脱酸一起，共同组成一个单元。第一个单元脱胶和脱酸的工艺介绍如下。首先加热毛油至 80~90℃，加入质量分数 80%~85% 的磷酸，添加量占毛油总量的 0.05%~0.2%，添加磷酸的作用主要是使棕榈毛油中的磷脂凝结（脱胶）。然后在脱胶油中加入碱液，浓度约 4 mol/L，碱过量约 20%（基于毛油酸值）。碱与游离脂肪酸反应生成钠皂，随后用离心机去除，离心机的轻相主要是中性油，其中含有 500~1000 mg/kg 的钠皂和水分；重相主要是皂、不溶性杂质、胶质、磷脂、过量碱及少量乳化油。由于过量碱的存在，中性油的皂化不可避免，从而带来少量的中性油损失。

碱炼后的棕榈油接着加 10%~20% 的热水洗涤以除去其中的残皂，再经离心分离、水洗、真空干燥，最终油水分含量低于 0.05%。

（二）椰子油精炼过程中的脱胶

在工业上，椰子油的脱胶通常使用水化脱胶的方法。这种方法利用磷脂等胶状杂质的亲水性，通过向椰子油中加入热水或稀酸溶液，使磷脂吸水膨胀凝聚。然后，通过沉降或离心分离法将凝聚的胶质与油分离，以此除去椰子油中的胶体杂质，达到脱胶的目的。

首先将椰子毛油加热至 60~70℃，然后缓慢加入一定比例的水（1%~3%），使磷脂与水结合形成胶体。充分搅拌，使水与油充分接触并促进磷脂水化反应。磷脂吸水膨胀后，形成不溶于油的胶质颗粒。然后将水化脱胶后的油导入离心机，利用离心力将脱胶产生的胶质和油分离。启动离心机，高速旋转将重相（磷脂、胶质、水等）与轻相（脱胶油）分离，得到初步脱胶的椰子油。为了进一步去除油中残留的水分和杂质，向脱胶油中加入少量热水（60~70℃），再次进行搅拌和离心分离，以确保脱胶油更加纯净，为后续工序提供优质脱胶油。最后将脱胶油导入真空干燥设备，在低压条件下，加热至90~100℃，蒸发掉残余水分，使脱胶后的椰子油水分含量降低至安全范围（通常低于0.1%）。

（三）山茶油精炼过程中的脱胶

对于山茶油的脱胶一般也使用水化脱胶法。以100 g毛油为示例，首先加热至一定温度，按照0.4%的质量比加入磷酸，在80 r/min下搅拌15 min；再按照质量的3%加入纯化水，继续搅拌，待毛油中有颗粒聚集时，调整转速至30 r/min，搅拌30 min，然后在5000 r/min下离心20 min，收集上清液即为脱胶油。脱胶温度为75℃、磷酸添加量为0.4%、加水量为5%为最优条件。

第三节　油脂脱酸

各类未经精炼的毛油均含有一定量的游离脂肪酸，去除这些脂肪酸的过程称为脱酸。实现脱酸的方法包括碱炼、蒸馏、溶剂萃取及酯化等。其中，碱炼法和水蒸气蒸馏法（即物理精炼法）在工业生产中应用最为广泛。

一、碱炼脱酸

碱炼法是用碱中和油脂中的游离脂肪酸，所生成的皂吸附部分其他杂质，而从油中沉降分离的精炼方法。

用于中和游离脂肪酸的碱有氢氧化钠（也称烧碱、火碱）、碳酸钠（纯碱）和氢氧化钙等。油脂工业生产上普遍采用的是烧碱、纯碱，或者是先用纯碱后用烧碱，尤其是烧碱在国内外应用最为广泛。烧碱碱炼分间歇式和连续式两种。碱炼脱酸的主要作用可归纳为以下几点：

① 烧碱能有效中和毛油中的游离脂肪酸，产生不易溶于油的脂肪酸钠盐（即钠皂），成为絮凝状物并沉降下来。

② 生成的钠皂具有强吸附性和吸收性，能够吸附并带走包括蛋白质、黏液质、色素、磷脂以及含羟基或酚基物质在内的多种杂质，甚至悬浮固体杂质也能被其裹挟沉降。因此，碱炼本身具有脱酸、脱胶、脱固体杂质和脱色等综合作用。

③ 烧碱会与少量甘油三酯发生皂化反应，导致炼耗上升。为减少这种损耗，必须优化工艺条件，以获得成品的最高得率。

（一）碱炼的基本原理

碱炼过程中的化学反应主要有以下几种类型。

1. 化学反应

（1）中和反应

$$RCOOH + NaOH \longrightarrow RCOONa + H_2O \tag{4-1}$$

（2）不完全中和反应

$$2RCOOH + NaOH \longrightarrow RCOONa \cdot RCOOH + H_2O \qquad (4\text{-}2)$$

（3）水解反应

① 甘油三酯水解

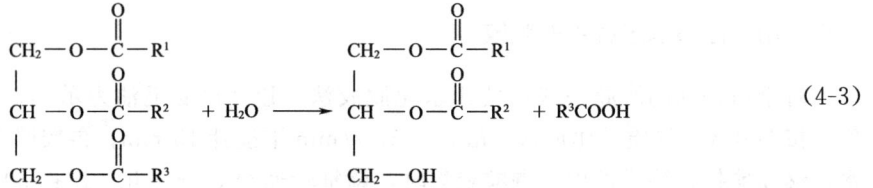

$$(4\text{-}3)$$

② 磷脂水解

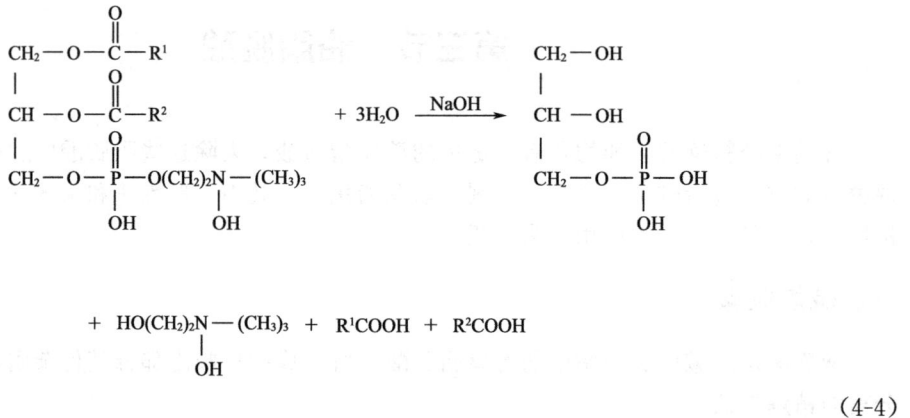

$$(4\text{-}4)$$

（4）皂化反应

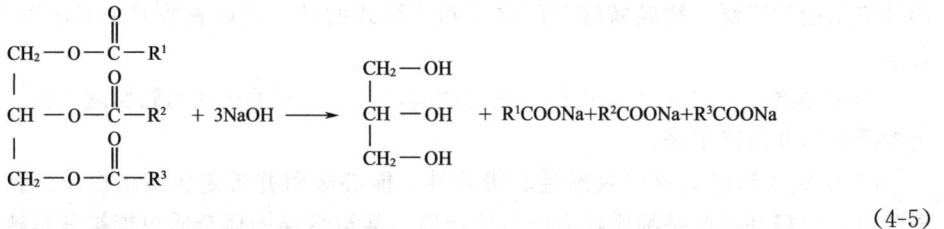

$$(4\text{-}5)$$

2. 影响碱炼反应速率的因素

（1）中和反应速率　中和反应速率与油中游离脂肪酸的含量和碱液的浓度有关。

（2）非均态反应　脂肪酸是具有亲水和疏水基团的两性物质，当其与碱液接触时，虽然不能相互形成均态真溶液，但由于亲水基团的物理化学特性，脂肪酸的亲水基团会定向包围在碱滴的表面而进行界面化学反应。这种反应属于非均态化学反应，其反应速率取决于脂肪酸与碱液的接触面积。碱炼操作时，碱液浓度应适当稀一点，碱滴分散细一些，使碱滴与脂肪酸有足够大的接触面积，以提高非均态反应的速率。

（3）相对运动　静态情况下，游离脂肪酸和碱滴的相对运动对提高中和反应速率作用甚微，但在动态情况下，却起着非常重要的作用。因为动态情况下，除了浓度差推动相对运动外，还有机械搅拌所引起的游离脂肪酸、碱滴的强烈对流，增加了它们彼此碰撞的概率，并促使反应产物迅速离开界面，进而加剧了反应。

（4）扩散作用　扩散速率与毛油中的胶性杂质的多少有关，因毛油中胶性杂质会被碱炼过程中产生的皂膜吸附形成胶态离子膜，从而可增加反应物分子的扩散距离，降低扩散速率。

（5）皂膜絮凝　碱炼是一种典型的胶体化学反应，其效果取决于皂态离子膜的结构特性。理想的离子膜应薄而均匀、易形成且易与碱滴分离。然而，毛油中若含磷脂、蛋白质和黏液质等杂质，则这些物质会被离子膜吸附，导致膜结构增厚并更稳定，难以在搅拌中破裂，由此携带的游离碱与中性油将难以有效分离，从而影响碱炼效果。

（二）影响碱炼的因素

为了选择最适宜的操作条件，获得良好的碱炼效果，现对碱炼时的主要影响因素进行讨论。

1. 碱及其用量

（1）碱　油脂脱酸利用的中和剂较多，大多数是碱金属的氢氧化物或碳酸盐。氢氧化钠与氢氧化钾碱性强，生成的皂与油脂易分离，脱酸效果显著，但工艺效果各异。氢氧化钠脱色能力强，但存在皂化中性油的缺点，尤其高浓度时更明显。而氢氧化钾因价格昂贵且皂质软，工业应用不及氢氧化钠广泛。

市售氢氧化钠有两种工艺制品，使用时，应优先考虑隔膜法制品，以避免水银电解法制品可能带来的水银污染。氢氧化钙碱性强，生成的钙皂重且易与油分离，但其易皂化中性油，脱色效果差，且钙皂难以利用。

碳酸钠碱性适中，与游离脂肪酸中和时不皂化中性油，但反应产生的碳酸气体会导致皂脚松散上浮，增加分离难度。同时，碳酸钠对油中其他杂质作用弱，脱色能力差，故单独使用较少。通常，碳酸钠与氢氧化钠配合使用，可取长补短，满足工业生产需求。

（2）碱的用量　碱的用量直接影响碱炼效果。碱量不足，游离脂肪酸中和不完全，其他杂质也不能被充分作用，且皂粒不能很好地絮凝，致使分离困难，碱炼成品油质量差，得率低。用碱过多，中性油被皂化而引起精炼损耗增大。因此正确掌握用碱量很重要。

碱炼时，耗用的碱包括理论碱量和超量碱两部分。

① 理论碱量　用于中和游离脂肪酸的碱量。

② 超量碱　碱炼时，为了弥补理论碱量在分解和凝聚其他杂质、皂化中性油以及被皂膜包容所引起的消耗，需要超出理论碱量而额外增加一些碱量，这部分超加的碱称为超量碱。

2. 碱液浓度

（1）碱液浓度的确定原则　碱滴与游离脂肪酸有较大的接触面积，能保证碱滴在油中有适宜的降速；有一定的脱色能力；使油皂分离操作方便。

（2）碱液浓度的选择依据

① 毛油的酸值与脂肪酸组成　酸值高的应选用浓碱，酸值低的宜选用淡碱。碱炼毛棉油通常采用 12～22 °Bé 碱液。长链饱和脂肪酸形成的皂，对油脂的精炼损耗，较短链饱和脂肪酸或不饱和长链脂肪酸形成的皂大，因此，大豆油、亚麻油和菜籽油宜采用较高浓度的碱液，椰子油、棕榈油等则宜采用较低浓度的碱液。

② 制油方法　油脂制取的工艺及工艺条件影响毛油的品质。在毛油酸值相同的情况下，用碱浓度按制油工艺统计的规律为：浸出＞动力螺旋榨油机压榨＞动力螺旋榨油机预榨＞液压机压榨＞冷榨。但此规律仅供参考，并不能作为确定碱液浓度的依据。因为毛油的品质还取决于制油工艺条件以及毛油的预处理。因此，当考虑制油工艺对碱液浓度选择的影响时，必须根据毛油的质量具体分析。

③ 中性油皂化损失　当含有游离脂肪酸的毛油与碱液接触时，由于酸碱中和反应比油碱皂化反应速率快，故中性油的皂化损失一般是以碱炼副反应呈现的。皂化反应的程度取决于油溶性皂量和碱液浓度。当碱炼的其他操作条件相同时，中性油被皂化的概率随碱液浓度的增高而增加。

④ 皂脚稠度　皂脚的稠度影响分离操作。稠度过大的皂脚易引起分离机转鼓及出皂口（或精炼罐出皂阀门）堵塞。在总碱量（纯 NaOH）给定的情况下，皂脚的稠度随碱液浓度的稀释而降低。此外，据研究，皂脚包容的中性油，其油珠粒度取决于皂脚中水和中性油的含量，即油珠粒度与皂脚的稠度有密切关系，随着皂脚的稀释，皂脚中包含的油珠粒度将增大。油珠粒度增大即可提高油珠脱离皂脚的速度，从而有利于皂脚含油量的降低。

⑤ 皂脚含油损　碱炼时，反应生成的皂膜具有很强的吸收能力，其能吸收碱液中的水及反应生成的水。当采用过稀的碱处理高酸值毛油时，所生成的水皂溶胶，受到的碱析作用弱，皂膜絮凝不好，从而可增加皂脚乳化油的损耗，有时甚至会在不恰当的搅拌下形成水/油持久乳化现象，给分离操作增加困难。一般，皂脚乳化包容中性油的量与碱液浓度呈反比关系。只有选择适宜的碱液浓度，才能使皂脚乳化包容的中性油降至最低水平。

⑥ 操作温度　温度是酸碱中和反应及油碱皂化反应的动力之一。由阿伦尼乌斯（Arrhenius）方程［式（4-6）］可知，反应速率常数 K 的对数与绝对温度 T 的倒数呈直线关系，即反应速率常数随操作温度的升高而增大。因此，为了减少中性油的皂化损失，控制皂化反应速率，当碱炼操作温度高时，应采用较稀的碱液，反之，则选用较浓的碱液。

$$\lg K = A - \frac{E_a}{RT} \tag{4-6}$$

式中，A 为指前因子或表观频率因子；E_a 为阿伦尼乌斯活化能（简称活化能）；R 为理想气体常数；T 为绝对温度。

⑦ 毛油脱色程度　碱炼操作中，毛油褪色的机理主要表现在皂脚的表面吸附现象以及对酚类发色基团的破坏。浓度低的碱液因反应生成的皂脚表面亲和力受水膜的影响，对发色基团的作用弱，因而其脱色能力不及浓度高的碱液。但过浓的碱液形成的皂脚表面积过小，也影响色素的吸附。只有适宜的碱液浓度才能发挥碱炼褪色作用而获得较好的脱色效果。

3. 操作温度

碱炼操作温度是影响碱炼的重要因素之一，其主要体现在碱炼的初温、终温和升温速度等方面。初温是指加碱时的毛油温度；终温指反应后油、皂粒呈现明显分离时，为促进皂粒凝聚加速与油分离而加热所达到的最终油温。

中性油皂化概率随操作温度升高而增加，因此间歇式碱炼工艺通常在低温下进行以减少损失。碱炼操作温度与毛油品质、碱炼工艺及碱液浓度等因素关联，毛油品质好且选用低浓度碱液时，可适当提高操作温度；反之，则需降低操作温度。

采用离心机分离油、皂的连续式碱炼工艺，由于油、碱接触时间短，选定操作温度时，应主要考虑如何满足分离的要求。在较高的分离温度下，油的黏度和皂脚稠度都比较低，油、皂易分离，皂脚有良好的流动性，不易沉积在转鼓内。反之，则会增加分离操作的困难。皂脚在90℃时的黏度大约低于60℃时黏度的45%。在80~90℃时，皂脚与油的密度差最明显，而且皂脚黏度的降低率最大，因此，在该温度范围内分离油、皂可获得最佳分离效果。

对于先混合后加热的工艺，初温可控制在50℃左右，分离温度则根据油品性能控制在75~90℃。而对于先加热后混合的工艺，操作温度一般控制在85~95℃。

4. 操作时间

碱炼操作时间对碱炼效果的影响主要体现在中性油皂化损失和综合脱杂效果上。当其他操作条件相同时，油碱接触时间越长，中性油被皂化的概率越大。在综合平衡中性油皂化损失的前提下，适当地延长碱炼操作时间，有利于其他杂质的脱除和油色的改善。

5. 混合与搅拌

碱炼过程中，氢氧化钠与游离脂肪酸的反应主要在碱滴表面进行。碱滴分散越细，总表面积越大，与脂肪酸接触的概率越大，从而可加速反应，缩短反应时间，并提高精炼效率。混合或搅拌的关键作用在于促进碱液在油相中的充分分散，同时增强碱液与脂肪酸的相对运动，进而加速反应并使皂膜迅速脱离碱滴。为避免强烈混合引发皂膜过度分散导致乳化，需采取适宜的混合方式。

6. 杂质的影响

毛油中的杂质，除游离脂肪酸外，还包括胶溶性物质、羟基化合物和色素等，其对碱炼效果有显著影响。例如，磷脂、蛋白质、甘油一酯、甘油二酯、棉酚及其他色素，会使油脂呈现深暗色泽，增加脱色过程中中性油皂化的可能性。此外，碱液中的杂质同样不可忽视，其不仅影响碱的用量，其中的钙镁盐类在中和反应时还会生成不溶于水的钙皂或镁皂，从而增加洗涤的难度。

7. 分离

中和反应后的油、皂分离过程直接影响碱炼油的得率和质量。对于间歇式工艺，油、皂的分离效果取决于皂脚的絮凝情况、皂脚稠度、分离温度和沉降时间等。而在连续式工艺中油、皂分离效果除受上述因素影响之外，还受分离机性能、物料通量、进料压力以及轻相（油）出口压力或重相出口口径等影响。

8. 洗涤与干燥

碱炼油去除皂脚后，因条件或分离效率限制，其中尚残留部分皂及游离碱，必须经洗涤降低其含量。洗涤通常在85℃左右进行，加水量为油重的10%~15%。淡碱液可将油溶性镁（钙）皂转化为水溶性钠皂，减少残皂，同时生成的氢氧化镁（钙）在沉降时可吸附色素，改善色泽。搅拌强度应根据残皂量调整，高含皂时首遍洗涤建议用稀释盐碱液，且应降低搅拌速度；间歇工艺中有时甚至直接采用喷淋洗涤，以防止乳化损失。

干燥影响油品色泽与过氧化值。常压机械或气流干燥因油脂长期接触空气，在高温下易氧化，导致过氧化值升高及氧化色素生成，已属落后工艺，而真空干燥则能有效避免这些副作用。

（三）碱炼损耗及碱炼效果

碱炼操作中，除了脱除游离脂肪酸和杂质外，不可避免地要损失一部分中性油。因此碱炼总损耗包括两部分：一部分是工艺的"绝对损耗"；另一部分是工艺附加损耗（皂化反应中未反应的油脂损失，以及皂脚中夹带的中性油损失）。"绝对损耗"即游离脂肪酸及其他杂质的损耗，大多数企业常采用威逊（D. Wesson）法测定，因此"绝对损耗"又称为"威逊损耗"。"威逊损耗"是碱炼脱酸的最低炼耗，生产中的实际炼耗远大于该值。

1. 酸值炼耗比或精炼指数

酸值炼耗比（L/A）或精炼指数（RF）即碱炼总损耗与脱除的酸值或游离脂肪酸的比值。

$$\frac{L}{A} = \frac{L\% \times 100}{AV_C - AV_R} \tag{4-7}$$

$$L\%（炼耗）= 1 - 精耗率 = \left(1 - \frac{成品油}{毛油量}\right) \times 100\% \tag{4-8}$$

$$RF = \frac{L\%}{(FFA_C - FFA_R)\%} \tag{4-9}$$

式中，AV_C 或 FFA_C 为毛油的酸值或游离脂肪酸的含量；AV_R 或 FFA_R 为精油的酸值或游离脂肪酸的含量。

2. 精炼效率

精炼效率是衡量精炼效果的一种指标，它基于中性油的回收率来评估。具体而言，毛油经过碱炼脱酸处理后，所得碱炼成品油量与原始毛油量的比例（精炼率），若仅考虑其中性油部分，则该部分占毛油中中性油含量的百分比即为精炼效率。

$$精炼效率 = \frac{精炼率}{毛油中中性油的含量} \times 100\% = \frac{碱炼成品油量}{毛油量 \times 毛油中中性油含量} \times 100\% \tag{4-10}$$

此指标通过排除磷脂、胶质、水分、游离脂肪酸等杂质的不平衡影响，专注于单一因素（中性油）的回收情况，从而提供了一个更为纯粹的评估标准。相较于酸值炼耗比、精炼指数及精炼常数等参数，精炼效率能更精确地体现工艺的先进性以及企业的生产管理水平。

（四）碱炼脱酸工艺

碱炼脱酸工艺按作业的连贯性分为间歇式和连续式两种。间歇式工艺适宜于生产规模小或油脂品种更换频繁的企业，生产规模大的企业多采用连续式脱酸工艺。

1. 间歇式碱炼脱酸工艺

间歇式碱炼是指毛油中和脱酸、皂脚分离、碱炼油洗涤和干燥等环节，在设备内是分批间歇进行作业的工艺。间歇式碱炼脱酸按操作温度和用碱浓度分为高温淡碱、低温浓碱以及纯碱-烧碱工艺等。

（1）高温淡碱工艺　高温淡碱脱酸法是一种先进的碱炼工艺，源于高水分蒸坯制取棉油的实践探索与科学实验，是充分运用碱炼理论于优化实际生产的成功实践。在中和前，通过电解质溶液凝聚磷脂等胶溶性杂质，减弱其表面活性，可减少中性油的乳化损失。同时，高温加速了中和反应，而淡碱的使用则降低了中性油皂化的风险，共同确保了精炼效率的提升。

（2）**低温浓碱工艺**　低温浓碱工艺又称干法碱炼工艺。浓碱有利于色泽的改善，低温可控制中性油的皂化损失。此法适用于酸值高、色泽深的毛油的碱炼。

（3）**"湿法"碱炼工艺**　"湿法"碱炼即中和反应后添加一定量的软水或电解质溶液，冲淡过剩碱液，使皂脚吸水以提高沉降速度或使皂脚稀释溶解成皂浆而有利于油、皂分离的工艺。"湿法"碱炼适宜于精炼酸值高、杂质少的毛油。

（4）**脱胶-碱炼工艺**

毛油中的胶性杂质，由于其特殊的物理化学性质，在中和过程中容易产生乳化作用而导致炼耗的增加。钙、镁等离子的存在，还会影响碱炼水洗效果。因此碱炼前应先进行脱胶，以提高碱炼效果。

除这些工艺外，还可以采用纯碱-烧碱脱酸法，即碱炼时先按理论碱量的 $25\%\sim35\%$ 添加纯碱（Na_2CO_3）溶液，除去部分游离脂肪酸后，再将剩余碱量改用烧碱（NaOH）溶液，完成中和反应。由于纯碱碱性较弱，不易皂化中性油，而烧碱有较强的脱色能力，因而配合使用时，在操作技术不甚高的情况下，也能获得较好的精炼效果。但用纯碱碱炼时，会产生大量气泡，要求精炼罐留有较大的空余容积，否则操作稍有疏忽就会发生溢罐现象，这也是生产中很少应用纯碱-烧碱脱酸法的原因。

2. 连续式碱炼脱酸工艺

该工艺的全部生产过程是连续进行的。工艺流程中的某些设备能够自动调节，具有操作简便、处理量大、精炼效率高、精炼费用低、环境卫生好、精炼油质量稳定、经济效益显著等优点，是目前国内外大中型企业普遍采用的先进工艺。

（1）**长混碱炼工艺**　"长混"技术是基于油脂与碱液在低温下长时间接触的情况而开发出来的，常用于加工品质高、游离脂肪酸含量低的油品，如新鲜大豆制备的毛油。另外，在油与碱液混合前，需加入一定量的磷酸进行调质，以便除去油中的非水化磷脂。

（2）**短混碱炼工艺**　在高温条件下，油脂与碱液进行短暂（$1\sim15$ s）混合与反应，能有效防止中性油因油碱长时间接触而过度皂化，尤其适用于高游离脂肪酸油脂的碱炼脱酸。此外，短混碱炼工艺也适用于易乳化油脂的脱酸，且对非水化磷脂含量高的油脂脱磷效果良好。

3. 混合油碱炼工艺

混合油碱炼即将浸出得到的混合油（油脂与溶剂混合液）通过添加预榨油或预蒸发调整到一定的浓度后进行碱炼，然后再进一步完成溶剂蒸脱的精炼工艺。按操作的连贯性可分为间歇式和连续式两种。连续式混合油精炼工艺又可分为沉降分离和离心分离两类。混合油碱炼时中性油皂化概率低，皂脚持油少，精炼效果好。但所使用的溶剂易燃易爆，因此需采取相应措施。

（1）**混合油碱炼机理**　浸出法制油常采用非极性轻汽油（主要成分为正己烷）作为溶剂。此溶剂在混合油中环绕甘油三酯烃基，可有效阻碍极性碱液与甘油三酯酰氧基的接触，防止中性油皂化。相比之下，游离脂肪酸的羧基虽同样被溶剂包围，但其极性较强且空间阻碍较小，能顺利与碱液反应。反应生成的皂脚与混合油密度差异显著，加之混合油黏度低，使得皂脚易于分离且含油量低。此外，混合油在蒸脱溶剂前已去除胶质及部分热敏杂质（得益于皂脚的吸附作用），从而可避免蒸发器结垢，提升蒸发效率，并可优化油品色泽。

（2）**混合油碱炼的主要影响因素**

① 混合油浓度。适宜的混合油浓度为 $40\%\sim65\%$，以机械分离皂脚时选上限，沉降分

离时则取下限。

② 碱液浓度及碱量。在混合油中，中和反应较易进行，色素较易被皂脚吸附，因此所用碱液浓度可较常规工艺低些，为 $18\sim26\ °Bé$，甚至使用 $10\sim14\ °Bé$ 碱液，同样能获得满意效果。

混合油碱炼的用碱量，除中和游离脂肪酸及脱胶剂（磷酸）的理论用量外，尚需添加一定的超量碱。由于混合油体系的特点，超量碱添加的范围较一般碱炼法高，通常控制在油的 $0.25\%\sim0.45\%$。

③ 操作温度。混合油碱炼操作中，需要较高的温度，但反应温度不可超过溶剂的沸点，而且在皂粒絮凝后应及时冷却，以避免系统压力的增高，并利于降低分离时的溶剂损耗。中和操作温度一般为 $50\sim60℃$，分离温度为 $40\sim45℃$。

④ 油碱比配与混合。与机榨毛油相比，混合油中亲水物质较少，油相与碱液相密度差异大，加之溶剂的空围作用，游离脂肪酸与碱液较难形成乳化状的非均态反应，因此需提高混合强度，以增加游离脂肪酸与碱液的接触概率，从而提高中和反应的速率。

⑤ 添加剂。混合油碱炼过程中，加入混合油中的物质称为添加剂。除碱液外，有时在中和前还需添加脱胶剂或脱色剂。

⑥ 溶剂。浸出法制油常用的溶剂有工业正己烷、6 号溶剂油及丙酮等。不同溶剂所产的混合油质量不同，从而影响碱炼时对其他因素的选择。

⑦ 油、皂分离。混合油碱炼生成的皂相，不溶于混合油，且与油相的密度差异大，常采用连续沉降器或密闭碟式离心机进行分离。

4. 表面活性剂碱炼工艺

表面活性剂碱炼是一种通过加入表面活性剂溶液，利用其选择溶解特性来降低炼耗并提升精炼率的碱炼工艺。目前广泛应用的是海尔活本（Hatropen OR），它是一种二甲苯磺酸钠异构体的混合物，常温下呈粉末或片状，易溶于水，且对酸碱具有较高稳定性。其活性物含量超过 93%，硫酸钠含量低于 4.5%。海尔活本溶液能在碱炼中选择性溶解皂脚和脂肪酸，从而可减少皂脚中包裹油的损失。皂脚稀释后，可通过增强搅拌代替部分超量碱，以降低中性油皂化的风险，从而提升精炼率。此外，使用该方法精炼可获得高质量皂脚（脂肪酸含量达 93%～94%），对酸值较高的毛油（游离脂肪酸含量达 40%）亦能取得良好效果。同时，皂脚可连续分解以回收海尔活本供循环使用，其废水呈中性，无污染环境的风险。

5. 泽尼斯碱炼工艺

泽尼斯（Zenith）碱炼工艺适用于低酸值毛油的精炼，具有设备简单、成本低、精炼效率高、无噪声等特点。此工艺自 1960 年诞生以来，不少国家已推广应用。它与一般碱炼工艺有显著区别，属于 O/W 型碱炼。它是将含有游离脂肪酸的毛油分散成油珠，通过呈连续相的稀碱液层进行中和的一种工艺，主要由脱胶、脱酸、脱色和皂液处理等工序组成。

（五）碱炼脱酸设备

碱炼脱酸的主要设备，按工艺作用可分为中和罐（结构同水化罐）、油碱比配机、混合机、洗涤罐、脱水机、皂脚调和罐及干燥器等。

1. 皂脚调和罐

皂脚调和罐是处理富油皂脚（或油脚）的设备。间歇式碱炼（或水化）工艺分离出的皂脚（或油脚），含有 40% 以上的中性油。为了回收这部分中性油，可通过该设备添加中性油和食盐水溶液，将皂脚稀释、加热、调和到一定的稠度后，再输入脱皂机分离回收其中的油脂。

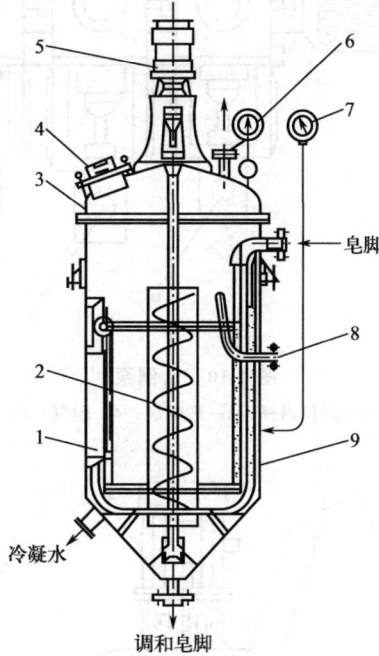

图 4-9　皂脚调和罐

1—加热装置；2—搅拌器；3—封头；4—人孔；5—传动装置；6—连接管；7—温度计；8—摇头管；9—蒸汽喷管

皂脚调和罐如图 4-9 所示，主体是带有碟盖和锥底的短圆筒体，罐的下半部设有笼管式传热装置，轴心线上设有直立螺旋搅拌器，搅拌轴通过碟盖上的密封填料箱与传动装置连接，传动装置由直立电机和摆线针轮减速器组成。罐体上设有物料进出管，碟盖上设有照明灯和快开式人孔盖，可供观察皂脚调和程度。碟盖上还设有真空连接管，以调和操作在负压下进行。

2. 油碱比配装置

油碱比配装置是连续式碱炼工艺的重要装置。它的工艺作用是根据毛油品质，按毛油流量比配碱液。主要有比例泵、油碱比配机及隔膜阀比配装置等几种形式。

（1）比例泵　比例泵又称计量泵，属容积式泵，其柱塞行程可按比例进行调节，因而可用于物料定量比配。该类泵有单缸、双缸和多缸式，按输送物料的性质可分为普通型和耐酸型两类。我国研制专用于油脂精炼工程的 YBND 计量泵为三缸泵，如图 4-10 所示。

（2）油碱比配机　油碱比配机如图 4-11 所示，是专用于油脂精炼工程的一种计量泵。我国研制的 YJR 型油碱比配机采用双缸柱塞计量泵形式作为主体结构，主要由油泵头、碱泵头、传动机构和行程调节装置等部件组成。油、碱泵头包括球阀、柱塞、填料和泵缸体等。油、碱流量的调节，通过高速电机的速度，或通过调节螺杆改变楔形轴与偏心距，进而改变柱塞行程而实现。电机速度或偏心距的改变，通过一套齿轮装置反映在行程表上，从而可由行程表直接读出油、碱流量。该机特点是流量精度高、动力省，且具有定量比配及输送物料的双重功能。

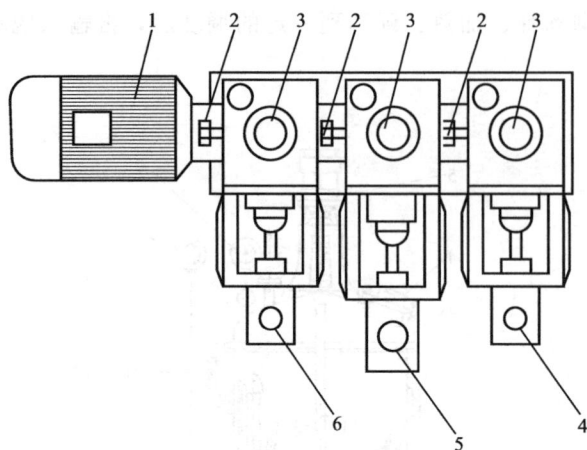

图 4-10　比例泵

1—电机；2—定位螺杆；3—刻度盘；4—酸泵；5，6—碱泵

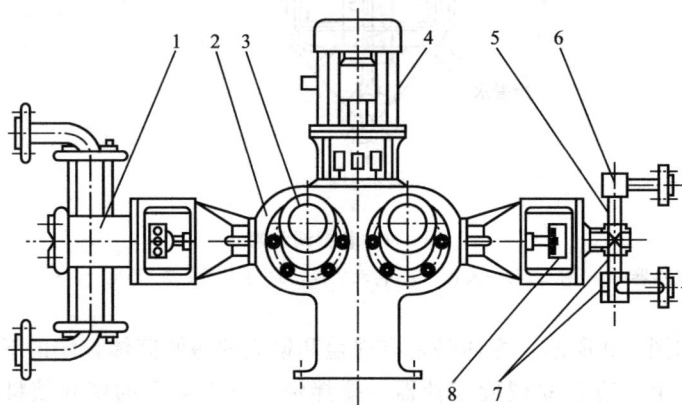

图 4-11　油碱比配机

1—油泵缸体；2—传动部分；3—行程调节机构；4—电机；5—柱塞；6—碱泵缸体；7—双重型球阀；8—填料箱

3. 混合机

混合机是使碱液或洗涤水在油中高度分散、混合的设备或装置，有桨叶式、盘式、离心混合器以及静态混合器等几种类型。目前国内大中型油脂加工企业主要使用桨叶式混合机或离心混合器。

（1）桨叶式混合机　桨叶式混合机分卧式和直立式两种形式。卧式桨叶式混合机配套于管式离心机工艺。立式桨叶式混合机配套于碱炼油连续洗涤工序，也可配套于油脂连续脱胶工艺，如图 4-12 所示。

立式桨叶式混合机主要由带锥底的圆筒体、密封盖、搅拌轴、隔板、传动机构、物料进出口等构成。其工作原理与卧式桨叶式混合机相同。该设备根据工艺作用和生产规模设有不同规格，可根据工艺需要选择。

（2）离心混合器　离心混合器是近代发展起来的集混合、输送为一体的流体混合设备，按混合物料性质的不同，分为带机械密封环和不带机械密封环两种。前者用于易氧化、挥发的物料混合，配套防爆电机可用于混合油精炼；后者则广泛用于酸、碱水溶液与油脂等流体物料的混合。

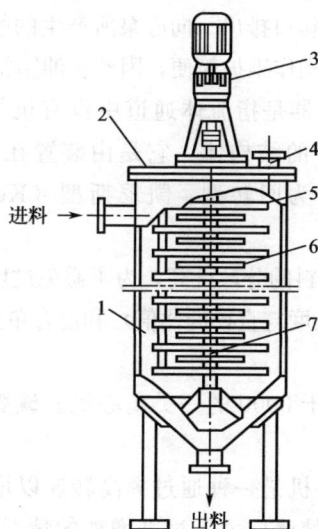

图 4-12　立式桨叶式混合机

1—筒体；2—密封盖；3—传动机构；4—溢流管；5—隔板；6—搅拌叶；7—搅拌轴

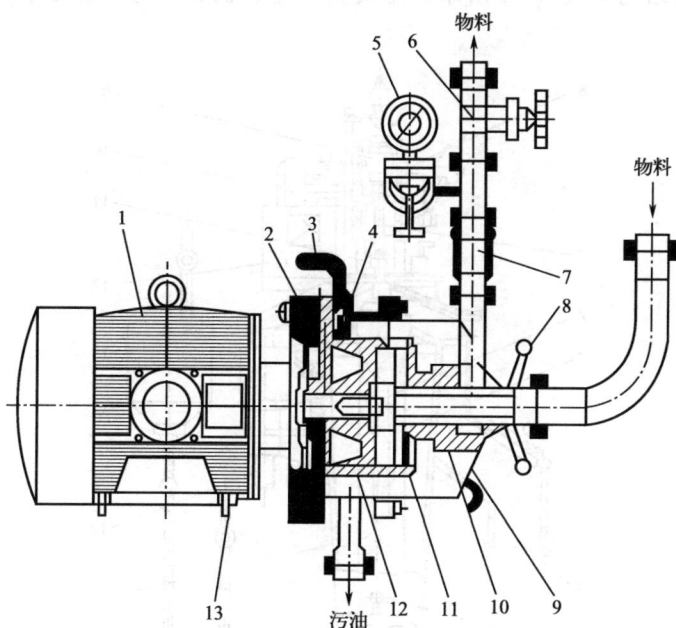

图 4-13　离心混合器

1—电机；2—机座；3—锁钉；4—混合器座；5—压力表；6—调节阀；7—视镜；8—接管锁紧轮；9—壳体；
10—填料；11—向心泵；12—混合转鼓；13—电机座

离心混合器主要由机座、机壳、轴承座、混合转鼓、向心泵、物料进出口和电机等构成，如图 4-13 所示。待混合物料由供料口连续输入工作腔，在随混合转鼓高速旋转的同时与供料管末端轴向运动物流产生强烈的混合，然后沿转鼓径向形成高速旋转的层流；抵达转鼓边缘的高速旋转物流在向心泵入口端，由于物流方向的急速改变，产生二次强烈混合，这种带有细小气泡的物流在沿向心泵特殊通道运动时转变成层流流动，并同时将物料流入口端的动能转化成静压能，然后压入卸料口排出。向心泵所产生的静压在生产工艺中能满足流体输送的要求，加上结构简单、体积小、操作维护简便，因此在油脂精炼工艺中的应用相当普遍。

（3）静态混合器　静态混合器是指流体通道中没有机械转动部分，能使物料在雷诺数（Re）＞0的全部范围内实现混合的结构体。它是由装置在管道内的一组混合元件构成的。依据混合元件结构的不同，可分为回转型、凯尼斯型（Kenice）、位置交换型〔苏尔兹型（Sulzer）〕、回转换位混合型等。

静态混合器混合程度剧烈，物料的分散度高，为了避免过度的分散，需视工艺要求合理确定 L/D 值（长径比，表示混合器的长度与直径的比值）和混合单元数，以保证分离操作顺利。

4. 超速离心机

超速离心机是指分离因数大于3000的一类离心机。碱炼脱酸工艺中应用的这类离心机，主要有管式离心机和碟式离心机。

（1）管式离心机　管式离心机是一种通过提高转速以增强分离因数并延长悬浮液路径，确保分离效果的高速设备。在转鼓壁应力不过度增加的情况下，其分离因数通常为15000～60000，转速可达8000～50000 r/min，适用于乳浊液分离及微细固相悬浮液的澄清。在油脂碱炼脱酸工艺中，广泛用于分离油-皂悬浮液和油-水乳浊液，分别被称为脱皂机和脱水机。

管式脱皂机的结构如图4-14所示，主要由机座、机壳、导向轴承、喷油嘴、高速轮、

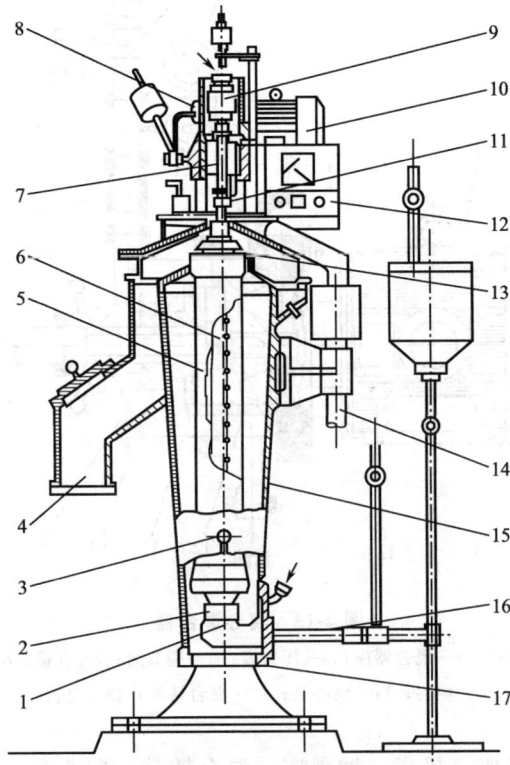

图 4-14　管式脱皂机的结构

1—喷油嘴；2—导向轴承；3—制动器；4—出皂口；5—转鼓；6—分隔片；7—挠性轴；8—重游轮；9—传动轮；10—电机；11—连接螺帽；12—配电盘；13—分隔圈；14—出油口；15—机壳；16—悬浮液进口；17—污油口

出油口和出皂口等构成。机壳和机座铸成一体，转鼓通过螺帽连接在挠性轴上，挠性轴穿过轴承内套，通过雌、雄连接器的圆头锥面螺钉，悬挂在高速轮内的橡胶联轴器上，使转鼓在随高速轮旋转时，自由摆动而自动定心。转鼓底盖的空心轴插在导向轴承中（滑动轴承），导向轴承在转鼓正常旋转中不起作用，只是当转鼓通过临界转速时，借轴座上的锥形弹簧限制振幅，以减轻或吸收转鼓的纵向和轴向振动。

脱皂机工作时，油-皂悬浮液由进口通过喷嘴进入转鼓，经三叶隔片分隔成三部分，随转鼓高速旋转，在离心力作用下，皂粒沉积于转鼓内壁汇成塑性重相流，由轴向分力推动沿转鼓壁向上运动，经由分隔圈、皂脚斗和出皂口排出。轻相（油）则沿轴线上升，由转鼓上端空心轴的出油孔射出，汇入油斗，经出油口流入去沫池。油-皂（或水）分离效果通过更换不同规格的分隔圈进行调节。

管式脱水机的基本结构与管式脱皂机相似，只是转鼓重相出口略有不同，机壳上没有出皂口，如图 4-15 所示。

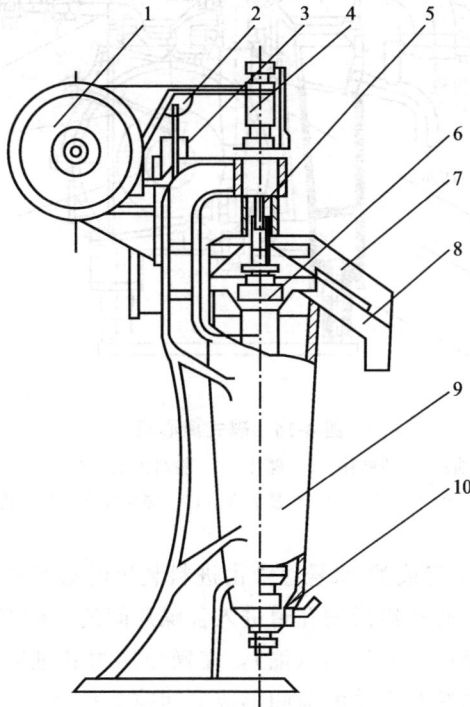

图 4-15　管式脱水机的结构

1—带轮；2—游轮；3—电气箱；4—轮轴装置；5—吊轴；6—旋筒；7—出油管；8—出水管；9—机体；10—喷油装置

管式离心机结构简单，运行可靠，易损件更换方便，但容量小，效率低，噪声较大，不适宜处理固相含量高的悬浮液。

（2）碟式离心机　碟式离心机是在管式离心机基础上发展起来的离心分离机。它是在不增加转鼓转速的情况下，利用薄层分配原理来优化离心过程的。由于悬浮液一经分离，轻相和重相就不再接触，避免了再度混合的影响，从而为含微量固相悬浮液的澄清和乳浊液的分离创造了良好的分离条件。

碟式离心机的基本结构如图 4-16 所示，主要由机身、转鼓、传动机构、配水装置和物料进出口装置等组成。传动部分主要由立轴、电动机、液体联轴器、横轴和一对螺旋齿轮组成。立轴采用挠性结构，下端装有双列调心球轴承，上部与单列向心球轴承配装于具有弹簧自位的减震装置中，以消除转鼓旋转时不平衡而引起的震动。立轴由合金钢材料制成中空结构，以供进料。

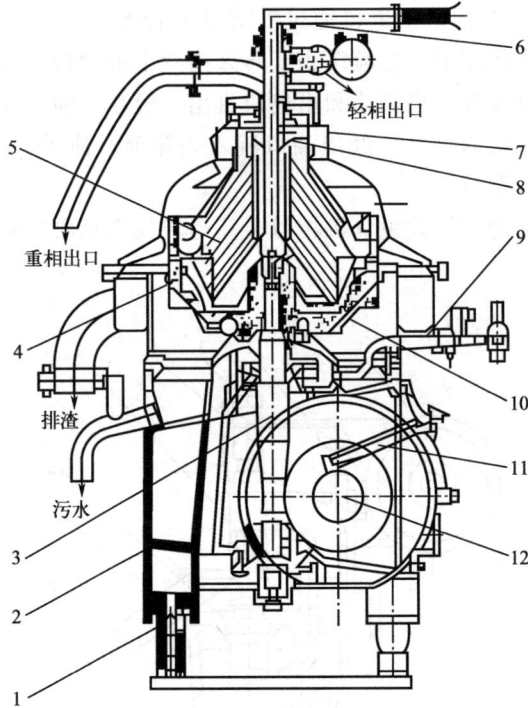

图 4-16　碟式离心机

1—机座；2—机架体；3—立轴；4—转鼓体；5—碟片；6—物料进出装置；7—重相向心泵；8—轻相向心泵；
9—密封水配水装置；10—转鼓活塞；11—测速装置；12—传动装置

碟式离心机工作时，油-皂或油-水悬浮液由进料装置经进料管压入转鼓，通过上、下分配器间的间隙，经由碟片中心孔组成的孔道进入各碟片间的薄层沉降区，在随转鼓高速旋转中，产生离心分离作用；密度小的轻相（油），在操作压力和轴向推力下，沿着碟片表面流向碟片内缘，通过碟片束内缘与上分配器间形成的间隙及孔道向上运动，在下向心泵的作用下经轻相出口通道排出机外；重相（皂粒或水）则沿着碟片表面下滑至碟片外缘，到达碟片束与转鼓内壁形成的通道，借助于从下分配器引入的冲洗水（脱水时不加冲洗水）而得到稀释，然后沿转鼓内壁上升，汇入上向心泵区，在向心泵的作用下，经重相出口通道而排出机外，从而达到轻相、重相物料的连续分离。碟式离心机对轻相、重相物料的分离效果，一般通过调节轻相出口压力来控制，油中含皂多时，可调大轻相出口压力，反之则要调低。碟式离心机按转鼓内淤渣的清理方式，分为自清式和非自清式两类。

碟式离心机具有沉降面积大、沉降距离小、处理量大、操作简便、生产可靠以及运转周期长等特点，是目前世界各国油脂精炼工艺应用最为广泛的一种离心分离机械。

二、其他脱酸方法

（一）蒸馏法脱酸

蒸馏法脱酸亦称物理精炼，即毛油中的游离脂肪酸不是用碱类进行中和反应，而是借真空水蒸气蒸馏达到脱酸的目的。物理精炼是现代发展的油脂精炼新技术，它与离心机连续碱炼、混合油碱炼、泽尼斯碱炼并列为当今四大先进食用油精炼工艺与技术。

物理精炼引起油脂科技工作者和企业家们的重视，是由于同碱炼相比，物理精炼具有工艺流程简单，原辅材料省，产量高，经济效益好，避免了中性油皂化损失，精炼效率高，产品稳定性好，可以直接获得高质量的副产品——脂肪酸，以及没有废水污染等优点。特别是对于一些高酸值油脂的脱酸，其优越性更为突出。例如，棕榈油的碱炼脱酸，其最佳精炼指数通常为 1.3～1.8，而物理精炼的精炼指数很容易就能达到 1.1。当游离脂肪酸含量为 5%时，物理精炼可较碱炼提高精炼率 1%～3.5%。

1. 蒸馏脱酸的机理

在相同条件下，游离脂肪酸的蒸气压远远大于甘油三酯的蒸气压，根据这一物理性质，可利用它们在同温下相对挥发性的不同进行分离。天然油脂多属于热敏性物质，在常压高温下稳定性差，往往当达到游离脂肪酸的沸点时，即已开始氧化分解。但是，当油脂中通入与油脂不相溶的惰性组分时，游离脂肪酸的沸点即会大幅度地降低。在真空条件下，采用水蒸气作辅助剂，即可在低于甘油三酯热分解温度下脱除游离脂肪酸。蒸馏脱酸和油脂脱臭都是应用水蒸气蒸馏的原理进行的。

2. 蒸馏脱酸对毛油品质的要求

毛油品质及其预处理质量符合要求是物理精炼工艺的前提条件。劣变油脂由于天然抗氧剂的破坏、氧化中间产物复杂而影响商品的风味和稳定性。酸值>10 mg KOH/g 的毛油不宜用于加工高级食用油。毛油中非水化磷脂多为钙、镁、铁等金属离子的载体，它们的存在会导致产品色泽加深、透明度下降、风味和稳定性降低，甚至使脱酸、脱臭过程失败。

物理精炼油脂的预处理包括脱胶和脱色。对于胶质含量低的油品（棕榈油、动物脂等非水化磷脂含量低于 0.1%、铁离子含量低于 2 mg/kg 的油品）的预处理，可将脱胶和脱色合并在同一工序中进行。对于非水化磷脂含量低于 0.5%、铁离子含量低于 2 mg/kg 的油脂，则需通过磷酸调质水化或特殊水化脱胶和活性白土脱色两个工序进行预处理。

非水化磷脂和铁离子含量超过上述范围的油脂，原则上不宜采用物理精炼工艺。经过预处理的油脂质量需达到如下要求：P 含量≤5 mg/kg；Fe 含量≤0.1 mg/kg；Cu 含量<0.01 mg/kg。

（二）液-液萃取法脱酸

液-液萃取法脱酸是根据毛油中各种物质的结构和极性不同以及相似相溶的特性，在特定溶剂和操作条件下进行萃取，从而达到脱酸目的的一种精炼方法。

液-液萃取法脱酸损耗低，适宜于高酸值深色油脂（例如米糠油、橄榄油、棉籽油以及由可可豆壳萃取出的油脂等）的脱酸，也常用于油脂品质的改性。常用的溶剂有丙烷、糠醛、乙醇、异丙醇、己烷等。单元溶剂萃取可应用乙醇或异丙醇（浓度 91%～95%）于填料塔中进行逆流萃取。工业规模的液-液萃取工艺中，综合了碱炼与液-液萃取理论，常采用多元溶剂（如己烷、异丙醇、水等）萃取油脂中和加工过程中形成的不同组分，并借助密度上的差异进行分离，从而达到脱酸目的。但由于存在操作不够稳定等缺点，目前尚未广泛应用于工业生产。

（三）化学再酯化脱酸

化学再酯化脱酸是在高温、高真空和催化剂存在条件下，使油脂中游离脂肪酸与甘油反应生成酯的脱酸方法。可采用两种途径降低油脂中游离脂肪酸的含量，并提高中性油产量。其一是油脂中的游离脂肪酸与甘油直接酯化生成甘油三酯、甘油一酯、甘油二酯；其二是甘油一酯、甘油二酯与游离脂肪酸反应生成甘油三酯。通常采用酸性催化剂和碱性催化剂，如对甲苯磺酸、锌粉、$SnCl_3$、$ZnCl_3$ 和甲醇钠等。该方法适于高酸值油脂脱酸，如用于高酸值米糠油脱酸。

1. 酯化反应原理

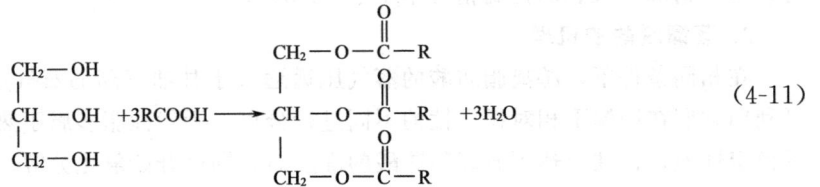

$$
\begin{array}{l}
CH_2-OH \\
| \\
CH-OH \quad +3RCOOH \longrightarrow \\
| \\
CH_2-OH
\end{array}
\quad
\begin{array}{l}
CH_2-O-\overset{\overset{O}{\parallel}}{C}-R \\
| \\
CH-O-\overset{\overset{O}{\parallel}}{C}-R \quad +3H_2O \\
| \\
CH_2-O-\overset{\overset{O}{\parallel}}{C}-R
\end{array}
\qquad (4\text{-}11)
$$

由上述反应式可知，酯化反应可视为甘油三酯水解的逆反应，因此，只有控制好反应条件，方能使反应按预期的方向进行。

2. 影响酯化反应的主要因素

（1）操作压力 酯化反应须控制在尽可能低的压力下进行，以避免聚合作用的发生和影响酯化产品的色泽及风味。操作绝对压力通常为 $0.67\sim0.80\ kPa$。

（2）温度 在催化剂参与反应的条件下，酯化作用于 $160\sim200℃$ 下发生，最适温度为 $200\sim225℃$。

（3）催化剂 酯化反应的常用催化剂为对甲苯磺酸、锌粉、$SnCl$ 和 $ZnCl$ 等。添加量为油量的 $0.1\%\sim0.2\%$。

（4）混合 由于脂肪酸、催化剂与甘油互不相溶，酯化反应发生在接触界面，因此，反应中必须剧烈搅拌，以形成三组分的理想乳浊液，增加反应接触面。

（5）反应产物 由反应方程式可知，酯化反应受质量守恒定律支配，不断除去反应产生的水，可使反应向酯化方向进行。

（6）甘油及其用量 酯化反应使用的甘油浓度通常为 98%，每 $100\ kg$ 脂肪酸理论上的甘油耗量为 $11.65\ kg$，过高量的甘油往往会导致副反应的发生，产生甘油一酯和甘油二酯，从而有碍于后续精制过程。

（7）时间 酯化反应时间一般由 $160℃$ 开始至 $215℃$，约需 $5\ h$。

（8）毛油预处理 为了避免发生副反应，提高酯化反应速率，毛油或粗脂肪酸须经严格的预处理。

酯化法脱酸适宜于高酸值油脂的脱酸，具有增产的特点，但由于酯化反应的历程目前尚难控制，酯化反应后仍需采用其他精炼方法脱除残留游离脂肪酸和过剩的甘油。因此，工业上的应用尚不广泛。

（四）生物法脱酸

生物脱酸/生物精炼已研究多年，并取得重要进展。生物精炼包括：利用全细胞微生物体系，选择吸收游离脂肪酸（FFA）作为碳源，将FFA转化为甘油酯；利用脂酶体系再酯化FFA生成甘油酯。

1. 微生物脱酸法

有研究人员从土壤中筛选出不分泌细胞外脂，且能吸收长链脂肪酸的微生物，并鉴定为假单胞菌变种（BG_1）。发现其可利用月桂酸、棕榈酸、硬脂酸、油酸作为碳源。当BG_1在油酸和甘油三酯混合物中长大时，它能选择除去FFA，而没有甘油三酯损失，且不生成甘油一酯和甘油二酯。该方法的局限性是碳原子数低于12的短链脂肪酸及亚油酸不能被利用，且能抑制BG_1生长，而碳原子数在12或以上的游离饱和脂肪酸及油酸可被利用。游离脂肪酸去除速率与其在水中溶解性成正比。从油酸发酵可获取最多生物量，尽管丁酸、戊酸、己酸、辛酸在水中溶解性高于油酸，但它们没被利用，可能是由于短链脂肪酸对微生物体产生毒性的缘故。

2. 酶催化脱酸/再酯化脱酸

酶催化脱酸/再酯化脱酸是利用一些独特的能将脂肪酸和甘油合成甘油酯的微生物脂肪酶，将FFA转化为甘油酯的脱酸方法。该方法主要适于高酸值油脂脱酸，例如高酸值米糠油精炼应用较多。微生物脂肪酶催化酯化较化学酯化脱酸具有更多优点，例如酶催化脱酸/再酯化脱酸需要的能量低，一般在低温下进行；而化学酯化需在高温（180～200℃）下进行。酶催化脱酸潜力取决于酯化反应几个参数，如浓度、反应温度、反应时间、甘油浓度、反应混合物中水分含量、操作压力等。目前不同油脂的酶催化脱酸已在实验室获得成功。

（五）超临界萃取法脱酸

在临界点以上的温度和压力下，溶剂萃取被称为超临界流体萃取（SCFE）。相比传统方法，SCFE具有低温、无污染、惰性溶剂和可控分离选择性等优势，并改善功能与营养特性，适用于高附加值产品的萃取。常用溶剂包括二氧化碳、乙烯、丙烷、氙气和一氧化二氮，其中二氧化碳（CO_2）因其无毒、安全、分离容易和能耗低而最常应用。通过调节温度和压力可改变流体选择性。研究表明，在某一温度和压力条件下，游离脂肪酸在CO_2中的溶解度高于甘油三酯，从而可实现选择性萃取。

传统精炼工艺中，植物油的植物甾醇多流失于副产品中。采用半连续两步超临界CO_2分提工艺，可富集植物甾醇含量。以米糠油为例，在温度梯度操作下，米糠油组分的分离损耗较少，且高温汽提有助于去除米糠毛油中的游离脂肪酸。在低压（13.8 MPa）和高温（80℃）下，游离脂肪酸可有效去除，且谷维素无损失。然而，由于成本较高，该技术仅适用于价值昂贵的高酸值特种油脂。

（六）膜技术脱酸法

膜分离技术利用选择性透过膜，在推动力（如压力差、浓度差、电位差）作用下，实现原料组分的分离与提纯。与传统脱酸工艺相比，膜技术脱酸具有能耗低、室温操作、无须添加化学品、保留营养等优点。依据分离压力，膜分离可分为反渗透（RO）、纳滤（NF）、超滤（UF）和微滤（MF），选择何种形式取决于粒子特性或溶质分子大小。商业膜装置包括框式、管式、螺旋型和中空纤维四种，各有局限，详见表 4-1。

表 4-1 膜分离技术的不同方法

处理方法		局限性
直接脱酸	无溶剂分离-NF	甘油三酯和游离脂肪酸之间分子量差别小，无合适的膜
	无溶剂分离-无孔	选择性和渗透通量不适于工业应用
	用正己烷稀释-NF	部分脱酸（游离脂肪酸降低 40％）
	用正己烷稀释-无孔	没有选择性
	用丙酮稀释-NF	选择性好，但油通量非常低
预处理脱酸	氨水处理-UF	联合处理问题
	氢氧化钠处理-MF	需要优化
	氢氧化钠处理，接着添加异丙醇-膜联合技术（疏水和亲水）-OF[①]/MF	假定方法——没有足够数据证明该假设
溶剂萃取	用丁二醇膜萃取	传质阻力高（需膜表面积大）
	溶剂萃取和膜分离（RO/NF）	引入其他溶剂，使该工艺失去吸引力

① OF：油相过滤。

（七）液晶态脱酸法

液晶态脱酸是既不同于化学脱酸，又不同于物理脱酸的一种新方法。它是根据脂肪酸在一定 pH 值范围内转化为脂肪酸钠可形成液晶相原理实现游离脂肪酸与油脂分离的。液晶态脱酸作为油脂的一种脱酸方法，其损耗相对于其他脱酸法较低。该脱酸法不仅可用于米糠油脱酸，还可用于其他高酸值或高附加值油脂脱酸。

（八）分子蒸馏脱酸法

分子蒸馏依靠不同物质分子运动平均自由程差异实现物质分离。分子蒸馏在油脂领域主要有两方面应用，一是甘油一酯分离；二是提取维生素 E。分子蒸馏在油脂脱酸中应用较少。

三、精炼过程中的脱酸

（一）椰子油精炼过程中的脱酸

椰子油不同于其他油脂之处主要在于椰子油含有短链脂肪酸及中链脂肪酸。椰子油游离脂肪酸中有一部分是挥发性及可溶性的，易显出它们的气味，加上粗椰子油磷脂含量低，但含有较多的游离脂肪酸（3％以上），因此，椰子油用于食用少不了脱酸。

1. 碱炼脱酸

椰子毛油中的游离脂肪酸用氢氧化钠稀溶液中和，得到皂化物：

$$RCOOH + Na^+ OH^- \longrightarrow RCOO^- Na^+ + H_2O \tag{4-11}$$

椰子毛油的碱炼脱酸工艺可分为间歇式和连续式。在间歇式碱炼过程中，通过重力将含有皂脚的水相从油中分离出来，一些中性油会因被皂化和被皂脚吸附而损失。

此外，连续式精炼比起间歇式精炼有以下主要优点：①由于油与氢氧化钠的接触时间极短（30~45 s），中性油的皂化程度可降至最小；②通过离心机的作用，油里分出皂脚及废水的时间明显减少。因此椰子毛油碱炼脱酸时，首先考虑连续式脱酸工艺。

2. 蒸馏脱酸

尽管容易以常规的化学碱炼脱色脱臭工艺得到合格的高级食用椰子油，但由于碱炼生产废水污染问题，现代粗椰子油脱酸主要采用蒸馏脱酸工艺，其也能取得满意的效果。相对于化学碱炼，蒸馏脱酸有以下好处：①油耗低；②不用考虑与皂脚酸化有关的污染问题；③费用低；④水耗、汽耗、能耗低；⑤脱酸油品质更高一级。

由于粗椰子油酸度波动范围比较大，必须对工艺条件做适当调整，才能保证炼耗在合理范围内。原则上，粗油酸价高时，宜采用较低的蒸馏脱酸温度及较小的流量，以延长停留时间；反之则需采用较高温度及较大流量。回收的脂肪酸馏出物中，游离脂肪酸含量（以月桂酸计）大于50%为宜。

（二）棕榈油精炼过程中的脱酸

1. 碱炼脱酸

棕榈毛油中的游离脂肪酸除了采用上面介绍的蒸馏脱酸法去除外，还会采用碱炼脱酸法去除。脱胶过程中的油与磷酸混合物被泵入中和混合罐中与碱液混合。当游离脂肪酸含量小于5%时，碱液浓度用20 °Bé；当游离脂肪酸含量大于5%时，碱炼用碱量比理论用碱量多20%。中和后的油送入离心机进行分离，分离出的皂脚送入皂脚罐，再送处理单元。分离出的油加热至90℃后泵入水洗混合器，与占油重15%的同温热水混合，再送入脱水离心机进行脱水。分出的油进入真空干燥器进行真空脱水，温度为90℃左右，真空度为700 mmHg（1 mmHg＝133.322 Pa），最后输至碱炼油存储罐。

2. 蒸馏脱酸

棕榈毛油蒸馏脱酸是在七层连续蒸馏塔内进行的。将棕榈油泵入蒸馏塔最底层的盘管中，加热至100℃左右后送入蒸馏塔的顶层，使其沿着各层的溢流管向下一层溢流，在上两层用高压蒸汽炉产生的高压蒸汽加热，使油温达到260~270℃。各层通入直接蒸汽进行水蒸气蒸馏，以去除油中的游离脂肪酸和低分子挥发物，直接蒸汽用量为油重的4%。棕榈毛油流经全塔共需80 min，最后在底层与冷油换热后被冷却，用离心泵将油抽出，送入过滤器除去杂质，经冷凝至60℃后送至储存罐。整个蒸馏脱酸流程在高真空下进行，要求残压为2~3 mmHg。

（三）山茶籽油精炼过程中的脱酸

山茶籽毛油酸价一般在10 mg KOH/g左右，最高达20 mg KOH/g以上，水分含量较高，色泽和气味都不正常。综合以上特性，山茶籽毛油脱酸时主要采用碱炼脱酸的方法。

毛油泵入中和罐后计量，然后搅拌均匀，取样化验酸价，并计算好加碱量，有的要计算超碱量。调整油的初温为30℃左右。夏天的下碱温度就是当时的油温，冬天适当升温。所加碱液浓度一般为12~18°Bé。酸价在10 mg KOH/g以下的，实际加入碱的浓度为12~14°Bé，酸价在10 mg KOH/g以上的为16~18°Bé。加碱时用十字管，管下从三个方向成40°

角，交错钻三排孔，孔径为 3 mm，喷淋碱液时要求在 20 min 左右加完。快速搅拌，搅拌速度 60～70 r/min。加碱后继续搅拌 15 min，使油与碱混合均匀，碱与油中的游离脂肪酸初步结合。然后开始升温，升温的速度以每分钟升高 1℃为宜。升到 50℃时开始仔细观察油皂分离情况，如果油皂分离明显，皂粒由细变粗，即停止升温。升温到 50℃时，转速减为 30～40 r/min。到达终温后继续搅拌 10 min，观察油皂分离情况，及时停止搅拌，若皂脚迅速下沉，则可静置沉淀；如果皂脚有浮面的现象，则要加入与油同温或高于油温的清水或盐水，使浮在面上的皂脚下沉。

第四节　油脂脱色

纯净的甘油三酯呈液态时无色，呈固态时为白色。但常见的各种油脂都带有不同的颜色，这是因为油脂中含有数量和品种都不相同的色素物质。油脂中的色素可分为天然色素和非天然色素。天然色素主要包括胡萝卜素、叶绿素和叶红素等。非天然色素是油料在储藏、加工过程中的化学变化引起的，如酯类及蛋白质的分解使油脂呈棕褐色；铁离子与脂肪酸作用生成的脂肪酸铁盐溶于油中，使油呈深红色；叶绿素受高温影响变成赤红色，叶绿素红色变体在脱色工序中是最难除去的。

油脂脱色是生产高质量食用油的必需工序，在此过程中可除去油中的色素、氧化物、微量金属、残皂和磷脂等，并可防止成品油的回色，延长货架期。天然油脂中的色素可以分为 3 种类型：①脂溶性色素，如胡萝卜素、叶绿素 A 和叶绿素 B、棉酚色素等；②存在于变质油脂中的有机降解产物，其中包括蛋白质、糖类、胶质及磷脂的降解产物，一般呈棕褐色，在油脂中形成带正电荷的乳化悬浮体，不溶于油，也很难用吸附法脱除；③色源体，为无色物质，被氧化后则生成有色物质，如生育酚氧化后生成深红色的色素，它也难以用吸附法脱除。

工业生产中应用最广泛的是吸附脱色法，即将具有吸附色素功能的脱色剂混合到经过预处理的半成品油脂中，在保持接触反应一定时间之后，用过滤法分离出脱色剂。所使用的脱色剂，通常是活性白土和活性炭。吸附脱色不仅可以脱除油脂中的色素，并且还能去除一些微量金属、残留皂粒、胶质、一些臭味物质、大分子量的多环芳烃和农药等。此外，还有加热脱色、氧化脱色、化学试剂脱色法等。除了物理、化学吸附法外，油脂脱色的方法还有化学试剂脱色法，如氧化法（双氧水、重铬酸钠等）、还原法（硫酸-锌粉）、酸炼（草酸）法等，此外还有光化学法和加热法等。化学试剂脱色法不仅影响油品品质（发生副反应），而且试剂还有可能残留在油脂中，影响食用油的安全卫生。光化学法需要很长时间，待脱色达到要求时油已经酸败变质。加热法仅限于某些含有热敏性色素的油脂的辅助脱色。

一、吸附脱色法的原理

吸附脱色法是一种通过吸附剂吸附油脂中的色素、杂质和不纯物质，达到脱色效果的技术。在热带木本油料作物（如棕榈油、椰子油、乳木果油等）油脂加工过程中，脱色是提高油脂品质、改善外观的重要步骤。通过吸附法，色素（特别是类胡萝卜素、植物甾醇等）和其他不需要的化合物能够被去除，使油脂更加清亮透明。其原理是基于固体吸附剂与油脂中溶解的色素分子之间的物理或化学吸附作用。吸附剂的表面有许多可以吸附油脂中杂质和色素的活性位点，不同的吸附剂具有不同的吸附能力，可以通过选择合适的吸附剂达到预期的脱色效果。

（一）吸附剂种类

所选择的脱色剂对色素要有强烈的选择吸附能力，而对油脂的吸附能力要小；与油脂不发生化学反应，化学性质应稳定，无特殊气味和滋味；与油脂分离应方便；来源充足，价格低廉。油脂加工中常用的脱色剂是活性白土和活性炭。

1. 活性白土

活性白土是以膨润土为原料，经处理加工而成的吸附剂。活性白土对叶绿素、胶体杂质的吸附能力强，对碱性原子团和极性原子团的吸附能力更强。活性白土还可分解油脂中残留皂粒，使其生成游离脂肪酸。此外，活性白土会使油脂中的不饱和双键断裂，生成小分子的有气味物质。因此，脱色后的油脂还需进行脱臭工序，以去除游离脂肪酸和小分子臭味物质。

典型产品规格：自由水分（105℃）≤13%（结合水 4%～7%脱色率最强）；残留酸、磷消耗 KOH≤3.5 mg/g；pH 值（2%的水悬浮液）5.2（酸度＜0.2% H_2SO_4）；持油率 30%（湿基）；平均粒度 35 μm；视密度 560 kg/m^3；比表面积［吸附比表面测试法（BET 法）］约 300 m^2/g。

活性白土用量与活性白土的种类、性质、油的品种等因素有关。在一定生产条件下，吸附剂用量越多，油脂脱色效果越好。但是，活性白土的吸油量为 50%以上，用量越大，因吸附损失的中性油也越多。因此，在保证一定的脱色效果时，活性白土用量越少越好。我国规模化油脂生产中，采用先进的连续真空脱色工艺时，活性白土用量一般为 0.2%～0.5%。

2. 活性炭

活性炭是由树枝、皮壳炭化后，经活化处理而成的。活性炭脱色效果好，能去除油脂中的红色色素、去镁叶绿素等，并且脱色后油脂没有异味。但活性炭价格较贵，一般不单独用于油脂脱色，而是与活性白土混合使用，混合比在 1∶（10～20）。

典型产品规格：pH 值为 6～10（2%的水悬浮液）；视密度约为 430 kg/m^3；表面积（BET 法）500～1000 m^2/g；平均粒度 30 μm；吸油率高达 150%。

3. 水凝胶

水凝胶是用水玻璃作原料，经硫酸处理制备成的一种水溶性硅酸盐。其含水分 60%～70%，比表面积约 800 m^2/g。虽然硅酸盐吸附剂的活性较低，但它对微量金属和磷脂有很高的选择吸附活性，可以与活性白土联合使用进行分步脱色。

（二）吸附原理

1. 吸附剂的表面活性

吸附剂的表面活性是指其表面与吸附物质之间的相互作用力。表面活性较强的吸附剂通常能够更有效地与目标分子发生相互作用，从而提高吸附效率。表面活性的高低取决于吸附剂的化学组成、表面结构及其孔隙性质。例如，对于极性分子，表面活性强的吸附剂（如活性炭、硅胶、某些功能化的树脂）能通过极性相互作用与目标物质结合；而对于非极性分子，表面疏水性较强的吸附剂（如改性沸石或某些疏水性高分子）更具吸附能力。因此，在选择吸附剂时，必须根据目标物质的极性、分子量等特性来决定使用哪种类型的吸附剂。

2. 物理吸附

物理吸附是吸附剂通过范德瓦耳斯力、氢键等较弱的相互作用力与吸附物质结合，通常在表面或孔隙较大且表面较平滑的吸附剂上发生。这类吸附过程具有可逆性，且吸附能力一般较弱。典型的物理吸附剂包括活性炭、沸石、硅胶等，这些材料通常具有较大的比表面积和丰富的孔结构，适合吸附较大分子或非极性物质。物理吸附的优点在于操作简单，通常只需通过调整温度或压力即可实现吸附剂的再生，因此广泛应用于气体吸附、气体分离以及水处理等领域。然而，物理吸附的局限性是其吸附强度较低，因此当对吸附效率要求较高时，往往需要增加吸附剂的用量或延长吸附时间。

3. 化学吸附

化学吸附是吸附剂通过化学键（如共价键、离子键或配位键）与吸附物质结合的过程。这种吸附过程通常具有较强的吸附能力且不可逆，因此适用于需要高吸附选择性和高吸附容量的情况。化学吸附通常发生在表面具有较强反应活性的吸附剂上，如某些金属氧化物、功能化的高分子材料或催化剂材料。在这类材料中，表面原子或官能团能够与目标分子发生化学反应，从而形成稳定的吸附物。化学吸附的优点是吸附容量大，适合用于处理极性分子或具有较强反应活性的污染物，如重金属离子、酸碱性气体等。化学吸附的缺点是过程不可逆，因此吸附剂的再生较为复杂，通常需要特殊的操作条件，如高温或化学还原。

二、影响脱色的因素

（一）毛油的质量

1. 毛油的色度

毛油中天然色素容易脱除，而再生色素的去除较为困难，油质的色度不同，选用活性白土量亦不同。

2. 毛油的水分含量

毛油中水分含量过高时会影响脱色效果。因此，首先要尽量减少在加工过程中再生色素的产生，并在脱色之前，要对毛油进行脱水，使其含水量低于 0.1%。

3. 毛油中的残皂

残皂增加了活性白土的用量，影响了活性白土的吸附能力，使油脂酸价增加。

4. 毛油中的金属离子

脱色可以大大降低毛油中的金属离子含量，毛油中金属离子的含量大时，将大大影响油脂的脱色。

（二）工艺参数和操作要点

工艺参数包括油脂的品种性质、脱色要求、吸附剂种类、吸附剂用量、脱色时间、温度、真空度、搅拌程度等。

1. 活性白土用量

活性白土用量与其种类、性质以及油的损耗等因素有关。一般来说，增加吸附剂用量，有利于脱色效果的提高。然而，随着用量的增加，吸附损失的中性油也随之增加。如活性白土的吸油量高达 50%，活性炭则更高，为 150%。由此可见，脱色时的活性白土用量越少越好。据报道，先进的连续真空脱色工艺所采用的活性白土量，一般都在 1% 以下，有的低至

0.2%～0.5%（棉籽油和大豆油）。在我国规模化生产菜籽油时活性白土用量一般为1%～2%。

2. 操作压力

常压脱色因存在温度高、易氧化等诸多问题，目前已由真空脱色所取代。真空能最大限度地脱除吸附剂表面的空气，使其发挥出最大活性；可防止油脂氧化变质；还可缩短脱色时间，确保在较高温度范围内（100～140℃）进行脱色，避免过度氧化的危险。通常真空度要求在93.3～96 kPa（700～720 mmHg）。

3. 脱色时间和温度

脱色时温度高，达到吸附平衡的时间短，但由于吸附是一种放热反应，因此脱色温度也不宜过高，否则会引起氧化，不利于脱色。脱色温度需要综合考虑真空条件、活性白土用量与油脂性质等因素，经试验后确定。一般来说，脱除红色色素比黄色色素的温度高；常压脱色或采用活性较低的吸附剂时，温度要求高一些；反之，真空脱色和采用高活性吸附剂时，则脱色温度可以低一些。不同的油品均有最适宜的脱色温度和时间。例如，在负压（6.7 kPa，即50 mmHg）条件下，用活性白土对大豆油进行脱色时，最高温度仅82℃，脱色时间为20 min；而在常压下操作需要的最高温度为104℃。

4. 搅拌的必要性

脱色过程是一种非均态的物理化学反应，要使吸附剂与色素能充分均匀接触，尽量缩短吸附平衡的时间，就必须进行充分搅拌。在真空状态下，以不产生油脂飞溅为限度，搅拌越充分越有利于提高脱色效果。搅拌方式有机械搅拌与直接蒸汽沸腾搅拌等数种。

三、油脂脱色工艺

（一）间歇脱色工艺

间歇脱色过程中，油和吸附剂的混合、加热、反应和冷却等，都是在脱色锅分批进行的，再分批进行过滤而分离出吸附剂。这种工艺适合于小吨位油品的脱色处理，一般不宜超过30 t/d。该工艺操作简单、投资少，而且不必使用连续密闭过滤机，但劳动强度大，生产周期长。

该工艺以带搅拌和加热盘管的封闭式脱色罐为主体设备，进行间歇周期性脱色操作。该工艺很简单，一般分为预混合脱色与主脱色两大步骤。其过程如下：先将水洗后的碱炼油吸入到与已定量加入活性白土的预混合脱色罐内搅拌混合，然后在不低于920 kPa（690 mmHg）的真空条件下，吸入主脱色罐内，加热搅拌（60～120 r/min可调），升温到90℃左右进行脱水、脱气，使水分降至0.1%以下，即开始脱色，约30 min；然后冷却降温到70℃左右，即可将脱色油泵出去过滤，从而完成一个周期的脱色操作程序。该工艺凭经验操作，生产周期变化较大，劳动强度大，如脱水与脱色在同一设备内完成，则生产周期特别长，一般仅适用于小规模生产场合。

（二）连续脱色工艺

连续脱色工艺脱色工序中，吸附剂的定量供给、油与吸附剂的混合吸附、油与脱色剂的分离等操作，都是在连续作业过程中进行的。脱色和过滤是在同一个密闭的真空系统中进行的，两台过滤机交换使用，以使工序连续进行。连续脱色过程可以维持一定的油、活性白土接触时间，因此能达到较好的脱色效果，吸附剂用量可以减少，还可以把进、出脱色塔的油进行热交换，以节约能量。

德国 EXTechnik 公司在 20 世纪 80 年代推出了一种管道混合脱色系统，其特点是将脱气、与活性白土混合后的油脂，直接用泵打入管道脱色系统内，即可连续完成预热、加热脱色和冷却的全部脱色过程。油与活性白土在混合过程中不易充分混匀，一般可以根据处理量和脱色各过程的滞留时间设计确定反应器合适的管径、长度与组合程数。另外，整个系统除脱气外，不需要真空系统，不用搅拌。因此，生产工艺较稳定，能源消耗低，而且能保证过滤压力的稳定和避免油在高压下与氧气的接触，压保持油品质量。但也存在着要求真空脱水后的原料碱炼油质量必须稳定、活性白土定量的可调性较差以及操作要求严格等问题。因此，目前仍然限用于规模不大的生产场合（30～120 t/d）。

四、热带木本油料的油脂脱色

（一）椰子油脱色

椰子油含有丰富的类胡萝卜素和脂溶性色素，这些成分使椰子油呈现淡黄色或白色（取决于是否为精炼椰子油）。虽然椰子油通常被精炼以去除其色素和杂质，但其脱色过程仍然是确保油脂质量的一个关键环节。

1. 活性炭吸附法

活性炭脱色是椰子油处理中常见且有效的方法。活性炭能够有效吸附椰子油中的类胡萝卜素和其他脂溶性杂质，使油脂变得更加透明。此方法通常在较低温度下进行，可避免破坏油脂中的营养成分（如中链脂肪酸）。

2. 硅藻土脱色法

硅藻土是一种具有较强吸附能力的天然矿物材料，常用于植物油的脱色过程。硅藻土的孔径较大，达到 8.112 nm，其助滤效果最好。在椰子油脱色中，硅藻土能够有效吸附油中的色素、杂质及一些有害物质，帮助油脂达到更好的透明度和净化效果。硅藻土的使用成本适中，并且可通过过滤方式处理，比较环保。

3. 加热过滤法

对于椰子油来说，加热过滤也是一种常见的脱色手段。通过将椰子油加热至一定温度，结合活性炭或硅藻土进行过滤，不仅能够去除油脂中的色素，还能去除一部分杂质和水分。这种方法通常用于精炼椰子油的最后一步。

4. 椰子油脱色的特点

椰子油中的色素较为简单，主要为类胡萝卜素，因此采用吸附法（如活性炭或硅藻土）可以取得理想的脱色效果。脱色后的椰子油通常呈现出更加清澈的外观，适合应用于食品和美容产品中。

（二）棕榈油脱色

棕榈油含有丰富的天然色素，特别是类胡萝卜素，导致其色泽呈深黄色或橙色。由于棕榈油的色素较为浓郁，需要特别注意去除这些色素，同时保留油脂的营养成分。

1. 膨润土吸附脱色法

膨润土是一种天然的吸附材料，其表面具有较强的吸附能力。在加热的条件下，膨润土能够有效吸附油脂中的色素、杂质和氧化物。此方法具有操作简便、成本低廉的优点，且对去除类胡萝卜素具有良好的效果。

2. 活性炭吸附法

活性炭是一种常用的脱色剂，具有很强的吸附性。通过使用活性炭处理棕榈油，可以去除其中的色素和氧化产物，改善油脂的色泽，使其呈现更清澈的外观。

3. 加热蒸馏法

对于一些轻微的色素沉积，棕榈油可以通过加热蒸馏法进行脱色。通过蒸馏，部分挥发性的色素和杂质能够被带走，从而提高油脂的透明度。此方法适用于处理一些轻度污染的油脂。

4. 棕榈油脱色的特点

脱色效果显著，但需要注意温度的控制，避免过高温度破坏油脂中的营养成分。膨润土和活性炭脱色后，油脂的透明度和感官质量得到明显提升，适合用于食品加工和化妆品工业。

（三）山茶籽油脱色

山茶籽油富含不饱和脂肪酸和多种生物活性物质，因此其脱色过程需要小心操作，以避免损失其营养成分。

1. 膨润土与活性炭联合脱色法

膨润土和活性炭结合使用，能有效去除山茶籽油中的色素、杂质和氧化物。膨润土主要吸附油脂中的大分子杂质，而活性炭则专门吸附色素。通过这两种吸附剂的协同作用，可以获得色泽清澈、质量较高的山茶籽油。

2. 分子蒸馏脱色法

由于山茶籽油中富含不饱和脂肪酸，采用较为温和的分子蒸馏技术进行脱色，可以在保持油脂质量的同时去除其中的色素和杂质。分子蒸馏在低压下进行，能在较低温度下去除油脂中的挥发性成分，且不会对油脂的营养成分造成破坏。

3. 磁性纤维素微球脱色法

磁性纤维素微球是通过将磁性材料（如磁铁矿、氧化铁纳米颗粒等）与纤维素微球复合或嵌入制得的一种新型材料，结合了纤维素的天然特性和磁性材料的优势，广泛应用于脱色技术中。相关研究表明，磁性纤维素微球作为介质在脱色过程中具有良好的效果，研究人员分别考察了不同因素对水化脱胶、碱炼脱酸和吸附脱色等精炼过程的影响。研究结果显示，磁性纤维素微球凭借其独特的磁性和表面特性，能够显著提高油脂精炼中的脱胶、脱酸和脱色效果，且具有绿色环保和高效的优点。

4. 山茶籽油脱色的特点

山茶籽油中含有丰富的抗氧化成分，脱色时应避免使用过高温度，以免影响其营养价值。吸附法与分子蒸馏法的结合能够在不损害油脂质量的前提下，去除油脂中的色素，提升其市场竞争力。

热带木本作物油脂的脱色方法因油脂来源、色素含量及杂质类型的不同而有所差异。对于棕榈油，常用膨润土吸附法、活性炭吸附法和加热蒸馏法；椰子油则多采用活性炭吸附法、硅藻土脱色法和加热过滤法；而山茶籽油则需使用更为精细的技术，如膨润土与活性炭联合吸附脱色法、分子蒸馏法、磁性纤维素微球脱色法等。每种方法的选择不仅要考虑油脂的色泽要求，还要兼顾其营养成分的保护。随着技术的发展，未来油脂脱色将更加高效、环保，并可满足消费者对天然、健康油脂的需求。

第五节　油脂脱臭

一、油脂脱臭的原理

油脂脱臭是基于油脂（甘油三酯）和影响油脂风味、气味、色泽及稳定性的物质之间在挥发度上有很大差异而进行的。纯净的甘油三酯是没有气味的，但各种植物油脂都有其特有的风味和气味，而这些气味一般都是由挥发性物质所散发的，主要包括某类微量的非甘油酯成分（如酮类、醛类、烃类等的氧化物），油料中的不纯物，油中含有的不饱和脂肪酸甘油酯所分解的氧化物等。另外，在制油工艺过程中，也会产生一些新的气味，如浸出油脂中的溶剂味、碱炼油脂中的肥皂味和脱色油脂中的泥土味等。所有这些为人们所不喜欢的气味，都统称为"臭味"，除去这些不良气味的工序称为脱臭。此外，油脂脱臭不仅可除去其中的臭味物质，提高油脂的烟点，改善食用油的风味，还能有效地提高油脂的安全度。因为在脱臭的同时，还能脱除游离脂肪酸、过氧化物和一些热敏性色素及其分解产物，霉烂油料中蛋白质挥发性分解物，以及分子量小的多环芳烃及残留农药，从而使得油脂的稳定度、色度和品质有所改善。随着浸出法制油的发展、油脂的增产和人们生活水平的提高，人们对食用优质、多品种的油脂的需求越来越迫切。例如，用于制取人造奶油、代可可脂的植物油，就不允许有任何气味。因此，脱臭在油脂加工中的地位日趋重要。

二、油脂脱臭的方法

脱臭的方法有真空蒸汽脱臭法、气体吹入法、加氢法、聚合法和化学药剂脱臭法等几种。其中真空蒸汽脱臭法是应用最为广泛、效果较好的一种方法。其利用油脂内的臭味物质和甘油三酯的挥发度的极大差异，在高温高真空条件下，借助水蒸气蒸馏的原理，使油脂中引起臭味的挥发性物质在脱臭器内与水蒸气一起逸出而达到脱臭的目的。气体吹入法是将油脂放置在直立的圆筒罐内，先加热到一定温度（即不起聚合作用的温度范围内），然后吹入与油脂不起反应的惰性气体，如二氧化碳、氮气等，使油脂中所含挥发性物质随气体的挥发而除去。

（1）**间歇式脱臭**　间歇式脱臭适合于小批量、多品种油脂的生产，其规模在 50 t/d 以下。其主设备脱臭罐是不锈钢制密闭容器，由罐体、间接加热（冷却）盘管或夹套、中央喷气循环管、捕沫板和连接管路等部分组成。在真空条件下，油脂在脱臭锅内分批进行加热、喷入直接蒸汽和冷却等操作来完成脱臭，其工艺流程如图 4-17 所示。

（2）**连续式脱臭**　连续式脱臭是一种无须人工或仪表控制，能够自动连续完成脱气、预热升温、真空脱臭和冷却等操作的工艺。大多数现代连续精炼油厂普遍采用板式脱臭塔来实现这一过程，以提高脱臭效率和产品质量。该工艺基于薄膜理论，油在塔内自上而下流动，蒸汽自下而上逆流，与油在填料表面均匀接触，形成薄膜，进行逆流传质汽提，并反复与油接触。填料塔结构简单，具有较大的比表面积，液体与气体在填料表面的分散性好，传质迅速，压降小，并且避免了沟流和短路现象。与板式塔通过鼓泡方式接触油不同，填料塔

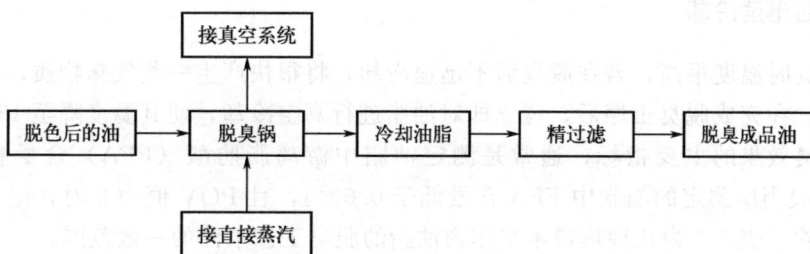

图 4-17　间歇式脱臭工艺流程

中的汽提蒸汽与油接触时无飞溅损失，因此中性油的损失较小，脱臭时间更短，且产品质量更优。

三、油脂脱臭的影响因素及质量控制

（一）待脱臭的油脂质量

油脂脱臭工序是在脱胶、脱色之后，用于脱臭的油脂必须去除其中的非挥发性杂质，如金属离子和热敏性物质。待脱臭的油脂含磷量和含铁量要分别低于 30 mg/kg 和 1 mg/kg。为了避免在脱臭过程中，油脂中溶解的空气使油脂在高温下发生氧化聚合反应，一般在脱臭前，要对油脂进行脱气处理。

（二）脱臭温度和时间

提高脱臭温度可以加快挥发物的气化速率，缩短脱臭时间，有利于提高脱臭效率，还能减少所需的直接蒸汽量。但是，在高温下脱臭的时间过长时，油脂中亚麻酸的异构化作用增强。当脱臭温度低于 240℃时，高温产生的热影响不明显。但脱臭温度不能高于 260℃，否则，油脂氧化、水解、聚合变质急剧加快，将对油脂的风味、色泽和营养价值造成破坏。

（三）真空度

提高真空度可以加大压差，减少直接蒸汽用量，降低脱臭温度并防止油脂氧化变质，以及缩短脱臭时间。真空度的确定与预脱臭油成分、产品质量指标以及设备性能等多种因素有关。

（四）蒸汽质量和通汽速率

目前，脱臭使用的直接蒸汽是除氧的饱和水蒸气。虽然采用惰性气体（如氮气）脱臭，不会使油脂产生水解反应，但是从经济角度考虑，没有被广泛采用。在脱臭过程中，通入直接蒸汽的作用主要是使蒸汽与油脂充分混合并剧烈翻动，以增加挥发表面积，降低气相分压，使臭味物质能在较低的温度下脱除。由于蒸汽与油脂直接接触，蒸汽质量对脱臭效果也有影响，一般要求直接蒸汽不含氧气。脱臭时，气化速率与通汽速率成正比，但是蒸汽速率也不能过大，以免油脂飞溅。

（五）脱臭后迅速冷却

油脂脱臭时温度很高，若在脱臭后不迅速冷却，将很快产生一些气味物质，影响油脂的风味。因此，在完成脱臭工序后，应立即对油脂进行真空冷却，使其温度降至180℃以下。

衡量脱臭效果的主要指标，通常是测定油脂中游离脂肪酸（FFA）含量和过氧化值（POV）。一般当所测定的油脂中FFA含量低于0.03%，且POV值为0时，绝大多数气味物质即被去除。表4-2为几种热带木本作物油脂的脱臭工艺条件的一般范围。

表 4-2　几种热带木本作物油脂的脱臭工艺条件的一般范围

项目		椰子油	棕榈油	油茶籽油	辣木籽油	乳木果油	可可籽油
间歇脱臭	压力/mmHg	10~20	10~20	10~20	10~20	10~20	10~20
	温度/℃	180	180	200	180	200	200
连续脱臭	压力/mmHg	4~6	4~6	4~6	4~6	4~6	4~6
	温度/℃	180	230	240	230	220	230

注：脱臭时间，间歇式为4~8 h（提高温度约240℃，可缩短到2~4 h）。

四、热带木本油料的油脂脱臭

热带木本油料油脂的脱臭过程是去除油脂中不愉快气味和挥发性杂质的关键步骤。不同类型的油脂在脱臭时，由于其成分和气味的差异，采用的脱臭方法也有所不同。常见的脱臭方法有蒸汽脱臭法、分子蒸馏法和吸附法等。以下将根据不同油脂的特点，详细介绍它们的脱臭方法。

（一）椰子油脱臭

椰子油通常具有强烈的椰香味，但在工业生产过程中，特别是对于精炼椰子油，脱臭是非常重要的步骤。椰子油的脱臭方法与棕榈油类似，主要采用蒸汽脱臭法和分子蒸馏法。

1. 蒸汽脱臭法

椰子油的蒸汽脱臭处理通常在较高温度（200~220℃）下进行，四级蒸汽喷射泵维持残压为600~1000 Pa，使蒸汽与油品接触，通过带走挥发性气味物质去除异味。椰子油中的一些天然挥发性成分，特别是其特有的芳香分子（如中链脂肪酸等），会在高温蒸汽的作用下被去除。因此，蒸汽脱臭法不仅能去除强烈的椰香气味，也能减少油中的游离脂肪酸，从而改善油的稳定性。

2. 分子蒸馏法

分子蒸馏法在精炼椰子油中的应用相对较少，但它对于去除极难去除的微量成分（如某些低分子脂肪酸）有非常好的效果，游离脂肪酸的去除效率可以达到95%以上。特别是对于高端市场或有特殊要求的椰子油，分子蒸馏法可以在低温下高效去除异味，且不损害油中的中链脂肪酸成分。

（二）棕榈油脱臭

棕榈油含有较多的天然类胡萝卜素、脂肪酸、甘油三酯等成分，这些物质在加工过程中可能产生不愉快的气味。棕榈油的脱臭常采用蒸汽脱臭法，这一过程通过高温蒸汽将油中的挥发性异味物质（如游离脂肪酸、过氧化物和某些挥发性化合物）从油中带走。

蒸汽脱臭法的原理是利用热蒸汽的热力作用，将这些气味分子蒸发出来，进而去除异味。此方法通常在 220～250℃下进行，并且是脱色和脱臭的常用一体化技术。

分子蒸馏法则可被用于更深度地脱臭，特别是在精炼棕榈油时，可以去除那些不易去除的小分子杂质和特殊气味。

1. 蒸汽脱臭法

在蒸汽脱臭过程中，蒸汽在 240～260℃、真空度为 266.6～666.5 Pa 的条件下，与油品接触，并带走油中挥发性的杂质，如游离脂肪酸（FFA）、氧化物以及其他挥发性气味物质。这些气味分子可能来源于油料本身（如棕榈在生长过程中积累的化学物质）或是生产过程中的氧化反应。此外，棕榈油中常含醛、酮及其他一些低分子杂质，其总量为油重的 0.1%～0.4%，因此，棕榈油具有不愉快气味。蒸汽脱臭不仅能有效去除异味，还能去除部分颜色，因此在棕榈油的精炼过程中，蒸汽脱臭法是一个具有双重作用的处理步骤。

2. 分子蒸馏法

对于一些特别需要去除的微小挥发性成分（如某些低沸点物质），分子蒸馏法是更为高效的脱臭方法。它通过在低温下处理油品，利用分子蒸发原理，将不需要的挥发物质蒸发并分离，而不会影响油脂的其他重要成分。对于高质量的棕榈油，分子蒸馏常常作为精炼的后续步骤，以确保油品几乎没有异味，并保留其最佳的营养成分和品质。

（三）山茶籽油脱臭

山茶籽油的脱臭与其他热带木本油相比，其难度稍大，因为山茶籽油富含单不饱和脂肪酸，且具有其独特的香气成分，如烯烃、醛类等。虽然山茶籽油的气味较为细腻，但在商业化精炼中，其香气仍需要经过去除处理，尤其是在大规模生产时。

1. 蒸汽脱臭法

与棕榈油和椰子油类似，蒸汽脱臭法是山茶籽油最常用的脱臭方法。由于山茶籽油富含单不饱和脂肪酸，其抗氧化性较强，因此在脱臭过程中，油的温度和时间必须严格控制，以避免破坏油中的重要营养成分（如维生素 E、植物甾醇等），通常在 200℃左右进行处理。

2. 分子蒸馏法

对于高端山茶籽油，特别是需要保护其营养成分的有机山茶籽油，分子蒸馏法常常用于深度脱臭。通过这种方法，可以在较低温度下进行脱臭处理，在保留油中有益成分的同时，可去除微小的气味杂质。这对于高质量山茶籽油尤为重要，尤其是在保持油中抗氧化成分的同时，可去除残留异味。

热带木本油料油脂的脱臭方法，虽然基本都包含蒸汽脱臭法和分子蒸馏法，但每种油的特性决定了其脱臭工艺的细节和要求。例如，棕榈油和椰子油的脱臭较为直接，通过蒸汽脱臭去除其挥发性物质，而山茶籽油则因其丰富的营养成分需要更加精细地控制，尤其是在高端市场中，分子蒸馏法成为深度脱臭的常用技术。脱臭方法可以根据油的种类、目标市场及产品需求来选择，以确保油品的质量和口感，同时保留其营养成分。

第六节　油脂脱蜡

一、脱蜡的意义

常温以下，蜡质在油脂中的溶解度降低，析出蜡的晶粒而成为油溶胶，具有胶体的一切特性，如光学及电学性质。因此，油脂中的含蜡量可借助于光的散射——丁达尔现象为原理制作的浊度计来测量。随着储存时间的延长，蜡的晶粒逐渐增大而变成悬浮体，此时体系变成"粗分散系"——悬浊液，体现了溶胶体系的不稳定性，可见含蜡毛油既是溶胶又是悬浊液。油脂中含有少量蜡质，即可使油品浊点升高，透明度和消化吸收率下降，气味、滋味和适口性变差，从而降低油脂的食用品质、营养价值及工业使用价值。此外，蜡是重要的工业原料，可用于制蜡纸、防水剂、光泽剂等。因此，从油中脱除或提取蜡质可达到提高食用油脂品质和综合利用植物油脂蜡源的目的。

脱除油脂中蜡质的工艺过程称为油脂的脱蜡。脱蜡的方法可分为多种，如常规法、溶剂法、表面活性剂法等，此外，还有稀碱法、凝聚剂法、尿素法等。虽然各种方法所采用的辅助手段不同，但基本原理均属冷冻结晶及分离的范畴。即根据蜡与油脂的熔点差及蜡在油脂中的溶解度（或分散度）随温度降低而变小的性质，通过冷却析出晶体蜡（或蜡及助晶剂混合体），经过滤或离心分离而达到油、蜡分离的目的。诸多脱蜡法的一个共同点，就是都要求温度在 25℃ 以下，才能取得好的脱蜡效果。

二、油脂脱蜡的方法

（一）常规法

常规法脱蜡即仅靠冷冻结晶，然后用机械方法分离油、蜡，而不加任何辅助剂和辅助手段的脱蜡方法。分离时采用加压过滤、真空过滤和离心分离等设备，此法最简单的是一次结晶过滤法。例如，将脱臭后的米糠油（温度在 50℃ 以上）移入有冷却装置的储罐，慢速搅拌，在常压下充分冷却至 25℃，整个冷却结晶时间为 48 h，然后过滤分离油、蜡。过滤压强维持在 0.3～0.35 MPa，过滤后要及时用压缩空气吹出蜡中夹带的油脂。

由于脱蜡温度低、黏度大，分离比较困难，所以对米糠油这种含蜡量较高的油脂，通常采用两次结晶过滤法。即将脱臭油在冷却罐中充分冷却至 30℃，冷却结晶时间为 24 h，然后用滤油机进行第一次过滤，以除去大部分蜡质，过滤机压力不超过 0.35 MPa。滤去的油进入第二个冷却罐中，继续通入低温冷水，使油温降至 25℃ 以下，24 h 后，再进行第二次过滤，滤出的油即为脱蜡油。经两次过滤后，油中蜡含量（以丙酮不溶物表示）在 0.03%以下。有的企业采用布袋过滤也能取得良好的脱蜡效果，但布袋过滤的速度慢，劳动强度也较大。

冷却结晶是在冷却室进行的，室温 0～4℃，油于 70℃ 左右送入外涂保温层的冷却罐中，冷却时间 72 h，冷却罐最终油温为 6～10℃。降温速度在开始 24 h 内，平均为 2℃/h，之后 24 h 为 0.5℃/h，最后 24 h 总降温度 1～2℃。布袋过滤在过滤室内进行，室温保持在 15～18℃，过滤时间为 10～12 h。布袋可用涤卡、维棉或棉布制作，过滤速度为涤卡＞维棉＞棉布，脱蜡效果相当好。过滤油在做 0℃ 冷冻实验时，2 h 以上都透明、清亮，脱蜡油中含蜡量在 10^{-5} 数量级以下，过滤介质经受冷冻实验的强度顺序是棉布＞维棉＞涤卡。

蜡糊（占总油量的 15%～17%）倒入熔化锅，加热到 35～40℃，装袋入榨，榨机选用 90 型压榨油机，榨盘平面压强为 2.5～5 MPa，操作时要做到轻压、勤压、不跑蜡糊，压榨时间为 12 h。压榨分离出的软脂约为 61%，粗蜡约占 39%，粗蜡中含油 40%～45%。

目前国内大多油厂是冷却结晶后采用板式压滤机分离油和蜡糊。有些小厂用布袋过滤，由于条件的限制，不能像上述要求那样控制冷却结晶温度和时间，所以脱蜡效果不太理想。葵花籽毛油含蜡比米糠毛油少，可以采用脱胶、脱酸油，在 2 天内从 50℃ 以上冷却到 10～15℃，然后用压缩空气将油送入滤油机。分出的油含蜡量在 10^{-5} 数量级以下。

一般而言，用常规法脱蜡具有设备简单、投资省、操作容易等优点，但油、蜡分离不完全，脱蜡油得率较低且浊点高。

（二）溶剂法

溶剂脱蜡是在蜡晶析出的油中添加选择性溶剂，然后进行蜡、油分离和溶剂蒸脱的方法。可供工业使用的溶剂有己烷、乙醇、异丙醇、丁酮和乙酸乙酯等，工业上广泛使用的是己烷。工业己烷法脱蜡工艺流程如图 4-18 所示。

含蜡油由脱酸油罐用泵 P，以 3000 L/h 经换热器 H，加热至 80℃，泵入高位罐借位能连续转入结晶塔 1～6，其中塔 1 和 3 用地下水冷却（其水温约 18℃），塔 2、4、5、6 用工业水冷却（其水温为 6～10℃），每个塔的出口油温依次为 76℃、56℃、47℃、38℃ 和 22℃。油脂经过结晶塔历时约 10 h，然后流入养晶罐，停留 5 h，使油温降至 20℃，用泵 P_2 以 3000 L/h 送入混合器，与溶剂泵 P_{12} 输入的占油量 40% 的冷溶剂（18～20℃）充分混合后，输入预涂好的真空过滤机分离蜡、油。制备真空过滤机预涂层时，在预涂调和罐内加入 2 m^3 溶剂和适量硅藻土。硅藻土分两次加入，先加 160 kg，然后再陆续加入 600 kg，搅拌成浆状，浓度控制在 25%～30%，由泵 P_3 经涂浆加热器加热至 30℃，喷入真空过滤机的转鼓上，使转鼓上预涂上 80 mm 厚的硅藻土过滤层。预涂要缓慢进行，每次历时 2 h 左右，以获得良好的预涂层结构，以利于蜡、油分离。真空过滤时，操作压力控制在 50 kPa 左右，转鼓转速 15 r/min，以 1～1.5 mm/h 的进刀速度使刮刀刮下蜡层。滤出的脱蜡油通过接受罐与溶剂气体分离后，由泵 P_4 输入混合油储存罐，经混合油过滤器过滤后，再由泵 P_{10} 送入混合油蒸发器和汽提塔蒸脱溶剂，蒸发器中混合油浓度控制在 93%～95%，温度为 120℃。混合油经汽提后，基本上脱除了溶剂，再经干燥塔脱水干燥后，由泵 P_{14} 经冷却器冷却至 50℃，进入脱蜡油周转罐，经计量槽计量后由泵 P_3 送往后续工序。

由蒸发器、汽提塔和蒸发罐蒸脱出的溶剂气体经冷凝、冷却、分水后进入溶剂储罐。真空过滤机刮刀刮下来的带蜡滤饼，经蜡饼输送机输入蜡饼调和罐，熔化调匀后，用泵 P_7 送往蜡饼处理罐，以分离蜡、硅藻土和溶剂，滤液（蜡）由泵 P_9 送往蒸发罐蒸脱溶剂。蒸脱完溶剂的粗蜡由泵 P_{11} 送往蜡的精制工序。滤渣（硅藻土）用蒸汽把其中的溶剂蒸出后，借液压装置自动打开底盖后排出。

（三）表面活性剂法

在蜡晶析出的过程中添加表面活性剂，强化结晶，改善蜡、油分离效果的脱蜡工艺称为表面活性剂脱蜡法。

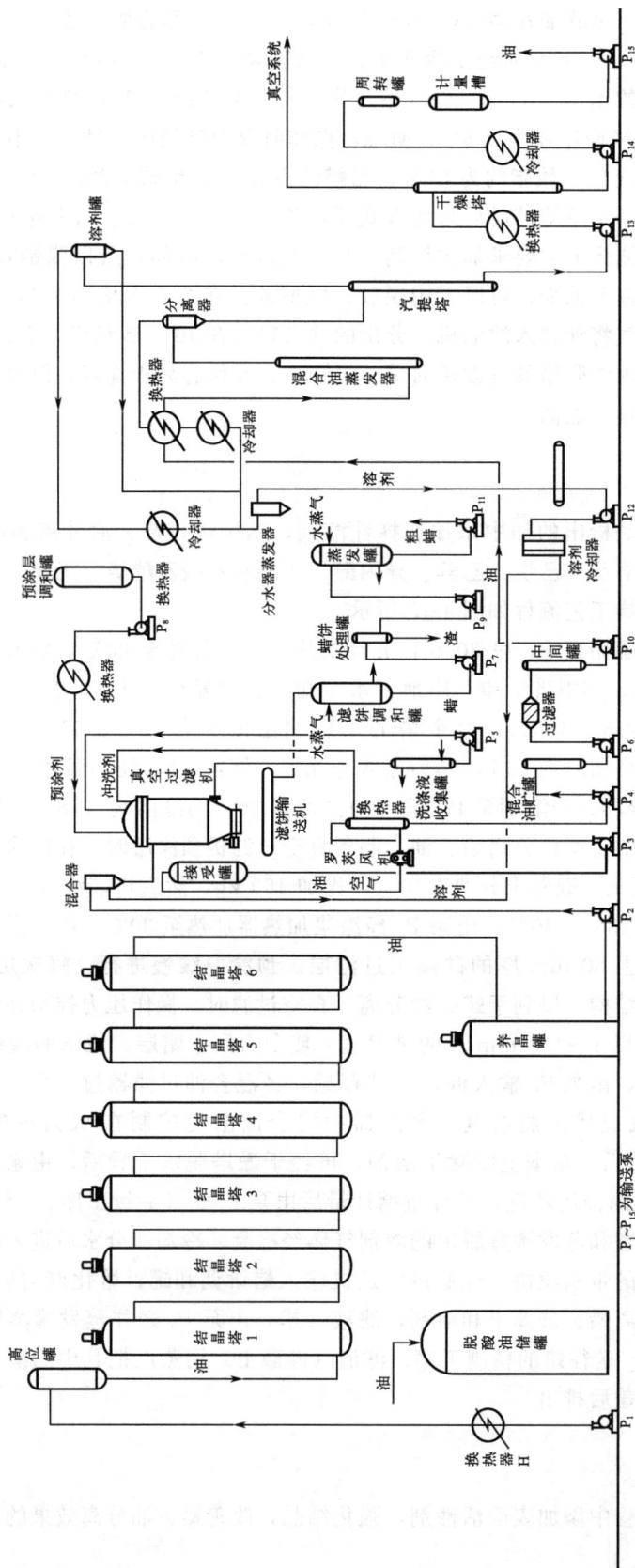

图4-18 工业己烷法脱蜡工艺流程

$P_1 \sim P_{15}$为输送泵

表面活性物质中某些基团与蜡具有亲和力（或吸附作用），可形成与蜡的共聚体而有助于蜡的结晶及晶粒的成长，从而有利于蜡、油的分离。

不同工艺目的所添加的表面活性剂的种类及数量也各异。以助晶为目的的，可于降温结晶过程中添加聚丙烯酰胺和糖脂等，其量以聚丙烯酰胺为例，为油量的 30～50 mg/L。以降低表面活性、促进分离为目的的，则于分离前添加综合表面活性剂，添加量以油量计，其中烷基磺酸酯为 1～100 mg/L，脂肪族烷基硫酸盐为 0.1%～0.5%，磷酸为 0.1%～1%，一起溶于占油量 10%～20% 的水中。添加后在 20～27℃ 下搅拌 30 min，即可进行离心分离。

（四）其他脱蜡法

1. 稀碱法

稀碱法利用蜡分子在低温下的亲水性，通过稀碱液富集蜡分子，以利于蜡结晶。操作时脱酸油（FFA 低于 0.05%）在 15℃ 左右进入结晶槽，以冷却剂迅速冷却至 1～7℃，并以低剪切力高循环的搅拌器搅拌，促进蜡质结晶，然后按油重的 20%～40% 加入浓度为 1%～3% 的低温碱液，保持温度不超过 8℃，在连续搅拌 15 min 后，加入占油重 0.07%～0.15%（浓度为 20%～40%）的磷酸溶液，再搅拌 15～20 min，破乳后送入离心机分离。采用该法脱蜡的关键是低温、磷酸添加量及磷酸添加的方式。

2. 添加凝聚剂法

在中性或碱性条件下，添加凝聚剂以增进脱蜡效果的方法称为凝聚剂法，常用的高效能凝聚剂是硫酸铝。以凝聚剂法脱蜡时，先将含蜡油冷却至 9～13℃，然后搅拌，添加理论碱量中和游离脂肪酸，其浓度为 15 °Bé 左右，搅拌（60～70 r/min）1～1.2 h 后，添加占油重 0.1% 的硫酸铝（配成浓度为 13.6%～30% 的水溶液），继续搅拌 1～1.2 h，终温不得超过 17℃，然后经分离、洗涤及干燥，即得脱蜡油。

3. 尿素脱蜡法

该法是通过添加尿素溶液包合蜡分子共结晶的一种脱蜡方法。首先将含蜡油按常规方法碱炼，然后冷却至 10℃ 左右，添加油量 3% 的尿素（配成饱和水溶液），搅拌、结晶 20～24 h，经离心分离、水洗、干燥即得脱蜡成品油。尿素脱蜡法与常规脱蜡法（即单纯机械分离法）设备通用，脱蜡率较高，残留尿素可结合后续工序脱除，但尿素的分解产物氨会造成环境污染，该方法有待工艺和设备的进一步完善。

三、影响脱蜡的因素

（一）脱蜡温度和降温速度

蜡分子中的两个烃基碳链都较长，在结晶过程中会有较严重的过冷现象，加之蜡烃基的亲脂性，使其达凝固点时，呈过饱和现象。为了确保脱蜡效果，脱蜡温度一定要控制在蜡凝固点以下，但也不能太低，否则，不但油脂黏度增加，给油、蜡分离造成困难，而且熔点较高的固脂也会析出，分离时可与蜡一起从油中分出，增加油脂的脱蜡损耗。采用常规法脱蜡，其结晶温度多为 20～30℃，采用溶剂法脱蜡，其结晶温度多控制在 20℃ 左右。

蜡的结晶是物理变化过程，过程缓慢。整个结晶过程可分为三步：第一步，熔融含蜡油脂的过冷却和过饱和；第二步，晶核的形成；第三步，晶体的成长。蜡熔点较高，在常温下就可自然结晶析出。自然结晶的晶粒很小，而且大小不一，有些在油中胶溶，使油和蜡的分离难以进行。因此在结晶前，必须调整油温，使蜡晶全部熔化，然后人为控制结晶过程，才能创造良好的分离条件——晶粒大而结实。晶粒的大小取决于两个因素，晶核生成的速度 W 和晶体成长速度 Q。晶粒的分散度与 W/Q 成正比，结晶过程中应降低 W，增加 Q。

降温速度与 W、Q 关系很大。当降温的速度足够慢时，高熔点的蜡首先析出结晶，同时放出结晶热。温度继续下降，熔点较低的蜡也将要析出结晶。即将析出的蜡分子与已结晶析出的蜡碰撞，而且以已析出蜡晶为核心长大，使晶粒大而少。如果降温的速度较快，高熔点蜡刚析出，还未来得及与较低熔点的蜡相碰撞，较低熔点的蜡就已单独析出，使得晶粒多而小，夹带油也必然多。为了保持适宜的降温速度，要求冷却剂和油脂的温度差不能太大，否则，会在冷却面上形成大量晶核，既不利于传热，又不利于油、蜡分离。降温过程要缓慢进行，但从生产角度考虑也不能太慢，适宜的降温速度可通过冷却试验确定。

（二）结晶时间

如上所述，为了得到易于分离的结晶，降温必须缓慢进行。而且，当温度逐渐下降到预定的结晶温度后，还需在该温度下保持一定时间，进行养晶（或称老化、熟成）。养晶过程中，晶粒继续长大。可见，从晶核形成到晶体成长为大而结实的结晶，需要足够的时间。

（三）搅拌速度

结晶要在低温下进行，而且是放热过程，所以必须冷却。搅拌可使油脂中各处的降温均匀，还可使晶核与即将析出的蜡分子碰撞，促进晶粒均匀长大。不搅拌只能靠布朗运动，结晶太慢。但搅拌太快，会打碎晶粒。一般搅拌速度控制在 $10\sim13$ r/min，大直径的结晶罐用较低的速度。搅拌速度以有利于蜡晶成长为准。搅拌可减少"晶簇"的形成。结晶过程中，除了晶核长大，几颗晶体还可能聚集成晶簇，晶簇能将油包合在内，增加脱蜡损耗。

（四）助晶剂

不同的脱蜡方法采用不同的助晶剂。

1. 溶剂

油脂和蜡的结构不同，对溶剂的亲和力也不同，尤其在低温下，亲和力的差异更大。溶剂的存在，使蜡易于结晶析出，有助于固（蜡晶）液（油脂）两相较快达到平衡，使得到的结晶结实（包油少），降温速度也可高一些。同时溶剂可降低体系的黏度，改善油、蜡分离的效果。

2. 表面活性剂

加入表面活性剂，有助于蜡的结晶。表面活性剂分子中的非极性基团，与蜡的烃基有较强的亲和力，二者可形成共聚体。表面活性剂具有较强的极性基团，因而共聚体的极性远大于单体蜡，使油-蜡界面的表面张力大大增加，而且共聚体晶粒大，生长速度也快，与油脂也易于分离。

毛油中的磷脂、甘油一酯、甘油二酯、游离脂肪酸以及碱炼中生成的肥皂，都是良好的表面活性剂，能在低温条件下把蜡从油中拉出来。这就是米糠油等能在低温下脱胶和碱炼的同时进行脱蜡的主要依据。但是，蜡和油之间还存在着一定的亲和力，上述油脂中的表面活性物质，尚没有足够的拉力，将油脂中的全部蜡分子分离出来，还要加入一些强有力的表面活性剂才能达到好的脱蜡效果。常用的有聚丙烯酰胺、脂肪族烷基硫酸盐、糖脂等。近年来，国内外油脂工艺专家正在寻求理想的表面活性剂，使其疏水基的结构和蜡分子接近，亲水基上则力求有较多的羟基，进而使疏水基和蜡的亲和力加强，亲水基和水的亲和力加强，以增强把蜡从油中拉出来的力量，提高脱蜡效果。

对于不同的油脂，学者们持不同的见解，如有人认为糠蜡熔点高，分子量大，晶粒坚实而大，应少加这类助晶剂，否则，加入表面活性剂易造成乳化现象，促使甘油三酯分解成胶溶性较强的甘油二酯或甘油一酯，给蜡、油分离及产品质量带来不良影响。这些有待于通过科学研究验证和完善。

3. 凝聚剂

凝聚剂是一种电解质助晶剂。在蜡、油溶胶中加入适量的电解质溶液，可增加溶胶中的离子浓度，给带负电荷的蜡晶粒创造吸引带相反电荷离子的有利条件，还可降低胶体双电层结构中的电位，使粒子间排斥力减小，溶胶的稳定体系被破坏，从而使蜡晶粒聚沉。各种电解质对溶胶的聚沉值取决于与溶胶电性相反的离子价数，此离子价数越高聚沉值越小，聚沉能力越强。在葵花籽油脱蜡实践中，食盐和硫酸铝是常用的凝聚剂。硫酸铝的聚沉值小于食盐，且水解生成的氢氧化铝还具有较强的吸附能力，效果更好些，但因氢氧化铝是两性化合物，在酸性条件下会转化成偏铝酸盐而失效，因此，用硫酸铝水溶液作脱蜡凝聚剂时，油脂必须先脱酸。

4. 尿素

尿素能选择性地把蜡包合在结晶形成的螺旋状管道体内，该包合物易沉淀，从而可与油脂分开。由于蜡和尿素在水中溶解度不同，蜡和尿素很容易分离。

5. 静电脱蜡

静电脱蜡是利用外加的不均电场，使蜡分子极化，使带负电荷的蜡晶粒在电场作用下，在阳极富集并沉降，从而使油、蜡分离。

（五）输送及分离方式

各种输送泵在输送流体时，所造成的紊流强弱不一，紊流越强，流体受到的剪切力越大。为了避免蜡晶受剪切力而破碎，在输送含有蜡晶的油脂时，应使用弱紊流、低剪切力的往复式柱塞泵，或者用压缩空气，最好用真空吸滤。

蜡、油分离时，过滤压力要适中，因为蜡是可压缩性的，滤压过高会造成蜡晶滤饼变形，堵塞过滤缝隙而影响过滤速率。但滤压太低，过滤速率降低。可采用助滤剂提高过滤速率。

（六）油脂品质

油脂中的胶性杂质会增大油脂的黏度，不但影响蜡晶形成，降低蜡晶的硬度，给油、蜡分离造成困难，而且还会降低分离出来的蜡质的质量（含油及含胶性杂质量均高）。因此，油脂在脱蜡之前应当先脱胶。

蜡质对于碱炼、脱色、脱臭都有不利的影响。毛油脱胶后先经脱蜡，然后再进行碱炼、脱色、脱臭是比较合理的。国内常采用脱臭后的油进行脱蜡，这是由我国采用的精炼工艺所决定的。我国一般都采用常规法脱蜡，又不加助滤剂，为了尽量降低油脂的黏度，就用脱臭油脱蜡。放在最后脱蜡，还可以与成品油过滤相合并，节省一套过滤设备。

四、精炼过程中的脱蜡

（一）椰子油精炼过程中的脱蜡

并不是所有的油脂精炼都需要脱蜡，在食品工业中，椰子油的精炼过程中通常不需要脱蜡。这是因为椰子油的组成特点使得它在低温下不会像棕榈油或其他植物油那样形成明显的蜡状物质或固体脂质。椰子油脂肪酸的主要成分是中链脂肪酸（如月桂酸、辛酸、癸酸），其熔点较低，且天然含蜡质（如固体脂质、高熔点化合物）的比例微乎其微，几乎不会形成需要去除的蜡质沉淀。

（二）棕榈油精炼过程中的脱蜡

棕榈油脱蜡的方法有表面活性剂法、溶剂法和干法等。

表面活性剂法是利用十二烷基磺酸钠作为表面活性剂，用硫酸镁作为电解质。因为棕榈油在冷却过程中，析出的固体脂结晶颗粒带有极性，而液体油分子不带极性，这样，表面活性剂分子的极性部分就对着结晶颗粒，它的非极性部分就对着液体油分子，使固体脂和液体油间的引力减小。另外，由于表面活性剂分子包围固体脂结晶颗粒，其相对密度约为0.95，而液体油部分的相对密度只有0.92左右，这样，用高速离心机就可将二者分离开来。也有表面活性剂法的改进方法，即在棕榈油中不加十二烷基磺酸钠，而加入适量烧碱，使其与油中的游离脂肪酸中和，使生成的肥皂起到表面活性剂的作用。

溶剂法是在棕榈油中加入大量溶剂（丙酮、己烷），然后冷却结晶。溶剂可稀释棕榈油，还可降低固体脂结晶颗粒和液体油分子间的引力，用真空吸滤机可将二者分离开来。

干法是在棕榈油冷却结晶过程中不加任何物质，关键是控制冷却速率和温度差，使固体脂结晶颗粒粗大，最后用真空吸滤机将二者分离。

（三）山茶籽油精炼过程中的脱蜡

山茶籽油可以用物理精炼方法，经过滤、脱胶、脱色、脱酸达到成品油标准；或经过中和碱炼脱酸，再经脱色、脱臭，进一步脱蜡脱除长链脂肪醇植物蜡等杂质，达到国标山茶籽油标准要求。脱蜡可用湿式和干式两种方法。

湿式脱蜡原理为山茶籽油经过脱色之后，以皂脚颗粒为晶种，快速结晶之后，将蜡结晶与水洗废水一起分离，但因为快速结晶仍有部分蜡会残留，故结晶后达标标准为5.5 h、0℃仍无蜡结晶析出，若进一步降低低温雾化现象的发生条件，可在脱臭之后进行慢速结晶，将微量的蜡、糖类以精细过滤除去。

干式脱蜡原理为脱色或脱臭之后，将山茶籽油降温，以慢速结晶，使蜡结晶能培养成为大结晶，且使用过滤助剂（如木质纤维素及硅藻土）将大、小颗粒的蜡结晶除去，以达到几乎完全除去油中蜡质的目的。

第五章
油脂改性

在食品生产过程中，要求所使用的油脂在某些方面或特定领域具有特殊的性质，这类油脂称为专用油脂。专用油脂是通过对普通食用油脂进行改性加工而制成的。油脂改性的目的是赋予油脂不同的物理和化学性质，以满足不同食品生产的特殊需求。

油脂改性的主要技术包括油脂氢化、油脂分提和油脂酯交换三大类。这些技术的起源可以追溯到 19 世纪末至 20 世纪初，由 Mège-Mouriès、Wilhelm、Normann、Van Loon 等在英国和法国申请的专利所开创。油脂改性既可以采用物理方法，如油脂分提，通过熔点或沸点的差异进行结晶分离或蒸馏分离；也可以采用化学或生物酶法，如氢化和酯交换。其中，氢化技术可将液态油转化为固态脂，而酯交换技术则能在甘油三酯中掺入新的脂肪酸，或改变原有天然甘油三酯中脂肪酸在甘油骨架上的位置，从而构建新的甘油三酯结构。总之，这些油脂改性方法为改善油脂特性、丰富油脂产品类型、提升产品价值提供了新的途径。

第一节　油脂氢化

一、油脂氢化技术概要

（一）油脂氢化的意义

油脂氢化是指在特定条件（包括催化剂、适宜的温度与压力，以及搅拌作用）下，让油脂与氢气发生加成反应，使油脂分子中的不饱和双键得以饱和的工艺过程。

油脂氢化技术具有很高的经济价值，自 20 世纪初在油脂工业中得到应用以来，其发展水平已成为衡量油脂工业现代化程度的关键标志之一。氢化技术可以降低油脂的不饱和程度，提高熔点，增加固体脂肪含量；提高油脂的抗氧化性、热稳定性，改善油脂的色泽、气味和滋味并防止回味；改变油脂的塑性，得到适宜的物理化学性能，拓展用途。具体而言，油脂氢化技术使得油脂原料能够在烘焙、糖果、巧克力及人造奶油等多个领域得到广泛应用，从而极大地丰富了市场上的油脂产品类型。同时，通过改变油脂的分子结构，油脂氢化技术还提升了油脂产品的抗氧化性、耐热性和储藏稳定性，延长了产品的保质期，为消费者提供了更加安全、可靠的食用油产品。此外，油脂氢化技术还有助于调节油脂的熔点，改善其口感和质地，使得油脂产品能够更好地满足消费者对食品口感和营养健康的多元化需求。

（二）油脂氢化的分类

根据加氢反应程度的不同，油脂氢化可以分为选择性氢化（也称为轻度氢化）和极度氢化（也称为深度氢化）两种类型。选择性氢化和极度氢化在反应条件、产品特性以及应用领域等方面均存在显著差异。

选择性氢化是一种在氢化反应中，通过精确控制温度、压力、搅拌速度和催化剂的使用，使得油脂中不同脂肪酸的反应速率呈现出一定选择性的氢化过程。这种氢化方式主要用于制取食用油脂深加工产品的原料脂肪，例如用于生产起酥油、人造奶油、代可可脂等的原料脂。这些产品对碘值、熔点、固体脂肪指数以及气味等特性有特定要求，而选择性氢化能够较好地满足这些要求。

极度氢化则是通过加氢反应，将油脂分子中的不饱和脂肪酸完全转变为饱和脂肪酸的氢化过程。这种氢化方式主要用于制取工业用油，其产品碘值低，熔点高，主要的质量指标是熔点。因此，在进行极度氢化时，通常会采用较高的温度和压力，并增加催化剂的用量，以确保氢化反应的完全进行。

（三）油脂氢化技术的发展

1897～1905 年，Sabatier 等成功使用镍作为催化剂，实现了对气态烯烃的加成反应。1903 年，Normann 获得了油脂氢化技术专利。而在 1902 年，由于人造奶油基料油脂供应紧张，德国科学家 Wilhelm 采用镍作为催化剂，成功实现了氢与油脂中双键的加成反应，并相继在德国和英国获得了相关专利。1906～1911 年，英国和美国的一些公司开始将氢化技术应用于工业生产，例如处理鲸油以及通过棉籽油的氢化来制备起酥油等，这标志着大规模利用氢化技术生产各种专用油脂的时代正式开始。到了 20 世纪 60 年代早期，轻度氢化和经过冬化处理的一级大豆油在美国开始受到广泛欢迎。在中国，氢化油的发展始于 20 世纪 60～70 年代，当时全国各地相继建立了 30 多个氢化油生产厂。20 世纪 70 年代之后，中国开始采用选择性氢化工艺进行生产。随着起酥油、人造奶油、煎炸用油及食品工业的快速发展，食用氢化油的生产和加工技术也取得了显著的进步。

经过一个多世纪的发展，油脂氢化技术已经相当成熟稳定，为食品工业提供了多样化的产品可供选择。通过氢化工艺，可以生产出各种类型的人造奶油、起酥油、煎炸油、糖果糕点用油、烘焙用油、油炸薯条油、糖衣用油以及花生酱稳定剂和乳化剂等，这些产品在很大程度上取代了传统的动物奶油，并凭借其独特风味和更经济的价格，赢得了广大消费者的青睐。然而，在油脂氢化过程中，会产生多种双键位置和空间构型不同的脂肪酸异构体，使得氢化油脂的组成变得复杂，并且伴随一定量的反式脂肪酸生成。近年来，国内外消费者日益重视反式脂肪酸可能对人体健康造成的危害及潜在风险。因此，开发低反式脂肪酸乃至零反式脂肪酸的氢化工艺已成为行业共同努力的方向。

油脂氢化产品大致可分为油脂食品基料和油脂化工基料两类。油脂食品基料包括宽塑性范围的起酥油，适用于煎炸和糖果制作的窄塑性范围起酥油，专为煎炸和面包制作设计的流动性起酥油（其中液态部分占比 90%～98%，固态部分仅占 1%～2%），餐桌用人造奶油、焙烤用人造奶油，可可脂代用品，烹调油，以及硬化油等。而油脂化工基料则主要包括脂肪醇和脂肪胺。目前，油脂氢化产品已经广泛应用于食品工业以及肥皂等工业用油领域。

二、油脂氢化的机理

油脂中的不饱和脂肪酸含有未饱和的双键，这些双键上缺失的氢原子无法直接添加，但通过催化剂的作用，可以使氢原子与双键结合，从而使油脂达到饱和状态，这一过程被称为氢化反应［式（5-1）］。经过氢化处理的油脂，其饱和度会显著提高，同时油脂的色泽和气味也会得到明显改善，这极大地提升了油脂在工业生产和食用领域的应用价值。

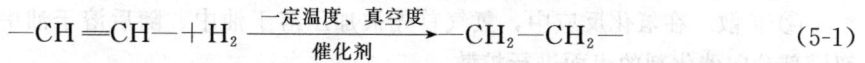

$$-CH = CH - + H_2 \xrightarrow[\text{催化剂}]{\text{一定温度、真空度}} CH_2 - CH_2 - \tag{5-1}$$

氢化反应从表面上看似乎可以直接进行，但实际上油脂氢化反应的过程是相当复杂的。其复杂性首先体现在它的多相性上：只有当三种反应物——液态的不饱和油脂、固态的催化剂以及气态的氢气充分接触并相互作用时，氢化反应才能得以进行。此外，不饱和键在加氢过程中还会发生复杂的异构化反应，这主要包括各种几何异构体的生成，同时也会伴随一些位置异构体的出现。

在氢化反应启动之前，氢气必须先溶解于液态反应物中，因为只有溶解状态的氢气才能参与有效的化学反应。溶解后的氢气随后通过液相扩散到固态催化剂的表面，同时反应物也被吸附在催化剂的表面，如此反应方能进行。

不饱和脂肪酸与氢气之间的氢化反应是在金属催化剂的表面上进行的，如图 5-1 所示。催化剂表面的活化位点具有剩余的键合力，可以与氢分子和油脂分子中双键的电子云发生相互作用，从而削弱并最终断裂 H—H 中的 σ 键和 C=C 中的 π 键，形成氢-催化剂-双键的不稳定中间复合体。在一定条件下，该复合体分解，其中双键碳原子首先与一个氢原子发生加成反应，生成半氢化中间体，然后再与另一个氢原子加成，达到饱和状态，并立即从催化剂表面解吸，扩散到油脂主体中，从而完成整个加氢过程。

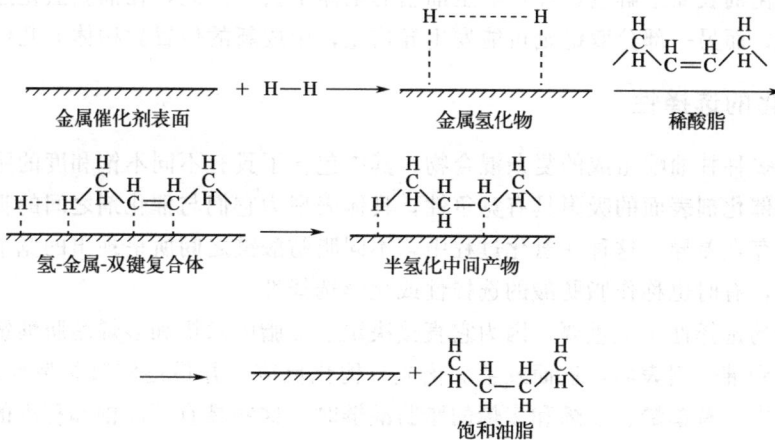

图 5-1 油脂氢化机理

催化剂表面具有凹凸不平的结构，导致催化剂表面存在着自由能场。催化剂凭借这种自由能场与氢、双键形成一种不稳定的中间产物，最终生成产物并重新释放出催化剂。在整个氢化反应过程中，催化剂的作用在于通过两个活化能相对较低的反应步骤来代替原本单一且活化能较高的反应步骤，从而使得整个反应过程更易于进行。

氢化反应的速率可以通过以下反应式进行描述（式 5-2）：

$$K = ae^{-E/RT} \tag{5-2}$$

式中，a 为反应物浓度因素；E 为反应活化能，kJ/mol；T 为绝对温度，K；R 为摩尔气体常数，8.314 J/（mol·K）。

从公式（5-2）中可以看出，E 在公式中的指数位置上，其值稍有改变就可能较大地改

变 K 值。

氢化反应是一种典型的多相反应，其过程通常包括以下几步：

① 扩散　在氢化反应中，氢气首先被加压溶于油中，随后溶于油中的氢和油分子中的双键部分向催化剂的表面进行扩散。

② 氢的化学吸附　催化剂的活性中心对溶解于油脂中的氢分子和油脂分子中的双键进行化学吸附，分别形成金属-氢键和金属-双键配合物。

③ 表面反应　在催化剂表面，两种配合物的反应活化能较低，能够互相反应生成半氢化的中间体，进而再与另一个氢分子进行反应，完成双键的加成反应。

④ 解吸　吸附是一个可逆的动态平衡过程，无论是双键还是已完成氢化的饱和碳链，均能从催化剂表面解吸下来；如果半氢化中间体不能与另一个氢进行反应，那么已经加成上去的氢原子，或者与原双键碳原子相邻碳原子上的两个氢原子，或者双键碳原子上原有的氢原子，都有可能发生脱氢反应。

⑤ 扩散　氢化后的分子从催化剂表面解吸下来后，会扩散到油体系中，完成整个氢化反应过程。

在油脂氢化过程中，脂肪酸链中的每个不饱和基团都能在油脂主体与催化剂表面之间发生迁移。这些不饱和基团被吸附至催化剂表面，与一个氢原子发生反应，形成一种不稳定的中间体，该中间体进一步与一个氢原子结合，从而生成饱和键。如果中间体不能与另一个氢原子反应，则中间体上的氢原子会被脱除而形成新的不饱和键。无论是饱和键还是不饱和键，都能从催化剂表面上解吸，并扩散至油脂的主体中去。因此，在油脂氢化过程中，部分双键被饱和化，而另一部分双键则可能发生异构化，生成新的位置异构体或几何异构体。

三、油脂氢化的选择性

油脂是由多种甘油酯组成的复杂混合物，其中包含了具有不同不饱和度的脂肪酸链。这些脂肪酸链在催化剂表面的吸附具有竞争性，具体表现为它们与催化剂之间的吸附强度、吸附的先后顺序存在差异。这种在氢化过程中，不同脂肪酸链之间所呈现出的竞争现象，被称为氢化选择性，有时也称作脂肪酸的选择性或化学选择性。

氢化反应的选择性至关重要，因为它直接决定了油脂中双烯和多烯脂肪酸链的双键是否会优先被吸附到催化剂表面，进而发生氢化或异构化反应，并最终解吸扩散回油脂主体中。当氢化反应物中含有单烯、双烯和多烯的脂肪酸链时，这些具有不同饱和程度的脂肪酸链在催化剂表面的吸附会呈现竞争性。具体而言，双烯和多烯脂肪酸链中的一个烯键将优先吸附到催化剂表面，发生氢化或异构化或者两者都进行，随后解吸并扩散到油脂主体中。

在食用油脂工业中，选择性在氢化反应及其产物中的应用具有两种含义。一种是所谓的化学选择性，表示亚麻酸氢化成亚油酸、亚油酸氢化成油酸和油酸氢化成硬脂酸这几个转变过程的化学反应速率之比。选择性的另一种含义是对催化剂而言的。如果某一种催化剂具有选择性，那么它可以产生一种在给定碘值下具有较低稠度或较低熔点的油脂产品。由于选择性的描述缺乏严格的定量标准，因而选择性的定义存在一定的模糊性。

1949 年 Bailey 曾提出下列模式，用以测定亚麻籽油、大豆油和棉籽油间歇氢化中各步的相对反应速率常数。

$$\text{亚麻酸} \longrightarrow \text{油酸} \longrightarrow \text{硬脂酸}$$

with branches to 亚油酸 and 异亚油酸

$$\begin{array}{c} \text{亚油酸} \\ \nearrow \qquad \searrow \\ \text{亚麻酸} \longrightarrow \text{油酸} \longrightarrow \text{硬脂酸} \\ \searrow \qquad \nearrow \\ \text{异亚油酸} \end{array} \qquad (5\text{-}3)$$

　　此模式假定各步反应均为一级不可逆反应，运用动力学方程将各组分的浓度表示成时间的函数，从而求得各个反应的速率常数。将亚油酸转化成油酸的反应速率常数与油酸转化成硬脂酸的反应速率常数之比，称为亚油酸反应的选择性。

　　在氢化一个双键的过程中，由于三烯键会产生几个不同的异构二烯键，且这些二烯键混合物的氢化速率差异很小，因此可以将它们合并考虑在同一项中。同时，观察到向亚麻酸中加入 2 mol 氢并未直接生成油酸，故在此模式中，相关的并列反应支路可以被省略。此外，由于形成的几何异构体和位置异构体几乎具有相同的反应性，这使得反应式（5-3）能够简化为反应式（5-4）：

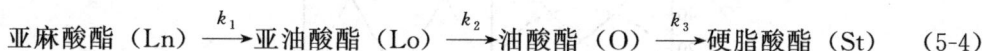

$$\text{亚麻酸酯（Ln）} \xrightarrow{k_1} \text{亚油酸酯（Lo）} \xrightarrow{k_2} \text{油酸酯（O）} \xrightarrow{k_3} \text{硬脂酸酯（St）} \qquad (5\text{-}4)$$

　　从数值上来看，它体现为亚麻酸氢化为亚油酸、亚油酸氢化为油酸以及油酸氢化为硬脂酸这几个化学反应速率的比率。

　　亚麻酸的选择性即为亚麻酸氢化成亚油酸的速率常数与亚油酸氢化成油酸的速率常数的比率，其值为 k_1/k_2，记为 S_{Ln}。

　　同理，亚油酸的选择性即为亚油酸氢化为油酸的速率常数与油酸氢化为硬脂酸的速率常数之比，其值为 k_2/k_3，记为 S_{Lo}。

　　图 5-2 为豆油氢化的动力学方程，反映了豆油的脂肪酸成分随着氢化反应时间的变化，可以计算得 $k_2/k_3=12.2$，表明亚油酸酯的氢化速率为油酸酯的 12.2 倍；$k_1/k_2=2.3$，即亚麻酸酯的氢化速率为亚油酸酯的 2.3 倍。

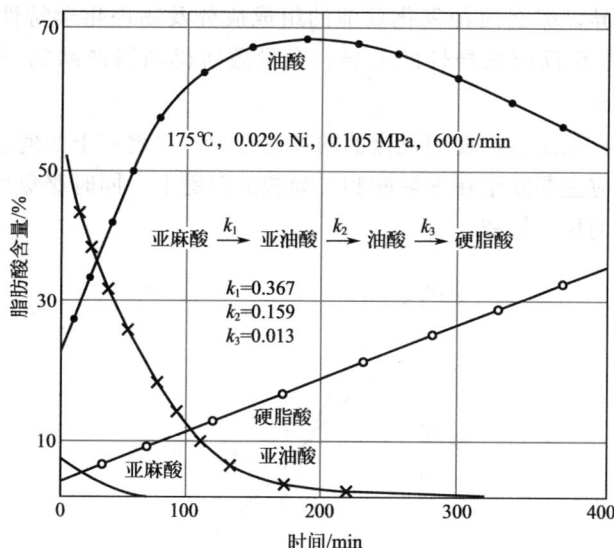

图 5-2　豆油氢化过程中脂肪酸含量与反应时间的关系

选择性的大小不仅是选择氢化反应条件的重要依据，也反映了氢化产品的组成及性质，图 5-3 是亚油酸酯在不同选择性条件下进行氢化的理论组成曲线。

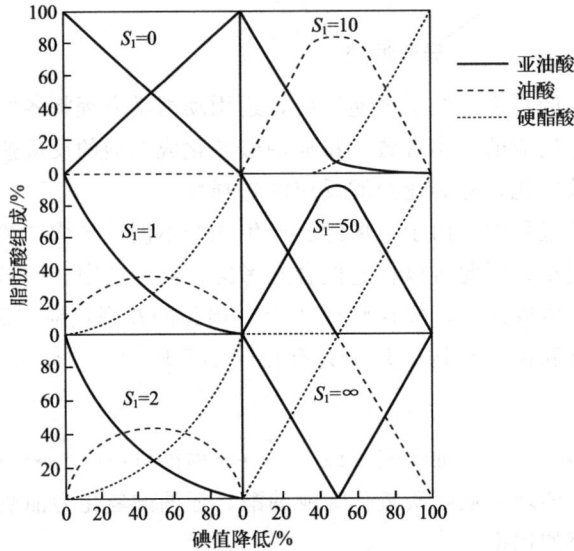

图 5-3 不同选择性条件下亚油酸酯氢化的理论组成曲线

$S_1=0$，所有成分直接氢化生成硬脂酸酯；

$S_1=1$，油酸与亚油酸具有相同的反应速率；

$S_1=2$，每个双键的反应速率相等，亚油酸的反应速率为油酸的两倍；

$S_1=10$，亚油酸的反应速率为油酸的 10 倍；

$S_1=50$，亚油酸的反应速率为油酸的 50 倍；

$S_1=\infty$，亚油酸全部氢化后，油酸才开始反应

两种氢化豆油即使达到了相同的氢化程度，即在碘值（IV）相同的情况下，若其氢化反应的选择性存在差异，那么两种氢化豆油的组成成分及物理化学特性也可能有显著的不同。如图 5-4 所示，氢化反应选择性的差异，会导致所得油脂产品的固体脂肪指数（SFI）曲线呈现出极大的差异。

脂肪酸氢化的选择性是生产食用氢化油的理论基础，关键在于如何选择合适的催化剂和工艺条件，以确保反应主要发生在三烯酸和二烯酸的双键上，同时避免单烯酸过度转化为饱和酸，这是氢化技术的核心挑战。

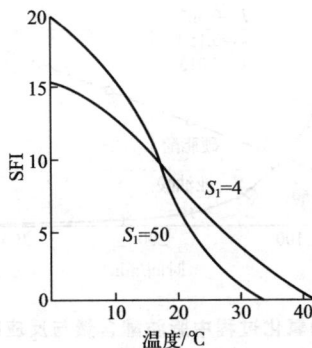

图 5-4 两种氢化豆油（IV 均为 95）的 SFI 曲线

在高选择性条件下对大豆油进行轻度氢化，可有效降低其中多不饱和脂肪酸的含量，且基本不产生额外的硬脂酸。这种方法能够生产出高品质的一级大豆油，不仅可显著提升其氧化稳定性，还可确保该油在5℃时固体脂肪指数很低，从而在低温下可保持透明、不浑浊的状态。在制造人造奶油及糖果用脂时，需要极高的选择性，以确保在人体温度下 SFI 接近零，从而赋予产品优异的口感。然而，对于焙烤用油及起酥油而言，由于其塑性范围较宽，允许存在一定量的高熔点甘油三酯，因此可以选择相对较低选择性的氢化条件。

在食用油脂工业中，氢化反应的选择性有时特指催化剂的选择性。催化反应往往伴随着多种副反应，而催化剂对主反应起加速作用的性能即被称为催化剂的选择性。高选择性的催化剂能够节省原料，减少副反应发生，并有利于简化后续处理工序。

四、异构化反应和氢化热效应

（一）异构化反应

在油脂氢化工艺中，当双键被催化剂表面的活性位点吸附时，可发生加氢反应，亦可引发脱氢反应，进而生成多种位置异构体（包括共轭异构体）及构象异构体（顺式或反式异构体）。

异构化比（Si）是指异构化为反式双键的数目与被氢化饱和的双键数目之比。多数反式双键位于碳链的第10位与11位上。随着氢化过程的不断推进，双键的异构化趋向于沿着碳链向更远的链端转移。在此过程中，反式异构体的数量将持续增加，直至所有单烯键完全饱和。

反式异构体的形成速率与氢化反应的操作条件之间存在一定的关联。通过调控氢化反应的温度、压力及时间等关键参数，可有效控制反式脂肪酸（TFA）的含量，这对于专用油脂的生产具有重要的指导意义。例如，在轻度选择性氢化大豆油时，需追求尽可能低的反式异构体含量，以避免在冬化分提过程中产生过多结晶而增大损耗，同时避免反式脂肪酸对人体的潜在影响；而在制备反式异构体型代可可脂时，则需提高反式异构体的含量，以使其熔化特性接近天然可可脂。使用经硫化处理的镍催化剂对大豆油进行氢化时，可得到反式脂肪酸含量高达60%~70%的氢化大豆油。此外，对于要求氢化油塑性范围狭窄的应用（如糖果用油），增大 Si 值显得尤为关键。

（二）氢化热效应

油脂氢化是放热反应。据测定，氢化一般的植物油时，每降低一个碘值，油脂的温度就升高1.6~1.7℃，相当于每摩尔双键被饱和时，放出117~121 kJ 热量。表5-1列出了一些不饱和脂肪酸甲酯氢化的热效应值。

表 5-1　不饱和脂肪酸甲酯氢化的热效应值

名称	顺-9-棕榈油酸甲酯	反-9-棕榈油酸甲酯	顺油酸甲酯
$\Delta H /$（kcal/mol）	-29.30 ± 0.24	-32.43 ± 0.60	-29.14 ± 0.26
名称	反油酸甲酯	亚油酸甲酯	反亚油酸甲酯
$\Delta H /$（kcal/mol）	-28.29 ± 0.15	-58.60 ± 0.39	-55.70 ± 0.13

注：1 kcal/mol＝4.184 kJ/mol。

五、影响油脂氢化的因素

影响油脂氢化的主要因素包括反应温度、压力、搅拌速度、催化剂的浓度与种类以及底物油脂的种类等。尽管氢化油脂产品的特性在很大程度上取决于所选用油脂和催化剂的种类，但对于同一种油脂和催化剂，通过改变氢化反应的条件，也可以获得具有不同品质的氢化油。

（一）反应温度

温度对氢化过程的影响是复杂且多方面的。反应温度的升高可以增大氢气在油脂中的溶解度，降低油脂的黏度，进而增加搅拌效果，加速氢化反应的速率。然而，高温条件下反应速率虽快，但也可能导致催化剂表面上的有效氢被迅速消耗，从而使得催化剂表面的剩余活性中心更倾向于从碳链上夺取一个氢原子，进而产生位置异构体或反式异构体。升高温度有利于氢气溶解于油脂，1 atm（1 atm＝101325 Pa）时，氢气在油脂中的溶解度（S）与温度（T，℃）之间的关系可用式（5-5）表示：

$$S（体积分数，\%）＝0.0295＋0.000497×T \tag{5-5}$$

由此可计算，25℃时，1000 L油中氢气的溶解度为42 L；当温度升高至100℃时，其溶解度增加至79 L，增加近一倍。

（二）压力

油脂氢化通常是在压力为 0.07～0.39 MPa 的条件下进行的。氢气在油脂中的溶解度（S'）与温度和压力的关系如式（5-6）：

$$S'（H_2）＝（47.04＋0.294T）×10^{-3}×p \tag{5-6}$$

式中，S' 为标准状况（0℃，101.325 Pa）下每千克油中溶解的氢气的体积；p 为氢气压力（0.1～1.0 MPa）；T 为氢化温度，℃。

氢气在油脂中的溶解度随着压力的提升而增大，这一变化促使催化剂表面吸附的有效氢达到饱和状态，进而加速氢化反应进程。如果催化剂表面的氢气吸附量不足，提高压力可以显著提升反应速率，但可能会伴随反应选择性的降低。相对而言，压力对异构化反应及其选择性的影响较为有限。在低压环境下，由于催化剂表面吸附的有效氢可能不足以满足氢化反应的需求，这可能会导致异构化反应的比例上升，从而对选择性产生较大的影响。然而，在高压条件下，由于催化剂表面吸附的有效氢足以支撑氢化反应所需的速率，因此对异构化反应及选择性的影响相对较小。

（三）搅拌速度

油脂的氢化是一个非均相催化反应过程，涉及液体油、固体催化剂与氢气三相的共存。为了优化传质与传热效率，确保催化剂、油脂与氢气三者之间的充分接触与混合，氢化过程必须辅以高效的搅拌混合技术。氢化过程中，氢在油中的溶解速率可通过下式表示：

$$R_H＝C×A×（H_g－H_0） \tag{5-7}$$

式中，R_H 为氢气在油中的溶解速率；C 为常数；A 为气-液界面面积；H_g 为氢气在气相中的浓度（或压力）；H_0 为氢气在油中的浓度（或压力）。

在低温氢化条件下，高速搅拌对氢化速率的提升效果有限。这是因为，在反应速率相对缓慢的情况下，搅拌已经能够有效地将足够的氢气输送到催化剂表面，此时进一步增加搅拌速度并不会改变氢气的有效供应量，因此氢化反应的选择性较低，异构化现象也相对较少。然而，在高温氢化条件下，搅拌的作用变得尤为重要，此时氢化速率对搅拌条件的变化十分敏感，通过提高搅拌速度，可以确保氢气更加高效地吸附在催化剂表面，这有助于调整氢化反应的选择性并减少异构化的程度。

（四）催化剂

催化剂在氢化过程中起着至关重要的作用，其对氢化效果的影响主要体现在种类、结构以及浓度等多个维度。

1. 催化剂种类

不同种类的催化剂会展现出不同的氢化反应选择性。在常用的多相催化剂中，其选择性按强弱排序依次为：铜＞钴或钯＞镍或铑＞铂。通常，镍催化剂的选择性 S_{Ln} 只有 $2.0\sim2.3$，而铜催化剂（亚铬酸铜）的选择性 S_{Ln} 为 $8\sim15$，这是由于亚铬酸铜能促使三烯酸在其表面发生共轭化。然而，亚铬酸铜只能选择性地催化二烯以上的多烯酸。

具有高选择性的催化剂通常具有较强的吸附能力，因此在相同条件下，其中毒的概率与程度往往高于选择性较低的催化剂，这会导致氢化速率的降低。此外，不同催化剂对反应物异构化的影响也不同，亚铬酸铜可使共轭体系发生位置异构化，而镍、钯等催化剂则不具备此功能。但亚铬酸铜和镍对双键反异构化的影响相似，当达到顺-反异构化平衡时，反式酸的含量均可达到氢化产生的单烯酸酯的 70％。

此外，不同催化剂在氢化反应中应用的条件也具有一定差异，详见表 5-2。

表 5-2　催化剂种类与常用反应条件

种类	用量/%	氢化温度/℃	氢化压力/MPa
铜	0.3	170	0.02
铜-镍	0.1～1	200	常压吹入
铜-铬	0.1～0.26	170～200	0.02
铜-铬-锰	1～2	100～200	常压吹入
钯	0.00015～0.00056	65～185	常压至 0.29

2. 催化剂的表面结构特征

催化剂的表面结构特征，包括孔隙度、孔径尺寸、孔道长度以及比表面积等参数，这些因素共同决定了其催化活性的高低，进而对氢化反应的速率和选择性产生显著影响。通常而言，氢化速率、选择性与孔隙率和比表面积呈正相关。相较于孔径细长的结构，孔径粗短（$\varphi\geqslant2.5$ nm）的结构展现出更快的氢化速率和更高的选择性。

3. 催化剂的浓度

虽然催化剂浓度可以在一个相当宽的范围内变动，但是从经济性的角度考虑，在确保反应迅速进行的同时，应尽可能减少催化剂的使用量。

在催化剂浓度较低的情况下，增加催化剂的浓度可以有效提高反应速率。然而，当催化剂增至一定量时，氢化速率会达到一个平台期将不再提高。增加催化剂的用量可以增加有效氢的吸附总量，尽管单位表面积上覆盖的氢较少，但总氢量的增加仍有助于减少反式异构体的生成。但这种影响相较于改变搅拌速度对反式异构体产生的影响而言，要小得多。此外，增加催化剂还能降低选择性，这是因为催化剂数量增多时，会同时吸附大量的多烯酸酯和少量的单烯酸酯，导致部分单烯酸酯与多烯酸酯同步氢化，从而降低了选择性 S 值。

（五）反应物

1. 底物油脂

油脂的组成与结构是影响氢化速率的内在因素，具体规律如下：①油脂中双键的数量越多，其氢化反应的速率越快；②相较于位于甲基附近的双键，靠近羧基的双键在氢化过程中展现出更快的反应速率；③共轭双键相较于所有非共轭双键，具有更高的氢化反应速率；④顺式双键的氢化速率高于反式双键；⑤1,4-戊二烯酸（酯）相较于被多个亚甲基隔离的二烯酸（酯），其氢化速率更快。

油脂的品质对氢化过程的影响主要体现在其含有的多种杂质可能导致催化剂中毒，这些杂质包括游离脂肪酸、磷脂、蛋白质、硫化物以及碱炼过程中残留的微量金属杂质（Na、K、Mg 等）。由于这些杂质的分子中含有第ⅤA、第ⅥA 和第ⅦA 族元素的原子（如 N、P、O、S、Cl 等），这些原子的未成键孤对电子可被催化剂的 d 空轨道接纳。同时，杂质中所含的第Ⅰ、Ⅱ主族元素的金属离子具有失去电子的空轨道，因此能够形成牢固的化学吸附，难以解吸，从而占据催化剂的活性中心，导致催化剂产生不可逆中毒，进而降低氢化速率。此外，游离羧基对催化剂的吸附能力强于亚油酸酯分子中亚甲基对双键的间隔作用，因此会降低亚油酸酯氢化的选择性。同时，游离脂肪酸还可与催化剂中的镍、铜等反应生成金属皂，覆盖在催化剂表面，不仅可降低催化活性，而且这类金属皂可使过滤分离催化剂的操作难度加大，从而导致氢化油产品色泽加深，酸值增高。因此，在油脂氢化前，需要进行严格的精炼处理，并严格控制精炼油的质量，将上述杂质降低至安全水平，以确保氢化过程的顺利进行和氢化油产品的品质。

2. 氢气

未经净化的氢气含有少量硫化氢、二硫化碳和一氧化碳等杂质，这些杂质同样会使催化剂中毒，仅 0.5%～5% 的硫就足以使镍催化剂完全失活。因此，一般油脂氢化工艺要求氢气纯度在 98% 以上。在低温条件下，即使氢气中只有 0.1% 的一氧化碳，氢化反应也会终止。

工业上用于油脂氢化的氢气主要有三种生产方法，即水电解法、天然气（甲烷）转化法和铁蒸汽法。

3. 氢化催化剂

1976 年国际纯粹与应用化学联合会（IUPAC）对催化作用给出了如下定义：催化作用是一种化学现象，是靠用量极少而本身不被明显消耗的一种称为催化剂的外加物质来加速化学反应的现象。也就是说，在催化过程中，催化剂和反应物（底物）相互作用，经过一个过渡态，最终生成产物，同时催化剂在此过程中恢复其初始状态。当催化剂为固体时，反应发生在固-液或固-气界面，则这一过程被称为多相催化。

用于油脂氢化的催化剂大致可分为以下四类：

（1）单元金属催化剂 如 Cu、Ni、Mo、Pd、Pt 等元素。其中，Ni 作为加氢催化剂的应用最为广泛，历史悠久。它具有高活性、良好的氢化稳定性、成本低廉且易于从氢化油中分离等优点。然而，Ni 催化剂在氢化过程中易产生较多的反式异构体，且双键位移现象较为明显。相比之下，Cu 作为加氢催化剂的选择性优于 Ni，但活性相对较低。在贵金属催化剂中，Pd 常通过添加芳香族化合物来优化其活性和选择性。

（2）二元体金属催化剂 常见的有 Cu-Ni、Ni-Ag 等。Cu-Ni 在国内应用广泛，其原料价格便宜，易于回收再生。在氢化过程中，Cu-Ni 对亚麻酸有较好的选择性，美国常将该催化剂用于大豆油的轻度氢化，将亚麻酸氢化成亚油酸，从而提高大豆油稳定性，改善其风味。

（3）三元及以上的催化剂 称为多元体催化剂，这类催化剂常以合金或复盐的形式出现，一般需要添加助剂以提高催化剂反应活性。例如，Cu-Ni-Mn 对多烯酸具有较高的选择性。在氢化过程中，其对亚麻酸的选择性 S_{Ln} 可达 $10\sim15$，而 Ni 单元催化剂的 S_{Ln} 只有 $1.5\sim2.0$。此外，Cu-Ni-Mn 对油酸的选择性极低，故产品中硬脂酸增量极少，同时该催化剂具有抑制异构化的作用。

（4）均相催化剂 大多数为贵金属络合物，如 $RhCl_2(CO_2)(PPh_3)_3$，与镍催化剂相比，$RhCl_2(CO_2)(PPh_3)_3$ 具有更高的活性，且生成的反式异构体较少。因此，它是有可能实现工业化生产的均相催化剂，但需对其回收和再利用技术进行深入研究。

4. 催化剂中毒

油脂与氢气中都存在着一定量的杂质，一些杂质易于吸附在催化剂表面，且难以解析，从而可导致催化剂的活性中心失去功能，此现象称为催化剂中毒。中毒可能是不可逆的，导致催化剂永久失活；也可能是可逆的，即在特定条件下，通过去除中毒物质，可以恢复催化剂的活性。

导致催化剂失活的物质被称为中毒物质。氢气中的主要中毒物质为含硫化合物，如 H_2S、SO_2 及 CS_2 等，这些含硫化合物会导致不可逆中毒；而 CO 虽也能导致催化剂中毒，但其毒性相对较小，且为可逆性中毒。油脂中的中毒物质主要包括含 S、N、P、Cl 的化合物，以及胶质、肥皂、氧化分解产物、游离脂肪酸和水等。对于镍催化剂而言，最为严重的中毒物质是含第 VA、第 VIA、第 VIIA 族元素（如 S、N、P、Cl 等）的化合物，这些元素的孤对电子会填充未被占据的金属催化剂的 d 轨道。含硫化合物的毒性主要取决于其含硫量，而与化合物的类型无关。

为防止或减轻催化剂中毒，延长催化剂的使用寿命，并有效地控制反应过程，必须对原料进行深度精制，确保油脂具有低皂含量（<25 mg/kg）并保持干燥。对于含硫量较高的油脂，如菜籽油等，在氢化前应采用废催化剂进行预处理，以有效去除其中的中毒物质。同时，所使用的氢气应保持干燥且纯净（$>98\%$）。

六、油脂氢化工艺与设备

（一）油脂氢化工艺

油脂氢化工艺的一般过程如图 5-5 所示。

1. 原料油的预处理

为确保氢化反应的顺利进行，同时保持催化剂的高活性并尽量减少其用量，在进入氢化反应器之前，必须对原料油中的杂质进行充分去除。

杂质的允许残余量应控制在以下范围内：游离脂肪酸含量$\leqslant0.05\%$；水分$\leqslant0.05\%$；含皂$\leqslant25$ mg/kg；过氧化值$\leqslant2$ mmol/kg；磷$\leqslant2$ mg/kg；茴香胺值$\leqslant10$；铁$\leqslant0.03$ mg/kg；

```
                                           氢气
              与油混合的催化剂 ┌─────────┐
                             │         ↓
原料油 ─────→ 预处理 ─────→ 除氧脱水 ─────→ 氢化
                                           │
                                           ↓
成品氢化油 ←─── 后脱臭 ←─── 后脱色 ←─── 过滤
```

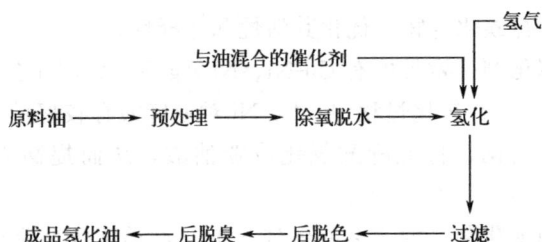

图 5-5　油脂氢化工艺的一般过程

铜≤0.01 mg/kg；色泽要求为 R1.6Y16。

2. 除氧与脱水

由于水分的存在会占据催化剂的活性中心，而氧在高温和催化剂的作用下会迅速与油脂发生氧化反应，因此，在氢化反应前，必须进行严格的除氧与脱水处理。除氧脱水条件设定为：操作压力为 6.7 kPa，温度为 140～150℃。

3. 氢化过程

油脂氢化工艺根据生产的连贯性可分为间歇式和连续式两类。在氢化过程中，催化剂需事先与部分原料油脂混合均匀。通过真空系统，将催化剂吸入反应器中的油脂中，并进行充分搅拌混合。随后停止抽真空，通入一定压强的氢气，反应即开始。氢化终点的判定通常采用以下方法。

（1）氢化时间判定法　预先测定碘值与氢化时间的关系，绘制成标准曲线指导生产，或凭经验确定氢化时间。

（2）氢气压力下降值判定法　标准状态下，每千克油脂碘值降低 1，耗氢量为 0.88 L（0℃）或 0.93 L（15℃）。根据压差计算在一定温度下批量油脂的耗氢量，可用计算机进行控制。

（3）氢化放热量判定法　通过在线量热计进行观察，并按照每降低 1 个碘值升温 1.6～1.7℃的理论值，进行记录、计算，得出氢化过程的放热量，从而判断氢化终点。

（4）油脂折射率与碘值关系判定法　通过测定折射率的变化，可直接确定氢化程度。该法简便、快速，但测量仪器也必须快速、可靠。利用显微光学技术的折射率参比仪以及在线折射率仪器进行自动记录和控制氢化程度将成为有效手段。

氢化反应条件需根据油脂的种类及氢化油产品的质量要求来确定，一般范围为：温度 150～200℃，氢气在 140～150℃时开始加入，压力为 0.1～0.5 MPa，催化剂（镍）用量为测量的 0.1%～0.5%，搅拌速度须保持在 600 r/min 以上，氢化反应时间通常为 3～8 h。

4. 过滤操作

过滤的目的是将氢化油与催化剂分离。在过滤前，油及催化剂混合物必须先冷却至 70℃，然后再送入过滤设备进行处理。

5. 后脱色与后脱臭

后脱色的目的是利用活性白土吸附进一步去除残留的催化剂。工艺条件为：温度 100～110℃，时间 10～15 min，活性白土用量 0.4%～0.8%，压力 6.7 kPa。处理后的镍残留量需低于 5 mg/kg。

后脱臭的目的是去除油脂原有的异味以及氢化过程中产生的氢化臭。脱臭完毕后，在油中加入 0.02 ％的柠檬酸作为抗氧化剂，柠檬酸可与镍、铜等金属作用，使油中游离的镍、铜等金属含量接近零。脱臭温度为 230～240℃，真空度须控制在 ≤ 0.5 kPa，蒸汽流量 40 m³/h，油在脱臭塔内的停留时间应＜4 h。

（二）氢化反应设备

油脂氢化的主要设备包括氢化反应器和辅助设备。

1. 氢化反应器

氢化反应器是油脂氢化的主要设备，按生产的连贯性分间歇式和连续式两类，按完成氢化过程的形式可分为搅拌式、外循环式和气泡式三类（图 5-6）。

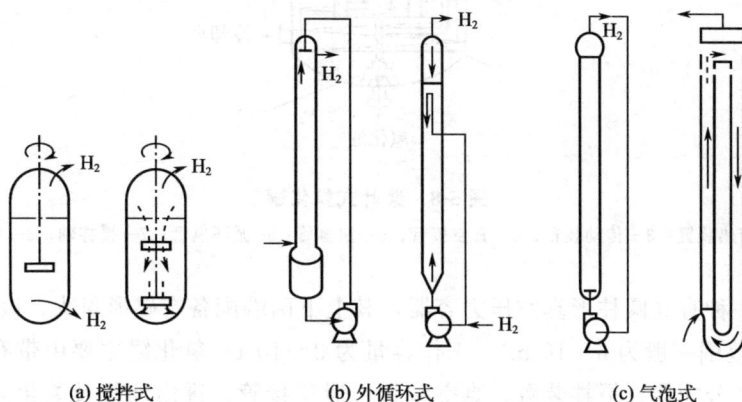

(a) 搅拌式　　　　(b) 外循环式　　　　(c) 气泡式

图 5-6　氢化反应器的类型

① 氢化罐。氢化罐是将油脂分批间歇进行氢化作业的反应器，按搅拌装置的结构不同，分为涡轮式（图 5-7）和桨叶式（图 5-8）两类。

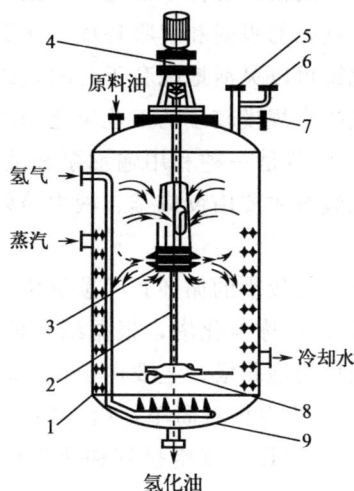

图 5-7　涡轮式氢化罐

1—加热盘管；2—搅拌轴；3—涡轮搅拌器；4—减速装置；5—真空接管；6—泄氢管；
7-循环氢接管；8—涡轮搅拌器；9—氢气分配器

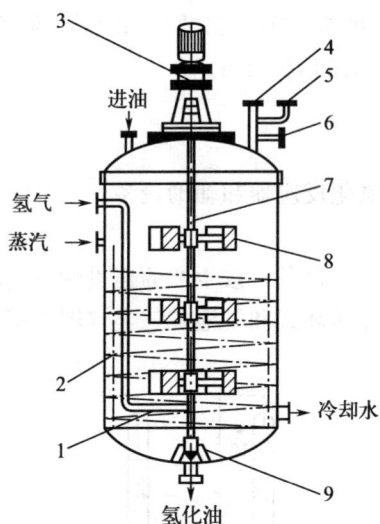

图 5-8 桨叶式氢化罐

1—氢气管；2—加热装置；3—传动装置；4—真空接管；5—泄氢管；6-循环氢管；7—搅拌轴；8—桨叶；9—底轴承

氢化罐是一种直立圆柱形真空压力容器，其上下两端配备有碟形封头。该容器的高径比为 3～4，容量范围一般为 6～16 m^3，工作容量为 3～10 t。氢化罐主要由带有碟盖的罐体、换热装置、氢气分配器、搅拌装置、真空接管、泄氢接管、进出油管及氢化油出口等组成。换热面积需满足 4～5 m^2/t。整个设备完全采用不锈钢材料制造，以确保其耐用性和耐腐蚀性。

氢化罐在工作时，氢气通过罐底的分配器进入油脂中。透平涡轮搅拌器可有效地打散氢气泡，形成向上的油流对流循环。同时，氢化罐上部装有带有导流筒的透平搅拌器，可引导油流形成向下的对流循环。这种对流模式确保了催化剂和氢气在油脂中的均匀分布，促进了传质过程，为催化剂表面提供了良好的吸附和解吸环境，从而显著提高了氢化反应速率。通过泄氢接管上的阀门控制，氢化罐可以灵活地配套于封闭式或循环式间歇氢化工艺中，广泛应用于食用油脂的氢化处理以及生产规模较小的工业氢化油脂的生产过程。

② 外循环反应器。外循环反应器是一种利用输油泵和液力喷射器而实现反应物混合的间歇式氢化装置（见图 5-9）。该装置主要由反应釜、液力喷射器、催化剂添加罐、热交换器及循环泵等组成。

外循环反应器多配套于生产规模较小的循环式间歇氢化工艺。

③ 塔式反应器。塔式反应器，俗称氢化塔，根据结构可分为泡罩塔和中空塔两类。泡罩塔的结构类似于化学工程中通用的泡罩塔，主要由长径比较大的塔体、泡罩塔盘、氢气进出口和油进出口等组成。中空塔的结构相对简单，由一组夹套管体叠装而成。塔径一般为0.8～1.0 m，长径比为 10～20，塔顶设有真空接管和泄氢接管，塔底部设有辅助氢气鼓泡器。塔内设置有催化剂装置，可进行固定床催化加氢作业，其详细结构如图 5-10 所示。

实际应用中，氢化塔常由 1～3 台串联组成反应器。在工作过程中，氢化油首先经预热、脱氧干燥、与催化剂混合，然后由高压泵输入工作塔内。同时，加压氢气随输油管道一同进入氢化塔，在油流湍流和氢气辅助鼓泡促使激烈混合的过程中完成氢化反应。氢化塔多配套用于生产规模较大的工业氢化油脂的加工生产。

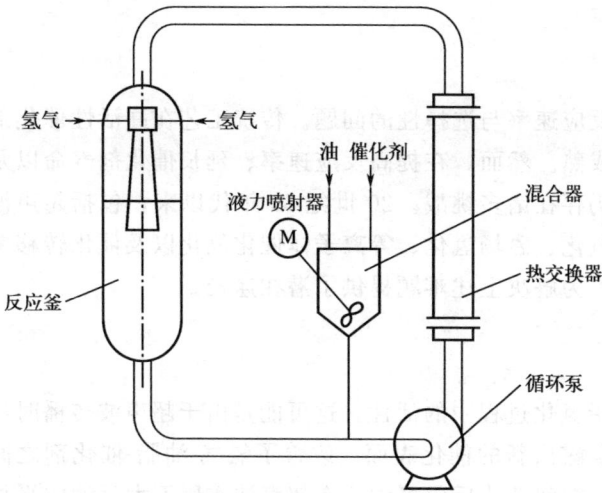

图 5-9　外循环反应器

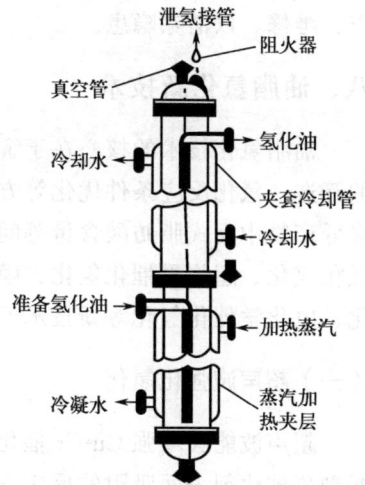

图 5-10　塔式反应器（氢化塔）

2. 辅助设备

① 脱氧干燥器。脱氧干燥器的主要功能是脱除待氢化的油脂中的水分和氧气。其结构设计和工作原理类似于油脂脱臭系统中的析气器，多应用于连续氢化工艺中。

② 催化剂调和罐。催化剂调和罐用于将定量催化剂与部分待氢化的油脂调制成均匀的悬浮液。其结构主要由锥底圆筒形罐体及高效的搅拌装置等组成。当该设备配套于连续氢化工艺时，会额外设置液位控制器和催化剂定量装置，以确保操作的精确性和稳定性。

③ 其他。在油脂氢化工程中，常配套有热交换器、真空系统、过滤装置、后脱色器、脱臭器以及循环氢净化压缩系统等。这些辅助设备多为化学工业上广泛应用的定型机械设备，可根据实际生产规模和需要进行选择和配套。

七、氢化车间生产安全

氢气是一种易燃、易爆的气体，且氢化生产在高温和高压条件下进行，因此氢化车间属于爆炸危险区域。从事氢化生产和管理的相关人员必须深入了解安全技术知识，并严格遵守安全技术规程，以确保安全生产。

① 在氢气生产和使用区域 15 m 内，应挂设明显标记，并严禁烟火。

② 规定区域内，严禁存放易燃物品，禁止铁器敲打，禁止穿铁钉鞋，禁止携带打火机、火柴等易产生火花的物品。

③ 应严防氢气容器和管道泄漏，并保持室内通风良好，冬季上部窗不得关闭。

④ 在氢气系统设备检修前，应用水或氮气将容器中的氢气置换干净，经检查合格后，方可打开设备进行动火作业。

⑤ 氢气压缩机呈正压后方可启动，若发现其出口、入口及氢化系统设备呈负压，应立即停车检查。

⑥ 氢化车间要使用防爆电机和防爆灯，产生火花的电气开关及设备应设置在邻近的非

防爆场所。

⑦ 电线严禁用绝缘导线明敷，电气设备外围和电缆管应接地。电气设备线路应定期检查、维修，以消除隐患。

八、油脂氢化新技术

油脂氢化技术的核心在于解决氢化反应速率与选择性的问题。传统工艺在高活性催化剂的筛选、氢化反应条件优化等方面已经成熟。然而，在提高反应速率、延长催化剂寿命以及降低产物中反式脂肪酸含量等问题上，仍存在诸多挑战。20 世纪 80 年代以来，包括超声波强化氢化、超临界催化氢化、膜反应器氢化、磁场氢化、等离子体催化氢化以及催化转移氢化、电化学催化氢化等新技术不断涌现，为解决上述难题提供了潜在途径。

（一）超声波强化氢化

超声波能够增强 Cu-Cr 催化剂在油脂氢化过程中的活性。这可能是由于超声波传播时不断剥离催化剂表面吸附的反应物，从而暴露出新的催化表面，改善了氢气-油脂-催化剂之间的接触，并促进了氢气的扩散。据测定，在间歇式反应器中，在超声波作用下大豆油的平均氢化反应速率可提高约 5 倍；而在连续式反应器中，这一提升幅度甚至可达 100 倍以上。此外，高氢气压力下反式异构体的形成速率较低，而低压下则表现出更好的选择性。

（二）超临界催化氢化

在超临界状态下，反应体系的传质阻力显著降低，氢化反应速率可提高 10～1000 倍。氢气能与超临界流体完全混溶，从而大幅增加催化剂表面的有效氢气浓度，进而提升反应速率。溶剂（如丙烷）在超临界状态下可使油脂与氢气形成均相体系，进一步增加催化剂表面氢的浓度，加速饱和加成反应，并降低反式脂肪酸的形成概率。与传统氢化工艺相比，超临界催化氢化具有反应时间短、反式脂肪酸含量低、氢气耗用量少及节能等优点。然而，其缺点在于设备要求高、投资大、氢化压力大以及生产危险性增加，同时工艺流程也相对复杂。

（三）膜反应器氢化

膜反应器氢化技术的核心在于将反应系统与膜分离系统相结合。由具有分离功能的膜组成的膜反应器与常规反应器相比，具有反应转化率和选择性高、反应速率快等优点。在氢化过程中，两种反应物可在膜两侧流动，并通过膜进行反应。

（四）磁场氢化

磁场本身具有一种特殊能量，能够改变物质的结构，进而影响其物理化学性质。铁磁性镍的固体表面对分子的吸附作用会导致固体磁化强度的变化，从而影响镍表面的氢气浓度。如果将整个体系置于磁场中，将会直接影响具有铁磁性镍催化剂的磁化强度和相应的吸附条件，使其表面氢气浓度减少，进而影响氢化过程。

（五）等离子体催化氢化

等离子体是指气体在受热或外加电场及辐射等能量激发下离解形成的电子、离子、原子、分子以及游离基的集合体。等离子体技术的应用主要涉及催化剂的制备、改性、再生以及等离子体存在下的氢化反应。应用等离子体技术制成的催化剂具有活性高、选择性好以及氢化时间短等优点。

第二节　油脂分提

一、概述

油脂分提是一个对甘油三酯进行分级的过程。油脂由多种熔点各异的甘油三酯构成，这导致了油脂具有不同的熔点范围。在特定温度下，通过利用这些甘油三酯熔点及溶解度的差异，可以将油脂分离为固态和液态两部分，这一过程即称为油脂分提。

油脂分提技术旨在高效地分离并利用油脂中的固体脂肪与液态油，以达到不同的应用需求。首先，针对固态脂肪的开发利用，它倾向于选择富含饱和脂肪酸的油脂作为原料来生产起酥油、人造奶油、代可可脂等所需的固态脂肪。此过程中，会生成较多的固体脂肪，而液态油则作为副产品产量相对较少。其次，可利用不饱和程度较高的油脂，在低温条件下进行分级结晶，并将少量结晶的固态脂从液态油中分离出来，以生产高品质的色拉油，这种方法在加工过程中被称为脱脂（也称为冬化处理）。经过分提得到的液态油，其透明度得到提升，且低温储藏性能也有所增强。

二、油脂分提的发展过程

（一）油脂分提技术的早期历史

油脂分提技术可追溯至19世纪中叶，其起源与法国科学家希伯利特·麦加·莫利哀（Hippolyte Mège-Mouriès，1817—1880年）紧密相连。1867年，麦加·莫利哀在巴黎附近的帝国农场进行乳品研究时，观察到即使奶牛体型瘦小、牛奶产量减少，其牛奶中脂肪含量依然丰富。基于这一发现，他开创性地研发出了一种人工生产奶油的工艺，这一创新不仅奠定了他在生物技术领域的先驱地位，更因发明人造黄油而让他声名远扬。1869年7月15日，法国农业和贸易部对麦加·莫利哀的这一革命性技术给予了高度认可，并授予他一项为期15年的专利，用于加工和生产特定动物来源的油脂。随后，在1873年，该专利在英国获得注册，进一步扩大了其国际影响力。同年，麦加·莫利哀还成功获得了美国专利（专利号：146012；授权日期：1873年1月1日），专利名称为"动物脂肪的改性"，这再次证明了其技术的先进性和普适性。

麦加·莫利哀的专利方法主要关注动物脂肪（如牛油和羊油）的处理。通过温和冷却的方式，他成功地将液态成分从普通牛油中分离出来，这一过程完全依赖于温差作为驱动力，实现了脂肪的分步结晶，这是一种完全自然的自发现象。有趣的是，类似的现象也发生在热带地区收获的棕榈（仁）油中。当这些油在运往寒冷的西欧途中时，其中会形成晶体并悬浮在油桶中。这些少量的致密固体沉淀物，在人造黄油的生产中可以有效地取代硬化油脂。因此，可以说这些木制油桶在某种程度上扮演了油脂分提结晶器的角色，而海浪则提供了混合悬浮物所需的搅拌作用。此外，棕榈油在冬季的自然结晶现象，也进一步揭示了油脂分提的经济高效性。麦加·莫利哀的专利方法，正是利用动物脂肪通过温和冷却分离液态成分的原理，标志着油脂分提技术的早期雏形的出现。这一技术的出现，不仅为油脂工业带来了革命性的变革，更为后续的油脂分提技术发展奠定了坚实的基础。

（二）油脂分提技术的发展

直到 20 世纪 60 年代，随着东南亚地区棕榈油产量的迅猛增长，以及各国政府对加工棕榈油出口税的减免政策，油脂分提技术遇到了前所未有的发展机遇，并实现了蓬勃发展。然而，在这一时期，油脂分提技术的边界主要受到相分离原理的限制。在分提技术的早期探索阶段，油与脂的分离主要依赖于重力作用，重力作用可使较重的固相（如硬脂）和较轻的液相（如软脂）自然分离。但这种简单的重力分离方法存在明显的缺陷，固相中往往夹带着大量的液体油，夹带量甚至高达 75% 以上，这严重影响了分提效率和产品质量。为了克服这些挑战，在过去的几十年中，分离技术取得了显著进展，从最初的真空带式过滤，到后来的离心机、膜压力过滤器等先进设备的广泛应用，这些技术极大地提高了油脂分提的效率和产品质量。通过这些技术的优化和应用，分提已成为一种经济高效、广泛应用的油脂改性手段。如今，在 21 世纪的食用油工业中，虽然一些特定的分提技术仍然依赖于表面活性剂并只适用于非常特殊的生产场景，但总体上，干法分提和溶剂分提已成为两大主流技术。干法分提主要通过加热和冷却过程来改变油脂的晶体结构，从而实现固相和液相的有效分离。而溶剂分提则利用溶剂对油脂中不同成分的溶解度差异，通过溶剂萃取和分离来实现油脂的改性。这两种技术各有优缺点，可根据具体生产需求灵活选择和应用。

三、油脂分提的原理

油脂分提涉及甘油三酯混合物冷却、结晶析出、固液两相分离及后续的提纯步骤，其目的在于分离并获取具有不同性质的食用油组分，如液态油（例如色拉油）和固态或半固态脂肪。该工艺的核心原理在于不同类型的甘油三酯在不同温度下展现出显著的熔点差异及互溶度的不同。

为确保油脂分提的成功实施，须满足以下条件：①甘油三酯之间应具有显著的熔点或溶解度差异；②形成的晶粒应足够粗大，以便于后续的分离；③在过饱和条件下，体系中应存在足够的浓度差，以驱动结晶过程的进行。

（一）固-液平衡相图

相平衡理论是结晶过程的核心理论基础。借助相图研究相平衡过程，可以深入理解相平衡体系中组成、温度以及压力之间的内在联系与规律。

1. 完全互溶的固态溶液

溶液是指由两个或更多组分以分子形式均匀分散而形成的物系。根据状态的不同，溶液可以是液态，在特定条件下也可以是固态，后者被称为固态溶液或固溶体。当溶液中的两个组分能够以任意比例混合而不发生相分离时，即被称为完全互溶的溶液。通常情况下，碳链长度相差不超过 2~4 个碳原子的同系甘油三酯或脂肪酸（$C_{12} \sim C_{18}$），可形成完全互溶的固态溶液。

图 5-11 展示了一个简化的固-液相平衡相图。其中，上方曲线（$T_A g T_B$）代表液相线，下方曲线（$T_A h T_B$）代表固相线。液相线以上的区域为液态溶液的相区，固相线以下的区域为固态溶液的相区。而位于液相线与固相线之间的区域，则是液-固两相平衡共存的相区。

假设将组成为 X 的油脂物系加热至熔化状态，然后沿 aX 线进行冷却降温。当物系点达到液相线上的 b 点时，将开始析出晶体，该晶体的相点为 c，即其组成为 c。随着温度的继续降低，晶体将持续析出。当相点到达 f 点时，固体的相点变为 h，与之平衡的溶液相点为 g。此时，固液两相的数量之比可通过杠杆原理计算得出，其中液相的量为 fh/gh，固体的量为 gf/gh。当温度降至 d 点时，整个物系将完全凝固为固体状态。

2. 低共熔、部分互溶的固态溶液

若构成溶液的两个组分在数量比例上仅在某一特定范围内变化，则此溶液称为部分互溶的固态溶液。实际上，脂肪化合物的相图并不遵循图 5-12 所示的理想溶液相图。一般而言，油脂的固态溶液具有部分互溶特性，并存在低共熔点。

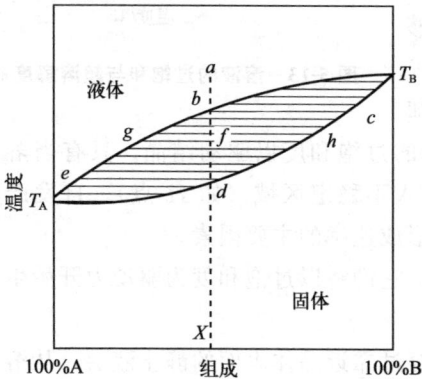

图 5-11　完全互溶的二元组分相图

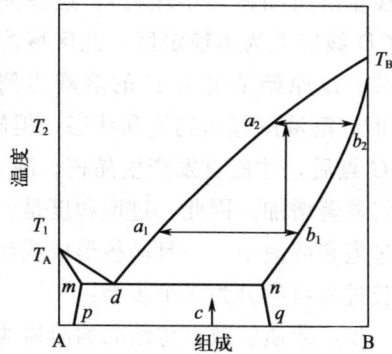

图 5-12　具有低共熔点的二元组分相图

图 5-12 展示了具有此类特性的 A、B 二元混合物相图。该相图中有 6 个相区。曲线 $T_A d T_B$ 以上的区域为液相区，曲线 $T_A mp$ 的左侧为 A 固体相区（即 B 溶于 A 的固态溶液区域），曲线 $T_B nq$ 的右侧是 B 固体相区（即 A 溶于 B 的固态溶液区域），$T_A dm$，$T_B dn$ 及 $mnqp$ 为两相区。点 d 为低共熔点，此时固体 A 与固体 B 会同时析出，这种同时析出的 A 和 B 的混合物被称为低共熔混合物。低共熔点的物系熔化过程迅速，与纯化合物行为相似。若要从组成为 C 的二元物系 A＋B 中分离出高纯度的 B 物质，应先熔化该物系，然后控制冷却至温度 T_1，此时会分离出组成为 b_1 的晶体和组成为 a_1 的液体。若继续加热使晶体熔化至温度 T_2，将产生纯度更高的晶体（组成为 b_2）及组成为 a_2 的液体。然而，由于低共熔点的存在，无法通过重复结晶法从物系 a_1 中完全分离出纯净的组分 A。由此可见，采用分提技术可以从混合物中有效获取一种相对纯净的组分。上述原理同样适用于多元物系，其中组分可分为两大类，且每类中的各组分性质相近。

（二）结晶

1. 结晶过程

油脂结晶过程是一种通过冷却油脂，促使其内部高凝固点的甘油酯等组分结晶析出，从而实现油与固体脂肪有效分离的工艺。该过程可细分为以下三个关键阶段：熔融油脂的过冷却与过饱和阶段、晶核形成阶段以及脂晶生长阶段。当熔融油脂的温度远低于其热力学平衡温度时，即达到过冷却状态（或稀溶液达到过饱和状态），晶核开始形成。过饱和度，即由于过饱和而形成的浓度差异，是驱动晶核形成与晶体生长的关键因素，其程度直接影响着脂

晶的粒度及其分布状态。因此，在探讨结晶问题时，过饱和度是一个至关重要的考量因素。溶液过饱和度与结晶的关系如图 5-13 所示。

图 5-13 中的 AB 线表示普通的溶解度曲线，而 CD 线代表溶液过饱和时能自发地产生晶核的浓度曲线，也称为超溶解度曲线，它与溶解度曲线大致平行。这两条曲线将浓度-温度图划分为三个区域：AB 曲线以下为稳定区，此区域溶液未达到饱和状态，不具备结晶条件；AB 线与 CD 线之间为介稳定区，在此区域，溶液虽已过饱和，但不会自发产生晶核，但若加入晶种（即在过饱和溶液中人为添加少量溶质晶体的小颗粒），这些晶种将能够生长；CD 线以上为不稳定区，此区域溶液能自发产生晶核。以原始浓度为 E 的溶液为例，当冷却至 F 点时，溶液刚好达到饱和状态，但缺乏足够的过饱和度以驱动结晶。只有当溶液继续冷却至 G 点后，才能自发产生晶核。随着溶液深入不稳定区域（如 H 点），自发产生的晶核数量将显著增加。因此，过饱和度是影响晶核形成速率的主要因素。

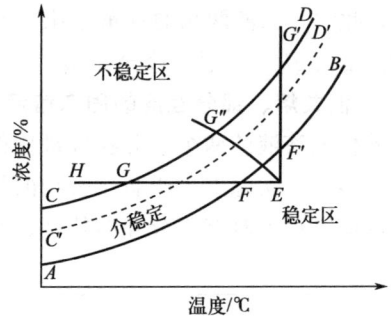

图 5-13　溶液的过饱和与超溶解度曲线

在过饱和溶液中，一旦晶核形成或加入晶种，它们将以过饱和度为驱动力开始生长。晶体的生长过程可细分为三个步骤：

第一步，溶质扩散，待结晶的溶质通过扩散穿过靠近晶体表面的静止液层，从溶液中转移到晶体表面，此过程以浓度差为推动力。

第二步，晶面生长，到达晶体表面的溶质进入晶面，使晶体逐渐增大，并伴随结晶热的释放。

第三步，热量传导，释放的结晶热通过传导回到溶液中。结晶放热量较小，对整个结晶过程的影响微乎其微。值得注意的是，成核速率与晶体生长速率应保持匹配。若冷却速率过快，将导致成核速率增大，生成的晶体体积小、稳定性差，且过滤困难。

加晶种的油脂在缓慢冷却过程中的结晶行为如图 5-14 所示。由于溶液中预先引入了晶种，并且降温速率得到了精细控制，溶液得以持续维持在介稳状态。在此条件下，晶体的生长速率完全受冷却速率的调控。由于溶液未进入不稳定区域，因此有效避免了初级成核现象的发生，从而能够生成粒度均匀一致的晶体。此外，一些表面活性物质，如磷脂、甘油一酯及甘油二酯等，可通过影响溶液界面上液层的特性，进而干预溶质进入晶面的过程。这些物质可能对晶体的生长起到抑制或覆盖的作用，从而影响最终晶体的形态和性质。

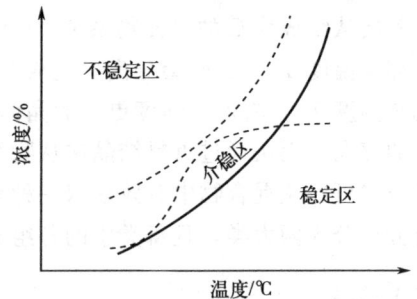

图 5-14　冷却及加晶种时油脂的过饱和与超溶解度曲线

2. 晶体对分提的作用

将熔化的油脂冷却至其熔点以下，会抑制高熔点甘油三酯分子的自由移动，使其进入过饱和溶液的不稳定状态。在此状态下，首先会触发晶核的形成，随后甘油三酯分子逐步迁移并有序地附着于晶核表面，促使晶体不断生长至特定体积与形状，最终实现有效的分离效果。在晶体生长的固相阶段，还会伴随着相转移的发生，这是结晶过程中多晶型现象的一种具体体现。

油脂中广泛存在着同质多晶现象。当饱和度较高的甘油三酯在冷却过程中由液态转变为固态并进行晶格排列时，会逐步释放出结晶热。根据结晶热释放量的差异，甘油三酯通常展现出 α、β′ 和 β 三种不同的晶型。这三种晶型的主要特征如表 5-3 所示。

表 5-3　甘油三酯三种晶型的主要特征

晶型	晶系	粒度	熔点	稳定性	密度
α	六方结晶	小	低	不稳	小
β′	正交结晶	中	中	介稳	中
β	三斜结晶	大	高	稳	大

以 α、β′ 和 β 为顺序，结晶的稳定性、熔点、溶解潜热、熔化膨胀依次增大（表 5-4）。

表 5-4　三硬脂酸甘油酯的三种晶型特性

特性	晶型		
	α	β′	β
熔点/℃	55	64	72
熔化焓/ (J/g)	163	180	230
熔化膨胀/ (cm³/kg)	119	131	167

同质多晶体转移是单向性的，即由 α→β′→β 是自发的，而由 β→β′→α 不能发生。油脂结晶速率为 α＞β′＞β。

晶核的生长速率不仅受外部条件（如过冷度和抑制剂存在）的影响，还受内部因素的制约，包括多晶的形成以及晶体的形态特征。具体而言，生长速率与过冷度呈正相关，而与体系的稠度呈负相关。有机溶剂的加入能有效降低油脂的黏度，使得甘油三酯分子的运动更为自由，从而可在较短时间内形成稳定且易于过滤的晶体。当油脂经历快速冷却固化过程时，首先会形成 α 型结晶，而 α 型这一相对不稳定的结晶向稳定结晶类型的转变速率，主要取决于甘油三酯的脂肪酸组成及其分布。一般而言，脂肪酸碳链较长或脂肪酸种类较为复杂的油脂，其转变速率相对较慢；反之，脂肪酸碳链长度相同且甘油三酯结构对称的油脂，其转变速率则较快。至于油脂结晶时倾向于形成 β 型还是 β′ 型稳定晶型，这主要取决于油脂自身的结晶习性。

分提工艺是一种通过溶解油脂后冷却，选择性结晶出油脂中的高熔点部分，再经过滤实现结晶部分与液体部分分离的方法。该工艺旨在获得晶粒大、稳定性高、过滤性好的 β 型或 β′ 型结晶。通常而言，大豆油、花生油、玉米油、红花籽油、葵花籽油、芝麻油、椰子油、猪油以及可可脂等油脂易于产生 β 型结晶，而棉籽油、棕榈油、菜籽油、鱼油以及牛油等则更易于形成 β′ 型结晶。

四、影响油脂分提的因素

在油脂分提过程中，目标是获得稳定性优良且过滤性能出色的脂晶。由于结晶过程发生在固态脂和液态油的共熔体系中，因此，组分的复杂性及操作条件都直接影响着脂晶的大小和工艺特性。

（一）油脂及其品质

脂肪酸组成相对单一的油脂（如棕榈油、椰子油、棉籽油、米糠油等）在分提过程中通常表现出较好的分提性能。相比之下，脂肪酸组成复杂的花生油等，其分提难度相对较大。此外，天然油脂中的脂质组分也会对其品质和结晶分提效果产生影响。因此，在进行油脂分提之前，通常需要先进行精炼处理，以进一步提升分提效果。

1. 胶质

油脂中的胶性杂质因为会增大各种甘油三酯间的互溶度和油脂的黏度而起结晶抑制剂的作用。另外，在低温下其有可能形成胶性共聚体，从而降低脂晶的过滤性，因此，油脂在脱脂前必须进行脱胶和吸附处理。

2. 游离脂肪酸

由于游离脂肪酸在液态油中的溶解度较大，且易与饱和的甘油三酯形成共熔体，使得部分饱和甘油三酯随其进入液态油中，从而阻碍结晶进程而降低固态脂的得率。研究表明，游离脂肪酸含量达 0.7％时，会影响油脂的结晶和塑性。但是也有人认为，适量的游离脂肪酸能起到晶种的作用，可降低结晶的温度，使分提范围变窄而有利于分提，这应该是针对固体脂肪酸而言的。

3. 甘油二酯

天然油脂中的甘油二酯大部分是植物体合成甘油三酯过程中的中间产物。在分提过程中其能减小油脂的固体脂肪指数，能与甘油三酯形成共熔混合物，而且有推迟 α 型脂晶形成，延缓 α 型脂晶向 β′ 型或 β 型脂晶转化的作用，从而可阻碍脂晶的成长。一般认为其含量超过 6.5％，阻晶作用即会加强。此外，还值得注意的是，甘油二酯在甘油三酯中的溶解度大，脱除较困难。

4. 甘油一酯

甘油一酯具有乳化性，在固态脂结晶过程中起到阻碍作用，其含量超过 2％时即阻碍晶核形成。另外在应用溶剂（如丙酮、异丙醇）进行分提时，甘油一酯具有分散水的作用，使得溶剂的极性降低，从而影响分提效率。甘油一酯较活泼，在碱炼或物理精炼时均可降低其含量。

5. 过氧化物

过氧化物不仅会降低油脂的固体脂肪指数，而且会增大油脂的黏度，对结晶和分离均有不良影响。分提一般在脱臭以前进行。油脂经过加工处理后，分提又进一步除去了液态油中的杂质，这样的液态油所需脱臭的时间较短，成品油的质量好。

（二）晶种与不均匀晶核

在分提工艺中，通常会添加与固体脂中脂肪酸结构相似的固体脂肪酸作为晶种。有时，为了促进脂晶的成长，油脂在脱酸处理时会保留部分游离脂肪酸，作为天然的晶种来源。然而，在油脂精制和运输过程中，由于非匀速降温，可能会产生不均匀的晶核。这些不均匀晶核具有不同的晶型和大小不一的晶粒，在冷冻结晶阶段会妨碍脂晶的均匀生长和成熟。因此，在进入冷冻阶段前，必须采取措施消除这些不均匀的晶核。

（三）结晶温度和冷却速率

在分提过程中，由于甘油三酯分子中的三个酰基碳链均较长，结晶时会出现较严重的过冷和过饱和现象，其结晶的温度往往远低于固态脂的凝固点。在整个结晶过程中，油脂中熔点较高的三饱和甘油三酯会最先结晶，随后依次是二饱和、单饱和及其他易熔组分，最后达到相平衡状态。这种平衡主要取决于外界的冷却条件和晶体的有关特性。如果过冷度太大，会导致大量晶核同时形成，从而增加体系的黏度，使分子运动变得困难，从而妨碍晶体的生长。同时，如果温差过大或冷却速率过快，容易形成难以分离的玻璃质体。为了获得理想的晶型，应缓慢冷却至适当的结晶温度。由此可见，结晶温度是与分提效果紧密相连的，不同的结晶温度具有不同的分提效果（见表 5-5）。

表 5-5　棕榈油溶剂分提工艺不同温度下的分提效果

结晶温度/℃	收率/%		液态油浊点/℃	固态脂熔点/℃
	液态油	固态脂		
5	85	15	10	55
0	83	17	7	52.5
−5	52.5	47.5	5	48.5
−10	45	55	3	46.5
−15	40	60	−1	43
−20	35	65	−4	41.6

在分提过程中，脂晶的晶型对分离效果具有显著影响。为了确保良好的分离效果，适宜进行过滤分离的脂晶必须展现出良好的稳定性和过滤性。各种油脂最稳定的晶型与其固态脂的甘油三酯结构紧密相关。具体而言，分子结构整齐或对称性强的甘油三酯（如三硬脂酸酯、猪脂、三软脂酸酯）倾向于形成稳定的 β 型晶型；而分子结构相对不够整齐的甘油三酯（即组成甘油三酯的脂肪酸碳原子数相差 2 个以上的或 OPP 型甘油三酯）则更容易形成 β′ 型晶型。表 5-6 给出了各种油脂最稳定的结晶晶型。

表 5-6　不同油脂最稳定的结晶型态

晶型	β′ 型	β 型
油品	棉籽油、棕榈油、菜籽油、鲱鱼油、鲸鱼油、牛脂、奶油、改性猪脂	大豆油、红花籽油、葵花籽油、芝麻油、玉米油、橄榄油、花生油、椰子油、棕榈仁油、猪脂、可可脂

某种油脂最稳定晶型的获取是由冷却速率和结晶温度决定的，温差过大的急剧冷却易形成难以分离的玻璃结构态，而缓慢冷却至一定的结晶温度，才能获得相应的晶型。

冷却速率的大小取决于冷却介质与油脂之间的温差和传热面积。当温差过大时，会在换热器表面形成晶核垢层，不仅影响换热效率，还会延缓分提历程。为了保证在较小的温差前提下实现足够的冷却速率，结晶塔通常会设计有较大的换热面积。此外，冷却速率还与具体的工艺过程有关。溶剂分提的冷却速率可高于常规分提法，以溶剂分提棕榈油为例，冷却速

率可提高至 $3\sim5℃/h$ 以上。各种油脂中高熔点组分的组成不同,晶体的特性各异,因此,不同的油脂在分提过程中需要采用不同的结晶温度和冷却速率。

(四)结晶时间

固脂的结晶时间不仅受体系黏度、多晶性特征、冷却速率以及特定饱和或不饱和甘油三酯形成稳定晶型的性质等因素的影响,还直接受到结晶塔结构设计的影响。对于特定油品在特定结构的结晶塔中达到结晶相平衡所需的时间,需要通过实验进行精确测定。

(五)搅拌速度

晶核形成后将进一步生长。其生长速率不仅取决于外部环境因素(过冷度、抑晶剂的存在等),还受到体系内部因素(如同质多晶体的形成、晶体的形态和晶体缺陷等)的制约。生长速率与过冷度成正比,而与油脂的黏度成反比,黏度越大,母液与晶体表面之间的传质过程就越困难,从而导致晶体生长速率显著降低。此外,黏度还会阻碍结晶热从晶体表面向主流体的传递。因此,在工艺过程中,如果采用静置结晶罐,依靠扩散传热,则冷却速率较慢,所需时间较长。而具有搅拌功能的结晶罐能加快热传递速度,可保持油温和各成分均匀状态,从而加快结晶分提速度。若搅拌力度不够,易产生局部晶核;搅拌太剧烈,则会将结晶撕碎,导致过滤困难,更为不利。所以,应合理控制搅拌速度,一般为 10 r/min。

(六)辅助剂

在分提工艺中,溶剂起到了关键的稀释作用。它不仅能够有效降低体系的黏度,还可促进易于过滤的晶体的形成,并可减少固态脂中液态油的含量,进而提升分离效率。此外,通过添加多种晶体改良剂,可以进一步优化结晶的效果。

分提过程中采用的溶剂,根据性质可分为极性和非极性两类。不同的溶剂需配合不同的操作条件。例如,非极性溶剂对油脂具有较高的溶解度,因此,相对于其他溶剂,其结晶温度要更低,养晶的时间也需适当延长。溶剂的比例对分提效果和成本均有影响,因此在实际操作中需要综合考量,寻求最佳平衡。

分提过程中获得的脂晶是一种多孔性物质,其孔隙和表面会吸附一定量的液态油,常规分提法无法分离这一部分液态油。当脂晶-油混合体中添加表面活性剂时,脂晶可由疏水性变为亲水性而移向水相,同时脂晶孔隙和表面的液态油也会直接地或由于毛细管作用的湿润而从结晶体中分离出来,从而提高分提效果。在选择用于分提工艺的表面活性剂时,要求其疏水基的结构与固态脂的结构相近,并且在操作过程中还需防止 O/W 体系发生逆转。为此,在应用表面活性剂时,还需添加电解质助剂,以确保体系的稳定性。

在结晶过程中加入改良剂可以抑制油脂结晶,从而改善油脂的冷藏稳定性,延缓液态油浑浊的时间,或阻止晶体转化,进而防止脂肪起霜。常见的抑制油脂结晶的制剂包括卵磷脂、甘油一酯、甘油二酯、山梨醇脂肪酸酯及聚甘油脂肪酸酯等。

(七)输送及分离方式

在冷冻过程中形成的脂晶结构,其强度相对有限,因此在输运环节需极力规避絮流剪切作用带来的不利影响。为此,推荐采用更为温和的输送方式,如真空抽吸或压缩空气输送。在过滤过程中,应控制压强不宜过高,理想的操作是在初始约 1 h 内利用重力进行自然过滤，不施加外部压力；然后逐步增加压力进行过滤，但最终压力应限制在 0.2 MPa 以内，以免过高的压力导致结晶受压堵塞过滤孔隙，进而增加过滤难度。为了有效提高过滤速率，可适量加入 0.1% 的助滤剂，这样可提高过滤速率达 4 倍之多。此外，过滤速率与过滤温度之间存在着密切的相关性，所以过滤温度可以比结晶温度略高。

五、油脂分提的工艺及设备

油脂分提工艺按其冷却结晶和分离过程的特点，可分为常规分提法、表面活性剂法、溶剂分提法以及液-液萃取法等。

（一）常规分提法

常规分提法是一种在油脂冷却结晶（冬化）及晶、液分离过程中，不附加其他额外手段的分提方法，亦称干法分提。常规分提法可分为间歇式、半连续式和连续式三种类型。目前，大多数工厂采用的是间歇式和半连续式工艺。其中，半连续式工艺由间歇结晶和连续过滤两个环节组成。

常规分提法的典范是 Tirtiaux 法。用 Tirtiaux 法分提棕榈油，是当今世界上常规分提法的典范，该方法首先在比利时应用于工业生产。该工艺的关键在于控制冷却速率和温度差异，以确保结晶颗粒具备良好的过滤性能；固、液相则通过真空吸滤机进行分离。图 5-15 为 Tirtiaux 法的工艺流程。

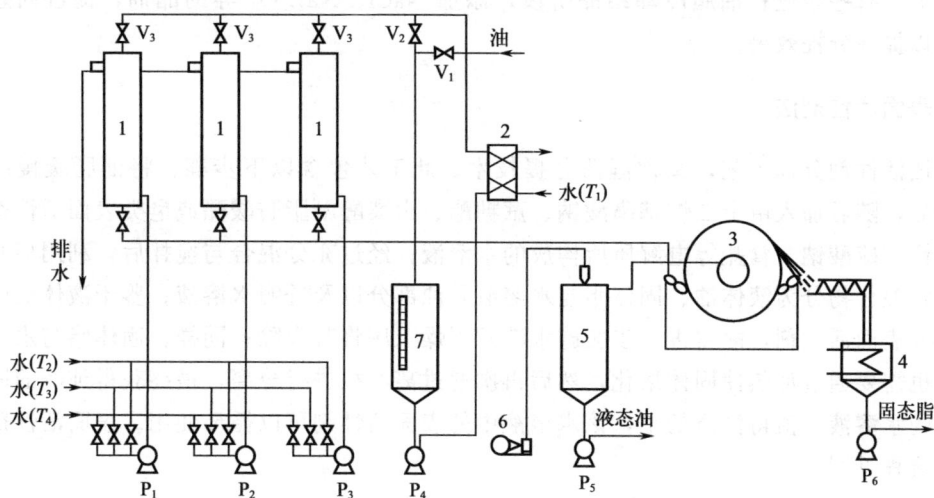

图 5-15　Tirtiaux 法分提工艺流程

1—结晶塔；2—板式换热器；3—真空转鼓吸滤机；4—固脂熔化罐；5—液态油收集罐；6—真空泵；
7—计量罐；$P_1 \sim P_6$—泵；$V_1 \sim V_3$—阀门；$T_1 \sim T_4$—冷却水温度

经过前处理的棕榈油被加热到 70℃，以确保其中的固态脂完全熔化，随后被送入计量罐中。计量罐配备有液位控制装置，该装置设定了两个液位点，其间的容量恰好与结晶塔的容量相匹配。当计量罐内油位达到控制液位高度时，V_1 阀门关闭，同时 V_2 阀门开启，计量罐内的油脂通过 P_4 泵被送入板式换热器，并在其中持续循环约 2 h。此过程中，油温从 70℃ 逐渐冷却到 40℃，并在 40℃ 维持 4 h。此阶段饱和甘油三酯之间均匀析出晶核，并作为下一步冷却结晶的晶核。随后，开启三个阀门 V_3 中的一个，使计量罐内的预冷却油脂进入三个结晶塔中。

用温度为 T_1 的冷却水泵入结晶塔夹层中进行换热，然后依次改用温度为 T_2、T_3 的冷却介质进入夹层继续进行换热。在此期间，使油温和冷却介质（水）温度差控制在 $5\sim8℃$，冷却时间约 6 h，使油温从 40℃降到 20℃，整个过程边搅拌边冷却。当油温达到 20℃时，保持此温度 6 h，在此期间，晶体将逐渐生长。

不同油脂中含有的甘油三酯组分及比例不同，导致冷却结晶的冷却温度和控制养晶的时间均不一样。以棕榈油为例，常规分提工艺中不同温度的分提效果如表 5-7 所示。

表 5-7　棕榈油常规分提工艺中不同温度的分提效果（真空吸滤）

结晶温度 /℃	得率/%		液态油浊点/℃	固态油浊点/℃
	液态油	固态油		
29	75	25	12	—
24	70～80	20～30	9	—
22	65	35	7.5	50
18	55～60	40～45	6	45～50

常规分提法工艺和设备简单，分提效率低，固态脂中液态油含量较高，固态脂和液态油的品级低。有些企业在油脂冷却结晶阶段，添加 NaCl、Na_2SO_4 等助晶剂，促进固态脂结晶，可以提高分提效果。

（二）表面活性剂法

表面活性剂分提工艺，又称湿法分提技术，此工艺包含以下步骤：将油脂缓慢冷却至 $21\sim22℃$，随后加入由十二烷基磺酸钠、蔗糖酯、山梨醇酐脂肪酸酯或皂类表面活性剂，以及硫酸镁、硫酸钠、食盐等电解质所构成的水溶液；经过充分混合与搅拌后，利用离心分离技术，将混合物分为液体油、固体脂与水溶液乳浊部分以及透明水溶液；鉴于液体油中仍残留有部分表面活性剂，故需进一步实施水洗及干燥工序将其去除；同样，固体脂与水溶液乳浊部分也需要通过加热使固体熔化，然后再次通过离心机进行分离，最终获得纯净的固体脂与回收的水溶液。值得注意的是，该水溶液中的表面活性剂可以循环使用。表面活性剂法分提工艺流程见图 5-16。

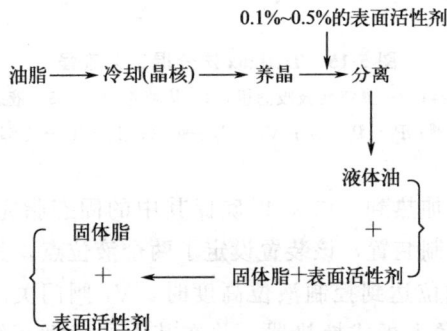

图 5-16　表面活性剂法分提工艺流程

此方法于 20 世纪初由 Fratelli 和 Lanea 发明，主要应用于牛油和脂肪酸的分离。1965 年，瑞典 α-Laval 公司成功地将该技术应用于棕榈油的分提过程。在油脂分提过程中，常用的表面活性剂为十二烷基磺酸钠，其添加量一般控制在油量的 0.2%～0.5%。为了稳定油/水（O/W）体系，还需额外添加 1%～3% 的硫酸镁或硫酸铝等电解质。表面活性剂须预先溶解于与油量等量的水中，形成表面活性剂溶液，并分两次加入工艺过程。具体而言，首次加入 20% 的溶液于冷却后的结晶塔中，旨在促进稳定晶型的形成；剩余的 80% 溶液则在进一步冷却后，加入湿润阶段。湿润阶段的表面活性剂溶液，一部分进入刀式混合器，与结晶塔送出的油强烈混合；另一部分进入桨式混合机缓慢地继续混合，然后离心分离。分离后，得到两部分产物——液态油部分和固态脂与表面活性剂的悬浊液。

离心机分离出的液态油，经洗涤和干燥处理后，即成为分提液态油。而含有固态脂的悬浊液则通过换热器加热至 90～95℃，随后被泵入离心机，以分离出表面活性剂，经过浓度调整后，该表面活性剂可循环使用。固态脂则经洗涤、干燥即得到最终成品。液态油和固态脂的洗涤温度均为 90～95℃，洗涤水的添加量约为油量的 15%，干燥温度约为 90℃，操作时绝对压力需保持在 8 kPa 以下。表面活性剂法分离效率高，产品品质好（见表 5-8），用途广，适用于大规模生产。

表 5-8　表面活性剂分提棕榈油效果

项目		原料油	液态油	硬质脂
碘值（IV）		53	58±2	36±4
熔点/℃		37	20±2	50±2
收率/%		100	70～80	20～30
脂肪酸组成/%	$C_{14:0}$	1.13	1.10	1.20
	$C_{16:0}$	48.53	44.00	59.10
	$C_{18:0}$	4.58	4.40	5.00
	$C_{18:1}$	35.82	39.30	27.70
	$C_{18:2}$	9.94	11.2	7.00

（三）溶剂分提法

溶剂分提法是指在油脂中按比例添加特定溶剂以形成混合油体系，随后进行冷却结晶及分提的一种工艺（见图 5-17）。溶剂分提技术旨在高效生成易于过滤的稳定结晶体，进而显著提高分离效率，提升分离产物的纯度，并缩减分离周期。该方法尤其适用于碳链长度在一定范围内且黏度较大的油脂的分提。然而，由于结晶温度较低以及溶剂回收过程中的高能耗，使该工艺的投资成本增加。

在溶剂分提工艺中，油脂在溶剂中的溶解度是一个至关重要的因素。一般而言，饱和甘油三酯具有较高的熔点，导致其溶解性相对较低；相比之下，由反式脂肪酸形成的甘油三酯的熔点高于由顺式脂肪酸形成的甘油三酯，其溶解度也相应较低。溶剂的选择主要依据物质的介电常数（极性大小），遵循相似相溶原理，即极性相近的物质更易相互溶解。表 5-9 列出了常用溶剂的介电常数。适用于油脂分提的溶剂主要包括丙酮、正己烷和异丙醇等。具体溶剂的选择需综合考虑油脂中甘油三酯的类型、分离产物的特性要求等因素。相较于其他溶

棕榈油+正己烷 —加热(45℃)→ 熔化 —→ 冷却(30~35℃)

固体脂 / 溶剂 ←蒸发— 固体脂+溶剂 ←— 过滤 ←— 养晶(20℃)

液体油+溶剂 —蒸发→ 液体油 / 溶剂

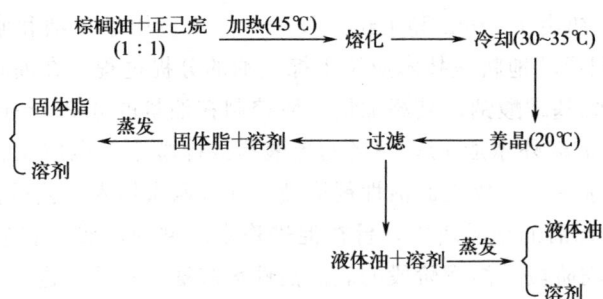

图 5-17　溶剂法油脂分提工艺

剂，正己烷对油脂具有较高的溶解度，且晶体析出温度低，但晶体生长速率较慢。丙酮虽然分离性能良好，但在低温下对油脂的溶解能力较差，且易吸水；在分提过程中，丙酮吸水会导致油脂溶解度显著变化，进而影响其分离效能。为克服这一缺点，常采用丙酮-己烷混合溶剂。

表 5-9　常用分提溶剂的介电常数

项目	正己烷	四氯化碳	苯	异丙醇	丙酮	乙醇	甲醇	油脂
介电常数	1.89	2.24	2.28	18.6	21.5	25.7	31.2	3.0~3.2

溶剂法分提工艺的优势在于：①能够有效降低体系黏度，提高结晶速率；②可提高传热效率，进而提升分提效率；③油脂得率高，产品质量优良，且结晶时间短，分离操作简便。然而，该工艺相对复杂，对专用设备的要求较多。

（四）液-液萃取法

液-液萃取法的原理建立在油脂中不同甘油三酯组分对特定溶剂的选择性溶解特性之上。通过萃取过程，可以有效分离出分子量较低且不饱和程度较高的甘油三酯组分。随后进行溶剂蒸脱处理，以达到分提目标。

在工业上，液-液萃取分提油脂的操作可以在单元极性溶剂或极性差异显著的二元溶剂系统中进行。常用的极性溶剂为糠醛，而非极性溶剂则通常选用石油醚。以糠醛为溶剂进行亚麻仁油的萃取分提时，所采用的填料塔直径为 1.67 m，高度为 23.4 m，油流量控制在 1800~1900 kg/h，溶剂比为 6∶1，回流比为 4∶1。经过萃取处理后，碘值为 150 的亚麻仁油可分提的收率为 25%，碘值为 132.2 的低碘值油脂的分提收率为 75%。采用液-液萃取法进行分提时，操作温度通常维持在 26~52℃之间。填料塔的塔高和回流比与分提油脂的碘值差呈正相关，即填料层越高、回流比越大，分提得到的油脂碘值差异越明显，分提效果越显著。此外，当回流比增大时，溶剂比可以相应减小，但产量会随之降低。若采用另一溶剂（如石油醚）作为辅助回流溶剂，则对含磷及其他杂质的未脱胶油的分提具有显著益处，有助于提升产品质量。

（五）油脂分提设备及原料

1. 油脂分提设备

油脂分提设备按其功能可分为结晶设备、养晶设备、固液分离设备。

（1）**结晶设备**　结晶设备是给脂晶提供适宜结晶条件的设备。间歇式的结晶设备称为结晶罐，连续式的称为结晶塔。结晶罐的结构类似于精炼罐，只是将换热装置由盘管式改成夹套式；罐体直径相对减小的同时增加罐体的长度；搅拌速度需调整到适宜于脂晶生长的值。

如图 5-18 所示，结晶塔的主体结构由多个配备夹套的圆筒形塔节以及上、下碟盖组成。塔内设有多层中心带孔的隔板。塔体的中心轴线上安装有搅拌轴，轴上等距分布着搅拌桨叶和导流圆盘形挡板。搅拌轴由变速电机通过减速器驱动，其转速依据结晶塔内径的大小控制在 3～10 r/min，以确保塔内油脂能够进行缓慢的对流运动，这有利于热量的传递和晶体的析出。各个塔体上的夹套由外接短管相互连通，内通入冷却水，与塔内油脂进行热交换，从而实现固态脂肪的冷却结晶过程。塔内的隔板和搅拌轴上的圆盘挡板规定了油流的路径，有效防止了短路现象的发生，并起到了控制油脂停留时间的作用。

（2）**养晶罐**　养晶罐是专为脂晶生长提供所需条件的设备。间歇式养晶罐与结晶罐在结构上通用。连续式养晶罐的结构如图 5-19 所示，其主体是一个带夹套的碟底平口圆形筒体。罐内支撑杆上装有导流圆盘挡板。位于轴心的桨叶式搅拌器由变速电机通过减速器驱动，搅拌速度根据养晶罐内径的大小被控制在 3～10 r/min，以实现对初析晶粒的油脂进行温和的搅拌。夹套内部通入冷却剂，以维持养晶所需的温度环境，从而促进晶粒的进一步生长。

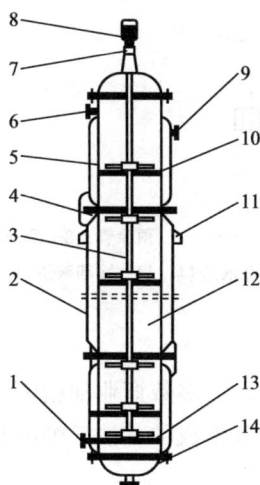

图 5-18　连续式结晶塔

1—进水；2—夹套；3—轴；4—圆盘；5—桨叶；
6—进料；7—减速器；8—电机；9—出水；10—孔板；
11—支座；12—塔体；13—下轴承架；14—出料

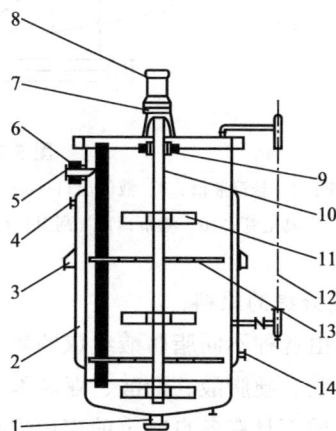

图 5-19　连续式养晶罐

1—出油管；2—夹套；3—支座；4—出水管；5—进油口；
6—视镜；7—减速器；8—电机；9—轴承；10—轴；
11—桨叶；12—液位计；13—孔板；14—进水管

（3）**分离设备**　真空过滤机是目前油脂分提工艺中广泛应用的分离设备。真空过滤过程通常分为三个阶段：第一阶段，通过吸力作用，使液相或油相穿透固体层和过滤介质，使得晶体在过滤介质表面浓缩；第二阶段，利用空气流通过浓缩的晶体层对滤饼进行干燥处理；第三阶段，通过空气流的逆向流动或借助后部的刮刀装置，将滤饼从过滤介质上卸除。过滤速率和分离效率主要受晶体形态的影响。晶体尺寸分布范围越广泛，晶体层越疏松，从固态脂中分离液态油的难度就越大，从而导致结晶中滞留的油相含量显著增加。

图 5-20 展示了转鼓真空过滤机的结构示意图。该设备主要由机座、密封机壳、转鼓、卸饼机构和分配头等部件组成。由于转鼓壁内外存在压力差，液态油在吸力作用下透过过滤介质进入滤室，并通过分配头由液态油出口排出。同时，悬浮液中的固态脂颗粒被截留在过滤介质表面，形成滤饼。当转鼓携带硬脂饼进入沥干区时，可继续利用负压作用沥干其中所含的液态油。随后，硬脂饼进入卸渣区，分配头向滤室内通入压缩空气，使硬脂饼从滤布上松离，并由刮刀将硬脂饼卸入输送机。卸饼后的滤室继续旋转至再生区，通过压缩空气吹扫，清除堵塞在滤布孔隙中的颗粒，实现滤布的再生。每个滤室在完成一个工作周期后，即可进入下一个循环过程。

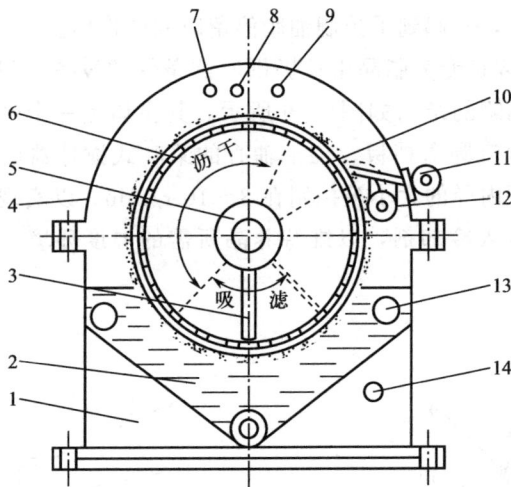

图 5-20 转鼓真空过滤机

1—机座；2—悬浮液槽；3—液体出口；4—密封机壳；5—分配头；6—转鼓；7—预涂管；8—洗涤液管；
9—真空管；10—滤布；11—刮刀；12—硬脂饼输送机；13—悬浮液进口；14—冷却液进口

2. 油脂分提的原料

油脂是由各种不同脂肪酸组成的复杂甘油三酯的混合物。大多数商业油脂中都含有一些常见的棕榈酸、硬脂酸、油酸、亚麻酸和亚油酸，这些脂肪酸形成的甘油三酯因其独特的物理和化学性质而具有各自特定的应用领域（见表 5-10）。

表 5-10 不同甘油三酯的物理特性及用途

甘油三酯	物理状态	用途
SSS	固体	脂肪酸产品、硬脂涂层
SSU-SUS	固体-半固体	糖果脂
SUU-USU	半固体-液体	人造奶油
UUU	液体	色拉油、液体煎炸油

然而，仅凭上述列出的特性，无法推断出油脂是富含短链脂肪酸还是中链脂肪酸。例如棕榈仁油和椰子油富含月桂酸（$C_{12:0}$）和豆蔻酸（$C_{14:0}$），这些油展现出与 SSU-SUS 类似

的特性。相反，富含 $C_{8:0}$ 和 $C_{10:0}$ 脂肪酸的油有很多特性类似于 SUU-USU 类型。

常用的分提结晶原料油主要有植物油、动物油和油脂衍生物。

（1）植物油 植物油的来源十分广泛，常用于分提的植物油包括棕榈油、棕榈仁油、氢化大豆油及特殊油脂（如乳木果油、牛油果油和芒果脂等）。

① 棕榈油。棕榈油是油脂分提工艺中最为重要的原料之一。当前，国内运行的分提装置每日处理的棕榈油已超过 2000 t，无论是棕榈毛油还是经过精制的棕榈油，均可用于分提，其主要的目的是获取具有低凝固点和较高冷冻稳定性的油脂产品。通过单级分提生产的液态油凝固点通常低于 10℃，而硬脂熔点则在 44～52℃之间。液态棕榈油用于烹调软脂和色拉油的代用品，而硬脂应用于煎炸油、人造奶油和起酥油的生产中。

② 棕榈仁油。棕榈仁油经过分提后得到的硬脂，可通过氢化工艺转化为高质量的硬奶油或高附加值的脂肪产品。硬脂的生产通常采用高压液压机干法分提工艺，或采用溶剂混合油分提法。对于具有特殊结晶特性的棕榈仁油，通过改变结晶罐并利用高压膜式压滤机进行干法分提已成为可能，这与分提棕榈油的方法相似。

（2）动物脂肪 包括乳脂、牛脂、猪板油、鱼油等。

① 乳脂。由于季节、饲养方式以及品种的不同，奶牛所产乳脂成分有较大差异。为了获得物理特性不变、质量稳定的产品，需要按规定指标分提和重新提炼乳脂。

② 牛油。除了乳脂，在食品工业中还有其他两种重要的动物脂肪，即牛油和猪油。由于棕榈油发展迅速，这些动物油脂逐渐失去了它们的重要性，但它们在煎炸和焙烤制品中仍有广泛应用。由于季节、饲料和动物种类不同等原因，牛油的成分有较大差异，且牛油的熔点较高（42～48℃），经过分提，全年都可得到组分相似以及低熔点软脂分提物，依据软脂熔点，分提可分为一级或多级。

（3）油脂衍生物 除了上述动植物油脂原料通过分提可得到希望的产品外，还有其他脂肪类物质可以通过干式分提而得到，并且可用于食品和非食品工业中。

① 脂肪酸和脂肪酸酯。脂肪酸的分离通常依据它们的碳链长度，经减压蒸馏可分离出短链脂肪酸（C_{12}）、中链脂肪酸（C_{14}）和长链脂肪酸（C_{16} 和 C_{18}）。然而从不饱和脂肪酸中分离饱和脂肪酸，如分离硬脂酸（$C_{18:0}$）和油酸（$C_{18:1}$），尽管它们之间的沸点差异不小，但是通过蒸馏仍然不能完全分离。现今这类脂肪酸的分提工艺大多采用溶剂或表面活性剂法。

② 甘油一酯和甘油二酯混合物。另一类有价值的产品是甘油和脂肪酸的部分酯化产品，它们作为乳化剂在食品工业、医药工业领域广泛使用，例如玉米油和大豆油进行部分水解，甘油三酯可转化为复杂的甘油一酯/甘油二酯/甘油三酯（MAG/DAG/TAG）混合物。在水解过程中，为了获得冷冻稳定性高的液态成分，须将高熔点的甘油酯分提出去。

第三节 酯交换

一、酯交换概述

油脂的性质主要取决于脂肪酸的种类、碳链的长度、脂肪酸的不饱和程度和脂肪酸在甘油三酯中的分布。酯交换反应是指一种酯类化合物自身或者与另一种脂肪酸、醇或酯类化合物发生酰基交换或分子重排，从而生成新酯类化合物的反应。通过酯交换反应，可以改变油脂的脂肪酸组成和结构，进而实现对天然油脂性质的调控。

二、酯交换的分类

（一）根据催化剂的不同分类

根据催化剂不同，酯交换可分为化学酯交换和酶法酯交换。

1. 化学酯交换

化学酯交换反应主要依赖于强碱性物质作为催化剂来进行，当前广泛采用的是甲醇钠。甲醇钠作为一种强碱性催化剂，易与水及游离脂肪酸发生反应，因此，在进行酯交换反应前，油脂需经过严格的真空干燥和脱酸处理。反应完成后，需使用水或酸液来中和以使催化剂失效，随后再通过精炼过程去除杂质。

值得注意的是，化学酯交换反应可能会导致一定程度的油脂皂化，进而产生油脂损耗，这在一定程度上增加了酯交换油脂的生产成本。目前，用于生产特种油脂的酯交换油脂主要是通过化学酯交换反应获得的。

2. 酶法酯交换

酶促酯交换反应是利用脂肪酶的特异性来催化酯交换反应的过程。脂肪酶催化的酯交换主要依赖于其活性位点，该位点由 Asp/Glu-His-Ser（天冬氨酸/谷氨酸-组氨酸-丝氨酸）氨基酸残基组成。自 20 世纪 80 年代以来，人们逐渐认识到脂肪酶不仅能催化油脂的水解反应，而且在非水相环境中也能有效催化油脂的酯交换反应。根据催化特性的不同，这类脂肪酶被分为随机性脂肪酶和特异性脂肪酶两类。不同种类的脂肪酶在催化油脂酯交换反应时，其过程和产物也呈现出差异性。随机性脂肪酶催化的酯交换反应可产生与化学法随机酯交换反应相似的产物，而特异性脂肪酶则能够催化立体异构或脂肪酸特异性的酯交换反应。例如，1,3-特异性脂肪酶主要催化甘油三酯 1,3 位的酯交换，而脂肪酸特异性脂肪酶则仅针对甘油三酯分子上的特定脂肪酸进行交换。

当需要精确控制甘油三酯的组成时，选择酶法酯交换是一个较为合适的方法，特别是在制备可可脂代用品或医药用油脂等领域。然而，酶法酯交换也存在一些缺点，如对反应体系中的杂质和反应条件（如 pH 值、温度、水分含量等）较为敏感。

工业上脂肪酶法催化酯交换常采用间歇式生产，也可采用固定化酶或在柱床中进行连续操作。

酶按其来源可分为动物酶、植物酶、微生物酶等。酶法酯交换特点如下：①专一性强（包括脂肪酸专一性、底物专一性和位置专一性）；②反应条件温和；③环境污染小；④催化活性高，反应速率快；⑤产物与催化剂易分离，且催化剂可重复利用；⑥安全性好。酶法酯交换被广泛用于油脂改性，用于制备结构脂质。利用相应的酶可制备类可可脂、人乳脂代用品、改性磷脂、脂肪酸烷基酯、低热量油脂和结构甘油酯等。随着基因等生物技术的发展，人们已能利用基因技术来工业化生产比动物酶专一性更强的微生物酶，这为酶法酯交换工业化提供了广阔的发展前景。

（二）根据反应油脂的不同分类

1. 酯内交换

酯内交换是指以单一油脂为原料进行的酯交换反应，例如，较为普遍的做法是以 24° 棕榈油进行酯交换反应，得到的油脂可广泛应用于人造奶油行业。

2. 酯间交换

酯间交换是指采用两种或更多种类的油脂作为起始材料进行的酯交换反应。例如，利用棕榈油分别与大豆油、椰子油或牛油进行酯交换反应生产所需的油脂产品。

（三）根据酯交换反应中酰基供体的种类分类

根据酯交换反应中酰基供体的种类（酸、醇、酯）不同，可将其分为三种类型，即酸解、醇解和酯酯交换。

1. 酸解

酸解反应中，酯交换的酰基供体为脂肪酸，反应式如下：

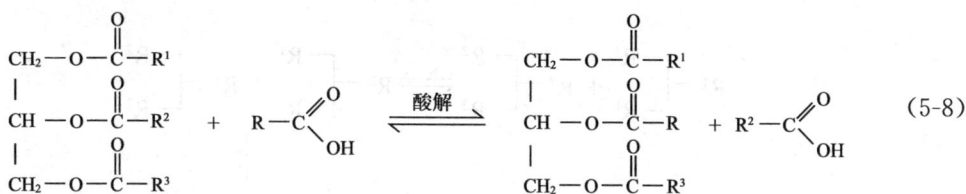

$$
\begin{array}{l}
CH_2-O-\overset{\overset{O}{\|}}{C}-R^1 \\
CH-O-\overset{\overset{O}{\|}}{C}-R^2 \quad + \quad R-\overset{\overset{O}{\|}}{C}-OH \quad \underset{}{\overset{酸解}{\rightleftharpoons}} \quad CH-O-\overset{\overset{O}{\|}}{C}-R \quad + \quad R^2-\overset{\overset{O}{\|}}{C}-OH \\
CH_2-O-\overset{\overset{O}{\|}}{C}-R^3
\end{array}
\tag{5-8}
$$

酸解反应通常进行得较为缓慢，且伴随较多的副反应（尤其在高温下）。因此，该反应在食用油脂加工中的应用较为有限。然而，酸解反应具有将低分子量酸置换到由高分子量脂肪酸构成的油脂中的能力。例如，在 $150\sim170℃$ 的温度下，以硫酸（H_2SO_4）为催化剂，将甲酸、乙酸或丙酸与椰子油进行反应，可以制备出一种用于稳定火棉的低熔点增塑剂。此外，酸解反应还能将高分子量的酸置换到由低分子量脂肪酸构成的油脂中。例如，将椰子油与棉籽油脂肪酸在 $260\sim300℃$ 下反应 $2\sim3\ h$，并在减压条件下除去产生的低分子量游离脂肪酸，所得油品的皂化值（以 mg KOH/g 油表示）会从原来的 258 降低至 245。

2. 醇解

中性油或脂肪酸一元醇酯在催化剂的作用下与一种醇作用，交换酰基或者交换烷氧基，生成新酯的反应叫醇解，反应式如下：

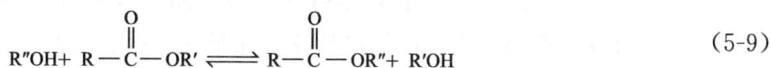

$$
R''OH+ R-\overset{\overset{O}{\|}}{C}-OR' \rightleftharpoons R-\overset{\overset{O}{\|}}{C}-OR''+ R'OH
\tag{5-9}
$$

醇解反应同样是一种可逆反应，常采用酸或碱作为催化剂。常用的酸催化剂包括硫酸（H_2SO_4）或无水氯化氢（HCl），这类反应通常需要较高的温度和较长的时间。相比之下，碱催化反应则具有温度低、副反应少、反应速率快且完全等优点。常用的碱催化剂包括甲醇钠、氢氧化钠、氢氧化钾、无水碳酸钾等，其中甲醇钠的催化效果尤为突出。能参与醇解反应的醇类物质包括一元醇（如甲醇、乙醇）、二元醇（如乙二醇）、三元醇（如甘油）、多元醇（如山梨醇、季戊四醇）以及糖类（如蔗糖）等。油脂的醇解反应具有极其重要的意义，通过该反应可以制备甘油酯，同时也可用于制备脂肪酸酯。

3. 酯酯交换

一种酯与另一种酯之间通过酰基交换反应生成两种新酯的过程，被称为酯酯交换。酯酯交换反应虽然在高温条件下可以直接进行，但实际上，几乎所有的化学酯交换反应都依赖于催化剂的参与。常见的催化剂包括醇钠、碱金属及其合金等，然而，这些催化剂实质上仅作为"前体"存在，真正发挥催化作用的可能是二酰甘油阴离子或烯醇阴离子。

（1）分子内酯酯交换与分子间酯酯交换　分子内酯酯交换反应是一种酯自身发生酰基交换或分子重排生成新酯的反应，反应式如下：

$$R^2 \left[\begin{array}{c} R^1 \\ R^3 \end{array} \rightleftharpoons R^1 \left[\begin{array}{c} R^2 \\ R^3 \end{array} \rightleftharpoons R^3 \left[\begin{array}{c} R^1 \\ R^2 \end{array} \right. \right. \right. \tag{5-10}$$

分子间酯酯交换反应是指一种酯与另一种酯发生酰基交换或分子重排生成新酯的反应，反应式如下：

$$R^1 \left[\begin{array}{c} R^1 \\ R^1 \end{array} + R^2 \left[\begin{array}{c} R^2 \\ R^2 \end{array} \rightleftharpoons R^2 \left[\begin{array}{c} R^1 \\ R^1 \end{array} + R^1 \left[\begin{array}{c} R^2 \\ R^2 \end{array} \right. \right. \right. \right.$$

$$\Updownarrow$$

$$R^1 \left[\begin{array}{c} R^1 \\ R^2 \end{array} + R^2 \left[\begin{array}{c} R^2 \\ R^1 \end{array} \right. \right. \tag{5-11}$$

式中，R^1、R^2、R^3 分别代表不同的脂肪酸。

（2）随机酯交换与定向酯交换　酯酯交换反应改变了脂肪酸在甘油三酯上的自然分布，这种脂肪酸的重排过程可以是定向的，也可以是随机的，据此可将其分为随机酯交换与定向酯交换两类。随机酯交换遵循概率定律，在酸、碱或金属催化剂的作用下，同种或不同种油脂的甘油三酯分子间或分子内部会发生酰基的再分配。这一过程导致甘油三酯混合物内部的脂肪酸按照概率原理随机分布，最终达到一个动态平衡状态，但总体脂肪酸的组成并未发生改变。经过随机酯交换后，油脂的组成成分、物理性质以及应用性能均有可能发生变化。

由饱和脂肪酸（S）与不饱和脂肪酸（U）组成的甘油三酯进行随机酯交换反应，其产物可用式（5-12）说明：

$$\text{SSS} \rightleftharpoons (\text{SUS}+\text{SSU}) \rightleftharpoons (\text{SUU}+\text{USU}) \rightleftharpoons \text{UUU} \tag{5-12}$$

油脂的组成可根据概率理论加以计算。如果 a、b 和 c 是三种脂肪酸 A、B 和 C 的摩尔百分比，则：

含单一种脂肪酸甘油三酯（AAA）的摩尔分数 $= a^3/10000$

含两种脂肪酸甘油三酯（AAB）的摩尔分数 $= 3a^2b/10000$

含三种脂肪酸甘油三酯（ABC）的摩尔分数 $= 6abc/10000$

所有可能的甘油三酯种类数是 n^3，n 是脂肪酸种类数量，此式包括所有位置、立体及旋光异构体。

根据化学平衡原理，当可逆反应中的某一产物从体系中被移除时，反应平衡状态将发生变化，趋向于再生成更多的被移除物质。酯交换反应会生成一种处于平衡状态的甘油三酯混合物，若将该反应混合物冷却至熔点以下，三饱和脂肪酸甘油三酯将影响混合物的平衡，促使反应进一步生成更多的三饱和脂肪酸甘油三酯，以达到新的平衡状态。从理论上讲，如果在酯交换过程中逐渐从反应体系中分离出高熔点的硬脂组分，将不断改变反应溶液中残留油相的组成，直至所有饱和脂肪酸完全转化为三饱和甘油酯。这种通过控制产物分离来改变反应平衡的酯交换方法被称为定向酯交换。猪油定向酯交换后固体脂肪指数的变化如图 5-21 所示。

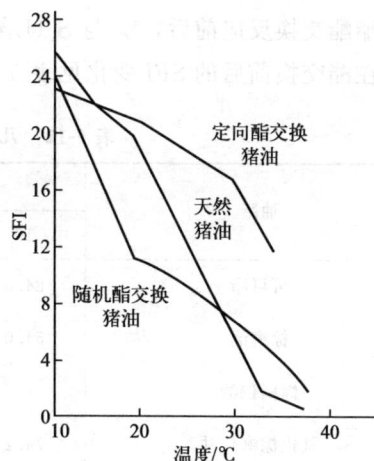

图 5-21　猪油定向酯交换后 SFI 的变化

猪油的晶粒较为粗大（β型），导致其外观表现不佳。在高温条件下，猪油显得过于柔软；而在低温时，则变得过于坚硬，塑性表现不理想。随机酯交换虽然能够在一定程度上改善猪油在低温时的晶粒结构，但其在塑性方面的改善效果并不显著。相比之下，定向酯交换通过增加 S_3（三饱和脂肪酸甘油酯）的含量，并减少 S_2U（二饱和一不饱和脂肪酸甘油酯）的比例，有效地拓宽了猪油的塑性范围。

三、酯酯交换对油脂性质的影响

虽然酯酯交换后油脂的脂肪酸总体组成保持不变，但分子间的重排导致了新甘油三酯分子的生成，进而改变了甘油三酯的具体组成。这种组成上的变化，可直接影响油脂的诸多物理和化学性质，如熔点、固脂含量（或固体脂肪指数）、稠度以及稳定性等。

1. 熔点

表 5-11 列出了一些油脂酯酯交换反应前后熔点的变化。一般来说，酯酯交换后，单一植物油的熔点上升；动物脂（如猪油、牛油等）以及富含饱和脂肪酸的植物油（如椰子油、棕榈油等）熔点变化不大；熔点差别明显的油脂混合物经酯酯交换反应后，熔点下降。

表 5-11　油脂酯酯交换反应前后的熔点变化

油脂	反应前 /℃	反应后 /℃	油脂	反应前 /℃	反应后 /℃
豆油	−8	5.5	可可脂	34.5	52
棉籽油	10.5	34	乳脂	20	26
优质牛脂	49.5	49	10％深度氢化棉籽油＋60％椰子油	58	41
优质蒸汽猪脂	43	43	25％三硬脂酸甘油酯＋75％豆油	60	32
棕榈油	40	47	50％深度氢化猪脂＋50％猪脂	57	50.5
牛脂	46.5	44.5	15％深度氢化猪脂＋85％猪脂	51	41.5
椰子油	26	28	25％深度氢化棕榈油＋75％深度氢化棕榈仁油	50	40

2. 固体脂肪指数

酯酯交换反应前后，S_3 与 S_2U 含量的变化可通过固体脂肪指数（SFI）反映出来。几种油脂在酯交换前后的 SFI 变化见表 5-12。

表 5-12 几种油脂在酯交换前后的 SFI 变化

油脂	反应前/℃			反应后/℃		
	10	20	35	10	20	35
可可脂	84.9	80.0	0	52.0	46.0	35.5
棕榈油	54.0	32.0	7.5	52.5	30.0	21.5
棕榈仁油	—	38.2	80	—	27.2	1.0
氢化棕榈仁油	74.2	67.0	15.4	65	49.7	1.4
猪油	26.7	19.8	2.5	24.8	11.8	4.8
牛油	58.0	51.6	26.7	57.1	50.0	26.7
60%棕榈油＋40%椰子油	30.0	9.0	4.7	33.2	13.1	0.6
50%棕榈油＋50%椰子油	33.2	7.5	2.8	34.4	12.0	0
40%棕榈油＋60%椰子油	37.0	6.1	2.4	35.5	10.7	0
20%棕榈硬脂酸＋80%轻度氢化植物油	24.4	20.8	12.3	21.2	12.2	1.5

可可脂是一种具有鲜明熔化特征和陡峭 SFI 曲线的油脂，其随机酯交换生成的高熔点甘油三酯使得其在高温下（50℃）仍有一定量的固体脂，于口中不能完全熔化，并且熔点范围增宽，SFI 曲线变得平坦，如图 5-22 所示。

3. 稠度

稠度是用来表示油脂硬度的指标，通常通过在一定温度下使用"针入度计"测量针的自重穿透塑性脂肪表面的深度来表示。酯交换反应后，油脂的结晶特性会发生变化，进而导致其稠度也发生变化。例如，猪油经过酯交换反应后，其稠度显著降低，针入度则相应增加。这一变化归因于猪油中的晶型由 β 型（粗晶体）转变为 β' 型（细小晶体）。为了测定和控制随机酯交换反应的

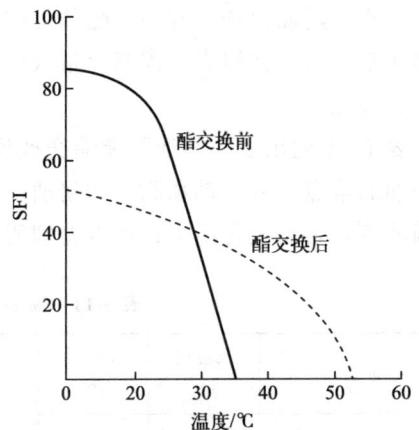

图 5-22 可可脂在酯交换前后的固体脂肪指数变化比较

过程，可以采用熔点法、固体脂肪指数法、甘油三酯组成分析法等方法。

四、酯交换催化剂

化学催化剂在酯交换过程中起到加快反应速率的作用。酯交换常用的催化剂的用量及反应条件见表 5-13。

表 5-13　油脂酯交换常用的化学催化剂及反应条件

化学催化剂	用量占油重的质量分数/%	反应条件		
		温度/℃	压力	时间/min
NaOH＋甘油	0.05～0.1 0.1～0.2	60～260	真空下	30～45
钠或钠钾合金	0.1～1.0	25～270	真空下	3～120
甲醇钠	0.2～2.0	0～120	真空下	5～120

表 5-13 中所列催化剂，氢氧化钠的价格最低，但是由于其难溶于油脂，因此通常需与甘油共同使用。若以水溶液形式添加氢氧化钠，则需在 60℃下减压搅拌 0.5～1 h 以去除水分，随后在较高温度下进行反应。

金属钠与油脂中残留的水分会发生剧烈反应。为避免此类副反应，使用前可先将金属钠溶解于甲苯或二甲苯等溶剂中。钠钾合金在低温下呈液态，无须添加溶剂，仅通过强烈搅拌即可使其直接分散于油脂中。其催化效能优于固体金属钠和甲醇钠，能在低温条件下有效促进酯交换反应，适用于定向酯交换。酯交换反应结束后，可通过水洗轻松去除该催化剂。

甲醇钠因其应用广泛、价格低廉、操作简便、引发反应温度低以及用量少（仅占底物质量的 0.2%～0.4%）等优点而备受青睐。反应结束后，催化剂可通过水洗轻松去除。然而，甲醇钠接触空气易引发火灾，且可与水反应剧烈，因此在使用时需特别注意安全。

五、油脂酯交换工艺及设备

油脂酯交换按工艺分为间歇式和连续式两种。

1. 间歇式酯交换工艺

间歇式工艺的主要设备是反应罐，类似于油脂氢化的闭端反应器，带有搅拌装置，并在底部设有导入氮气的管道。

（1）间歇式随机酯交换工艺　间歇式随机酯交换工艺过程如图 5-23 所示。

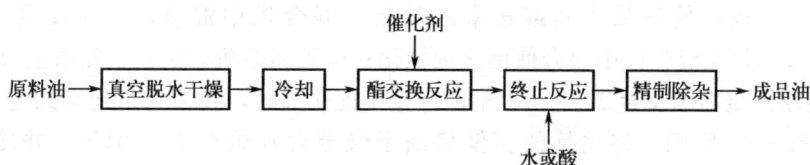

图 5-23　间歇式随机酯交换工艺过程

原料油脂泵入反应罐后，在真空下加热到 100℃左右，使油脂充分干燥至水分达到 0.01% 以下，然后冷却到 50℃左右，在氮气流下快速添加油重 0.1% 的甲醇钠（20% 的甲醇溶液）。催化剂添加后，反应物起初为白色浑浊状，一旦出现褐色即表示反应开始。反应速率与反应时的温度和催化剂的浓度有关。以甲醇溶液添加催化剂时，在低温下反应会生成甲酯而产生损耗，因此反应常在 60℃以上进行。通常反应温度为 20～30℃时需 24 h；在 60～80℃时，约需 30 min；在 85～100℃时，仅需 20 min。反应到达终点后，使催化剂失活终止反应，最后进行精制，除去催化剂等杂质。

（2）间歇式定向酯交换工艺　使用金属钠和钠-钾合金进行定向酯交换时，对原料油的前处理，与随机酯交换一样。油脂在冷却到 50℃时，加入 0.2％的钠-钾合金，充分搅拌，反应时间需 3～6 min，然后将此反应物移入冷却罐中冷却到 21℃，使形成晶核，搅拌促进晶体生长，然后移至结晶槽，缓慢搅拌，保持约 1.5 h，将三饱和甘油三酯的含量达到 14％作为反应结束的指标。同时用水和二氧化碳使催化剂形成碳酸盐而将其除去。

判定反应终点的方法是测定熔点和固体脂肪指数的变化。油脂酯交换反应后需进行精制，由于油中一般存在皂残余物，通常需对油脂进行洗涤、干燥，并进行脱色和脱臭处理。

2. 连续式酯交换工艺

（1）连续式随机酯交换工艺　以甲醇钠作为催化剂对猪油进行随机酯交换，其工艺流程见图 5-24。

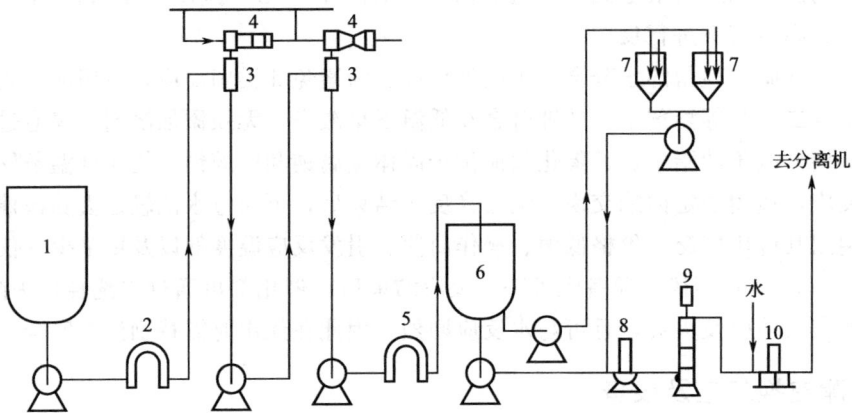

图 5-24　以甲醇钠作为催化剂的连续酯交换工艺流程
1—原料储罐；2—加热器；3—二级真空干燥器；4—蒸汽喷射真空泵；5—冷却器；6—中间罐；7—催化剂
8—浆液罐；9—反应器；10—混合器

将油脂进行脱酸处理后，加热，通过二级真空干燥机在 150～180℃、2 kPa 的真空条件下进行干燥；冷却到 50℃，送入中间罐，将其中一部分泵入催化剂罐中与粉末状的甲醇钠混合成浆料，并按比例与从中间罐送来的油脂在混合机中混合，送入反应器中反应约 10 min 后加水，并在混合机中混合使催化剂钝化；送到离心机分离，去除所生成的油脚。

（2）连续式定向酯交换工艺　用钠-钾合金作催化剂时，猪油进行连续式定向酯交换的工艺流程如图 5-25 所示。将精炼的新鲜猪油干燥至含水量低于 0.01％，并冷却到 40～42℃，将其输入混合器与定量加入的钠-钾合金混合，然后送入一蛇管式酯交换反应器进行反应，约 15 min，随机化混合物用泵输送通过急冷机冷却至 20～22℃，然后移到结晶罐，搅拌时间约 2.5 min。由于结晶的放热效应，混合物温度上升至 27～28℃，须再经过另一个氨冷却的急冷机冷却至 21℃，由此开始，混合物通过一系列带有缓慢搅拌装置的结晶罐，停留时间为 1.5 h。物料离开结晶器时的温度为 30～32℃。用二氧化碳和水在高速混合器中进行处理以钝化催化剂，产生的肥皂通过离心分离去除。然后把猪油进一步水洗以除尽肥皂，将经水洗的猪油加以干燥，即得成品。成品猪油在 32℃下的固体脂肪指数约为 14。反应终点的三饱和甘油三酯的比例可以根据不同的产品要求在最低（为 5％）和最高（组成中的饱和脂肪酸全部转变为三饱和脂肪酸甘油三酯）之间选择。

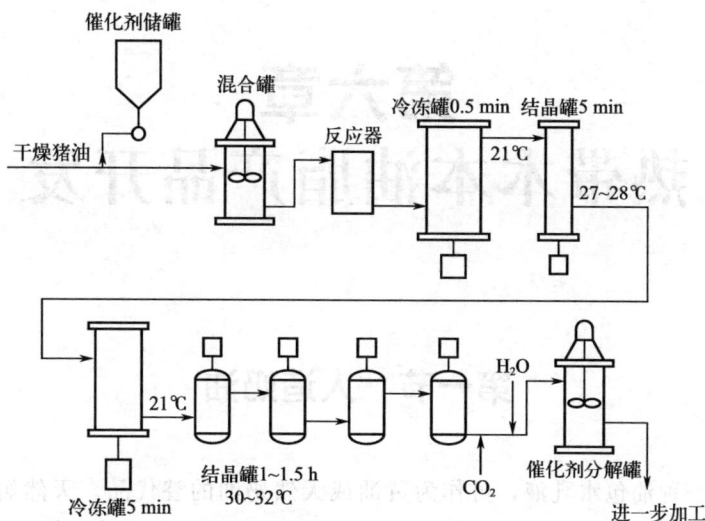

图 5-25　猪油连续式定向酯交换工艺流程

六、酯交换的意义

油脂进行酯交换反应会提高成本，为什么还会得到广泛使用呢？

酯交换工艺的普及主要归因于特种油脂行业对替代氢化油脂的迫切需求。氢化油脂中反式脂肪酸的存在引发了消费者的广泛担忧和抵触情绪。因此，当前人造奶油生产商已基本上能够不依赖氢化油脂进行生产。通过酯交换反应，棕榈油脂的性能缺陷得到了显著改善。酯交换的作用主要体现在以下几个方面。

1. 分子结构的改变

随机酯交换，可使油脂分子结构发生随机变化，无固定规律可循。在油脂激冷过程中，这种随机性使得油脂难以形成单一的结晶形态，从而可避免油脂结晶的同质化现象，例如可解决棕榈油在低温下易变硬的问题。因此，酯交换油脂在低温冷藏油脂领域得到了广泛应用，有效解决了动物油脂低温结晶起砂和常规棕榈油低温变硬的问题。

2. 油脂延展性能的改善

目前成本最低的酯交换油脂是通过 24°棕榈油进行的酯内交换制得的。酯交换后，油脂的熔点为 37～40℃，其固液状态发生了显著变化，对提升油脂的延展性能具有显著作用。因此，酯交换油脂被广泛应用于片状奶油和块状奶油产品中。

3. 提高油脂的融合性

油脂本身是一种混合物，当大豆油与棕榈油混合时，两者脂肪酸的差异性较大，导致它们的融合性较差。然而，通过随机酯交换反应，大豆油中的脂肪酸与棕榈油中的脂肪酸可以随机交换，使得新生成的油脂结构在较大程度上趋于一致，从而提高了大豆油与棕榈油的融合度。

第六章
热带木本油脂产品开发

第一节　人造奶油

人造奶油是一种油包水乳液，可作为黄油或天然奶油的替代品。天然奶油已有 4000 多年的历史，但人造奶油的历史只有 100 多年。19 世纪后期，由于欧洲缺少奶油，迫切需要寻找奶油替代品。1869 年，法国化学家 Mège-Mouriès 将牛脂、牛奶进行乳化冷却，成功制造出第一代人造奶油。随后人造奶油在荷兰、丹麦、英国、日本等国家逐步发展。我国人造奶油生产起步较晚，1984 年产量仅为 772 t，主要应用于食品工业。目前，人造奶油和涂抹脂的最大市场在北美（以美国和加拿大为主），其次是欧洲、亚太地区、南美和非洲。

一、人造奶油的标准与产品类型

人造奶油这个名字来源于希腊语"Margaron"，意思是"珍珠白"。第一家生产人造黄油的公司是荷兰 Jurgens。从那时起，人造奶油的发展经历了数次变化，以改善其功能和感官特性，这导致市场上可获得的人造奶油种类繁多。在硬型人造奶油生产中，先后经历了使用椰子油，开发使用现代乳化剂（甘油一酯和甘油二酯），用棉籽油和大豆油替代椰子油，添加合成维生素 A，以及添加 β-胡萝卜素等变化。后来消费者更倾向于降低人造奶油中的胆固醇，增加不饱和脂肪酸含量。因此，需要将液态植物油在室温下转化为半固态或固态脂肪，这需要通过改变脂质结构来实现。如氢化、酯交换技术等可以提高脂肪熔点和氧化稳定性。

一般来说，餐饮用人造奶油、焙烤人造奶油、泡芙糕点人造奶油、植物奶油和涂抹脂均为油包水乳液，脂质含量在 10%～90% 之间，水、牛奶或复原乳、乳化剂、盐、防腐剂、维生素、调味剂与色素是外加成分。在结构方面，人造奶油的特点是结晶固体，在室温下具有半固体的性质。人造奶油的固体结构是通过脂肪晶体聚集体的基质来维持的，其中包含了微小的水滴。

人造奶油的类型、脂质含量以及性质可以通过用途进行调整。脂肪含量低的人造奶油往往质地更加柔软，更易涂抹，适合应用于面包和饼干；而脂肪含量高的人造奶油质地坚硬，具有较高的熔点，适用于烹饪与烘焙。目前通常把人造奶油分为以下几种类型：

（1）**硬型人造奶油**　即传统的餐用人造奶油，熔点与人体温较为接近，塑性范围较宽。

（2）**软型人造奶油**　含有较高含量的液体植物油，亚油酸含量在 30% 左右，在低温下的延展性有所改善。

（3）**高亚油酸型人造奶油**　这类产品中亚油酸含量在 50%～60%。亚油酸具有降低血清胆固醇的功效，但高含量亚油酸会降低人造奶油的氧化稳定性。因此，这类人造奶油必须添加维生素 E 等抗氧化剂。

（4）**低热量人造奶油**　近年来，随着健康意识的提升，消费者期待降低食品中的油脂含量。美国率先推出油脂含量为 40% 及 60% 的低热量型人造奶油，随后日本与欧洲一些国家也相继推出类似产品。国际人造奶油组织提出低脂人造奶油的标准为脂肪含量在 39%～41%，乳脂含量在 1% 以下，水分含量在 50% 以上。

二、人造奶油的特性

（1）**可涂抹性**　除了风味，人造奶油的涂抹性对于人造奶油的应用十分重要。在应用温度范围内，产品的固体脂肪指数为 10～20 时具有最佳的延展性与涂抹性。人造奶油的稠度必须满足冷藏温度下的涂抹性、室温（20℃）下的塑性以及口温下的迅速熔融性。10℃、21℃ 和 33.3℃ 下的 SFI 是产品设计的依据。SFI 在 28 以下的人造奶油，延展性好。SFI 在 30 以上时，制品变硬，失去延展性。33.3℃ 时 SFI 低于 3.5 的制品，口融性好，大于 3.5 的制品口融性差。软质人造奶油 10℃ 时的 SFI 一般为 21～32。

（2）**油的离析**　当人造奶油晶体不能长久保持足够的粒度，或不能捕获所有液态油时，就会发生油的离析，即产品外部的包装物被油浸润，甚至会使包装纸发生渗油现象。把一定形状和重量的人造奶油样品放在一只金属丝网上或一张滤纸上，然后置于 26.7℃ 下 24～48 h，通过测定油渗过金属丝网或渗到滤纸上的重量的方法来测评油的离析程度。

（3）**口融性**　高质量餐用人造奶油应该在口中迅速融化，并带有凉爽感。水相中的风味和咸味应立即被味蕾感知，没有持久的油腻或蜡质感。脂肪的熔化曲线、乳液的紧密度和成品的储存条件均会影响这些品质。为了让人造奶油在无油腻感或蜡质的情况下尽快融化，它应能在体温下完全融化，并在 33.3℃ 时含有低于 3.5% 的固体脂肪。良好的口感要求制品在 10～26.9℃ 范围内有陡峭的熔化曲线，脂晶颗粒微细，结晶热能很快被吸收。乳状流细小均匀或者用乳化剂形成稳定的乳状液，都会影响风味成分和盐（咸）的释放速度。固相颗粒微细和乳状液滴直径 1～5 μm 的占 95%、5～10 pm 的占 4%、10～20 pm 的占 1% 的制品具有良好的口感。

三、人造奶油品质的组成及品质影响因素

人造奶油的主要组分包括基料油脂、水、盐、防腐剂、有机酸、蛋白质、乳化剂、着色剂、维生素和抗氧化剂。

人造奶油基料油脂的原料来源广泛，包括动物油、植物油及其氢化/酯交换改性油脂，并且这些基料油脂应新鲜，符合国家二级油以上标准，过氧化值、茴香胺值、重金属含量和微生物含量都需要低于限值。基料油脂的晶格性质是影响人造奶油结构稳定性的主要因素。β′ 型晶体结构细腻，具有较大的表面积，能束缚液相油水液滴，是人造奶油的理想晶型。但在某些储存条件下 β′ 型晶体会转化为 β 型，从而使产品内部组织沙粒化，严重时导致液相油滴渗出、水相凝聚。某些富含亚油酸的植物油脂往往不具备稳定的 β′ 晶型。因此，当主体基料为 β 晶型油脂时，可以添加 β′ 硬脂或抑晶剂（甘油二酯等）以阻止或延缓 β 型结晶化的进程。基料油中合理的固液相比例是塑性形成的条件。人造奶油中的液相不仅包括液态油脂，还包含水。制品配方中的水必须是纯净水或经过严格处理（杀菌消毒、深层过滤、脱除金属离子等），符合卫生标准的直接饮用水。水质的硬度应低于 80～100 mg Ca²⁺/L，不然会导

致非中性磷脂-卵磷脂絮状沉淀，影响乳化稳定性。

蛋白质是人造奶油的重要原料，能增加人造奶油的风味，其固形物还能螯合制品中的金属离子，提高制品的氧化稳定性。人造奶油配方中可用的蛋白质来源包括经微生物发酵的脱脂乳、乳清、乳粉、各类植物蛋白等。蛋白质还是 W/O 型制品风味释放的助剂。但是，蛋白质也是制品乳状液不稳定的因素之一，生产低含脂量制品时需要特别注意其添加量。

盐既是调味剂，同时又具有防腐功能。餐用人造奶油几乎都添加食盐，添加量一般为 $1\%\sim3\%$。

乳化剂能降低油相和水相的表面张力，有利于形成稳定的乳状液，从而可确保制品结构稳定，防止储存期间渗油或水相凝聚。常用的乳化剂有卵磷脂、硬脂酸单甘酯及蔗糖单脂肪酸酯等。行业用制品根据用途可参考起酥油加工工艺，选择适合的乳化剂。硬脂酸单甘酯是 W/O 型乳化剂，蔗糖单脂肪酸酯能构成 O/W 型乳状液，而卵磷脂则具有双重乳化功能。一般制品卵磷脂的用量为 $0.1\%\sim0.5\%$，硬脂酸单甘酯/蔗糖单脂肪酸酯的用量为 $0.1\%\sim0.3\%$。

保鲜剂指的是为防止制品氧化、诱发异味、发生霉变，以保持新鲜而添加的抗氧化剂、金属络合剂和防腐剂等。常用的抗氧化剂有维生素 E、丁基羟基茴香醚（BHA）、二丁基羟基甲苯（BHT）、特丁基对苯二酚（TBHQ）和没食子酸丙酯（PG）等。柠檬酸用作增效剂。一般维生素浓缩物用量为 $0.005\%\sim0.05\%$，BHT 等合成抗氧化剂用量不超过油脂量的 0.02%，增效剂用量为 0.01% 左右。金属络合剂的作用是使制品中的铜、铁等重金属钝化，从而有效地防止因降解而产生的异味，常用的金属络合剂有柠檬酸、柠檬酸盐和乙二胺四乙酸（EDTA）等。防腐剂是为了保护人造奶油免受微生物的污染而添加的。单纯的食盐、柠檬酸等无法完全消除微生物的影响。常用的防腐剂有山梨酸、安息香酸、乳酸、脱氢乙酸、苯甲酸或其盐。

风味添加剂可以赋予人造奶油制品天然奶油的风味。通常可加入少量具有奶油味和香草味的香料来替代或增强乳成分所具有的香味，主要包括丁二酮、丁酸、丁酸乙酯等。

为了模仿天然奶油的微黄色，可以向人造奶油中加入 β-胡萝卜素、柠檬黄、胭脂树橙、胡萝卜籽油、红棕油等。

天然奶油中含有丰富的维生素 A 和维生素 D，为了提高人造奶油的营养价值，可对人造奶油进行强化，强化人造奶油制品要求维生素 A 的含量不低于 4500 IU/100 g 油，维生素 D 一般不做规定，添加与否任选。维生素 E 通常作为抗氧化剂加入。

四、人造奶油制品加工工艺

最初人造奶油通过搅乳法制备，如今采用急冷捏合法制备。大多数食品专用油脂的理想晶型是塑性和延展性较好的 β' 晶型，需要通过急冷和捏合两个步骤实现。急冷过程获得非晶固质的结构，但由于此过程冷却速率太快，油脂无法及时形成真正的晶体，因此不稳定，通过缓慢加热即可从 α 型向 β' 或 β 型转换。剧烈搅拌的捏合过程有利于晶型的转换。经过急冷捏合后，还须采取熟化技术处理，进一步促进理想的 β' 晶型的形成与稳定。目前工业上应用最为普遍的是连续式管道急冷捏合装置，主要由激冷机——A 单元（图 6-1）、捏合增塑器——B 单元（图 6-2）、休止管组成。

A 单元是一种管道、刮板式换热器，是人造奶油生产的中心设备，在此可完成初始冷却、过冷和随后的诱导成核和结晶。

B 单元是脂肪结晶的场所。脂肪结晶需要时间，这段时间由捏合单元 B 提供。B 单元是

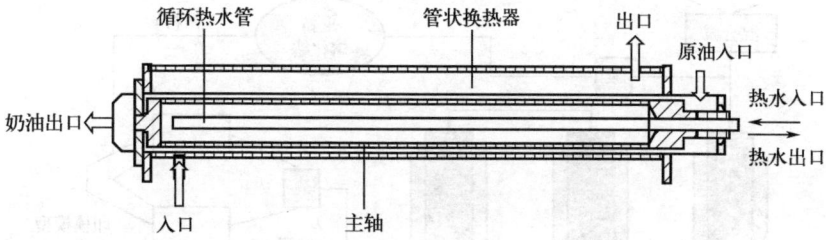

图 6-1 激冷单元（A 单元）结构

圆筒壁内装有固定杆和旋转杆的大直径圆筒。捏合单元 B 既可以安装在 A 单元的冷却筒之间，也可以安装在 A 单元之后。在旋转轴上杆的搅动下，人造奶油乳浊液有充分的时间结晶。由于脂晶转型放出的结晶热和机械剪切热，捏合均质过程中物料温度略有上升。

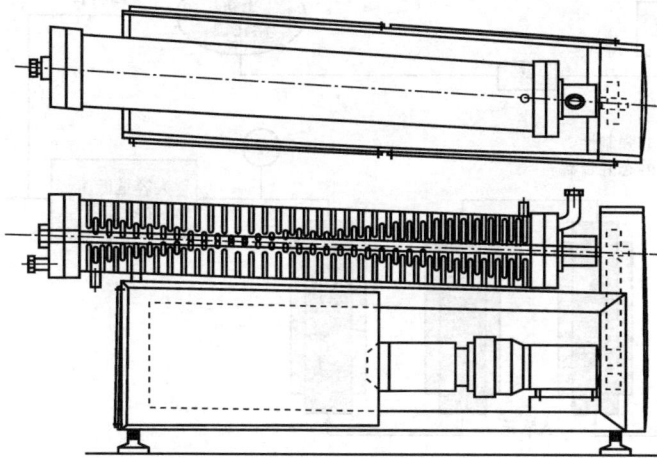

图 6-2 捏合增塑单元（B 单元）

几种代表性人造奶油制品的加工工艺如下：

（1）餐用塑性人造奶油 乳化、冷却、捏合、静置、包装。

（2）工业用塑性人造奶油制品 乳化、冷却、捏合、灌装、熟化。

（3）工业用流态人造奶油制品 均质、乳化、冷却、熟化、灌装。

硬质人造奶油连续生产工艺流程如图 6-3 所示。硬质人造奶油采用常规的 A-B 单元急冷捏合工艺制备，往往会形成致密的晶体结构，影响制品的稠度和风味的释放。对于易于过冷的基料油脂（如棕榈油占比较高的基料油），为避免制品包装后硬化，可于 A 单元之间串联一个低速捏制机（B 单元），以延缓结晶。

软质人造奶油的加工工艺流程如图 6-4 所示。软质人造奶油为了适应充满包装容器，一般要求包装前易于流动，一般不设置静置管，而采用大容量混合器调质软化，使制品不致在包装容器内过分结晶而脆化。

搅打人造奶油的加工工艺流程如图 6-5 所示。搅打人造奶油要求具有良好的口感、风味和酪化值。搅打人造奶油含有 33% 的氮（以体积计算），甚至可达到 50%。氮气一般在 A 单元之前或 A 单元之间通入。

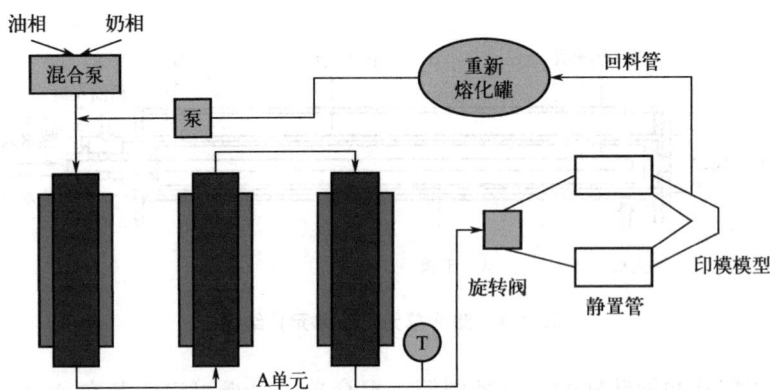

图 6-3　硬质人造奶油生产工艺流程（T 为温度传感器）

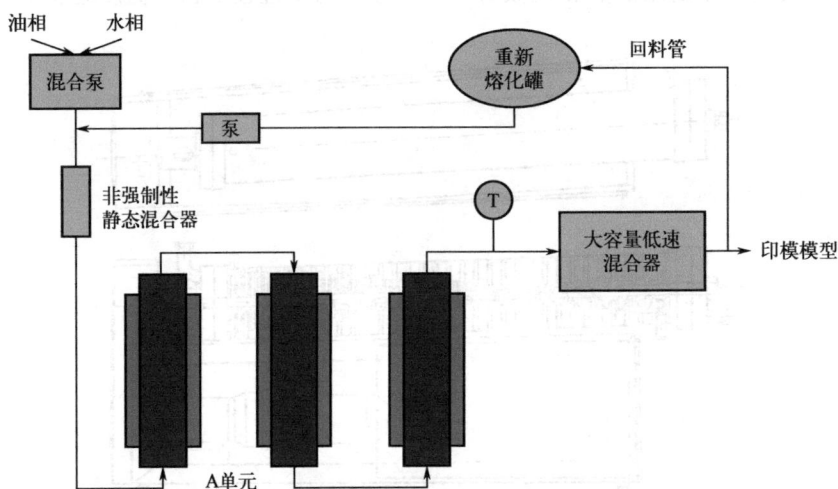

图 6-4　软质人造奶油生产工艺流程（T 为温度传感器）

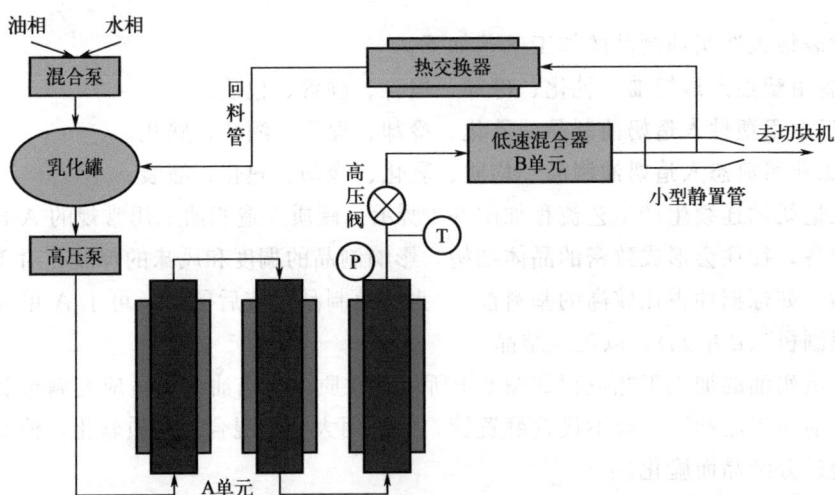

图 6-5　搅打人造奶油生产工艺流程（T 为温度传感器，P 为压力传感器）

五、热带木本油料在人造奶油中的应用

人造奶油发明初期是以牛脂经分提得到的牛油软脂、猪油等动物油脂为原料，随后逐渐采用动物脂/棉籽油硬脂/椰子油混合物。20世纪初期，欧洲各国的全植物造奶油以椰子油和棕榈仁油等月桂型油脂为主要原料，但月桂型油脂人造奶油因其低温延展性差而逐渐失去市场份额。之后随着油脂氢化技术的发展，由植物油氢化硬脂与植物油混合制备出了混合型人造奶油。但部分氢化的过程会产生反式脂肪酸，反式脂肪酸可使人体低密度脂蛋白胆固醇升高，高密度脂蛋白胆固醇降低，增加罹患心脏疾病及心脑血管疾病、动脉炎症甚至癌症的风险。由此无反式脂肪酸人造奶油得以发展。无反式脂肪酸的油脂改性技术主要有全氢化技术、油脂分提技术、酯交换技术等。

植物油具有来源广、产量大、价格低和成分稳定等优点，可广泛应用于人造奶油生产。常用的植物型人造奶油基料油包括大豆油、玉米油和菜籽油等，但这些液态植物油在使用中往往需要与棕榈硬脂和氢化油脂等固态油脂调配或酯交换后使用。通过化学催化剂或脂肪酶催化棕榈硬脂与棕榈油、椰子油、樟树籽油进行酯交换，可以制备人造奶油基料油，其固脂含量满足人造奶油产品需求。通过调节反应底物种类和反应条件可以制备在低温下具有良好延展性与口融性以及良好搅打性的人造奶油。

第二节　起酥油

一、起酥油的起源与发展

起酥油（shortening）从英文单词 shorten 转化而来，意为利用这种油脂加工饼干等产品，可使制品酥脆可口，因而把具有这种性质的油脂称作起酥油。起酥油于19世纪末起源于美国，作为猪油替代品而出现。猪油具有独特的风味和起酥性能，在常温下便能够用来和面，可用于加工面包及其他点心，因而很受欢迎，用量很大。为了弥补猪油数量的不足，人们曾用牛油的软脂部分来作为猪油的替代品。19世纪末用牛油硬脂馏分掺加棉籽油来制备猪油代用品，其为动植物型起酥油，比人造奶油的问世约迟十年。

随着油脂氢化技术的成功，生产起酥油的基料越来越丰富，使起酥油加工与肉类加工业完全分开，用各种氢化油脂制作起酥油成为其最基本的特点。1933年前后乳化型高比率起酥油问世，无论对食品加工业，还是对起酥油生产都有极其深远的影响。1937年连续式急冷捏合设备研制成功，为提高起酥油品质提供了条件。此时油脂脱臭技术和选择性氢化技术取得进步，使起酥油产量大幅上升，猪油销量急剧下降，猪油逐渐被起酥油替代。

我国的起酥油生产开始于1980年。GB/T 38069—2019《起酥油》中将起酥油定义为食用动、植物油脂及其氢化、分提、酯交换油脂中的一种或上述几种油脂的混合物，经过急冷捏合或不经急冷捏合，添加或不添加食品添加剂和营养强化剂制成的固状、半固状或流动状的具有良好起酥性能的油脂制品。如今在餐饮业和食品加工业范围内取得的许多进展都与特种起酥油的应用息息相关。每发明一种新的食品就需要一种全新的起酥油产品，目前专用油脂产品正向着为食品企业量身定做的方向发展。

二、起酥油的功能性质

起酥油可赋予食品酥脆、分层、蓬松的质感，这与其功能性质密不可分。起酥油的主要功能性质包括塑性、起酥性、酪化性、乳化分散性、吸水性、氧化稳定性和煎炸性等。

1. 塑性

塑性是起酥油最基本的特征。在外力作用下可保持部分变形的性质称为塑性（plasticity）；保持塑性的温度范围称为塑性范围。塑性范围宽的起酥油塑性好，便于涂布，由其制成的面团延展性好，制品酥脆。

起酥油具有塑性的必要条件为：

（1）固、液两相共存 固相低于5％不呈塑性，高于40％～50％则形成坚实结构。

（2）合适的固/液比例 起酥油固、液相比例一般应控制在10％～30％。塑性好的起酥油最佳固、液相比例为15％～25％。基料油中固脂含量的测定方法有固体脂肪指数（SFI）法和核磁共振法（NMR）。NMR测得的结果是固脂的绝对含量（SFC）。

（3）固脂的甘油三酯结构及液相油脂黏度 起酥油固脂晶体结构影响起酥油的稠度，不同油脂具有不同的稳定晶型。起酥油期望获得β′型结晶，β′型脂晶较β型细小，在相同SFI下，基料油中晶体颗粒多，总表面积大，因而能扩展起酥油的塑性范围，使其外表光滑均匀并具有乳化能力。脂肪酸碳链长短不整齐的甘油三酯稳定的晶型是β′型；当基料固体脂肪中含有稳定的β′型甘油三酯晶体时，整个固体脂肪都会形成稳定的β′型晶体。反之，则形成不稳定的β型晶体。

基料油脂中液体油脂的黏度与起酥油的稠度呈正相关，从而直接影响其塑性。基料油脂的熔点也影响起酥油的稠度。甘油三酯种类少和各种甘油三酯熔点相近的油脂（如椰子油、可可脂），塑性范围窄，稠度受温度变化的影响大，不宜选作基料油脂，因此，基料油脂多选甘油三酯组成复杂的油品，熔点范围一般为10～65℃。

（4）固相粒子的粒度与分散度 塑性脂肪中固相粒子颗粒细度要求为重力与分子内聚力相比，重力可忽略不计；固相脂晶间的空隙要求为小至液相油滴不致流动或渗出，使基料油中的组分通过分子内聚力结合在一起。脂晶粒度小，固相总表面积大，分子内聚力大，起酥油稠度大，塑性范围宽。反之，则塑性范围窄。脂晶的粒度和分散度与起酥油加工条件有关。过冷、急速冷却和激烈搅打捏合的加工条件，可产生众多的脂晶核，阻止晶核之间的内聚、长大，促使脂晶核在基料油中均匀分布，形成整体组分的内聚结构而获得稳定的塑性。

（5）添加剂与熟化处理 起酥油加工过程中，过冷却析出的α晶型向β′晶型转化需要一定的时间和温度。当起酥油离开包装生产线后，晶型转化仍在继续。α晶型释放出结晶热后才转化成β′晶型。若在晶型转化阶段，无法提供结晶热的温度条件，将使过冷效果保持延续。反之，如果使产品处于稍高于α晶体熔点温度（稍低于充填温度）下进行熟化处理，则α晶型能顺利转化成β′晶型，并可在缓慢转化过程中使脂晶的粒度得到调整，进而使产品获得稳定的塑性范围。此外，起酥油加工中添加乳化剂、抑晶剂能延缓或阻止基料油脂中固脂转化为β晶型，使产品稠度得到保证。

2. 起酥性

起酥性是指妨碍面筋网络形成，减少制品组织黏性，使烘焙后产品酥松或柔软的能力。起酥油以膜状一层一层地分布在烘焙食品组织中，起润滑作用，使制品组织酥松。一般而论稠度合适、塑性好的起酥油起酥性也好。过硬的起酥油在面团中呈块状，使制品酥脆性差。

反之，过软的起酥油在面团中呈球状分布，使制品多孔、粗糙。油脂的起酥性用起酥值表示，起酥性与起酥值呈负相关，即起酥值小的起酥性好。几种常见起酥油的起酥值见表 6-1。

表 6-1 几种常见起酥油的起酥值

油脂	熔点/℃	起酥值
猪油	32～49	<60
50%猪油＋50%起酥油（牛脂：大豆油＝8：2）	36～50	约70
氢化猪油（1）	34.8	约82.7
20%猪油＋80%起酥油（牛脂：大豆油＝8：2）	35～42	约85
氢化猪油（2）	42.9	约97.7
鲸油为主体的混合型起酥油	—	112.4
牛脂为主体的起酥油	37.4	119.5
起酥油（牛脂：大豆油＝8：2）	35～45	120.0
起酥油（菜籽油）	39.4	123.0
起酥油（棉籽油）	44.0	126.2
氢化猪油	49.2	127.5
椰子油	24.0	127.9
椰子油氢化油（1）	27.3	134.8
人造奶油（棉籽油）	35.3	140.2
椰子油氢化油（2）	35.0	155.2
棕榈油	24.0	30.0～35.0
橄榄油	−6.0	30.0
茶油	0	—
铁力木油	35.0～40.0	120.0

3. 酪化性

酪化性反映的是油脂与面浆混合，经高速搅打后，由于起酥油包裹空气，使面浆体积增大的能力。油脂的这种包裹空气的性质称为酪化性。油脂的酪化性可用酪化价（CV）表示，即以 100 g 油脂搅打前后体积增大的百分数表示。

影响酪化性的因素有：①油相的 SFC 值必须适宜，应在可塑范围内；②固脂晶型必须为 β′型；③准确使用乳化剂；④产品经过适当的调温熟化。

4. 乳化分散性

乳化分散性是指油脂可均匀分散于水相（可含乳、蛋、面粉等）之中的能力。起酥油在面团等乳浊体中的均匀分布直接影响面团组织的润滑效果和制品的保鲜能力。尽管固脂乳化性优于液体油，但不足以使其在水相中分散均匀，因此，糕点起酥油一般都添加乳化剂，以提高油滴的分散程度。影响起酥油乳化分散性的因素有起酥油的固脂含量、脂晶的晶型、乳化剂的使用等。

5. 吸水性

起酥油吸水能力的大小常影响烘焙产品的品质和抗老化能力。吸水性对加工奶油糖霜和烘焙糕点有着重要的功能意义，它可以争夺形成面筋所必需的水分，从而使制品酥脆。

影响起酥油吸水性的因素有：①乳化剂；②固脂含量，SFC 值高则吸水性大；③固脂晶型，β′晶型吸水性大。

6. 氧化稳定性

一般油脂在烘焙、煎炸过程中，因天然抗氧化剂的热分解或本身不含天然抗氧化剂（猪油），所以烘焙、煎炸制品的抗氧化性差、货架寿命短。起酥油基料油通过氢化、酯交换改性或添加抗氧化剂使不饱和程度降低，从而提高氧化稳定性。评价油脂氧化稳定性的指标之一是 AOM 值，AOM 值高氧化稳定性好。AOM 法是由美国油化学协会制定的一种标准试验法，用于测定油脂的稳定性和抗氧化剂的效能。该方法通过将一定量（通常是 20 g 或 20 mL）的油脂试样置于特定规格的试管中，在 98℃下进行加热，同时以 2.33 mL/s 的速度通入空气，然后定期用滴定法测定油样的过氧化值，并记录过氧化值达到 100 meq/kg 所需要的时间。AOM 值越高，表示油脂的稳定性越好。

影响起酥油氧化稳定性的因素有：①油脂相配方的脂肪酸组成；②油脂相配方的脂肪组成；③是否存在有效的抗氧化剂。

7. 煎炸性

起酥油的煎炸性包括风味特性和高温下的稳定性。起酥油应能在持续高温下不易氧化、聚合、水解和热分解，并能使制品具有良好的风味。起酥油的煎炸性，与基料油脂饱和度、甘油三酯脂肪酸碳链长短、消泡剂以及煎炸条件（温度、煎炸物水分、油渣清理和油脂置换率）等有关，一般通过煎炸过程中极性组分的变化来评价。

起酥油的特性使其应用范围涉及各类食品加工，如烘焙食品、煎炸食品、冷饮、糖果、乳制品等。目前起酥油商品主要应用在以下场合：①家庭用；②高稳定性煎炸用；③面包房烘焙用；④蛋糕专用；⑤零售蛋糕预混物用；⑥面包房用糕点预混物用；⑦特殊糕点专用。

三、起酥油的种类

GB/T 38069—2019 中按照起酥油形态将起酥油分为宽塑性起酥油、窄塑性起酥油、流态起酥油、絮片起酥油、粉末起酥油，不同类型的起酥油具有各自的物理性质，如表 6-2 所示。

表 6-2　起酥油的特征指标

项目	特征指标				
	宽塑性起酥油	窄塑性起酥油	流态起酥油	絮片起酥油	粉末起酥油
形态	固态	固态	液态	片状	粉末
塑性范围/℃ （10.0%≤SFC≤37.5%）	≥12	≤9	—	—	—
打发度/（mL/g）	≥1.6	—	—	—	—
熔点范围/℃	—	<42	—	<57	<57
SFC（15℃）/%	—	—	<15	—	—
黏度（15.5～32.2℃） /（mm²/s）	—	—	≥100	—	—

注：划有"—"为不作要求。

按照基料油类型，可将起酥油分为动物型起酥油、植物型起酥油、动植物型起酥油。

按加工方式，可将起酥油分为全氢化型起酥油、掺和型起酥油、酯交换型起酥油。

按乳化性能，可将起酥油分为非乳化型起酥油、乳化型起酥油、高比率型起酥油。

按用途，可将起酥油分为面包面团用起酥油，馅饼皮用起酥油，预混干物料用起酥油，椒盐饼干用起酥油，脱模用起酥油，西式糕点酥皮用起酥油，蛋糕用起酥油，奶油夹心、填充料用起酥油，外涂和顶端料用起酥油，花生酱稳定用起酥油，冷冻面团用起酥油等。

目前，起酥油正朝着使用更加便利、功能个性更完善、营养性更能满足社会需求的方向快速发展。

四、起酥油的组成

1. 原料油脂

起酥油用的原料油脂变化很大，一些大宗的植物油脂和陆地、海洋动物油脂以及它们的氢化或酯交换产品，都可用作起酥油的基料。

（1）液相油脂 起酥油基料油脂中液相油脂应选择一些氧化稳定性较好，以油酸和亚油酸组成为主的油脂。为了调整一定的稠度范围，应选择一些黏度稍大的食用油脂。液相油脂包含基料固脂中的液相部分。

（2）固相油脂 基料油脂中的固相油脂是起酥油功能特性的基础，应选用能形成 β' 晶型的硬脂。脂肪酸碳链长短不整齐的甘油三酯或甘油三酯组成较复杂的动植物油脂，都可通过氢化加工成基料油脂或作为基料油固相。

基料油固、液相组分的比例影响基料油脂稠度，进而影响起酥油制品的功能性质。不同类型的起酥油产品所需稠度不同。固态（塑性）类起酥油稠度设计的原则是固液相油脂比例必须满足塑性条件，因此固相部分应选用能形成 β' 脂晶、甘油三酯组成较复杂的油脂，当选用猪油或 β 晶型氢化大豆油、葵花籽油和椰子油时，须掺合一定比例的 β' 晶型硬脂，以便通过 β' 脂晶的诱导促使全部固脂晶体 β' 化。起酥油等塑性脂肪的稠度以 SFI 值表示。塑性起酥油 SFI 值在 15～25。SFI 值超过 25 属硬（脆）起酥油，SFI 值低于 15 表示起酥油太软，而 SFI 值介于 15～22 的起酥油具有较宽的塑性范围。液态起酥油的稠度设计以构成固相脂晶在液相油脂中的稳定悬浮体为基准。固相部分应选用能形成 β' 脂晶的油脂，以使其脂晶粒度符合悬浮颗粒特征。基料油中固相脂肪含量一般为 5%～10%，其熔点范围应能确保在 18～35℃下悬浮基料稳定，SFI 值为 6～8。

棕榈油、猪油和牛油是天然起酥油的基料油脂。它们也可以与棉籽油、菜籽油和鱼油等配合，通过极度氢化加工成凝固点为 58～60℃ 的硬脂，进而用于起酥油基料配方中。一些液体植物油和海产动物油可根据起酥油稠度设计的要求，通过选择性氢化加工成具有一定凝固点的氢化固脂，以用作基料油脂。甘油三硬脂酸酯富集的硬脂（SSS）不宜作为基料固脂。

20 世纪 90 年代以来，膳食营养性方面的问题备受大众关注，因此如何使用营养价值更高的油脂来加工人造奶油、起酥油等专用油脂制品是油脂加工业十分关心的问题。

2. 辅料

起酥油配方中通常还包括乳化剂、抗氧化剂、消泡剂、氮气等，有时根据产品要求也会添加香精与着色剂。

（1）乳化剂 乳化剂的添加不仅可代替部分固体脂肪的功能，同时也可改善起酥油的晶型、结构、乳化性、分散性和酪化性。乳化剂是具有较强表面活性的化合物，能降低界面张力，增强起酥油的乳化性和吸水性，能在面团中均匀分布，强化面团，防止面包硬化，有利于保持水分，防止老化，还有利于加气，稳定气泡，提高起酥油的酪化性，增大面包的体积，并能节省起酥油。因此，表面活性剂的利用，大大促进了流态起酥油的开发。

近年来用在起酥油中的乳化剂有单甘酯及其衍生物、丙二醇脂肪酸酯、聚甘油酯、山梨醇脂肪酸酯、聚氧乙烯山梨脂肪酸酯、蔗糖酯和一些作为面包品质改良剂的离子型表面活性剂。

（2）抗氧化剂 抗氧化剂的种类、添加量必须在食品卫生法规规定的范围内。常用的抗氧化剂除了维生素 E 外，还有合成的酚类抗氧化剂 BHA、BHT、PG 和 TBHQ。它们可按 0.01% 的添加量单独使用，也可按 0.02% 的添加量混合使用（可增效），但需注意的是应根据起酥油的用处和抗氧化剂的特点选择合适的抗氧化剂。例如 PG 虽然有较强的抗氧化能力，但其热稳定性差，在烘烤和煎炸温度下很快就会失效，并且在水分存在的情况下，可与铁结合生成蓝黑色的结合物，故不宜用于烘烤和煎炸用起酥油中。BHA 和 BHT 对植物油，尤其是高亚油酸起酥油的抗氧化能力弱，但其热稳定性好，适于烘烤和煎炸用起酥油。高温下 BHA 会放出酚的气味，因此，它常常是少量地与其他抗氧化剂混合用于烘焙油和煎炸油。茶多酚棕榈酸酯（TPP），有一定亲油性，可作为金属离子螯合剂。抗坏血酸棕榈酸酯（AP），其疏水性的脂肪酸链提高其脂溶性，有一定的亲油性，可作为氧清除剂。迷迭香提取物（RE）以脂溶性的鼠尾草酸和鼠尾草酚以及水溶性的迷迭香酸和迷迭香酚为主，前两者占抗氧化性的 90%，鼠尾草酸是活性最强、含量最高的组分。甘草抗氧化物是通过内部成分之间的协同作用起到抗氧化性能的，须控制用量。黄酮类抗氧化剂添加量超过一定浓度时，会起到一定的促氧化作用。竹叶抗氧化物包括黄酮、内酯和酚酸类化合物。茶多酚有较强极性，须通过一定方法加入到非极性的油脂中，且须控制用量，若用量过大，将生成副产物。植酸（PA）主要是螯合可促进氧化作用的金属离子，同时释放出氢离子，破坏分解油脂在自动氧化过程中产生的过氧化物，阻止其继续形成醛、酮等有害物。

（3）金属钝化剂 在油脂中添加适量的柠檬酸（50～100 mg/kg）、磷酸（10 mg/kg）或磷脂（5 mg/kg）都有良好的钝化金属离子的作用，从而可提高起酥油的氧化稳定性。

（4）消泡剂 采用二甲基聚硅氧烷作为煎炸起酥油的消泡剂，添加量为 0.5～3.0 mg/kg 较适宜。如添加量高于 10 mg/kg，反而会引起起泡。通常煎炸果仁和土豆片用的煎炸起酥油以及加工烘焙食品用起酥油是不能加消泡剂的。

（5）氮气 氮气呈微小的气泡状分散在油脂中，使起酥油呈乳白色不透明状。每 100 g 起酥油约含 20 mL 氮气，氮气还有助于提高起酥油的氧化稳定性。

（6）着色剂 起酥油分白色和黄色两类，白色起酥油无须着色，常充氮来增白。而黄色起酥油用的着色剂主要是 β-胡萝卜素。

（7）增香剂 起酥油通常需添加天然或合成的香精来增香，以内酯类、丁二酮、二乙酰等风味化合物为代表的香精是烘焙用起酥油最常用的增香剂。

五、制造工艺

（一）塑性起酥油的制造工艺

除了乳化处理外，塑性起酥油的生产工艺与塑性人造奶油生产工艺相似，包括原辅料的调和、急冷捏合、包装、熟化四个阶段（如图 6-6 所示）。通常需根据起酥油配方，将其速冷到 15.5～26.7℃，再进行增塑处理使料温回升 2℃以上。灌装后起酥回温不得超过 1.1℃。起酥油必须经调温熟化，其熟化温度和时间取决于产品配方和包装尺寸。

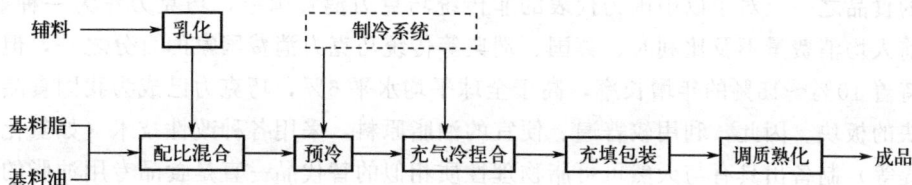

图 6-6　起酥油加工工艺

根据产品要求，起酥油可不充气或充气量高达 30％不等。各种起酥油的充气情况通常为：标准塑性型为 12％～14％；预奶油化型为 19％～25％。而膨发奶油松饼用起酥油和流态起酥油不充气，絮片和粉末起酥油也不充气，某些特种的、量身定做的起酥油按需求充气。

一般充气产品通过一只挤压阀灌装，灌装压力为 1.7～2.7 MPa。

（二）流态起酥油的制造工艺

流态起酥油的制造工艺主要包括以下工序。

① 通常在搅拌条件下进行 3～4 d 的缓慢冷却。

② 物料经缓慢冷却后，再用研磨机或均质机处理，制备时间需 3～4 d。

③ 物料采用人造奶油生产线激冷后，再缓慢搅拌保温 16 h 以上。

④ 将配方中的固体脂肪与液体油研磨均匀。

⑤ 将物料快速冷却到 38℃，待完全释放出结晶热后，再慢慢回温到 54℃以下，回温过程需控制在 20～60 min 内。

⑥ 物料采用激冷与缓慢冷却交替的处理方法。

⑦ 采用分段冷却结晶法，可将物料温度从 65℃冷却到 43℃后，保温 2 h，再冷却到 21～24℃，再结晶 1h，让释放出的结晶热使料温回升 9℃左右。

（三）粉末起酥油的制造工艺

粉末起酥油的制造工艺有两种，即微胶囊包埋法或冷却滚筒-激冷成型法。通常大多数硬脂的显热约为 1.13 J/g，结晶潜热为 116 J/g。主要通过喷雾干燥法制备，其制取过程是：将油脂、被覆物质、乳化剂和水一起乳化，然后喷雾干燥成粉末状态。使用的油脂通常是熔点在 30～35℃的植物氢化油，有的也使用部分猪油等动物油脂和液体油脂。使用的包埋物质主要为蛋白质和糖类。蛋白质有酪蛋白、动物胶、乳清、卵白等；糖类是玉米、马铃薯等鲜淀粉，也有使用胶状淀粉、淀粉糖化物、乳糖、纤维素或微晶纤维素的。乳化剂使用卵磷脂、甘油一酯、丙二醇酯和蔗糖酯等。

第三节　糖果脂

巧克力糖果产品具有良好的风味与食感，故广为消费者所喜爱。作为巧克力糖果的主要原料——可可脂（cocoa butter）由于受到产量与气候等因素的影响，除价格高、供应量不足外，且常因收成关系而在价格上有极大的波动。仅在 2006～2016 年它的价格已翻倍，这在植物油中较为少见。尽管如此，以可可脂为原料加工出的巧克力等食品仍然是全世界人们所喜爱的食品之一。对于以中国为代表的非传统巧克力消费国家，巧克力作为一种舶来品，虽然目前人均消费量不及比利时、英国、瑞典等传统巧克力消费国家的百分之一，但我国近几年保持着 10％～15％的年增长率，高于全球平均水平 6％，巧克力已成为我国食品工业中发展较快的板块。因此，利用较普遍、便宜的油脂原料，采用各种改性技术（如氢化、酯交换、分提等）制备出具有与天然可可脂物理性质相似的替代品一直是食品专用油脂的研究重点方向。

一、天然可可脂

天然可可脂是制备巧克力糖果的最佳油脂原料，从可可豆中提取得到。可可树是热带森林中的低矮树种，一棵树每年可生长 20～30 个可可果，可可果一般生长 170 d 后成熟，成熟鲜果长 18～19 cm，重 500 g 左右，果皮重占全果实的 76％，果实含水量 86.6％。经发酵和干燥后的种子称为可可豆。成熟了的可可果实，其种子的含油率达 30.6％，果壳和果肉含油量极少。一株可可树每年可收获干可可豆 860～1260 g。

可可豆在成为商品之前一般都要经过发酵处理。未经发酵的可可豆不但香气和风味低劣，而且组织结构发育不够完全，缺少脆性。

经过处理后的可可豆可用于加工可可液块、可可脂和可可粉等制品，是生产巧克力糖果等的原料。利用可可豆生产可可脂的工艺流程如图 6-7 所示。

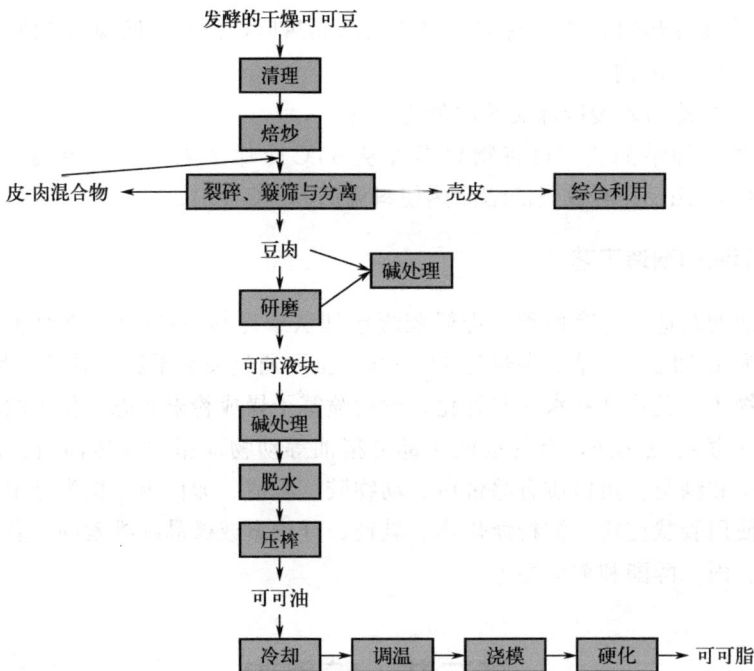

图 6-7　可可脂制备工艺

可可脂是从可可液块中压榨提取的一类植物硬脂，液态呈琥珀色，固态时呈淡黄色或乳黄色，具有可可特有的香味。可可脂的主要脂肪酸组成为棕榈酸 24.2％～27.0％；硬脂酸

32.6% ~36.4%；油酸 33.8% ~36.9%；亚油酸 2.7%~4.0%。可可脂的主要甘油三酯是油酸在 sn-2 位；棕榈酸和硬脂酸在 sn-1，3 位，即 β-POSt ＋β-POP＋β-StOSt 的总量可达 80%以上。这种特殊的甘油三酯结构，使可可脂具有特殊的物理性质，如塑性范围窄，熔点变化范围小，且接近人体温度熔化，即在稍微低于人体的口腔温度时，会全部熔化；凝固收缩易脱模；有典型的表面光滑感和良好的脆性，无油腻感。正是由于这些独特的性能，可可脂可广泛应用于巧克力、糖果外衣和点心等食品制造业中。天然可可脂具有七种不同的结晶形态，如表 6-3 所示。

表 6-3　天然可可脂具有的七种不同的结晶形态

晶型	熔点（最终）/℃
γ	16~18
α	21~24
α＋γ	25.5~27.1
β″	27~29
β′	30~33.8
β	34~36.3
其他	38~41

天然的可可脂具有复杂的同质多晶现象。若将其加热熔化后，采用不同的结晶速率，将会产生不同的结晶形态，从而影响可可脂的熔点和硬度。在巧克力糖果制作过程中，如果调温（tempering）工作做得好，则晶体将会形成稳定的 β 型，而使巧克力产品具有非常良好的光泽、硬度及光泽稳定性，否则将会造成产品硬度不足与光泽不良的情形。表 6-4 为经调温与未经调温处理的可可脂熔点与固体脂肪含量的比较。

表 6-4　调温对可可脂熔点及固体脂肪含量的影响

可可脂	熔点/℃	固体脂肪含量/%		
		20℃	30℃	35℃
未经调温	25.6	51.1	7.1	1.3
经调温	33.28	69.8	42.5	1.3

天然可可脂在最稳定的结晶状态下，熔点为 32~35℃，此时在 30℃时的固体脂肪含量尚高达 40%以上，但在 35℃时即能迅速降至 5%以下，因此使得巧克力糖果产品在室温时很硬，但入口即化，即具有口融性佳及口感清凉的感觉。

二、可可脂替代品

由于天然可可脂价格高，产量有限，而需求量又大，人们开始寻找可可脂的替代品（cocoa butter alternatives）。自 20 世纪 50 年代以来，生产者已利用氢化、酯交换、分提等各种加工技术将其他来源广泛且廉价的食用油脂加工成与天然可可脂具有相似物理性质的替代品，用于取代天然可可脂。可可脂代用品种类繁多，概括起来可分为类可可脂与代可可脂两大类。

（一）类可可脂

天然可可脂具有尖锐的熔点、陡峭的 SFI 曲线以及 100％的 β 型稳定结晶等特性，这主要是因为其一油酸二饱和酸的对称型甘油三酯（SUS）含量较高（75％以上）。因此，可以制备与天然可可脂的化学结构（主要指甘油三酯）类似的脂质来生产类可可脂（cocoa butter equivalent，CBE）。由于类可可脂甘油三酯组分和同质多晶现象与天然可可脂十分相似，因此，其塑性、熔化特性、脱模性等都与天然可可脂十分相似，且其可以与天然可可脂完全相溶。

作为类可可脂，其对称性 SUS 甘油三酯含量占 80％以上，并且 sn-2 位主要为油酸。欧盟规定，CBE 必须满足 SOS 含量≥65％；sn-2 位不饱和脂肪酸含量≥85％；不饱和脂肪酸总量≤45％；多不饱和脂肪酸含量≤5％；月桂酸含量≤1％；反式脂肪酸含量≤2％。研究发现，一些天然油脂脂肪酸/甘油三酯组成与可可脂类似，可以通过分提、酯交换等技术制备类可可脂。

1. 天然可替代油脂及其分提物

某些油脂如棕榈油（palm oil）、乳木果油（shea butter）、雾冰草脂（illipe butter）等其甘油三酯组成中富含类似于天然可可脂的组分，可以通过分提加工来提高对称型甘油三酯的含量，再根据比例要求直接应用或调制成与天然可可脂相似或相同的产品。目前，欧盟和印度为解决可可脂原料的问题，已将乳木果油、婆罗双树脂（sal fat）、雾冰草脂、烛果油（kokum kernel fat）和芒果仁油（mango kernel fat）5 种亚热带和热带木本油脂列为类可可脂的指定原料。表 6-5 列出了几种天然油脂中对称型甘油三酯的含量。

表 6-5 具有替代潜力的天然油脂中对称型甘油三酯的组成与含量

油脂	对称型甘油三酯含量（摩尔分数）/％				
	β-POP	β-POSt	β-StOSt	其他	对称型甘油三酯总量
可可脂	12	34.8	25.2	2.2	74.2
棕榈油	25.9	3.1	微量	1.3	30.3
棕榈油中间分提物	56	10	1	—	67
沙罗脂	2	11	36	—	49
婆罗双树脂	5	11～16	36～42	—	69
乌桕脂	82.6	微量	微量	—	83.5
乳木果油	0.8～3	6	21～42	—	27.8～51
雾冰草脂	9.9～13.1	40.4～43.2	35.0～40.6	—	85.3～96.9
烛果油	0～0.2	4.6～6.0	72.8～78.0	—	77.4～84.2
芒果仁油	0.6～2	9～16	20～59	—	29.6～77

2. 利用酯交换技术制备类可可脂

由于与天然可可脂相似的油脂资源有限，另外其甘油三酯结构及相关的物理性质与天然可可脂还有一定的差异性，为了得到脂肪酸组成、甘油三酯结构以及同质多晶现象等都与天然可可脂十分相似的类可可脂产品，通过酯交换改性制备类可可脂的技术应运而生。最初，研究者用印度产的植物脂（如娑罗双树脂、可可脂、马花树脂、杜帕脂、芒果仁油）作底物进行酶促酯交换改性处理，所得到的产物在总脂肪酸组成、sn-2 位脂肪酸组成以及甘油三酯结构等方面均类似于天然可可脂。后来以脂肪酶 Lipozyme RM IM 为催化剂，以棕榈油中熔点分提产物和硬脂酸为原料，在无溶剂条件下进行酶法酯交换反应，并通过分子蒸馏和溶剂结晶纯化制备类可可脂，发现制备的类可可脂各项指标与天然可可脂基本一致，且二者经调温后均表现出稳定的 β 结晶趋势。

（二）代可可脂

代可可脂常被称为硬白脱，主要应用于巧克力糖果、饼干、食品夹层等中。代可可脂的脂肪酸及甘油三酯组成与天然可可脂完全不同，但在物理特性上接近于天然可可脂。其熔化曲线也与天然可可脂相似，在 20℃ 时都很硬，到 25～35℃ 都能迅速熔化。由于甘油三酯结构不同于天然可可脂，所以其与天然可可脂的相容性很差。根据原料组成的特点，常见的代可可脂可分为月桂酸型代可可脂和非月桂酸型代可可脂。

1. 月桂酸型代可可脂

月桂酸型代可可脂（CBS）是以月桂酸系列油脂（如椰子油、棕榈仁油等）作为原料，采用分提、氢化、酯交换等工艺制备而成的。20 世纪 60 年代，日本用棕榈仁油生产代可可脂巧克力取得了成功，使巧克力的生产工艺进一步简化，生产成本大幅降低，而产量则大大提高。通常此类代可可脂的加工方法包括以下四步：①先将月桂酸型油脂加氢到接近饱和，再经结晶分提，除去液相组分；②月桂酸型油脂结晶分提获得的硬脂进一步加氢；③月桂酸型油脂结晶分提后剩余的软脂进一步加氢；④极度氢化月桂酸型油脂进行随机酯交换或与非月桂酸型植物油脂进行随机酯交换。

月桂酸型代可可脂在 20℃ 以下具有良好的硬度、脆性，而且具有良好的涂布性和口感，在生产过程中能快速结晶，具有良好的收缩性，可节约加工冷却时间。以 β' 晶型为主，加工过程中无须调温即可直接形成稳定的 β' 晶型，省去了烦琐的调温步骤。月桂酸型代可可脂配方灵活，可用其生产焙烤产品和糖果制品的复合型涂层，可满足不同地域和不同季节的需要。如对于面包房而言，冬季可以使用熔点为 37℃ 或 38℃ 的代可可脂复合涂层料，而夏季则可以使用 45℃ 或更高熔点的复合涂层料。

月桂酸型代可可脂用于巧克力及其制品中具有如下优势：具有优异的氧化稳定性；加工和制取方法十分灵活，产品多样，可满足各种需求；不需调温处理或经简单调温处理后，结晶速率迅速，产品具有良好的光泽和光泽稳定性；用此类代可可脂加工出来的产品更硬脆、口感更好，并具有良好的不粘性和脱模性；资源丰富、价格低廉。但它们也存在一定劣势，如容易水解产生皂味和腐臭味，与可可脂、其他类可可脂、乳脂混合使用时会因相容性问题使产品极易起霜。

2. 非月桂酸型代可可脂

非月桂酸型代可可脂（CBR）主要利用非月桂酸类的液体油，如大豆油、棉籽油、玉米油、菜籽油、棕榈液油等，采用氢化（完全或部分）以及分提等工艺制备而成，这类硬脂主要含有十六碳和十八碳脂肪酸甘油三酯。它们也具有与天然可可脂相近的熔点、SFI 曲线等物理特性（图 6-8）。

非月桂酸型代可可脂价格便宜，氧化稳定性好，且不需调温处理即可自发形成稳定的 β' 晶型，生产过程简单；具有较好的光泽度，尤其是当短时期受热后，再降至正常储存温度仍将保持合格光泽度；有较高的耐热性和较长的货架寿命；品种和产品物性多样化，可适用于多种应用场合，尤其可为软性或海绵状多孔基物提供一种柔韧且有一定弹性的外涂层，可避免开裂和剥落。

但非月桂酸型代可可脂巧克力口感欠佳，硬脆性不好；与可可脂及乳脂相容性差，通常配方中只能用低脂可可粉，影响了产品的风味和色泽；其收缩率低，导致脱模性差。

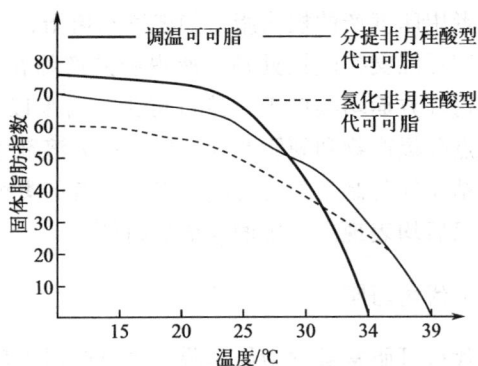

图 6-8　代可可脂与可可脂的固体脂肪指数

三、可可脂替代品的生产技术

可可脂替代品可以通过氢化、分提、酯交换三大工艺来生产。常见的一些可可脂替代品可以由棕榈油和棕榈仁油、乳木果油、藤黄果油、芒果仁油、椰子油、大豆油、棉籽油、菜籽油生产，这些油具有与可可脂相似的物理或化学性质。

1. CBE 的制取

CBE 一般可以通过单一的分提、萃取工艺或者酶促酯交换工艺来制得。

（1）油脂分提法　一般分为干法分提和湿法分提，干法分提是利用油脂的物理特性，根据不同熔点的甘油三酯分离条件的不同来进行油脂的分提。例如乳木果油通过分提得到的硬脂部分，可用于可可脂替代品的生产。溶剂分提是指在干法分提的基础上，加入溶剂，使溶剂与油脂混合物通过缓慢冷却结晶，再离心过滤，分离出结晶物质的有效方法，此方法应用较少，但在芒果仁油生产中有实际应用。芒果仁油碱炼、脱色后，在精炼油中按丙酮与油为（3～5）：1 的比例加入丙酮，稍加热使其溶解，接着将混合油冷却至 22℃ 保持 7 h，使结晶析出。此法是分别从固液两部分回收溶剂，此过程生产的固体部分可作为类可可脂使用。

（2）酶促酯交换　酶促酯交换技术是将一定种类的油脂（如棕榈油的中间分提物等）与一定量的酰基供体（如硬脂酸或其甲酯、甘油三酯等），加热溶解后，加入少量的 1,3-位专一性脂肪酶催化酯交换反应，得到的产物进行分离，其甘油三酯成分即为类可可脂产品。如用 1,3 专一性脂肪酶 Lipozyme IM 可催化棕榈油的中熔点分提物（POMF）的 1-位和 3-位酰基与硬脂酸进行酯交换反应，产物的甘油三酯 [POS（40.5%）和 SOS（27.6%）] 组成与可可脂类似，可作为优良的类可可脂。

（3）利用微生物工程制备类可可脂　某些微生物经过多次诱导变异，其体内合成油脂的脂肪酸组成及甘油三酯结构可与天然可可脂相似，然后直接压榨或萃取菌体，得到的油脂产品即为类可可脂产品。目前已报道的利用微生物生产 CBE 的研究包括诱变选育、基因改造及培养基组分优化。微生物不依赖于耕地和环境气候，是一种绿色环保的新工艺。

2. CBS 的制取

CBS 一般可以通过油脂氢化、酶促酯交换、超声波辅助提取等工艺来制得。

（1）油脂氢化-分提法/分提-氧化法　油脂氢化-分提法/分提-氢化法是将棕榈油、豆油、棉籽油及菜籽油等分别进行氢化反应，然后混合。也可以先将它们按一定比例混合后，再氢化。然后将氢化后的产品进行溶剂分提，可得到 CBS 产品。

（2）**油脂酯交换-氢化法**　例如，将棕榈油与葵花籽油进行酯交换反应，水洗去除催化剂，脱色、脱臭后制成酯交换油脂，将该油脂氢化后即可得到 CBS 产品。

（3）**酯交换分提结合法**　这种方法结合了酯交换和分提两种工艺，即通过酯交换改变油脂的脂肪酸组成，然后通过分提工艺分离出具有特定物理性能的油脂部分。这种方法可以更精确地控制产品的熔点和硬度，适用于生产具有特定性能要求的 CBS 产品。

第四节　煎炸油

随着生活节奏的加快，快餐、方便食品、预制食品受到消费者的欢迎。煎炸是食物快速熟制的方法之一，并且煎炸食品往往具有诱人的风味、色泽，使其成为重要的烹调食品方法之一。

一、煎炸的定义与分类

煎炸即将食物在热油中炸制，俗称油炸，是在家庭和餐饮业均普遍采用的一种烹饪方式。煎炸加工食物时，既可实现食物内部的熟化，又可在食物表面形成金黄色脆皮以及独特的诱人风味，使得煎炸食品备受广大消费者喜爱，其品种及食用量近年来均有明显增加。

"煎""炸"二者含义并不相同。通常将食品深度煎炸称为"油炸"，需要在深锅中进行，借助大量油进行传热，食物浸没在煎炸油中，使食物迅速熟化；而将食品的浅表煎炸称为"油煎"，如家庭和餐馆中大多使用平锅或浅锅进行煎炸。另外，放在浅平锅内和钢丝网上煎烤食品也属浅表煎炸，通常称为"炙烤"。

按照煎炸过程的操作压力不同，可将煎炸分为常压煎炸、高压煎炸、真空煎炸。常压煎炸一般在敞口设备中进行，加工过程中保持大气压。高压煎炸配备密封盖，保持设备内部压力，以提高热转换效率，使细微挥发物质被保留在食物中，并大幅缩短煎炸时间。真空煎炸在负压的密闭容器中进行，煎炸温度较低，且在相对缺氧的环境中进行，可有效抑制氧化作用；负压可降低煎炸油及食物中水分的沸点，促使水分快速蒸发，使食品形成疏松多孔的组织结构，可最大程度地保留食物原有的品质及营养，同时延长煎炸油使用周期。

二、煎炸过程中油脂发生的变化

煎炸油的品质直接决定了煎炸食品的营养、安全与健康，由于油炸与油煎的条件有很大的差异，所以对油炸用油与油煎用油的要求各不相同。油炸用油同样适用于油煎，而油煎用油不一定适用于油炸。一般而言，煎炸油必须具备以下品质：

① 具有清淡或中性的风味，以免对油炸食品风味造成不良影响。

② 具有较好的稳定性，大部分煎炸过程在 160～200℃下进行，有些甚至高达 230℃，煎炸油须在持续高温下不易氧化、裂解、水解、热聚合、环化。

③ 能赋予油炸食品结构所期望的品质，例如酥松、膨大、肥美。

④ 具有较高烟点，其烟点须高于煎炸温度，只有在连续油炸之后才会轻微发烟。

⑤ 无论是煎炸油本身，还是煎炸油的包装形式都要力求使用便利。

油脂的种类繁多，是否可以作为煎炸用油需要综合考虑营养、市场偏好、是否可持续供应、产品的合规性以及煎炸产品的特性与成本。通常会选择饱和脂肪酸含量高、不饱和脂肪酸含量低的油脂作为煎炸油。例如，猪油、牛乳脂肪均可作为油炸用油。棕榈油是世界范围内使用最广泛的煎炸油。2022年我国对棕榈油的需求量达到340万吨，且多用于煎炸餐饮行业。当采用一般植物油脂作为工业油炸食品用油时，出于产品稳定性方面的考虑，要求油的多烯脂肪酸含量≤3%。欧盟规定，亚麻酸含量≥0.5%的油脂不能作为深度油炸用油。因此，动、植物油脂常需经选择性加氢，除去大部分亚麻酸后来制备高氧化稳定性油炸用油。大豆油、棉籽油、棕榈软脂（油酸精）等植物油脂，经选择性部分加氢后，再经分离可得液油，由这种液油加工而成的液态起酥油是一类优秀的油炸用油，它们的AOM值高达250 h以上。

三、煎炸油的品质检测

煎炸油在加热过程中由于存在氧化、水解、聚合等反应，其理化指标发生变化，如色泽、黏度、电导率、介电常数、酸价、过氧化值、茴香胺值、羰基值等。因此可以通过上述各种油脂指标的变化来检测煎炸油的品质变化。

目前我国 GB 2716—2018《食品安全国家标准　植物油》中规定煎炸过程中食用植物油酸价（以 KOH 计）应≤5 mg/g，极性组分应小于27%。依据国家标准 GB 5009.202—2016 和国际标准 ISO 8420：2002 的规定，油脂的总极性组分（total polar compounds，TPC）定义为特定柱层析条件下的洗脱分离组分，包括油脂中本身存在的甘油一酯、甘油二酯、游离脂肪酸等极性物质，以及煎炸或加热过程中产生的氧化、水解、聚合等反应产物。而油脂的非极性组分，通常以未变化或未参与反应的正常甘油三酯为主。

搜集世界各国或地区有关煎炸油废弃点的相关规定发现，各国规定的煎炸油品质监管指标，包括总极性组分、氧化甘油三酯聚合物、酸价、烟点和煎炸温度共5类，其中总极性组分含量是最重要的，除荷兰和日本外的所有国家都有相关规定。世界各国或地区对煎炸油废弃点的规定见表6-6。

表6-6　世界各国或地区对煎炸油废弃点的规定

国家或地区	总极性组分（TPC）/%	氧化甘油三酯聚合物（TGP）/%	酸价/（mg KOH/g）	烟点/℃	煎炸温度/℃
德国	24	12	2	170	—
葡萄牙	25				180
法国	25				—
意大利	25				180
波兰	25		2.5		—
芬兰	25		2	180	—
智利	25		5	170	—
南非	25	16			—
西班牙	25				—
比利时	25	10	5	170	180
捷克	25	10			—
中国	27	—	5	—	—

国家或地区	总极性组分（TPC）/%	氧化甘油三酯聚合物（TGP）/%	酸价/（mg KOH/g）	烟点/℃	煎炸温度/℃
奥地利	27	—	2.5	170	180
瑞士	27	—	—	170	—
匈牙利	30	—	—	180	180
荷兰	—	16	4.5	—	—
日本	—	—	2.5	170	—

注：TGP＝oxTGO＋oxTGD。式中，oxTGO 为氧化甘油三酯多聚物，oxTGD 为氧化甘油三酯二聚物。

第五节　其他食品功能油脂

一、人乳替代脂

　　婴幼儿是具有特殊营养需求的一类群体。新出生的婴幼儿由于自身代谢系统尚未完善，营养摄入要求全面均衡；同时婴幼儿处于一生中生长和智力发育最为迅速的时期，并且在这一关键时期营养素摄入的数量和质量将对其未来产生重大影响，关键营养素的缺乏与不足，将造成终生无法挽回的伤害。因此，考虑到婴儿的消化吸收特点和营养需要，母乳无疑是婴儿最理想的天然食品。然而，由于职业、疾病等方面的原因，母乳缺乏现象非常普遍。为了补充婴幼儿生长发育所必需的营养物质，婴儿配方食品逐渐得到开发。

　　母乳中含有 4%～4.5% 的脂肪，其中 98% 是甘油三酯。母乳中脂肪酸的种类复杂，饱和脂肪酸包括中链、中长链及长链饱和脂肪酸，如月桂酸（5%～7%）、棕榈酸（20%～24%）、硬脂酸（7.1%～9%）；单不饱和脂肪酸包括油酸（31%～38%）、棕榈油酸（2.5%～3.8%）；ω-3 多不饱和脂肪酸除含有 α-亚麻酸外，还含有二十二碳六烯酸（DHA，0.3%～1.9%）。

　　母乳中甘油三酯的结构为 USU 型，饱和脂肪酸分布在 sn-2 位上，不饱和脂肪酸分布在 sn-1 和 sn-3 位上。植物油中甘油三酯的常见结构是 SUS 型，饱和脂肪酸分布在 sn-1、sn-3 位上，不饱和脂肪酸分布在 sn-2 位上。母乳中最重要的饱和脂肪酸——棕榈酸，大约 70% 酯化在甘油三酯分子的 sn-2 位上，这种结构的甘油三酯可以在婴儿体内促进棕榈酸的吸收，增加钙的吸收，提高骨密度，软化婴儿粪便，减少上火等。因此早在 20 世纪 80 年代，随着婴儿营养吸收研究的深入，关于棕榈酸主要位于 sn-2 位的结构油脂的制备研究已经展开，目前市场上已经出现含 OPO 油脂的配方奶粉，即甘油三酯结构母乳化配方奶粉。

　　但对于大多数的植物油而言，棕榈酸是连在 sn-1 或者 sn-3 位上的，所以研究人员通过一些改性技术，制备具有特定甘油三酯结构的人乳替代脂。通常采用 sn-2 位棕榈酸含量高的棕榈硬脂、猪油和牛乳脂等作为反应底物，以不饱和脂肪酸（油酸）含量高的茶油和大豆油作为酰基供体。有研究采用酶法改性棕榈硬脂，通过脂肪酶 Lipozyme TL IM 和 Lipozyme RM IM 催化酯交换和酸解反应，成功制备了富含 sn-2 位棕榈酸的乳脂替代品。优化工艺后，产品脂肪酸组成与人乳相似，营养价值和安全性得以提高，可作为婴幼儿的优质食品原料。也有研究通过优化脂肪酶催化的醇解反应制备 2-MAG，再与油酸酯化合成 OPO，最终制得符合国家标准的高纯度 OPO，可作为婴儿配方奶粉理想的脂肪源。

二、中长链甘油三酯

中长链甘油三酯（medium and long-chain triacylglycerols，MLCT）是指在甘油骨架上连接有一个或者两个中链脂肪酸，而其他为长链脂肪酸的一类甘油三酯的总称。目前，不同研究中对中、长链脂肪酸界定不完全一致，综合而言，6～12 个碳原子的脂肪酸均可算为中链脂肪酸。在自然界，中链脂肪酸的含量较少，主要来源于母乳、牛羊等其他动物乳脂及其制品、棕榈仁油及椰子油等。

MLCT 具有降低血脂、抑制肥胖、提高免疫力、降低炎症反应、预防糖尿病和心血管疾病以及降低癌症发生风险等诸多保健功能，受到广泛关注。MLCT 的功能得益于其特殊的代谢途径，即在小肠内脂肪酶的作用下水解为中、长链脂肪酸（MCFA、LCFA）和 sn-2 甘油一酯。MCFA 碳链短，直接通过门静脉转运到肝脏代谢供能，无须参与外周循环，不易在脂肪组织和肝组织中蓄积。sn-2 甘油一酯和 LCFA 溶于胆汁酸形成微团，在小肠表皮细胞中重新酯化形成甘油三酯，以乳糜微粒的形式经淋巴系统到达肝脏及外周组织中贮存。因此，MLCT 既可快速供能，不造成脂肪堆积，又可提供各种必需脂肪酸，维持机体机能。

MLCT 作为新资源食品，于 2012 年被中国卫生部批准，其以食用植物油和中链甘油三酯为原料，经过脂肪酶进行酯交换反应，再经过蒸馏分离、脱色、脱臭等工艺制成。MLCT 在食品工业中，可用于生产健康食用油、能量棒、人造奶油、人造黄油和起酥油、饮料和煎炸油等。在医药领域，MLCT 被用作术后患者的肠外营养补充剂，有助于提高免疫力，加速恢复。MLCT 也被认为是一种有价值的人乳脂肪替代品，因为它与母乳具有相似的甘油三酯和脂肪酸组成。MLCT 的合成方法包括酯化、酸解等，其中酸解法是最常见的制备方法，其通过脂肪酶催化脂肪酸和甘油三酯之间的酰基交换来生成新的结构脂质和脂肪酸。MLCT 的产率和纯度可以通过优化反应条件和使用高纯度的底物来提高。在食品工业中，通过化学酯化反应，可以将乳木果油与棕榈仁硬脂混合，生产出富含 MLCT 的冷溶性粉末脂肪；有研究表明，通过脂肪酶催化的酸解反应，可以将樟树籽油与油酸结合，生产富含中链脂肪酸的 MLCT，这种 MLCT 可以作为人乳脂肪的替代品；也有研究以油茶籽油和辛酸为底物，以 1,3-特异性固定化脂肪酶作为催化用酶，在单因素试验的基础上，通过正交试验以酯化反应制备 MLM 型 MLCT。

三、甘油二酯油

甘油二酯（DAG）是由两分子脂肪酸与甘油酯化得到的产品，是天然植物油脂的微量成分及体内脂肪代谢的内源产物，并且是一般认为安全（GRAS）的食品成分。动植物油中甘油二酯的含量介于 2%～10%（质量分数）。目前，国内外都对 DAG 进行了广泛的研究，在食品工业、医药、化工及化妆品行业均有应用实例，另外还有些特殊的应用，例如制作除臭剂、皮革加脂剂等。

甘油二酯以 sn-1,2-DAG、sn-1,3-DAG 和 sn-2,3-DAG 三种异构体存在。DAG，尤其是 sn-1,3-DAG，具有抑制机体脂肪堆积和降低餐后血清甘油三酯、胆固醇和葡萄糖的功能，此外还能改善骨骼健康。这些功能与 DAG 结构有关，使得它与传统油脂的吸收、消化代谢途径存在差异。

DAG 大量存在于普通食品中，具有长期的安全食用历史，美国食品药品管理局（FDA）通过其 GRAS 认证。最初 GRAS 声明中 DAG 具有两方面应用，即家庭烹饪油和人造奶油。随后几年内，DAG 的应用进一步扩展到十个方面，包括家庭烹饪油、人造黄油涂抹酱、烘焙产品、食品调味品和冷冻食品/主菜等。在我国，甘油二酯油于 2008 年获批新资源食品，2021 年国家卫生健康委员会修订了对甘油二酯油质量的要求，明确其以大豆油、菜籽油、花生油、玉米油等为原料，以脂肪酶制剂、水、甘油等为主要辅料，通过脂肪酶催化，经蒸馏分离、脱色、脱臭等工艺而制成；甘油二酯油中，甘油二酯含量应≥40%，食用量每天不超过 30 g，不可以用于婴幼儿食品。

DAG 可以通过化学法（氢氧化钠、氢氧化钾或氢氧化钙催化）或酶法合成，主要合成途径包括酯化反应、部分水解、甘油解、酯交换等。已有研究使用热带木本油料生产甘油二酯油，以将天然油脂转化为具有特定健康益处或理化特性的油脂。如以椰子油为原料制备的椰子甘油二酯油可显著降低血清甘油三酯含量以及脂肪合成相关酶的水平，从而改善脂肪代谢，抑制脂肪积累。研究者通过使用脂肪酶 Lipozyme TL IM 催化饱和甘油一酯和棕榈油进行酯交换反应，并通过分子蒸馏技术分离纯化，成功制备了富含甘油二酯的油脂。将 DAG 油作为食品专用油脂基料，具有发展潜力。有研究人员以棕榈甘油二酯油为原料，通过分提工艺制备固态脂质产物，并筛选出最合适的固脂与牛油混合，以制备火锅底料油。

第七章
热带木本油料副产物综合利用

第一节 蛋白质的加工

一、蛋白质提取的目的与重要性

（一）经济价值与应用前景

　　蛋白质是人体必需的营养物质，可以从动物、昆虫、植物和微生物中获取。随着人类对蛋白质消耗量的不断增加，传统蛋白质来源却相对有限。农副产品或废物逐渐成为人类食品和饲料的替代蛋白质来源。每年，农业食品行业产生大量被丢弃的副产品（如果渣、叶子、果仁、种子、皮和其他不可食用部分），不仅造成全球环境问题，还会带来社会经济上的负面影响。

　　在热带木本油料的加工过程中，也会产生大量废物和副产品。这些副产品往往未能得到充分利用，甚至被丢弃，尤其是榨油后的饼粕，通常失去了再加工的价值，只能作为饲料或肥料处理，导致蛋白质资源的巨大浪费。然而，这些副产物其实是丰富的蛋白质来源，值得进一步开发和利用。通过从热带木本油料的副产物和废物中提取植物蛋白，可以为满足日益增长的蛋白质需求提供一种前景广阔且可持续的解决方案，不仅有助于资源的高效利用，也可为可持续发展贡献力量。

（二）蛋白质的功能特性

　　蛋白质的功能特性是指在食品加工、处理、贮藏和消费过程中，有助于改善食品结构特性的物理化学性质。近年来，随着对植物蛋白营养价值和经济价值的深入研究，其在食品中的应用范围不断扩大。热带木本油料蛋白质以其高营养价值和丰富资源而受到关注，且具有多种功能特性，包括作为胶凝剂、增稠剂、发泡剂和乳液稳定剂等。这些特性不仅可为食品提供营养价值，还可赋予食品独特的感官属性，如颜色、味道和形状。因此，植物蛋白逐渐被广泛应用于食品加工的各个领域，市场上涌现出越来越多的植物蛋白基产品。例如，椰子蛋白可用于制作椰奶、饮料和面食等。

二、蛋白质提取方法

（一）化学法

1. 碱溶酸沉法

碱溶酸沉法，简称碱法，是一种适用于多种木本油料副产物的传统蛋白质提取方法，其工艺流程如图 7-1 所示。该方法操作简单、耗时少、成本低，不会产生有害物质，适合工业化生产。其原理主要依赖于蛋白质在不同 pH 值条件下的溶解性变化。该过程首先将油料作物的饼粕与水和碱性溶液（通常为氢氧化钠或氢氧化钾）混合，在碱性环境中进行浸提。碱性条件能够破坏蛋白质分子中的氢键和静电相互作用，使其变性并展开，从而显著提高溶解度。该过程通常在加热和搅拌的条件下进行，以确保尽可能多的蛋白质进入溶液。蛋白质充分溶解后，向溶液中逐步添加酸（如盐酸或醋酸），以调节 pH 值至蛋白质的等电点。在此 pH 值下，蛋白质分子的净电荷为零，溶解度降低，从而聚集形成沉淀。此过程的关键在于精确控制 pH 值的调整速率以及最终的 pH 值，以确保最佳的沉淀效果。沉淀后的蛋白质可以通过离心或过滤的方式与液体分离，随后进行干燥处理，以便储存和使用。值得注意的是，提取的蛋白质可能仍含有杂质，因此后续的纯化步骤（如超滤、沉淀、色谱分离等）可以进一步提高其纯度。碱溶酸沉法是一种简单且经济的蛋白质提取技术，但在操作过程中需谨慎考虑蛋白质的变性问题及环境影响。

粕 ⟶ 烘干 ⟶ 粉碎 ⟶ 碱溶液提取 ⟶ 离心去渣 ⟶ 酸沉 ⟶ 离心收集沉淀 ⟶ 冷冻干燥 ⟶ 分离蛋白质

图 7-1　碱溶酸沉法制备蛋白质工艺流程

2. 有机溶剂萃取法

有机溶剂萃取法是一种利用有机溶剂选择性溶解目标成分的有效技术。其基本原理是基于不同物质在有机溶剂和水中的溶解度差异。当有机溶剂与饼粕混合时，目标蛋白质会优先溶解于有机溶剂中，而其他成分（如纤维素和脂肪）则相对不易溶解，从而实现分离。该方法选择合适的有机溶剂至关重要，常用的溶剂包括醇类（如乙醇和甲醇）、酮类（如丙酮）和醚类（如乙醚）。这些溶剂的极性和溶解特性能够有效提取多种蛋白质。在提取过程中，首先需对饼粕进行干燥和粉碎，以增大表面积。然后，将饼粕与选定的有机溶剂按比例混合，并在适当温度下浸泡一段时间，以促进溶解。最后，通过离心、过滤或沉淀等方法将富含蛋白质的溶液与固体残渣分离。尽管该方法提取效果显著，但也存在一些缺点，例如溶剂可能对环境和健康造成影响，以及在高浓度溶剂中蛋白质可能变性等。

3. 盐溶液法

盐溶液法在蛋白质提取中的应用是基于盐对蛋白质的溶解度和相互作用的影响。当少量中性盐加入蛋白质溶液时，蛋白质表面的电荷状态会发生改变，如电荷密度增加。这种电荷密度的提升增强了蛋白质与水分子之间的相互作用，从而提高了蛋白质的溶解度。随后，可以通过超滤等方法去除溶液中的盐分，实现蛋白质的提取和分离。

（二）物理法

1. 超声辅助提取法

超声辅助提取法是一种物理提取工艺，其利用超声波破裂细胞，以快速和高效地从植物中提取目标化合物，特别适用于从油料植物榨油后的饼粕中提取蛋白质。在超声波的作用下，更多的蛋白质得以释放。超声波产生的空化效应和机械振动增强了蛋白质分子与提取溶剂之间的相互作用，显著提高了蛋白质的溶解度。超声处理时间、温度和超声强度等因素是影响蛋白质提取率的重要参数。与传统的碱法相比，超声辅助碱法通过物理和化学的结合，大幅减少了溶剂的用量，并能高效提取饼粕中的蛋白质。这种方法操作简便，提取效率高，为植物蛋白质的资源化利用提供了新的途径。

2. 微波辅助萃取法

基于微波的强穿透能力、良好选择性和高加热效率，微波萃取技术能够有效破坏植物细胞，释放出蛋白质等有效成分。与传统提取技术相比，微波萃取具有简便、高效、选择性强、节能省时和环境污染少等优点。影响微波萃取效果的主要因素包括微波作用时间、微波功率、操作温度、萃取剂的 pH 值以及料液比等。目前，蛋白质萃取过程中常用的微波频率为 2450 MHz，功率一般较低，通常在 1 kW 以内，作用时间一般不超过 5 min，且大多数环境为碱性。

3. 脉冲电场辅助提取法

脉冲电场处理是一种通过短时间内施加高压电脉冲，破坏细胞膜，以促进细胞内蛋白质释放的技术。这种提取方法因其非热性、可持续性、可提高提取效率、可缩短提取时间、高选择性、可减少溶剂使用以及可保护生物活性化合物等特点，越来越受到食品工业的关注。脉冲电场辅助提取的机制主要涉及加速细胞膜内各种化合物的化学反应和电穿孔现象，同时提高它们的溶解度。细胞膜中电荷分布的变化会导致电穿孔的形成，从而引起细胞结构的不稳定。电穿孔通常发生在电场强度超过某个临界值时，可能是暂时的，也可能是永久的。

在实际操作中，先将油料植物提取油脂后剩余的副产品粉碎，以增大表面积。然后，将处理后的样品放入电场装置，设定适当的电场强度和脉冲持续时间。在电场作用下，细胞膜逐渐被破坏，蛋白质和其他可溶性成分得以释放。提取结束后，通过离心和过滤等后处理方法去除杂质，最终获得纯化的蛋白质。这一过程简便高效，充分展示了脉冲电场辅助提取法在工业化应用中的巨大潜力。

4. 高压辅助萃取法

高压辅助萃取法是一种新兴的非热加工技术，其利用 100～1000 MPa 的压力对压力容器内的样品进行处理。其基本原理是高压能够提高溶剂的溶解度和扩散速率，从而促进植物细胞壁的破裂，使溶剂能够进入受损细胞，释放木本油料副产物中的蛋白质。通过调整压力、温度和溶剂类型，可以优化蛋白质的提取效果。与传统的溶剂萃取方法相比，高压辅助萃取法具有能量消耗低、处理均匀、无毒性、热量产生少以及对蛋白质结构的热降解程度低和对活性的影响小等优点。

5. 亚临界水萃取法

亚临界水萃取法是一种利用水在亚临界状态下的特殊性质进行植物蛋白提取的有效技术。该方法温度保持在水的沸点（100℃）和临界点（374℃）之间、压力高于沸点（1～22.1 MPa）的条件下进行，使水形成亚临界水。在这种条件下，水中的氢键会被破坏，从而降低其黏度和表面张力，同时增加扩散率，使其更易渗透到基质颗粒中。亚临界水的极性和溶解能力显著增强，从而可有效提取油料植物副产物中的蛋白质。将粉碎的木本油料副产物放入亚临界水提取设备中，并设定适当的温度和压力。在提取过程中，亚临界水与木本油料副产物充分接触，通过一定时间的浸泡，能够有效溶解并提取副产物中的蛋白质。亚临界水提取法不涉及化学物质，生产时间也比传统方法短，是一种环保且高效的提取技术，可以单独使用或与其他提取方法结合，以提高蛋白质的提取率和技术功能特性。然而，该方法的高实施成本限制了其在工业化过程中的应用。

6. 反胶束萃取法

反胶束是由内部水核心和外部疏水性表面活性剂分子基组成的纳米级球形结构，外部溶剂通常为有机溶剂。在反胶束中，表面活性剂的极性头部朝向胶束的内部水核心，而亲脂肪的烃尾则指向有机溶剂。反胶束萃取法利用水-表面活性剂-有机溶剂构成的三相系统，与亲水溶液接触时，亲水物质会进入反胶束的极性核内，在水层和极性基团的保护下，蛋白不会发生变性。当蛋白质分子的大小和表面电荷适合进入反向胶束的极性水核时，蛋白质便会从水相转移到含有反向胶束的有机相中，实现正向萃取。随后，通过改变有机相的条件（例如，改变 pH 值、离子强度或加入不同有机溶剂），破坏蛋白质与反向胶束之间的相互作用，使蛋白质从反向胶束中释放出来，并转移到一个新的水相中，即完成反萃取或反提，从而达到纯化和浓缩的目的。

（三）酶辅助提取法

酶辅助提取法是利用一种或多种酶从植物材料中分离蛋白质的技术。此法通常以水作为溶剂，相较于需要有机溶剂的提取技术，具有显著的可持续性优势。酶辅助提取的效率受多个因素的影响，包括酶的种类、反应时间、温度、酶浓度、颗粒大小和 pH 值等。在提取过程中，可以使用水解植物细胞壁中纤维状材料的酶，如果胶酶、木质素酶和纤维素酶，以促进蛋白质的释放，从而增强提取效果。蛋白酶能够对蛋白质进行部分水解，降低其分子量，提高其溶解度和功能性。此外，某些酶在防止蛋白质与植酸盐形成复合物方面也起到重要作用，从而可改善蛋白质的溶解度。与传统提取方法相比，酶辅助提取法的另一个优势在于所需的反应条件较为温和，提取过程通常在低温下短时间进行，能够有效保持蛋白质的功能性。然而，一些酶的成本和活性仍是该方法需要解决的问题。

三、蛋白质改性

在现代食品生产加工过程中，由于木本油料植物蛋白的结构特性，其性能通常难以满足企业在生产环节的实际需求，如低溶解度、低消化率和差的泡沫稳定性等，给油料植物蛋白产业的进一步发展带来了局限性。

蛋白质改性是一种通过应用特定技术，提高蛋白质的功能和生物活性，从而改变其分子结构或化学成分的方法。通过改变植物蛋白的物理化学性质，可以改善和多样化其技术功能与生物活性，增强其凝胶特性，以满足食品配方对理想功能特性植物蛋白的日益增长的需求。植物蛋白的改性使其能够作为一种多功能的成分，并有助于开发更广泛的功能性食品系统。目前，常用的植物蛋白改性方法包括物理改性、化学改性和酶改性等。蛋白质改性直接影响蛋白质的功能、营养和感官特性，方法的选择应从最终应用的角度出发。

（一）物理改性修饰技术

物理改性修饰技术通过控制外部条件，在不改变蛋白质氨基酸序列的前提下，改变其高级结构和分子间聚集状态，以改善其功能特性。该技术具有许多优势，如蛋白质营养损失少、操作简便、成本低、改性时间短且无毒副作用。物理改性是目前蛋白质改性中常用的方法之一，因为它不涉及化学物质、酶或微生物，因此比其他改性方法更安全可靠，且对产品的营养特性影响较小。

1. 热处理

热处理（包括常规加热、微波、红外、射频和欧姆加热）是物理修饰植物蛋白结构和功能的常用方法之一。热变性是指蛋白质在加热过程中发生的结构变化，主要包括以下几个方面：①加热使蛋白质分子的动能增加，运动加剧，使其内部的氢键、疏水键和离子键被破坏；②随着温度的升高，蛋白质的三级结构开始解构，导致亚基解离和二级结构的展开；③当蛋白质结构展开时，原本隐藏的疏水基团暴露在溶剂中，有助于它们的聚集和再交联。

热处理增加了植物蛋白的溶解度、凝胶性、乳化性和起泡性，使其更易于用于液体食品和饮料中；某些植物蛋白中可能含有抗营养因子，热处理可以有效去除或失活这些成分，提升其营养价值；热处理后的蛋白质结构更易被消化酶分解，从而可提高其消化率和生物利用度；热处理不仅改善了蛋白质的营养特性，也使其能够广泛应用于多种食品系统，如植物基肉制品和乳制品替代品，进一步拓宽了其市场潜力。

2. 高压处理

高压技术是指利用水或其他流体作为压力传递媒介，将物料置于超高压容器中，在超过 100 MPa 的压力和适当温度下处理一定时间，从而改变物料的性质的技术。这项高新技术对蛋白质等生物大分子的影响主要源于压力引起的物质体积变化。由于不同物质组分在结构上的差异，它们在高压下的压缩变形各不相同。当这种变形（能量）达到一定程度时，会影响物质分子间的结合方式，导致键的破坏和重组，从而改变蛋白质的功能特性。在超高压条件下，蛋白质的离子键、氢键和疏水作用等非共价键可能会被破坏或重新形成。随着体积的缩小，疏水结合和离子结合等键会被切断或重新建立，从而引起蛋白质三级和四级结构的改变，最终影响其功能性质。这种处理对植物蛋白的溶解性和功能特性可能产生积极或消极的影响。超过 400 MPa 的高压可能导致蛋白质因聚集而溶解性降低，但也有研究显示其具有潜在的益处。

3. 超声波处理

超声波是一种频率在 20～500 kHz 之间的声波。超声波处理具有成本低、效率高和操作简单等优点。超声波在液体中传播时产生高频振动，这些振动能够直接作用于植物蛋白分子，导致其分子间化学键相互作用，进而改变蛋白质的结构。超声波处理对蛋白质的结构、功能特性、抗氧化活性和消化性有显著影响，具体取决于超声功率、超声时间和蛋白质的结构。超声波的空化效应还能产生高能量剪切力和振动力，可进一步促进蛋白质分子的解聚和改性，有利于产生更小粒径的物质，引起疏水性基团的暴露，诱导蛋白质二级和三级结构发生改变。此外，超声产生的压力和热量在形成更灵活和可移动的蛋白质聚集体中发挥着重要的作用。然而传统超声设备限制了蛋白质改性后功能的最大化，可利用较为先进的多频超声波设备，同时也可结合其他方法进一步提高蛋白质的功能活性。具体的影响可能因蛋白质类型、超声条件和处理程度而有所不同。

4. 冷等离子体处理

冷等离子体，又称非热等离子体或低温等离子体，是指含有反应性离子、电子、中性原子和分子的混合物的部分电离气体。冷等离子体通过施加电场对气体进行电离而形成，生成的等离子体中包含多种活性物质，如自由基、离子和激发态分子，这些成分能够与材料表面发生相互作用。在蛋白质结构中，冷等离子体的高能量作用可能会破坏共价键，导致宏观团簇的打开，从而减小其粒径。等离子体产生的活性物质促进了特定亲水性基团的加入，增强了水分子与蛋白质表面的相互作用和结合。然而，由于水相互作用的增强，长期处理可能导致蛋白质胶束变得拥挤，从而在一定暴露时间后降低其溶解度。此外，蚀刻所造成的表面空洞可能会破坏蛋白质界面之间的氢键，从而降低其聚集的可能性。短时间的等离子体处理已被证实可以改善蛋白质的溶解度并实现颗粒大小的均匀。相反，较长时间的处理可能使疏水性基团暴露于极性环境中。低频短期等离子体处理还可以促使形成膜，显著改善油水或空气-水界面的乳化和发泡性能，从而产生更灵活的结构。冷等离子体处理能够改变蛋白质的结构和性质，影响其溶解度、粒径、亲水性以及乳化和发泡等功能特性。这种方法不仅节能、低成本，而且符合绿色、可持续发展的要求，为热带木本油料蛋白质的应用开辟了新的途径。

（二）化学改性修饰技术

1. 磷酸化

磷酸化是植物蛋白常见的化学修饰方式，主要通过在蛋白质侧链上引入磷酸基团来调节其功能。这一过程在维持生物活性和促进蛋白质特异性功能调节方面具有重要作用，同时具有不产生有毒副产物的优点。磷酸化不仅能够调节蛋白质活性，还能改善蛋白质的生物利用度。在磷酸化方法中，酶促磷酸化具有较高的特异性，但其仅在特定的蛋白质骨架上引入少量磷酸基团，因此对蛋白质功能的改善作用较为有限。相比之下，非酶促磷酸化被广泛应用，常用的试剂包括三聚磷酸钠、三偏磷酸钠、三氯化磷、六偏磷酸钠和焦磷酸钠等。磷酸化通常会改变蛋白质的空间结构，导致 α 螺旋结构减少，β 折叠和无序结构增多。然而，传统磷酸化方法通常包括干热法和湿热法。在干热磷酸化中，某些植物蛋白容易发生热聚集，降低磷酸化的效果。而在湿热条件下，蛋白质分子与磷酸基团的相互作用更加丰富，有助于改善蛋白质的功能特性。此外，磷酸化的效果与蛋白质分子中磷酸化位点的暴露程度密切相关。超声波技术可以提高磷酸化效率，有效延缓蛋白质聚集，并促进蛋白质二级和三级结构的调整，从而有利于磷酸化位点的暴露。

2. 糖基化

糖基化是指在蛋白质分子中引入单糖等糖类物质。这一过程涉及蛋白质分子侧链的氨基与多糖分子末端的不饱和羰基形成共价键。糖基化后，产物的多糖部分为亲水性基团，而蛋白质部分则为疏水性基团。这种改性导致原蛋白质的亲水-疏水性发生变化，从而影响其功能特性。糖基化的方式与磷酸化类似，可分为干法和湿法。从工业角度来看，干法糖基化更易于控制，且成品便于储存。湿法则允许蛋白质与反应物之间有更大的接触。两种方法都需要冷冻干燥，因为高温干燥过程可能导致蛋白质变性。在糖基化反应过程中并未添加任何化学品，且该过程结束后不会产生新的化学物质。

3. 酰化

蛋白质酰化主要指将酰基（—CO—）或酰胺（—CONH$_2$—）基团引入蛋白质分子中，通过化学反应形成新的化学键。这种改性方式能够改变蛋白质的空间结构、静电荷分布以及疏水性与亲水性，从而影响其溶解性、乳化性、起泡性等功能特性。常见的酰化改性方法包括琥珀酰化和乙酰化，丁二酸酐和乙酸酐是常用的蛋白质酰化修饰剂。通过氨基酸残基与乙酸酐和琥珀酸酐进行酰化，可以增加蛋白质中的静电斥力，有助于蛋白质的溶解，同时可增强天然蛋白质的乳化稳定性。酰化改性还可以诱导蛋白质结构的变化，从而改变其柔韧性。

改性蛋白质通过二硫键与琥珀酰化结合，导致静电斥力增加，蛋白质的表面疏水性和二硫键含量降低。此外，琥珀酰化的程度会影响蛋白质的界面吸附能力，酰化度越高，乳状液滴界面吸附的蛋白质含量及其构象的柔韧性越高。

4. 酸碱处理

酸碱等化学试剂处理方法对植物蛋白的溶解性、乳化性、凝胶性、成膜特性都有一定的影响，是常用的蛋白质化学改性方法，具有操作简单等优点。酸碱处理能够诱导蛋白质的构象发生变化，导致蛋白质解离为亚基，多肽链展开，隐藏在分子内部的疏水基团得以暴露。具体而言，酸改性主要诱导蛋白质亚基的聚集和断裂，导致自由氨基含量增加，大分子聚集体和小分子肽段所占比例增大，粒径分布范围也变得更宽；而碱改性则通过引发分子间交联，使大量可溶性蛋白质聚集体形成，导致蛋白质粒径增大，粒径分布范围拓宽。同时，改性蛋白质的表面张力下降，表面疏水性指数上升，从而使其功能特性改变。特别是在碱性条件下，由于氢氧根离子（OH⁻）的作用，分子间的静电斥力增加，导致双电层离散和溶液界面膜增厚，同时也有利于胶束的形成，使得蛋白质的乳化性等功能特性显著改善，溶解性也得以不同程度的提高。

（三）酶改性修饰技术

酶法改性通常是指通过酶的交联作用或水解作用，将分子量较大的蛋白质水解为小分子的多肽，或使分子相互交联形成更大的分子，从而改变其结构和功能特性。酶改性的原理在于蛋白酶对肽键或酰胺键的部分水解，产生具有特定功能的小分子肽段，并改变蛋白质分子的排列，从而改善蛋白质的各种性能并提高其营养价值。

酶法改性具有三大优点：①酶解过程温和，不会破坏蛋白质的原有功能，专一性强且毒副作用小；②最终水解产物经过平衡后含盐量极少，且其功能特性可通过选择特定酶和反应条件加以控制；③随着酶反应的进行，蛋白质的分子量逐渐减小，转化为肽或氨基酸，更易被人体消化吸收，并具有特殊的生理功能。

酶法改性蛋白质虽然具有许多优点，但也存在一些缺点：①酶的生产、提纯和应用成本相对较高，可能增加整体改性过程的费用；②酶的活性受到温度、pH值和底物浓度等条件的影响，必须严格控制反应环境，增加了操作的复杂性；③反应时间通常较长，某些酶在反应过程中可能会失活，导致改性效果不稳定，影响生产效率。

第二节　油脂化学品

一、油脂化学品概述

除食用用途外，油脂的两大主要应用领域为饲料和油脂化学品的生产。随着社会的快速发展，油脂化学品的需求持续增长，推动了天然油脂资源的开发和利用。油脂化学品一般是指通过油脂水解后进行简单加工而成的各种脂肪酸、脂肪醇、脂肪胺、脂肪酸盐等，如用于皂类生产的皂基、脂肪酸酯及其最主要的副产物——甘油等。经过进一步的加工反应，如氢化、环氧化、硫化和皂化等，基础油脂化学品可以转化为多种衍生品，广泛应用于食品、化妆品、医药、造纸、塑料、橡胶、农药等领域。

（一）脂肪酸

在油脂化工产品方面，脂肪酸是最基本、产量最大的化学品，其他油脂化工产品大多是脂肪酸生产的衍生物。脂肪酸的工业来源主要有两种途径：一是天然油脂水解生成的脂肪酸；二是通过石油化工原料合成的脂肪酸。

天然油脂通过水解生成游离脂肪酸和甘油。脂肪酸的生产工艺包括油脂预处理、水解、分馏和蒸馏等。油脂水解通常采用酸水解法和酶水解法。水解后的脂肪酸需要经过脱水、脱气、蒸馏精制，以得到不同碳链长度的脂肪酸。根据碳链长度，脂肪酸可分为短链脂肪酸、中链脂肪酸和长链脂肪酸。脂肪酸的物理化学性质，如熔点、饱和度和顺反结构，均由其碳链长度和分子结构决定。中链脂肪酸是由 6~12 个碳原子组成的末端带有一个羧酸的脂肪酸。传统的中链脂肪酸生产方式主要为植物提取法，中链脂肪酸主要来源于棕榈仁油、椰子油和可可油，通常以中链甘油三酯的形式存在。中链脂肪酸具有良好的物理特性，如低熔点、低热值和较高的水溶性，这些特性使其在生物燃料行业具有广阔的应用前景。

合成脂肪酸是指由高级烷烃氧化生成的脂肪酸混合物的总称。工业生产中常采用石蜡氧化法，此外还有 α-烯烃羰基化法、α-烯烃羧基化法、α-烯烃氧化法等。近些年，橡胶、塑料等行业对脂肪酸需求急剧增加，但我国缺乏足够的棕榈油和椰子油资源，无法满足工业需求，因此通过部分进口来解决油料资源供应不足的问题。

（二）脂肪酸酯

脂肪酸的加工产品包括脂肪酸酯、脂肪族含氮化合物、金属皂及二聚酸等。油脂经过酯交换反应或脂肪酸经过酯化反应可得到脂肪酸酯。脂肪酸酯在表面活性剂、塑料助剂、皮革加脂剂、润滑油和醇酸树脂等领域具有广泛的应用前景。脂肪酸甲酯是由脂肪酸甲基化生成的，生物柴油是由饱和脂肪酸甲酯和不饱和脂肪酸甲酯组成的混合物，因此脂肪酸甲酯是一种性能优良的燃料。脂肪酸甲酯还是一种可降解的绿色溶剂，对含苯环类物质具有较好的溶解性能。不饱和脂肪酸甲酯具有酯基、双键及脂肪碳链等官能团，可以发生水解、皂化、酯交换、酰胺化、加氢还原、氯化、硫酸化、环氧化、磺化、氧化亚硫酸化、加成、聚合等有机化学反应，是一种重要的可再生的优质化工基础原料，其衍生物具有多种应用价值。如脂肪酸甲酯经磺化、中和反应可制得脂肪酸甲酯磺酸盐。脂肪酸甲酯磺酸盐是一种阴离子表面活性剂，具有较好的去污性、耐硬水性、生物降解性以及较低的生态毒性，已被广泛用作洗涤剂。

（三）脂肪醇

脂肪醇是基础油脂化学品的第二大品种，热带木本油料中椰子油和棕榈油可以提供具有不同碳密度（从 6~24）的各种脂肪醇。游离状态的脂肪醇较少，通常以酯的形式存在于蜡中，是蜡的主要成分。从棕榈油、棕榈仁油中提取的脂肪醇广泛应用于化妆品、药物软膏、聚合物加工、增塑剂、洗涤剂等领域。含有 1~2 个碳原子的通常称为低级醇，含有 3~5 个碳原子的为中级醇，含有 6 个碳原子以上的为高级醇。高级脂肪醇是含有末端羟基的长链碳氢化合物，由于其结构中包含亲水性的羟基和疏水性的烷基，因此它们是一类重要的非离子型表面活性剂，广泛应用于润滑剂、树脂、洗涤剂、化妆品、食品及药物合成等领域。目前，通过选择性氢化或酯交换等方法制备高级醇已成为主要途径。以往的皂化法、钠还原法由于产率低、副反应多在实际生产中已被淘汰。脂肪醇原料来源广泛，包括油脚脂肪酸、粗脂肪酸或脂肪酸甲酯等。根据原料来源的不同，脂肪醇的生产工艺可分为两种路线：一是油脂直接加氢制醇；二是油脂先水解成脂肪酸再加氢制醇。此外脂肪酸酯或甘油酯通过氢化也可生成相应的脂肪醇，应用最广泛的是脂肪酸甲酯加氢制醇。脂肪酸甲酯加氢制醇是先使油脂甲酯化，得到甘油和天然脂肪酸甲酯，再用脂肪酸甲酯进行加氢制备脂肪醇。脂肪酸甲酯的空间位阻较小，反应条件比油脂直接加氢要宽松，同时此反应还能获得高品质的甘油，可提高油脂的分子利用率，具有较高的经济价值。

（四）脂肪胺

脂肪族含氮化合物主要包括酰胺和胺的衍生物。脂肪胺根据氮原子上氢被取代的个数，可分为伯胺、仲胺、叔胺和季胺。国内生产的脂肪胺主要以伯胺和叔胺为主。伯胺的主要合成方法包括：以卤代烃为原料的氨解法、以醇为原料的还原胺化法、以有机腈为原料的加氢还原法、以烯烃为原料的直接胺化法及羧酸的胺化法等。叔胺主要是通过脂肪醇与二甲胺反应制得。

脂肪胺的直接应用较少，更多的是作为化学中间体，用于合成二胺、氧化胺、季铵盐等衍生物。低碳脂肪二胺主要用作环氧树脂的固化剂，如乙二胺；高碳脂肪二胺主要用于沥青乳化剂的生产，如牛脂烷基丙烯二胺等，将其与二乙烯二胺、三乙烯四胺等多胺类化合物配合使用，可有效乳化沥青中的重质油馏分，有助于路基岩石的聚结。氧化胺是一种低刺激、低生物毒性的两性表面活性剂，易溶于水，具有良好的起泡性、泡沫稳定性及增溶、乳化等优异性能，广泛应用于高档洗涤剂、化妆品、医药等领域。季铵盐基团具有杀菌和抗静电作用，在纺织品生产中常用作后整理剂，在皮革生产中常用作柔软防霉剂，在日用护理品中则可作为乳化剂使用。

脂肪酰胺主要包括油酸酰胺、芥酸酰胺和硬脂酸酰胺，其应用较为广泛。油酸酰胺和芥酸酰胺可提高塑料加工性能，也可用作颜料研磨助剂和分散剂，还可作为木器漆加工中的爽滑剂和防粘剂。硬脂酸酰胺因其不吸湿、爽滑性好，常用作化妆品的乳化稳定剂，并可作为钢铁及其他金属表面的防腐剂。

（五）脂肪酸盐

人们日常生活中使用的香皂、肥皂和皂粉的主要成分都是脂肪酸盐。脂肪酸与氢氧化钠（烧碱）反应，经过皂化反应可生成脂肪酸钠盐。将棕榈油与液碱进行皂化反应，可生成脂肪酸钠和粗甘油，得到的脂肪酸钠可以直接用于生产固体肥皂和皂粉。脂肪酸与氢氧化钾反应可生成脂肪酸钾盐，从而可得到软肥皂或易溶于水的液体皂。目前，在消费市场上，以脂肪酸盐为基础的各类肥皂因其良好的起泡性能、细腻丰富的泡沫以及强效的去污能力，作为皮肤清洁产品而广受消费者青睐。

除钠、钾外，其他金属的高级脂肪酸盐称为金属皂。金属皂的工业生产主要采用复分解法和直接法。复分解法的工艺是：首先在80℃以上的水介质中，使硬脂酸与氢氧化钠反应生成稀钠皂溶液，然后加入金属盐溶液，生成金属皂沉淀，沉淀经洗涤、甩干、干燥后得到产品。直接法（熔融法）则是在高于原料和产物熔点的温度下，使金属氢氧化物、氧化物或碳酸盐与脂肪酸直接反应生成金属皂。国内工业主要采用复分解法生产金属皂。金属皂不溶于水和有机溶剂，但可溶于非极性溶剂。它不具备去污性能，但具有润滑性和疏水性。金属皂可用于胶化矿物油和极性溶剂，广泛应用于润滑脂、化妆品、涂料和塑料工业。例如，油酸铜在化妆品中可作为防腐剂；在涂料工业中可作为干燥剂，用于缓解脂肪氧化；在塑料工业中，主要用作热稳定剂、润滑剂和脱模剂。

（六）甘油

甘油是油脂的重要组成部分，是油脂化学工业的宝贵副产物。通过醇解油脂生产生物柴油（脂肪酸甲酯）和水解油脂生产脂肪酸、脂肪醇、皂基的工艺中，都会产生大量甘油，成为其主要来源。甘油是一种用途广泛的多元醇，应用研究主要集中在其作为绿色溶剂的有机合成反应和以甘油为原料制备高附加值化学品两方面。

甘油具有难燃、强极性、可生物降解、能与不溶于水的有机化合物混溶、无毒、无腐蚀性、挥发性低等特点，符合理想绿色溶剂的要求。在药剂和化妆品生产中，甘油是优良的溶剂和消毒剂，在纺织和皮革工业中可用作乳化剂。

随着生物柴油工业的发展，出现了大量副产物粗甘油，其纯度较低、杂质较多，须通过精制进一步回收。粗甘油经过浓缩、脱色、精馏、脱臭等工艺处理后，可以得到医药级高纯度甘油。由于粗甘油的纯化成本较高，将其通过生物或化学方法转化为高价值产品被认为具有良好的应用前景。粗甘油的高值化利用包括纯化、生物转化、化学转化和电化学转化 4 种方式：粗甘油经纯化后得到纯甘油；经生物转化后可得到 1,3-丙二醇、氢气和二十二碳六烯酸；经化学转化可生成聚氨酯材料和丙烯醛；经电化学转化后可作为燃料电池。

二、油脂化学品的加工技术及应用

油脂在工业中具有广泛的用途，历来用于润滑油、肥皂、照明油等。随着科学进步，油脂的经济价值不断提升，已被广泛应用于各种表面活性剂（如洗涤剂、乳化剂、破乳剂、润湿剂、印染剂、浮选剂、起泡剂等）、涂料、增塑剂和合成聚合物等领域。在石油、机械、化工、纺织、建筑等行业以及日化用品中，油脂化学品都发挥着重要作用。油脂化学品应用的主要领域如表 7-1 所示。

表 7-1　油脂化学品有关的主要领域

相关领域	油脂化学品的用途
肥皂及洗涤用品	洗涤剂主要活性物质、柔顺剂、杀菌剂
化妆品、个人护理用品	基料、乳化剂
食品	乳化剂
纺织和印染	清洗剂、油剂、抗静电剂、匀染剂等
塑料	热稳定剂、增塑剂、润滑剂、抗静电剂等
橡胶	硫化促进剂、增塑剂
无机填料	表面处理剂、分散剂
涂料和油墨	增稠剂、分散剂

（一）木本油脂的特性

油脂的功能取决于脂肪酸的结构。脂肪酸的极性、饱和程度、碳链长度及活性基团的差异决定油脂的化学反应性，从而影响油脂的性质。7种主要木本植物油脂的主要脂肪酸组成如表7-2所示。木本油料作物的粗/初加工废物中含有大量芳香类物质、挥发性油、抗氧化成分和纤维素，尚待进一步利用。随着精制油产量的增加，油脂精炼过程中的副产物产量也在上升。近年来，由于椰子油和棕榈油独特的化学成分，油脂化工和生物燃料行业对其需求不断增加。市场上，椰子油和棕榈油的竞争激烈，主要是因为它们都含有高含量的月桂酸，这是其他植物油所不具备的特性。

表7-2　7种热带木本植物油脂的主要脂肪酸组成　　单位：%

植物油名称	棕榈酸	硬脂酸	油酸	亚油酸	亚麻酸	棕榈油酸	月桂酸	肉豆蔻酸	总不饱和脂肪酸
油茶籽油	10.18	3.36	72.48	6.97	2.38	0.16	—	—	81.99
棕榈油	40.96	0.50	35.31	14.22	0.40	—	—	—	49.53
椰子油	8.24	2.94	4.70	0.75	—	—	49.85	18.75	5.45
美藤果油	3.00	3.55	8.85	38.56	44.70	—	—	—	92.11
澳洲坚果油	9.16	4.00	61.23	1.37	2.61	15.72	0.05	0.53	81.51
辣木籽油	7.29	6.08	65.99	0.55	0.49	0.04	0.01	0.12	67.20
可可脂	25.6	36.0	34.6	2.6	0.1	—	—	—	37.30

（二）油脂精炼过程中的副产物及其应用

在油脂工业中，油脂制取是指从油料中获得毛油的过程，而油脂加工是将毛油精炼成商品油的过程。油脂精炼的目的是去除杂质，提升油脂的贮存稳定性、食用风味和安全性。毛油的精炼分为物理精炼和化学精炼，主要包括脱胶、脱酸、脱色和脱臭等步骤。

1. 磷脂

油脂经过水化脱胶过程得到的副产物是磷脂。磷脂是一种天然的表面活性剂，能够提高不溶性或微溶性化合物的溶解性，并具有湿润、起泡、消泡和乳化等功能。在食品工业中，脱油磷脂可作为冰淇淋、糖果和奶油的乳化剂和起泡剂，帮助控制结晶和防止渗水。改性磷脂可作为蛋白质溶液的消泡剂，添加到速溶食品中可加速溶解。溶血磷脂及其衍生物能延长农产品的贮藏期并起到保鲜作用，同时也可作为饲料中的特殊营养添加剂，改善液体饲料中的脂肪分散性，提高脂肪利用率。在化妆品工业中，磷脂的两亲性使其成为乳化剂，用以增强体系稳定性。精制磷脂具有保湿和抗衰老功效，能柔顺、润滑和修复受损发质，还能作为活性成分的载体，增强渗透性。在医药领域，脑磷脂作为药物载体，经过表面改造后具备靶向功能。其他磷脂可用于制备脂质体。

2. 皂脚

油脂经过碱炼脱酸可得到皂脚，其成分因油料不同而异，通常富含脂肪酸盐和中性油。植物油皂脚的产量大，可回收用于制备脂肪酸钠盐、钾盐产品及金属皂。皂脚中的中性油可提取并继续精炼，提取出的脂肪酸可用于工业原料或制成脂肪酸酯，进一步用于生物柴油生产。

3. 脱臭馏出物

油脂脱臭馏出物是脱臭工艺的副产物，主要通过两种方式进一步加工利用。一是提取纯化各种活性成分，这些成分具有抗氧化、降胆固醇和调节免疫功能等作用，被广泛应用于食品、化妆品和医药工业。从山茶油脱臭馏出物中提取的角鲨烯，具有较好的抗氧化性，可用作增效剂。以茶油脱臭馏出物为原料，通过超声波辅助皂化法可制取生育酚和回收脂肪酸锌盐。二是用于制备脂肪酸甲酯和生物柴油等。由脱臭馏出物提取天然生育酚和植物甾醇时会产生大量副产物——脂肪酸甲酯，以脂肪酸甲酯作为原料可生产多种产品，如生物柴油、甘油一酯、甘油二酯、环氧脂肪酸甲酯、表面活性剂和洗涤剂等，从而可进一步促进油脂脱臭馏出物的综合利用。

第三节　热带木本油料饼粕产品

一、热带木本油料饼粕资源

热带木本油料植物在通过压榨法或浸提法提取油脂后，通常会产生大量的副产品——饼粕。由于其富含营养成分和多种功能性物质，热带木本油料饼粕在饲料、食品及其他领域展现出广泛的应用潜力，具有较高的经济价值。常见的热带木本油料饼粕包括椰子饼粕、棕榈籽饼粕和油茶籽饼粕等，这些饼粕不仅可为动物提供高质量的营养，也具备一定的功能性效用。

热带木本油料饼粕的代谢能一般在 7~9 kJ/g 之间，且蛋白质含量一般都超过 10%，部分饼粕的蛋白质含量甚至可高达 40%。在脂肪含量方面，由于加工工艺的不同，热带木本油料饼粕呈现出较大的差异。浸提法提取的饼粕中脂肪含量较低，一般约为 1%，而采用机械压榨法获得的饼粕，其脂肪含量则较高，约为 8%。此外，粗纤维含量也是热带木本油料饼粕的一个重要特点。未去壳的油粕中，粗纤维的含量可能高达 33.87%；而去壳后的油粕其纤维含量则显著降低，通常仅为 6% 左右。这些差异使得热带木本油料饼粕在不同的应用场景中展现出不同的优劣势。在饲料配方中，去壳油粕可能更适合高能量需求的动物，而未去壳油粕则可能适用于需要较高纤维摄入的动物。

热带木本油料饼粕不仅是油脂提取的副产品，更是富含蛋白质、脂肪和纤维的高价值饲料原料，其多样的营养成分使得其在饲料开发和其他领域的应用前景广阔。通过合理利用热带木本油料饼粕，可以有效提升其附加值，减少资源浪费，同时促进农业和工业的可持续发展。

二、热带木本油料饼粕的开发利用

（一）蛋白质来源

随着对植物性蛋白需求的增加，特别是在健康饮食和可持续发展背景下，饼粕的再利用变得尤为重要，开发热带木本油料饼粕具有许多显著的优势和重要性。热带木本油料饼粕通常含有较高的蛋白质，且蛋白质质量较为优越，能够提供人体所需的多种必需氨基酸。例如，椰子、棕榈等热带木本油料的饼粕中蛋白质和氨基酸组成较为完整，具有较高的生物价值。与传统的蛋白质来源如大豆饼粕相比，热带木本油料饼粕中的蛋白质更加多样化，能够有效补充和丰富动物饲料中的蛋白质成分。从饼粕中提取蛋白质，不仅有助于提升全球蛋白质供应的多样性和可持续性，同时也可为农业产业链的延伸和环境保护做出积极贡献。

利用现代提取技术，如酶法、酸碱法和超滤法等都能够高效地从饼粕中分离和提取蛋白质。这些技术可以去除非蛋白质成分，提高蛋白质的纯度和有效性。采用碱溶酸沉法提取油茶籽粕中的蛋白质时，所获得的蛋白质纯度高达86.7%；而将脱脂油茶籽粕经过淀粉酶处理后，蛋白质的提取率可达到70.36%；在pH值为3的条件下，用纤维素酶处理油茶籽粕，其蛋白质提取率更是高达80.83%。而且，这些蛋白质通常具有良好的营养价值，功能特性也相对优越，如乳化性、泡沫性和胶凝能力，在食品加工、营养补充剂以及动物饲料中具有广泛的应用潜力。

（二）动物饲料

热带木本油料饼粕作为重要的可再生蛋白质原料，富含多种氨基酸，能够满足动物生长和生产的营养需求。同时，饼粕中还含有一定量的膳食纤维、有益脂肪酸及矿物质，这些成分不仅能够促进动物的消化吸收，还能增强免疫力，对动物健康有积极作用，可作为良好的动物饲料使用。但是受到蛋白质变性、抗营养因子甚至是有毒物质的影响，人们对其开发利用存在一定的限度。因此，需要结合各种饼粕本身的特点对其中的抗营养物质或者有毒物质等不利于饲料开发的物质进行去除。

茶籽饼粕的营养价值成分主要有蛋白质、糖类（主要是淀粉）和脂肪等，约占50%。茶籽饼粕是一种富含营养的饲料原料，但它同时也含有一些抗营养因子，如茶皂素和鞣质，使茶籽饼粕的适口性显著降低，并可能导致动物中毒甚至丧命。因此常采用组合脱毒法，即将物理脱毒法、化学脱毒法、生物脱毒法组合使用。该方法不仅可以得到高品质的蛋白质型饼粕饲料，还能够提炼出高价值的精制茶油，以及茶皂素、活性炭和鞣质等多种副产品，其工艺流程见图7-2。经脱毒处理的茶籽饼粕表现出良好的营养特性，蛋白质含量在12.3%～28.3%，氨基酸的总量可达10.6%～19.2%，矿物质含量为3.73%。此外，茶籽饼粕自身各种营养素的组成合理平衡，对于牲畜及水产动物的生长具有积极促进作用。

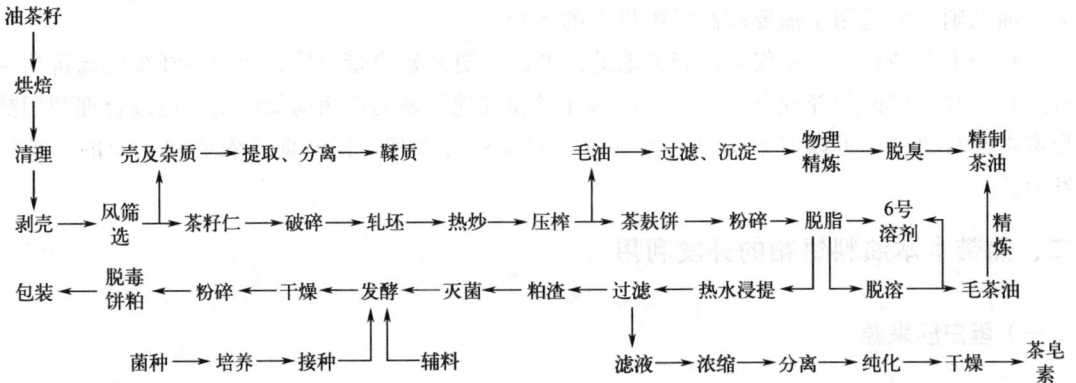

图7-2　茶籽饼粕脱毒工艺流程

热带木本油料饼粕的经济性亦使其成为饲料的重要选择。作为油脂提取的副产品，饼粕的成本相对较低，可以为养殖户提供一种经济可行的饲料来源，以减少饲料成本，从而提高养殖的经济效益。如在鸡饲料中添加适量的椰子粕可显著改善鸡的生长性能，并有助于降低饲养成本，体现出良好的经济效益和社会效益。同时，因棕榈粕的价格低于椰子粕，椰子粕在动物饲养中通常与棕榈粕搭配使用，亦可在猪饲料中替代部分豆粕。此外，饼粕在饲料配方中具有良好的适应性，可以与其他饲料原料如谷物、米糠等混合使用，改善整体饲料的营养成分和口感。现代养殖业越来越注重可持续性，而利用饼粕作为饲料来源有助于减少食品生产过程中的浪费，促进资源的循环利用。

（三）农用助剂

1. 农业肥料

热带木本油料饼粕作为油脂提取的副产品，富含蛋白质、粗纤维、多糖、氨基酸及多种营养元素，具有较大的二次利用潜力。特别是通过发酵工艺的引入，能够有效降解其中的纤维素和有害成分（如茶皂素），并将其转化为小分子产物，从而提升其在农业中的应用价值。在不同菌株、相对湿度和气温条件下对油茶籽粕进行固态发酵，根据其营养成分的变化规律可以发现，经过发酵处理的油茶籽粕，其钾、氮和磷等营养元素的含量均有所提升，黑曲霉、毛霉和哈茨木霉的发酵效果明显优于自然发酵，以黑曲霉的表现最佳。通过发酵处理，热带木本油料饼粕的营养价值得到全面提升，转化为高效有机肥料，在促进农业可持续发展和改善土壤健康方面具有重要的应用前景。

2. 食用菌种植

茶薪菇因其卓越的食用和药用价值，近年来成为一种新兴的人工栽培品种。这种菌类常生长于油茶树和柳树的腐烂树桩上，这一生长习性使茶籽壳和油茶籽饼粕对其子实体的形成和生长具有良好的促进作用。以茶籽壳为主料、油茶籽饼粕为辅料栽培茶薪菇时，最佳配比为70％的茶籽壳、20％的米糠和5％的油茶籽饼粕。然而，若油茶籽饼粕用量过多，会导致菌丝呈黄色，生长速度减缓。使用这两种材料作为栽培基质，不仅可提高产量，而且培育出的茶薪菇更加鲜美，香气更为浓郁。此外，在杂木屑配方中适量加入棕榈丝纤维或棕榈仁粕，也能进一步提升茶薪菇的产量。

（四）食品领域

1. 酱油

油茶籽饼粕通过脱毒处理后，可部分替代大豆饼粕制作酱油。具体工艺包括将油茶籽饼粕用0.5％的$NaCO_3$溶液蒸煮，以水解破坏茶皂苷，再用盐酸调节至中性后，与大豆饼粕和蚕豆粉按适当比例混合，然后经过浸泡、蒸煮、摊晾、接种、翻曲、成曲拌水、保温发酵、翻拌、加盐水浸泡、淋油等多道工序，最终制得色泽棕褐、香气浓郁、口感鲜甜、体态澄清、不浑浊、无沉淀和无霉花浮膜的高品质酱油。此工艺不仅拓宽了木本油料饼粕的利用途径，还为调味品产业提供了创新原料。

2. 蛋白饮品

热带木本油料中，美藤果粕富含人体必需氨基酸，通过将其蛋白肽与动物来源的胶原活性肽及中药成分（如熟地黄、红参）相结合，开发出的复方活性肽养生饮，可显著提升其营养价值和功能特性，并可为消费者提供健康饮食的新选择。此外，油茶籽蛋白质经加工制成的油茶籽蛋白奶，色泽洁白，口感滑润，品质优异，受到广泛喜爱。木本油料饼粕的蛋白质饮品开发不仅可丰富产品种类，也可进一步拓宽其高附加值利用途径。

3. 防腐剂

采用超声辅助提取法从辣木籽粕中提取的有效成分，对革兰氏阳性菌和阴性菌均具有显著的抑制作用，效果优于传统抗生素阿莫西林。基于其杀菌与抑菌特性，开发了一种天然抗微生物涂层，例如，将辣木籽粕提取物应用于生鸡肉香肠表面，显著延长了产品的保鲜期，其抑菌效果持续至第九天。这表明辣木籽粕提取物具有作为天然食品抑菌防腐剂的巨大潜力，可为食品保藏行业提供高效、环保的创新解决方案。

（五）化工领域

1. 稳泡剂和乳化剂

从油茶籽粕中提取的茶皂素，因其优异的表面活性，可有效降低浆料体系的界面张力，显著提升泡沫的稳定性和材料性能，被广泛应用于加气混凝土生产。此外，茶皂素作为表面活性剂，用其制备的洗涤剂起泡性能优于高档肥皂和合成洗涤剂，能高效清洗丝绸、毛料及棉麻织物，同时可保护织物色泽和结构，是一种优质环保的洗涤添加剂。茶皂素还具有增强固体微粒均匀分散性的能力，在保证相同质量的前提下，其成本相比其他添加剂显著降低，使其成为建筑材料行业中一种出色的添加剂。热带木本油料饼粕中的茶皂素作为稳泡剂和乳化剂，不仅在建筑材料、洗涤剂等领域具有显著应用价值，还因其环保、高效的特点，在化工行业中展现出广阔前景。

2. 胶黏剂

棕榈饼粕作为改性剂，能够有效改善合成树脂胶黏剂的性能。在三聚氰胺甲醛胶黏剂体系中，以棕榈粕粉为填料制备的胶合板，不仅湿状胶合强度达到 1.41 MPa，甲醛释放量也低于工业小麦粉填充的胶合板。同时，将棕榈饼粕和棕榈壳作为填充剂，按 $13\% \sim 18\%$ 的添加量可制备符合国家标准 II 类胶合板要求的木材胶黏剂。油茶籽饼粕在胶黏剂中的应用同样展现出潜力，其制备的胶合板在湿剪切强度和木破率方面与传统面粉胶黏剂相当，且具备良好的混合性能和使用期限。然而，由于油茶籽饼粕中糖类等含量较高，其制备的胶黏剂在耐沸水性、防霉性和稳定性方面表现不佳，难以满足室内防潮及室外耐候性的需求。因此，油茶籽饼粕胶黏剂的制备工艺需要进一步探索和优化。热带木本油料饼粕在胶黏剂中的应用虽存在一定局限性，但其具有低成本和资源再利用特性，可为木材工业提供环保替代材料，因此具有进一步开发的潜力。

3. 絮凝剂

辣木籽粕富含蛋白质和纤维，同时保留了辣木籽特有的絮凝活性物质，经过适当处理后，可用作天然高分子絮凝剂用于净水。其核心机理在于辣木活性蛋白具有正电荷特性，能与带负电荷的浑浊微粒相互作用，通过电荷中和形成絮凝体，从而可有效去除水中的悬浮颗粒、微生物和重金属离子（如镉、镍和铬）。与传统化学絮凝剂相比，辣木籽粕制备的天然絮凝剂安全无毒，易于生物降解，对环境友好。同时，它在净水过程中几乎不会影响水的pH值和导电性，并且在较高温度下仍能保持良好的稳定性。这种絮凝剂的开发和应用不仅有效实现了辣木籽粕的废物再利用，还符合生态安全和资源最大化的原则，具有广阔的应用前景。

（六）医药领域

1. 抗氧化

通过碱性蛋白酶和木瓜蛋白酶对油茶籽粕进行酶解，成功提取出富含活性多肽的产物，这些多肽具有显著的自由基清除和还原能力。小鼠实验表明，油茶籽粕多肽能显著减少活性氧对机体的损伤，展现出优异的抗氧化效果。此外，从油茶籽粕中提取得到的茶皂素含有还原性离子 Fe^{3+}，其还原能力甚至超过维生素 C，并能高效清除超氧阴离子和羟基自由基，同时可抑制外源性自由基的生成。

美藤果粕活性肽亦展现出显著的抗氧化活性。通过微生物发酵法制备的美藤果粕活性肽，能有效抑制黑色素的合成或促进黑色素的分解，具有美白和抗氧化的双重功效。此外，通过复合酶解工艺制备的美藤果粕活性肽，在体外试验中也表现出优异的抗氧化活性。

2. 抗炎抑菌

茶皂素作为油茶籽粕的主要活性成分之一，具有显著的消炎和抑菌作用，能够抑制过敏相关的白三烯 D4，从而有效缓解体内炎症反应。此外，茶皂素对多种植物病原真菌（如西瓜枯萎病菌、柑橘青霉病菌、黄瓜和芒果炭疽病菌等）具有抑制效果，展现了良好的植物病害防治能力。油茶籽粕粗提物还含有保护皮肤细胞免受紫外线损伤的活性成分，与中药复合物质配合使用可产生协同增效作用，对多种致病菌（如金黄色葡萄球菌和白假丝酵母菌等）表现出显著的抑菌活性。这些特性表明，木本油料饼粕及其提取物在开发抗炎药物、植物保护剂和皮肤护理产品方面具有广阔的应用前景。

3. 降血糖、血脂

高血糖和高血脂是以血糖和血脂异常升高为特征的综合征，可能导致慢性致死性代谢紊乱。采用多种酶的复合工艺从美藤果粕中提取的活性肽，能够显著抑制二肽基肽酶Ⅳ（DPP-Ⅳ）和胰蛋白酶的活性，从而对血糖和血脂具有调节作用。在复合蛋白酶水解物浓度为 5 mg/mL 时，对 DPP-Ⅳ 的抑制率高达 74.15%；在 125 μg/mL 浓度下，对胰蛋白酶的抑制率为 26.93%～96.36%。

椰子粕则通过其富含的膳食纤维（如纤维素、半纤维素和木质素）在饮食中起到调节血糖和血脂的作用。椰子粕中的膳食纤维通过延缓胃肠道食物的消化与吸收，减缓葡萄糖进入血液的速度，同时帮助降低血清胆固醇，预防心血管疾病，尤其对于动脉硬化患者具有显著的预防效果。因此，热带木本油料饼粕在降血糖、降血脂和预防心血管疾病方面具有广泛的应用前景。

第四节　热带木本油料皮壳产品

一、热带木本油料皮壳概述

随着食用油需求逐年增加，中国政府高度重视热带木本油料作物的开发，此过程会产生大量的油料皮壳副产品，它们在加工过程中被丢弃或焚烧，不但未得到有效利用，还会造成环境污染和资源浪费。然而，油料皮壳实际上是一种重要的生物质资源，油料皮壳的开发与应用亟须进一步研究。油茶壳中含有鞣质、茶皂素、黄酮和多糖等物质，使油茶壳成为提取抑菌、抗氧化、抗病毒等物质的理想原料。除此之外，椰子皮壳也富含纤维素、半纤维素、木质素等成分，质地坚硬，具有良好的韧性和耐磨性，具有较大的应用潜力。总之，热带木本油料皮壳具有丰富的功能成分，在多个领域（如生物医药、环保、农业等）具备较大的开发潜力。

二、热带木本油料皮壳的应用

（一）新型材料

1. 碳基材料

热带木本油料皮壳作为一种富含木质素的生物质，是优质的碳源。目前，多孔碳材料的制备通常采用 $ZnCl_2$、NaOH、KOH 等化学物质进行活化。热带木本油料皮壳可用于制备多孔碳材料，并应用于电化学领域。木质素是地球上仅次于纤维素的最丰富的可再生碳资源，全球年产量达到 40～5000 万吨。由于木质素碳含量高，木质纤维生物质是生产活性炭前体的理想选择。众所周知，油料皮壳是目前大规模制备活性炭的主要前体，全球年产量超过 30 万吨。我国热带木本油料皮壳资源丰富，价格低廉，对环境友好，且含有较高的木质素及发达的孔隙结构。因此，利用热带木本油料皮壳制备活性炭，成为其高附加值转化的有效途径。

利用热带木本油料皮壳为原料，分别采用碳酸钾溶液和磷酸溶液作为活化剂，浸渍油料皮壳，然后在氮气流中活化，可制备成碳酸钾改性油料皮壳活性炭和磷酸改性油料皮壳活性炭。前者的比表面积为 430.49 m^2/g，孔容积为 0.241 cm^3/g，微孔率为 89.53%，介孔率为 10.47%；后者的比表面积为 1636.92 m^2/g，孔容积为 1.015 cm^3/g，微孔率为 16.49%，介孔率为 83.51%。两者均属于微-介孔材料，且活性炭表面疏松多孔，孔隙发达。在制备电极材料时，活性炭中的微孔由于闭孔或窄临界效应，会阻碍离子传输，从而降低功率密度。相比之下，多孔碳材料中的介孔通道及孔隙间的互穿连接可以为电解质离子的渗透和输送提供更多通道，进而提高电容器的功率密度。不同生物质原料制备的活性炭的孔结构见表 7-3。可以看出，由油茶壳制备的活性炭介孔率较高，因此在储能和重金属吸附领域具有广阔的应用前景。此外，不同活化条件会影响油料皮壳制备的碳材料的性质。

表 7-3　各种活性炭制备方法及其产品孔隙对比

生物质种类	活化剂种类	活化温度/℃	比表面积/（m^2/g）	总孔容积/（cm^3/g）	介孔容积/（cm^3/g）	介孔率/%
椰壳	KOH	800	2891	1.488	1.095	73.6
油茶壳	水蒸气/H_3PO_4	800	1608	1.17	0.71	61
油茶壳	$ZnCl_2$（浸渍比＝1）	500	1530	0.7826	0.1837	23.47
油茶壳	$ZnCl_2$（浸渍比＝3）	600	2080	1.18	1.06	89.83
油茶壳	$ZnCl_2$（浸渍比＝5）	500	1890	2.42	2.01	83.06

2. 吸附剂

热带木本油料皮壳含有木质素、多糖和蛋白质等活性成分，这些成分在吸附金属离子或有机染料过程中具有一定活性，有助于废水中染料、重金属等污染物的去除。因此，将热带木本油料皮壳制成吸附剂，对于处理废水中的重金属和染料污染具有较大潜力。甲醛吸附剂广泛应用于家具、皮革、建筑等行业，而废水和室内空气中的甲醛不仅危害人体健康，也污染环境。采用磷酸作为活化剂，改性制备的热带木本油料皮壳活性炭显示出良好的甲醛吸附性能。

活性染料固色率高，使用范围广，但在染色过程中，染料会损失大部分，并随废水排放，导致印染污水中染料浓度较高。染料具有较强的生物降解抗性和较高的致癌性，对环境的可持续发展构成严重威胁，染料废水是目前最难降解的废水之一。以热带木本油料皮壳为原料制备得到的原位固化油料皮壳活性炭在染料吸附过程中，炭的表面化学性质起着决定性作用。活性炭作为两性材料，在染料吸附方面，碱性炭比酸性炭具有更高的吸附能力，且与染料类型无关。因此，可以通过对热带木本油料皮壳活性炭表面进行化学修饰，增加碱性活性位点，从而提高其吸附能力。

作为清洁能源，核能在环境保护方面发挥着重要作用。然而，核工业发展过程中产生的大量含铀废水的处理，成为一个亟待解决的重要问题。采用氯化锌作为活化剂，对热带木本油料皮壳进行活化，并利用微波活化法制备油料皮壳活性炭，进行铀吸附实验，铀吸附率可达98%以上。

3. 木质复合材料

木质复合材料是以木材为主，其他材料为辅，复合而成的具有特殊结构以及性能的新型材料。目前木质复合材料有非木质人造板、水泥刨花板、木塑复合材料、木材金属复合材料以及木陶瓷等五种类型。随着研究的不断深入，木质复合材料的结构和功能取得了显著突破。利用农业废物制备木质复合材料，可以大幅减少对森林资源的依赖。基于天然植物纤维的生物质复合材料技术研究已经相对成熟，并取得了较大进展，常见的农业废物如玉米秸秆、稻壳、麦秸等，均已用于此类材料的制备。热带木本油料皮壳除半纤维素与茶皂素含量较高外，在主要化学组分上与秸秆和木材相似，这表明经过适当加工处理后，油料皮壳可用于制备性质相似的复合材料。此外，热带木本油料皮壳的非极性表面经过1%的NaOH溶液常温预处理后，其润湿性能得到改善，胶合强度和界面相容性也有所提高，这为解决制备木质复合材料的力学强度问题提供了理论依据。通过对油料皮壳原料特性、碱处理、阻燃剂添加以及木质复合材料的制备工艺和性能进行研究，发现油料皮壳可作为木质复合材料的原材料，但要使制备的复合材料达到优良的性能，仍需要进一步研究和优化。

（二）肥料

1. 有机肥

热带木本油料皮壳作为丰富的废弃生物质资源，含有茶皂素、多糖、鞣质、蛋白质以及氮、磷、钾等成分。鞣质具有抑制微生物生长的作用，茶皂素在低浓度时能够促进植物生长，并对害虫具有毒害作用。与鸡粪中的有机物含量相比，油料皮壳中的有机物含量是其2倍。通过堆肥处理，热带木本油料皮壳可以转化为高效有机肥，进而提高作物的产量和品质。通过添加不同氮源、调节碳氮比和添加微生物菌剂，油料皮壳的堆肥发酵效果可得到显著改善。当油料皮壳堆肥的碳/氮比为25∶1时，堆肥发酵品质最佳，而添加微生物菌种则可进一步提升堆肥品质，并促进种苗的生长。另外，利用油料皮壳作为原料，以豆粕和酒糟为辅料制备的生物有机肥，能够有效提高土壤有机质含量，缓解化肥引起的土壤酸化问题。在相同成本的肥料条件下，油料皮壳有机肥与纯化学肥料相比，可使土壤有机物含量增加15.44%～28.28%，土壤pH值上升5.35%～8.98%。由此可见，将油料皮壳发酵成有机肥，不仅能提高土壤营养，改善土壤结构，还能解决化肥使用带来的问题，并推动可再生资源的再利用。

2. 培养基

油料皮壳通过堆肥发酵后，碳氮比下降，持水能力增强，制备的培养基有利于食用菌栽培。通过添加氮源和微生物菌剂，堆沤发酵后的油料皮壳基质有助于小白菜种苗的生长，出苗率均达90%以上，且种苗各项指标优良。不同处理下的油料皮壳基质对小白菜种苗生长指标的影响存在差异。其中，添加尿素作为氮源、加入50 mL有效微生物菌群（EM菌）菌剂、碳氮比为25∶1的处理效果最佳。该处理对小白菜种苗的株高、茎粗、全株鲜质量等指标的影响优于其他处理，出苗率为92.4%，壮苗指数高达25.5。总之，利用油料皮壳制备培养基，不仅能够提高出苗率，改善肥料品质，降低成本，还能缩短生产周期，这实现了热带木本油料皮壳的有效再利用，并带来了一定的经济效益，为进一步利用农业废物提供了理论依据。

（三）能源

1. 热解制备生物油

在热解过程中，每种木质纤维原料的组分会经历不同的反应机理，如脱羧、脱水和去甲基化，产生热解产物，如生物油、生物炭和合成气。生物质热解获得的生物油是一种暗褐色液体，具有较高的热值，范围为15~46 MJ/kg，且富含多种有机物。生物油通过沸石和负载金属碳催化升级为类石油生物柴油的成功实践，证明了生物油作为替代燃料的可持续性。油料皮壳是每年产量超过300万吨的农业废物，木质纤维含量丰富，是能源化的良好原料来源。通过微波装置对油料皮壳进行热解，采用200 g/min的进料速率和400℃的热解温度，生物油的最高产率可达27.45%。其主要成分包括酚（34.59%~42.63%）、酮（14.69%~20.45%）、醛、有机酸和醇。虽然油料皮壳热解得到的生物油与稻草热解生物油相似，但其生物油中的糠醛和酚的含量高于稻草生物油，且有机酸含量较低，这使得油料皮壳生物油的酸值较低，稳定性和品质更高。因此，油料皮壳在生物油制备方面具有一定的优势。

2. 直燃发电

在直燃发电方面，油料皮壳中氮、硫元素含量远低于煤炭，仅为0.49%和0.43%。因此，油料皮壳作为燃料燃烧时，可有效减少酸雨的形成，并且其二氧化碳排放量与植物生长期吸收的二氧化碳相当，几乎实现了CO_2的零排放，对于减少温室气体排放具有重要意义。在低位热值方面，油料皮壳的低位热值为19.64 MJ/kg，高于毛竹（17.19 MJ/kg）、稻草（14.14 MJ/kg）和稻壳（12.85 MJ/kg）等农林加工副产物。此外，油料皮壳含有3.51%的灰分，灰分中富含钾、钙、磷、镁等元素，燃烧后的灰渣可用作肥料还田。另外，发展油料皮壳直燃发电还能够创造就业机会，推动农村经济发展，促进中国经济的可持续增长。但油料皮壳直燃发电仍面临许多挑战，例如油料皮壳的收集与运输、发电设备和发电厂建设以及开发高效率的发电系统等。

3. 制备生物乙醇

生物乙醇是由含有游离可发酵糖或者复杂糖类化合物的生物质生产的。这些原料可分为三类：糖料作物及其副产物、淀粉作物和木质纤维生物质。油料皮壳的主要成分为木质素、半纤维素和纤维素，且其含量较高，这使其成为制备生物乙醇的优良原料。半纤维素主要由木聚糖组成，易水解成单糖；然而，纤维素分子通过β-1,4-糖苷键连接，分子间通过多个羟基交联形成微纤维，使其难以降解，因此需要对油料皮壳进行预处理。而木质素是高度支化的芳香族化合物，无法转化为乙醇，但可与其他残渣一起作为肥料或燃料，提高其附加值。

将油料皮壳磨碎并进行碱处理，再用纤维素酶水解固体部分以产生单糖，随后通过毕赤酵母发酵生产乙醇，乙醇产率可达 80.90%。未被水解的木质素则可在碱性条件下用 CuO 催化生成香兰素，进一步提高其价值。与粮食发酵生产乙醇相比，油料皮壳作为原料具有较低的生产成本，这也是其优势所在。尽管已有许多关于生物质制备乙醇的研究，但这一过程尚未实现大规模工业化。未来需要研发更高效的乙醇生产工艺，并注重副产物的开发，以推动油料皮壳乙醇生产的产业化。

4. 厌氧发酵产沼气

厌氧发酵是指在没有氧气的条件下，微生物将有机底物转化为沼气的过程。该过程不仅能产生可再生的沼气能源，还能有效减少温室气体的排放。作为替代运输燃料，沼气已在北美和欧洲得到应用，中国也在积极建设能够整合沼气的天然气基础设施。沼气是最便宜的烹饪燃料，每人每天的成本仅为 0.17 美元，约为木材价格的 1/3。与其他燃气相比，沼气的抗爆性较强，1 m³ 沼气完全燃烧所产生的热量，相当于 0.7 kg 无烟煤的热量。然而，利用常见的畜禽粪便生产沼气存在一些问题，如含水量高，后续的沼液和沼渣难以利用、储存和运输等。相比之下，热带木本油料作物皮壳来源充足，且含水量低，沼渣可呈固态，便于后续利用和储存。油料皮壳不仅价格低廉，还便于运输和储存，具有较好的产甲烷能力。因此，将大量废弃的热带木本油料皮壳，如油茶壳进行厌氧发酵生产沼气，不仅能够实现能源的清洁利用，还能促进油料皮壳的高效利用。

第五节　活性成分的利用

一、热带木本油料副产物活性成分利用的意义

以热带木本油料加工副产物为原料，可以对其中多种功能活性成分进行高效分离纯化，并对所获营养因子进行功效评价，进而可以在食品和化妆品等领域开展应用研究。热带木本油料副产物（如棕榈、椰子等油料作物的副产品）中富含多种高附加值的活性成分，如酚类化合物、天然抗氧化剂、脂肪酸等，这些成分具有很大的开发潜力。例如，可以作为食品配料、食品添加剂和食品调味剂添加到各种食品中，以增强其营养价值、功能性和风味特性。其中具有抗氧化活性的物质可以作为天然抗氧化剂应用于食品工业中，以替代传统的化学抗氧化剂。总之，油料副产物的活性成分利用具有重要的社会意义，合理利用，能够为油料产业开辟新的经济增长点，并带动相关产业的技术创新和产品升级，在实现资源循环利用、推动产业绿色转型、促进可持续发展方面，具有深远的影响和巨大的潜力。

二、热带木本油料副产物中的主要活性成分

（一）酚类化合物

在热带木本油料副产物中，酚类化合物因其抗氧化、抗菌、抗炎等多种生物活性表现出显著的健康益处和多样化的应用前景。目前已鉴定出来的可可多酚类化合物包括儿茶素、表儿茶素、花青素、黄酮及黄酮醇糖苷（如木犀草素-7-O-糖苷、栎精-3-O-阿拉伯糖苷等），其中以表儿茶素含量最为丰富。可可表儿茶素可以有效抑制多种疾病，包括阿尔茨海默病、

卒中、癌症、糖尿病、心脏病、阳痿等，已成为继青霉素和麻醉药后最重要的药物之一。油茶籽副产物中也含有大量多酚类物质，例如花青素、槲皮素和单宁酸等，这些成分在体外和体内均展现出优异的抗氧化性能。椰衣纤维中也检测到了没食子酸、鞣花酸、儿茶素、表儿茶素、原花青素二聚体及浓缩鞣质等化合物，对金黄色葡萄球菌具有一定的抑制作用。

（二）多糖类物质

多糖类物质是一类由多个单糖分子组成的高分子化合物。在热带木本油料副产物中，多糖类物质具有免疫调节、抗肿瘤、降血糖等生物活性，是一类具有潜在开发价值的活性成分。可以通过副产物加工手段提取多糖加以利用，例如使用定制的深共晶溶剂从油茶果壳中提取了绿色果壳多糖，所提取出的四种果壳多糖的单糖组成相似，主要有鼠李糖、阿拉伯糖、半乳糖、葡萄糖、木糖、甘露糖、半乳糖醛酸和葡糖醛酸等，表现出较好的自由基清除活性和降血糖活性。可可豆荚壳中也含有大量的果胶等糖类物质，从中提取果胶的常见方法是使用柠檬酸、乙酸和草酸等有机酸进行酸提取。乳木果副产物中的多糖类物质具有独特的免疫调节作用，其多糖结构可能包含葡萄糖、半乳糖等多种单糖，这些多糖类物质可以刺激免疫系统，从而提高机体免疫力。

（三）三萜类化合物

三萜类化合物是热带木本油料副产物中的一种重要活性成分，具有抗炎、抗肿瘤等多种生物活性。油茶籽中的三萜类物质主要有角鲨烯、甾醇和三萜等。这些三萜类化合物对人体具有重要的保健作用，如促进新陈代谢、抗癌防癌、活化细胞、抗疲劳、强化内脏、抗氧化等，从而可提高机体免疫力。目前，关于热带木本油料副产物中三萜类化合物的研究主要集中在甾醇的保健功能上，而对三萜类物质等微量活性成分的研究仍处于初步探索阶段。正是这些微量活性成分使油茶籽油具有更优质的品质和营养价值，甚至可以与国际公认的优质食用油——橄榄油相媲美。

（四）磷脂

磷脂是细胞膜的重要组成成分，对人体神经系统、心血管系统等的正常功能维持具有重要意义。在热带木本油料副产物中，磷脂也是一种关键的活性成分。在油棕的副产物——棕榈仁油的生产过程中，会产生含有磷脂的物质。此外，棕榈毛油中含有磷脂、蛋白质和黏性物质等胶溶性杂质。磷脂能够为人体提供必需的营养成分，帮助维持细胞的正常生理功能。

（五）其他活性成分

热带木本油料副产物中除了酚类、糖类和三萜类等物质外，还含有木质素、纤维素和半纤维素等物质。这些成分的主要特点是适应性强，可用作纳米材料。对于传统纳米颗粒和纳米结构材料的合成，原材料主要涉及纳米纤维素、纳米半纤维素和纳米木质素。目前，由于具有较高的生物降解性、较高的碳中和潜力、较低的环境风险和较高的人类安全性等优点，工业界对植物纤维素、半纤维素和木质素的需求正在增加。不同来源的纤维素制成的纳米材料在生物医学方面表现出良好的应用前景，尤其是在组织和骨骼再生方面。

部分热带木本油料副产物中还含有有机酸类物质。油棕的果肉榨油后的副产物中含有多种有机酸，如柠檬酸和苹果酸，这些有机酸在调节生理功能、抗氧化等方面具有潜在价值。

椰子油生产过程中产生的副产物（如椰肉渣）也含有乙酸、乳酸等有机酸，对改善肠道菌群等方面有积极作用。油茶的副产物——茶枯饼中也含有脂肪酸等有机酸类物质，可广泛应用于土壤改良等。

三、热带木本油料副产物活性成分在食品领域的应用

（一）食品配料稳定性载体

热带木本油料副产物中的活性成分可以作为食品配料，添加到各种食品中，用以增强其营养价值和功能性。椰子副产物作为食品配料的稳定性载体，可广泛应用于多个食品制造领域，其作用主要体现在改善产品质地、稳定性和风味，以及延长食品保鲜期等方面。椰子中的天然抗氧化剂（如多酚类化合物和维生素E）有助于抑制氧化反应，延长食品的保鲜期和稳定性。椰子副产物由于特殊的孔隙结构和生理功效，能将多酚、花青素和益生菌等功能活性物质包埋在椰子纤维中，在加工、储存和消化过程中免受不利环境影响，从而可提高产品的功能活性，增强其保健效果。

（二）食品添加剂的生产

油茶籽壳中含有大量的活性成分，包括戊糖、皂苷等。油茶籽壳的当前应用集中在糠醛和木糖醇的工业生产上。糠醛是一种广泛用于食品添加剂、制药和化工生产中的有机化合物。分子中的醛基和二烯醚官能团赋予其醛、醚和二烯烃的性质，通过反应可生产糠醇，或通过缩合反应可形成热塑性树脂，从而可为其进一步应用奠定基础。糠醛可通过水解戊糖获得，油茶籽壳就是戊糖的重要来源之一。油茶籽壳可以生产的另一个主要副产品是木糖醇。木糖醇作为一种天然的五碳糖醇，是人类和动物糖类化合物代谢中的常见中间产物。它具有优异的吸收性、完全代谢性及胰岛素不敏感特性，是蔗糖的理想替代品，因此广泛用于糖尿病患者的甜味剂。木糖醇的生产也依赖于戊糖的酸水解和发酵过程。然而，由于植物纤维中的酸水解物往往含有一些抑制发酵的物质，如乙酸、木质分解色素和芳香族化合物等，发酵效率通常会受到影响。因此，为了保持生产效率，在发酵前必须对水解产物进行解毒处理，常用的处理方法包括活性炭吸附抑制物质等。此外，木糖醇的生产还可以通过从可可豆荚壳中提取的果胶进行。通过这一途径生产的木糖醇产量可达 0.52 g/g，发酵效率为 56.6%。

（三） 天然抗氧化剂

为了提高食品的安全性和品质，在食品工业中，从热带木本油料副产物中分离出的酚类化合物可作为天然抗氧化剂替代传统的抗氧化剂。椰子果皮中的酚类化合物展现出显著的抗氧化活性，具有作为天然抗氧化剂在食品工业中应用的潜力。黄酮类化合物在油脂含量较高的食品中应用时，能够有效防止油脂氧化，进而延长食品的保质期。此外，在肉类制品中添加三萜类化合物能够减少氧化反应的发生，提高肉类的储存稳定性与品质。

（四）食品调味剂

热带木本油料副产物中的活性成分在食品调味剂中的应用具有巨大的潜力，如脂肪酸、香气化合物以及多酚类物质等。这些活性成分不仅具有丰富的营养价值，还能赋予食品独特的风味和功能性，成为天然健康的调味剂选择。棕榈油、椰子油等加工副产物中含有丰富的

脂肪酸和天然香气成分，这些成分可以作为天然香料和调味剂，用于提升食品的风味。棕榈油中的部分脂肪酸（如油酸和亚油酸）具有独特的风味和香气，可广泛应用于烘焙食品、调味油、沙拉酱等加工食品中，用于增强口感和风味层次。此外，热带木本油料副产物中的磷脂类物质具有一定的乳化功能，可作为天然乳化剂使用，帮助调味品在水油不相溶的情况下稳定混合。这使得它们在沙拉酱、调味油和乳制品等食品中具有广泛的应用潜力。利用这些天然乳化剂，不仅能提高食品的口感和质地，还能避免合成乳化剂可能带来的健康风险。合理提取和应用这些成分，有利于推动食品行业朝着更加天然、健康和环保的方向发展。

第八章
油脂安全与品质评价

第一节 油脂安全法规与标准

一、国外油脂安全法规与标准

（一）国外油脂安全法规与标准的发展历程

国外油脂安全法规的起源与食品法规的发展密切相关，其历史可追溯至工业革命时期。19 世纪末至 20 世纪初，随着全球油脂行业的逐步发展，各国开始对油脂质量进行初步监管。进入 20 世纪中叶，国际贸易的快速发展使得各国逐渐认识到油脂安全问题的复杂性和国际合作的重要性。为了应对跨国贸易中的油脂安全挑战，国际社会通过会议和组织推动油脂安全法规的标准化和统一化工作。尽管当时尚未形成系统的法规体系，但这些努力为后续国际油脂安全法规的建立奠定了基础。20 世纪后半叶至今，随着技术进步和全球化进程的加速，国际油脂安全法规逐步形成了较为完善的体系。20 世纪 60 年代，美国国家航空航天局（NASA）与 Pillsbury 公司联合提出了危害分析与关键控制点（HACCP）概念，以确保宇航员食品的安全性。这一方法后来被应用于食品工业，并于 1973 年成为美国低酸罐头食品的强制性要求。随后，1976 年，美国颁布了《食品安全和质量保护法案》，奠定了现代食品安全法规的基础，并明确了美国食品药品管理局（FDA）作为食品安全监管核心机构的法律地位。国际层面，各国通过联合国粮食及农业组织（FAO）和世界卫生组织（WHO）等平台，共同探讨和制定国际油脂安全标准。

（二）主要国际组织与油脂安全法规

1. 国际食品法典委员会（CAC）

自 1961 年由 FAO 和 1963 年由 WHO 分别通过创建 CAC 的决议以来，该组织已吸纳 180 多个成员国及 1 个成员国组织（欧盟），覆盖了全球 99％的人口。自 1962 年成立以来，CAC 负责管理 FAO 和 WHO 共同实施的食品标准计划，这是全球食品标准制定领域的核心机构。作为国际食品标准的重要参考点，CAC 的主要作用是制定可供各国政府参考的食品标准，协调国际食品标准工作，并通过《食典程序手册》提供相关文本和成员信息。

在食品法规领域，CAC 制定的国际食品法典委员会（Codex）标准是全球最重要的食品参考标准，广泛应用于《实施卫生与植物卫生措施协定》（SPS）和《技术性贸易壁垒协定》（TBT）框架中。Codex 标准涵盖商品标准、卫生法规、技术指南、操作规范、实验室质量保证体系、抽样与分析方法、残留物限量标准等内容，构成了解决国际食品贸易争端的重要依据。

2. 国际标准化组织（ISO）

国际标准化组织是全球最大且最具权威性的非政府性国际标准化专门机构。动植物油脂分析方法的标准主要由 ISO 食品委员会（ISO/TC 34）下属的动植物油脂分委员会（ISO/TC 34/SC 11）负责制定。目前，ISO/TC 34/SC 11 有 26 个积极成员（P 成员）和 31 个观察成员（O 成员）。除国家标准机构的成员外，该委员会还包括 11 个 A 类联络员，例如，美国油脂化学家协会（AOCS）、国际橄榄理事会（IOC）以及国际油料和油脂协会（FOSFA International）。这些组织对动植物油脂标准的制定提供了积极支持，做出了重要贡献。

ISO 的联络员分为三类：A 类联络员积极参与并贡献标准化工作；B 类联络员观察工作进展；C 类联络员仅参与特定工作组的活动。截至目前，ISO 已发布 26 项关于油料种子和油籽粕的标准，我国粮油行业标准中采用 ISO 标准的有 4 项；ISO 发布的动植物油脂标准共 87 项，我国粮油行业采用的 ISO 动植物油脂标准有 30 项。ISO 粮油标准框架结构合理，体系完善，制定过程严谨细致。未来，管理性标准、综合性标准和安全标准将成为 ISO 粮油标准制定的重点方向。此外，其他国际组织如 CAC 和国际谷物科学与技术协会（ICC）也制定了多种先进且实用的粮油标准。加强与这些国际组织的合作，相互补充，共同推动粮油标准的全球化发展，是 ISO 未来的重要趋势之一。

3. 欧盟及其相关法规

欧盟的食品法规架构是一个全面且协调的体系，旨在确保食品安全，保护消费者健康，并促进公平贸易。欧盟通过《通用食品法规》建立了食品法规的总体框架，该法案定义了食品立法的基本原则、要求和目标，并设立了欧洲食品安全局（EFSA）。

关于油脂的具体法规，其内容主要体现在以下几个方面：首先，欧盟对油脂生产环节进行严格监管，包括要求使用符合特定质量标准的油料作物或动物脂肪，并对加工工艺（如精炼、氢化等）进行规范，确保油脂的基本质量；其次，欧盟对油脂在市场流通的各个环节进行管理，涉及产品包装材料的安全性要求、运输条件的控制（如温度、湿度等环境因素），以确保油脂在整个供应链中的质量稳定；最后，欧盟对油脂产品中特定有害物质的含量进行严格限制，如反式脂肪酸、多环芳烃等，并采取相应的监测和控制措施，以确保油脂产品的安全性。

随着欧盟食品安全法规的不断发展，早期的欧盟指令（如 EC Directive 76/621）就已对煎炸用新油做出规定，并随着发展不断修订和完善，形成了更加全面细致的监管体系，涵盖了从原料到成品的全过程。欧盟对油脂安全的质量要求和法规体系充分体现了其食品安全管理的高标准和系统化。首先，在质量要求方面，欧盟对油脂产品中特定有害物质实行严格限量规定，例如部分国家要求煎炸用新油中的反式脂肪酸含量不超过 10%，以保护消费者健康。同时，欧盟要求油脂产品必须准确标注成分和营养信息，以确保消费者能够获取真实透明的信息，从而避免虚假或误导性宣传。在法规与标准的建设上，欧盟通过整合多部相关法规（如 854/2004、882/2004、96/23/EC 和 96/93/EC），发布了 2017/625 法规，明确了食品、饲料、动物健康、植物健康和植保产品等领域官方监管及管理活动的总体要求。各成员国须按照欧盟统一的官方监管要求采取措施，并建立官方监管信息管理系统，以实现更高效的监管与信息共享。此外，欧盟与 EFSA 密切合作，采用科学依据进行风险评估与管理。

EFSA 作为独立机构，提供科学建议，为欧盟委员会及成员国制定法规提供支持。这种以科学为基础、覆盖全面的管理体系，不仅保障了消费者健康，还在全球食品安全法规领域树立了标杆。

4. 美国的相关法规

美国的油脂安全法律法规体系经过长期发展逐步健全完善。1906 年，美国国会通过了《纯净食品和药品法》，标志着食品安全监管体系的初步建立。随后，又相继颁布了《联邦食品、药品和化妆品法》《食品添加剂修正案》《色素添加剂修正案》等重要法规，逐步完善了食品安全法律框架。2002 年通过的《生物反恐法案》更是将食品安全提升到国家安全的战略高度，实现了从"事后治理"到"全程监管"的重大转变。目前，美国已形成多部门协同监管的模式，包括农业部下属的食品安全检验局（FSIS）、卫生和公共服务部下属的食品药品管理局（FDA）以及国家环境保护署（EPA）等机构，各部门依据"品种监管"原则，对食用油从农田到餐桌的全供应链环节进行严格管理。此外，美国特别注重风险评估与预防，在油脂生产加工的各个阶段通过制定严格的生产操作规范和卫生标准，有效减少污染风险，全面保障消费者健康安全。这一科学化、系统化的监管体系成为食品安全领域的重要标杆。

5. 其他国家和国际组织及相关法规

印度、马来西亚及其他多个国际组织在油脂安全监管和国际贸易中发挥了重要作用。2021 年 3 月 19 日，印度食品安全标准局修订了乳木果油和婆罗洲牛脂的食品安全标准，明确了这些油脂的定义、加工方法、质量要求以及禁止添加的物质，以确保产品质量安全，满足消费者需求。马来西亚等国积极参与国际食品法典委员会油脂委员会的标准制定活动，通过推动国内油脂标准与国际接轨，提高产品质量和竞争力，保障油脂行业的健康发展。此外，多个国际组织在油脂安全和贸易公平性中扮演重要角色。世界贸易组织通过《技术性贸易壁垒协定》和《实施卫生与植物卫生措施协定》，协调各国油脂贸易相关法规，防止不合理的贸易壁垒，确保油脂产品在国际市场上的顺畅流通。国际动物卫生组织针对动物油脂来源的动物疫病防控，制定检疫标准和防控措施，如预防动物传染病和寄生虫病，保障动物油脂的安全性。国际植物保护公约则致力于维护植物油脂原料的健康，包括油料作物病虫害的监测与防控，以及对植物原材料的检疫要求，以为植物油脂的安全生产提供保障。上述这些努力共同推动了全球油脂行业的可持续发展和国际贸易的公平性。

（三）国际油脂安全法规的主要特点和实施效果

国际油脂安全法规的特点在欧盟食品法规架构中表现得尤为突出，即强调系统性和综合性，覆盖从农场到餐桌的整个食品链，并以风险分析原则为基础，包括风险评估、风险管理和风险沟通三个相互关联的组成部分。此外，欧盟建立了快速预警系统，通过信息共享和及时限制不安全食品流通的措施，为全球食品安全提供了高效的预警机制。法规的实施在多个方面取得了显著成效。例如，通过 HACCP 体系等措施，有效减少了食源性疾病的危害风险，全面提高了食品安全水平；严格的质量标准和监管措施限制了油脂中反式脂肪酸、重金属、农药残留等有害物质的含量，从而有利于降低消费者健康风险，并有助于预防心血管疾病、癌症等与油脂质量相关的健康问题。与此同时，为满足法规要求，油脂企业加大技术研发投入，推动了更环保、更高效的油脂提取和精炼技术的开发，促进了技术创新与产业升级。此外，国际法规的实施还加强了与新兴油料主产国的合作，有力推动了进口来源的多元化，避免了进口市场垄断，促进了国际贸易发展，激励各国企业提升竞争力，以适应国际市场需求。通过系统化的管理原则和严格的质量控制，国际油脂安全法规不仅为全球食品安全水平的提高提供了保障，也为油脂行业的持续健康发展奠定了坚实基础。

二、我国油脂安全法规与标准

（一）我国现行油脂安全法规与标准

1. 法律法规

我国现行的油脂安全法规和标准涵盖了油脂生产、经营、监管等各个环节，为保障油脂安全提供了法律依据和支持。首先，《中华人民共和国食品安全法》作为我国食品安全领域的基本法，明确规定了食品生产经营者的主体责任，涵盖了食品安全标准的制定、食品检验和食品安全事故处置等内容，为油脂安全提供了坚实的法律保障。《食品生产许可管理办法》规范了油脂生产企业的市场准入条件，要求企业必须获得食品生产许可证，以确保油脂生产的合法性和规范性。针对可能涉及的生物安全风险，《中华人民共和国生物安全法》对油脂生产中的生物安全防控提供了法律依据，特别是在进口油脂的检疫方面发挥了重要作用。此外，《中华人民共和国进出境动植物检疫法》及其实施条例规范了进出境油脂的检疫工作，以防止引起动物传染病、寄生虫病和植物病害等的有害生物的传入或传出国境，保障进出境油脂的安全。《进出口饲料和饲料添加剂检验检疫监督管理办法》则对油脂作为饲料或饲料添加剂使用的进口、生产和经营环节进行监管，确保饲料用油脂的质量和安全。在标准体系方面，GB/T 1535 标准体系是我国食用植物油行业的重要国家标准，涵盖了油脂的加工工艺、产品质量指标、检验方式、标识、包装设计、储存与运输等内容。针对废弃食用油脂的管理，《重庆市废弃食用油脂管理规定（试行）》规定了废弃食用油脂的产生、收运、处置和监管，确保废弃油脂不回流到食品市场，保障食品安全和公共健康。

2. 标准体系

我国现行的油脂安全法规和标准涵盖了食品安全、质量、污染物控制等方面，确保了油脂产品的质量和消费者健康。国家标准如 GB 2716—2018《食品安全国家标准 植物油》对植物油的质量、品质和安全要求进行了严格规定，包括感官指标、理化指标、污染物限量等。理化指标如酸值、过氧化值和极性组分，用于衡量油脂的质量和稳定性。GB 2760—2024《食品安全国家标准 食品添加剂使用标准》规定了油脂产品中食品添加剂的使用要求，确保油脂添加剂使用安全。GB 2761—2017《食品安全国家标准 食品中真菌毒素限量》对油脂中的真菌毒素限量进行规定，如油脂中黄曲霉毒素 B_1 限量为 10 $\mu g/kg$，花生油和玉米油的限量为 20 $\mu g/kg$。GB 2762—2017《食品安全国家标准 食品中污染物限量》涉及油脂中的污染物限量，如 Pb 限量为 0.08 mg/kg，As 限量为 0.1 mg/kg，Ni 限量为 1.0 mg/kg，苯并芘限量为 10 $\mu g/kg$。GB 2763—2021《食品安全国家标准 食品中农药最大残留限量》规定了油脂中农药残留的限量。GB 19641—2015《食品安全国家标准 食用植物油料》对食用植物油料的卫生标准做出了规定，确保油料的安全性。GB 15196—2015《食品安全国家标准 食用油脂制品》适用于食用氢化油、人造奶油、起酥油等食用油脂制品的卫生安全检测。GB/T 8937—2023《食用动物油脂 猪油》对食用猪油的生产、加工和检验做出了技术要求。此外，GB 28050—2011《食品安全国家标准 预包装食品营养标签通则》要求在预包装食品的营养标签上描述脂肪等核心营养素的信息，而 GB 5009.6—2016

《食品安全国家标准　食品中脂肪的测定》和 GB 5009.229—2016《食品安全国家标准　食品中酸价的测定》分别规定了食品中脂肪含量和酸价的测定方法。

行业标准则由相关行业协会或专业组织制定，针对特定种类的油脂或具有特殊工艺的油脂产品，如中国粮油学会发布的《浓香花生油》《小磨香油》等标准，这些标准进一步细化了产品的质量要求和生产工艺规范，促进了行业整体质量水平的提升。此外，地方标准针对当地特色油脂产品也做出了规定，如 DBS 41/ 005—2015《食品安全地方标准　油茶》对油茶的食品安全要求，包括原料、感官、理化和微生物等指标做出了规定，保障了特色油脂产品的质量和安全，并促进了地方油脂产业的发展。这些标准丰富了我国油脂安全法规体系，保障了油脂产品的质量和消费者的健康。

（二）我国油脂安全法规与标准的发展和现状

1. 标准体系日益完善

中国的油脂安全法规与标准在不断发展和完善，特别是在油脂质量、食品安全和生产过程的控制方面。中国遵循国际食品法典委员会（CAC）标准，并根据国内实际情况制定了相应的国家标准。例如，《食品安全国家标准　植物油》（GB 2716—2018）为植物油的质量、品质和安全要求提供了基准，内容涵盖了植物原油、食用植物油、食用植物调和油及食品煎炸过程中的油脂。该标准在制定时，既考虑到与国际标准的接轨，又充分考虑了国内的食品安全状况和油脂加工生产的实际情况，因此部分指标与国际标准有所差异。

中国是世界上制定油料及油脂标准最多的国家，特别是在油脂检验方法和产品标准方面，引领着油脂行业向绿色环保、创新发展方向迈进。2016 年，中国的主要油料作物（如油菜籽、花生、大豆、葵花籽等）产量达到 5884.7 万吨。自 2017 年起，多个油脂产品的国家标准陆续修订并于 2018 年发布，旨在提升油脂产品的安全性和质量控制水平。以橄榄油为例，GB/T 23347—2021《橄榄油、油橄榄果渣油》于 2021 年发布，并与 CAC 和 IOC 的相关标准相对接。该标准对橄榄油的分类、基本组成、质量要求、检验方法等做了详细规定，且在酸价、过氧化值和溶剂残留量的要求上比《食品安全国家标准　植物油》（GB 2716—2018）更为严格。这些标准确保了橄榄油的质量，同时适用于橄榄油的生产、销售及进出口贸易。此外，GB/T 40851—2021《食用调和油》规定了食用调和油的质量指标，包括气味、滋味、透明度、色泽、水分含量、酸价和过氧化值等，这些指标借鉴了植物油产品的相关标准，确保了调和油的质量与安全。

2. 监管力度不断加强

各级监管部门加大了对油脂生产、加工、流通等环节的监督检查力度，严厉打击违法违规行为。通过定期抽检、专项整治等方式，确保油脂产品符合相关法规与标准的要求。例如，对食用油生产企业的原材料采购、生产过程控制、产品出厂检验等环节进行严格监管，防止不合格产品流入市场。

3. 消费水平提高

进入新世纪，为适应我国加入 WTO 后面临的国内外油脂市场竞争日益激烈的新形势，一方面，我国植物油生产、加工和贸易迅速发展，建立了规范有序的油脂市场秩序，促进了油料、油脂生产发展和油脂行业结构调整；另一方面积极推动油脂质量标准与国际接轨，以强化产品品质管控，有效提升植物油膳食营养与食品安全水平。这些举措不仅满足了广大消费者对膳食营养、食品质量安全的植物油的需求，也显著增强了我国油脂产品在国内外市场的竞争力。随着国民经济持续发展和人民生活水平提升，我国植物油消费水平迅速提高。

4. 科技水平提高

进入新世纪，我国农业科技水平飞速发展，油料的新品种不断增多，以油料为基础原料的油脂行业正在从其品种、规格化、标准化及工业化生产的角度对其进行科学、系统地整理、研究。特别是指导生产、规范市场的油料及油脂质量标准，截至 2023 年 8 月，已经系统、科学地制修订了 121 项国家标准，62 项粮食行业标准，共计 183 项标准。45 项国家产品标准中包括 8 项油料产品标准（花生、大豆、芝麻、油菜籽、棉籽、葵花籽、亚麻籽和油茶籽）和 26 项植物油产品标准（大豆油、花生油、油茶籽油、食用调和油等）。按照标准化法的要求，尽量采用国际标准和国外先进标准，同时改变之前以产品用途代替产品等级的做法，将单一油脂品种的几个产品标准合而为一，理顺油脂产品的质量标准，改变油脂产品标准过于分散、名称混乱、相互关联差的状况，使标准在执行过程中更便于操作。修订后的标准既要有一定的先进性、科学性，又要有较强的可操作性，还要符合 WTO 的规则。标准的制修订不仅要有利于促进国内油脂行业的发展，还要有利于提高国产油脂产品质量，以增强其在国内外市场上的竞争能力。

5. 企业质量意识提高

在法规与标准的约束以及市场竞争的压力下，油脂生产企业的质量意识普遍增强。越来越多的企业建立了完善的质量管理体系，加强了原材料检验、生产过程控制和产品出厂检验等环节的管理，并主动按照高标准要求组织生产，提高了产品的质量和安全性。

6. 公众参与和监督意识增强

随着食品安全知识的普及，公众对油脂安全的关注度和参与度不断提高。消费者在购买油脂产品时更加注重产品的质量和安全性，对不符合标准的产品能够及时进行投诉和举报，形成了全社会共同关注和监督油脂安全的良好氛围。

（三）我国油脂安全法规与标准的实施效果、未来展望与意义

我国油脂安全法规的实施效果主要体现在以下几个方面。首先，在 2016～2018 年，我国食用油、油脂及其制品的安全性情况良好，整体合格率达到 99.14％，这表明我国油脂安全法规在提升产品质量安全方面取得了显著成效。其次，我国已经建立了科学和全面的油料质量安全标准体系和食用植物油质量标准体系，有效控制了食用油中多种内源毒素、抗营养因子、环境与加工污染物的风险，在风险控制能力方面得到了增强。同时，油脂学科在 2011～2015 年的研究进展显示，我国在油脂加工科学技术和学科研究方面取得了显著成果，特别是在"适度加工"理念、特种油料资源和新油料资源开发、新型制炼油工艺、食品专用油脂生产技术、油脂资源利用水平等方面。

对于未来的展望主要体现在以下几个方面。首先，当前我国油脂安全法规正逐步与国际通用标准协调，以提高产品的国际市场竞争力，这不仅有助于我国油脂产品的出口，也有利于促进国际食品贸易的公平性和便利性。同时，科技的引领和创新驱动发展，也将进一步提升我国油脂行业自主创新能力，推动绿色低碳技术的创新；我国正逐步增强对国际市场价格的监测和预警，以建立健全进口调控机制，获取市场主导权和话语权，进而提高油料油脂产业安全水平。此外，为了给企业油脂储藏提供必要的技术依据，确保油脂储藏安全及油脂新鲜度，减少损失损耗，防止污染，延缓品质下降，我国正在建立《油脂储藏安全预警及控制技术规程》团体标准。

当前，油料油脂标准和规范作为保障我国油料质量安全的重要技术标准，一方面，一些重要标准和规范的制定是被动参考国外有关基础数据或实践经验，在应用过程中，已经遇到不少问题，在一定程度上，这些规范甚至已经成为阻碍我国油料行业发展的因素。另一方面，国内一些研究机构开展了有关油料加工技术规程的研究，由于缺乏油料基础数据，制定的规程深度还远远不够，无法满足我国油料油脂行业高质量发展的需求。所以，我国油料油脂质量标准应整合现有的科研资源和技术力量，持续推进科技创新，进一步完善质量标准和检验体系，以形成具有中国特色的油料油脂质量标准，尽快将我国油料油脂质量标准推向国际标准的舞台，进而保障我国油料油脂企业及其相关产品在国际贸易中的合法权益，也为落实我国粮食安全战略提供技术支持。

第二节　油脂的主要安全问题

一、食用油脂外来污染物

在食用油脂的加工、储存及运输过程中，外来污染物的存在对油脂的品质和安全构成了严重威胁。主要污染物包括重金属、农药残留、包装材料和溶剂残留。食用植物油脂的安全性受到多种因素的影响，如原料来源、储运条件、加工工艺和包装材料等。为保障食用植物油脂的安全性，企业应选择无污染的原料，采用科学的储运方法，优化生产工艺，并减少各环节中有害物质的产生和残留。同时，还应完善风险管理体系，降低风险发生的概率。食用植物油脂是我国居民日常饮食中必不可少的营养物质，其外源性污染问题直接关系到人们的身体健康。因此，必须对食用植物油脂进行严格的质量安全检测。实现食用油脂的质量安全需要"从农田到餐桌"的全程控制，这包括从植物在田间的种植管理、收获、收购、加工、包装、标识、储存、运输到检验和销售的全过程管理。同时，相关部门应加强对食用植物油脂市场的监管，打击假冒伪劣产品和违法行为，为消费者提供更加安全、可靠的食用植物油脂产品。

（一）重金属污染

重金属污染是食用油脂中常见的外来污染物，对油脂品质和人体健康的影响不容忽视。常见的重金属污染物如铅、镉和汞等，可能通过多种途径进入油料作物的生长环境，并被作物吸收和积累。具体而言，受污染的土壤和水源是重金属污染的主要来源。如果油料作物在种植、收获、储存和运输过程中接触到这些含有重金属的环境因素，就可能吸收并富集有害物质。

当这些含有重金属的油料作物被加工成食用油脂时，重金属会随之进入油脂中。一旦进入人体，重金属可能在体内积累，若积累到一定量，便可能引发中毒反应，对神经系统、肾脏、肝脏等造成损害。例如，铅中毒可能导致神经系统损伤和智力发育障碍；镉中毒则可能引起肾脏损害和骨质疏松；汞中毒则可能影响神经系统、消化系统等多个系统。除了油料作物生长环境带来的重金属污染外，油脂加工过程中设备使用不当或维护不善也可能导致重金属污染。例如，如果加工管道、容器等使用了含超标重金属的材料，或在加工过程中由于磨损、腐蚀等原因导致重金属析出，油脂也可能受到污染。此外，若使用了非食用级的塑料编织袋、海绵等含塑化剂的辅助材料，这些材料中的塑化剂在高温和长时间接触下可能迁移到油脂中，进一步增加油脂的污染风险。

为了有效防控食用油脂中的重金属污染，油脂加工企业应严格控制原料质量，选择无污染或低污染的油料作物作为原料。同时，应改善储存条件，避免油料作物在储存过程中受到重金属污染。在加工工艺方面，应优化生产流程，减少重金属在加工过程中的迁移和富集。此外，应加强设备的清洁和维护，确保加工设备的卫生和安全。在食用油脂的生产和储存过程中，企业还应加大油脂质量检查力度，采用先进的检测技术，如原子吸收光谱法、电感耦合等离子体质谱法等，准确测定油脂中的重金属含量，及时发现并处理潜在的重金属污染问题。同时，企业应采取有效的保存方法，控制储存环境的温度、湿度和光照条件，减少油脂在储存过程中的品质下降和污染风险。

（二）农药残留

农药残留是食用油中另一种关键的外来污染物，其对油脂品质和人体健康的影响同样不容忽视。在油料植物的栽培过程中，为了有效防治病虫害并提高作物产量，农户常常使用农药。然而，不当或过量的农药使用，极易导致农药残留问题。一些化学农药，特别是有机氯和有机磷类农药，与其他粮食作物相比，油料作物对其吸附能力更强。这主要是由于油料作物的生理特性和化学结构，使其更容易吸收和富集农药成分。此外，由于油料种植管理的科学性不足，一些农户在作物生长期间，为追求快速、高效的病虫害防治效果，可能会过度使用高毒性、高残留的农药（如甲胺磷）。这种做法会导致收获后的油料作物农药残留超标，而且这些农药成分即使经过后续的精炼加工也难以彻底清除。在制油过程中，这些农药残留可能进一步融入油脂。由于农药的化学性质稳定，它们往往在油脂中保持较高的残留量，不仅可能降低油脂品质，影响其口感和风味，还会对人体健康造成严重危害。长期食用含农药残留的食用油，可能增加癌症风险，损害生殖健康，甚至对神经系统和内分泌系统产生不良影响。

为有效控制农药残留，首要措施是合理选择农药。农户在选择农药时，不仅要关注防治效果和价格，更应重视农药毒性、残留特性及对环境的长远影响。选择低毒、低残留、对环境友好的农药品种，可为农药残留控制奠定基础。其次，要科学合理地使用农药。农户必须严格遵守农药使用指南，包括使用时机、浓度、频次和安全间隔期等。特别是要重视安全间隔期，即在收获前的一段时间内应停止使用农药，以避免油料作物中农药残留的初始累积量过高。科学合理的农药使用能够有效降低油料中的农药残留量。最后，还应通过强化田间管理和采取合理种植措施来削减油料中的农药残留。这包括优化种植结构，合理轮作和间作，提高土壤肥力和作物抗逆性；加强病虫害监测与预警，推广生物防治、物理防治等绿色防控技术；改善农田生态环境，提高生物多样性。这些措施不仅能减少农药的使用量，还能有效降低油料中的农药残留。

目前，我国已对油料中的多种农药（如乙酰甲胺磷等63种农药）设定了限量标准。然而，随着农药种类的不断增加和新型农药的研发，现有限量标准可能无法全面覆盖所有潜在的农药残留风险。因此，建议相关部门加大对油料中农药残留的检测和监管力度，不断完善农药限量标准体系，确保油料产品的安全与卫生。同时，应加强对农户的培训与指导，提高其农药使用的科学性和规范性，共同推动食用油产业的可持续发展。

（三）包装材料污染

食用油脂的存储稳定性与包装材料密切相关。包装材料是食用油脂中不可忽视的外来污染物来源。由于油脂通常直接接触包装容器，容器材料的种类、卫生状况都会对油脂品质产生影响。如果使用气体阻隔性差的包装材料，储存过程中氧气渗透率会增加，从而会加速油脂的氧化酸败，缩短其保质期。酸败的油脂不仅营养价值大幅降低，还会引发一系列毒性作用和疾病，严重危害人体健康。为了保障食品安全，应严格遵守食品包装材料的卫生标准。目前我国已制定了相关标准，如 GB 4806.7—2023《食品安全国家标准　食品接触用塑料材料及制品》和 GB 4806.13—2023《食品安全国家标准　食品接触用复合材料及制品》。食用植物油销售包装的执行标准为 GB/T 17374—2024《食用植物油销售包装》。随着油料及其加工产品的安全性越来越受到关注，应做好油料种植标记、隔离储藏、单独加工等工作。特别是国家标准要求对转基因产品进行明确标识，以维护消费者的知情权和选择权。

在研究包装材料对食用油脂的影响时，还应关注油脂的氧化问题。油脂氧化是指油脂与空气中的氧气发生反应。例如，在食用油脂的包装过程中，采用严密包装可减少包装内部氧气含量，显著降低其酸败速度。在此情况下，包装材料对油脂氧化的控制作用尤为关键，可有效增强其储存稳定性。油脂的存储应尽量处于封闭环境中，并采用充氮储存或满罐储存技术，以减少油脂与空气接触的概率。这些技术都是通过隔绝空气，延缓氧化过程的。光对油脂质量的影响仅次于氧气。在储存过程中，光会诱发并加速油脂的氧化作用，尤其是在叶绿素等光敏物质的存在下，氧化速率会明显加快。研究表明，用紫外线照射豆油后，毛豆油的光稳定性优于碱炼豆油，而除去天然色素后油脂的光稳定性有所提高，但添加胡萝卜素的脱色豆油稳定性最差。因此，油脂应储存在阴凉处，避免阳光直射，以保证质量，保护人体健康。

此外，储存环境的温度变化对油脂的稳定性也至关重要。温度升高会显著加快油脂的氧化速率。在 $-20\sim60℃$ 范围内，每升高 $15℃$，油脂氧化速率增加一倍。对于与空气接触的油脂，储存温度应较低，但需避免低于环境温度，以防吸收空气中的水分。人造奶油、起酥油等深加工油脂产品的稳定性对温度尤为敏感，其最佳储存温度为 $-5\sim5℃$，以保持晶型，但过低的温度反而可能破坏晶型结构。

（四）溶剂残留

在油脂加工过程中，尤其是浸出工艺中，溶剂的使用是不可或缺的。然而，如果溶剂回收不彻底或工艺操作不当，可能导致溶剂残留问题。这些残留物不仅会影响油脂的口感和风味，还可能对人体健康产生不利影响。长期摄入含有溶剂残留的食用油脂可能增加患癌风险、损害神经系统等。因此，在油脂加工过程中，应严格控制溶剂的使用和回收效率，确保油脂中的溶剂残留量符合相关标准，以保障消费者健康。此外，加工工艺本身也是油脂污染的重要来源。在压榨或浸出过程中，如果设备清洁不彻底或工艺操作不规范，可能导致油脂中混入机械杂质或溶剂残留等污染物。在精炼阶段，如果工艺控制不严，脱胶、脱酸、脱色和脱臭等关键工序处理不当，同样会影响油脂的纯净度和稳定性。例如，邻苯二甲酸酯（常被称为塑化剂）在原料被污染时或加工过程中较易产生。邻苯二甲酸酯通常用于增加聚合物的塑性，属于邻苯二甲酸酯类、脂肪族二元酸酯类、苯多酸酯类和苯甲酸酯类等 18 种化合物的统称。这类物质对人体健康的潜在危害引发了广泛关注。

食品原料的质量从根本上决定了最终产品的安全性，无论加工过程如何优化，都无法彻底弥补原料质量不足所带来的不利影响。因此，在强化加工过程控制的同时，也必须重视原料的安全性和质量控制。应通过严格筛选原料、加强原料检验与监测等措施，确保原料符合食品安全标准，从源头上为最终产品的安全性提供保障。同时，持续深化对食品污染物控制策略的研究，是提升食品安全性的重要途径。通过不断探索和创新，开发更加高效、环保且安全的污染物控制技术，为消费者提供更加安全、健康的油脂产品，是食品工业发展的重要方向。

二、加工过程中形成的内源性危害物

在油脂加工过程中，由于高温、氧化以及其他化学反应等多种因素的作用，食用油会生成一系列内源性危害物。这些物质不仅影响油脂的品质和稳定性，更重要的是，它们对人体健康和环境具有潜在的严重影响。加工过程中可能形成的内源性危害物主要包括脂质氧化产物、3-氯丙醇酯、反式脂肪酸以及多环芳烃等。脂质氧化产物（如氢过氧化物、醛类、酮类等）是在油脂加工和储存过程中，与空气中的氧气发生反应生成的。这些产物会对人体健康产生不利影响，例如促进动脉粥样硬化和引发炎症反应。3-氯丙醇酯是在油脂精炼过程中产生的一种有害物质，具有潜在的致癌性，长期摄入可能增加患癌风险。反式脂肪酸则是在油脂加工过程中（如氢化处理和高温煎炸）产生的不饱和脂肪酸异构体，与心血管疾病、糖尿病和肥胖等健康问题密切相关。而多环芳烃则是在高温和不完全燃烧条件下产生的有害物质，具有致癌性、致畸性和致突变性，对人体健康构成严重威胁。此外，这些内源性危害物还可能对环境造成污染：挥发性污染物可能释放到空气中，影响大气环境；非挥发性污染物则可能残留在油脂中，通过食物链进入生态系统，对环境和人类健康造成长期威胁。

（一）脂质氧化产物

油脂加工过程中的脂质氧化是指油脂在加工、储存和使用过程中受到热、光、氧气及金属离子等环境因素的影响而发生的一系列化学反应，这些反应可导致油脂质量下降、产生异味以及生成有害物质。这一过程主要包括自氧化、光氧化和酶促氧化，其中自氧化是由自由基链式反应引发的，分为诱导期、传播期和终止期。氧化过程中生成的氧化产物会进一步影响油脂品质。脂质氧化的主要影响因素包括不饱和脂肪酸含量、温度、氧气浓度、光照、金属离子和水分等。脂质氧化产物可分为初级产物、二级产物和终产物。初级产物是脂肪酸与氧气反应生成的过氧化物，不稳定且易分解，通常用于评估氧化的早期阶段；二级产物包括醛类（如丙二醛、己醛）、酮类（如2-壬酮）和短链酸（如甲酸、乙酸），这些物质会导致油脂产生哈喇味或其他异味，其中部分产物（如丙二醛）具有毒性和潜在的致突变性；终产物则是自由基与脂肪分子交联或聚合形成的高分子化合物，如环氧化物和交联聚合物，这些产物会导致油脂黏度增加、颜色加深和质构变化，从而显著降低油脂的加工性能和使用价值。脂质氧化的不良后果包括风味劣变、营养成分损失（如破坏维生素E）、有毒物质的形成及油脂品质的下降。为抑制脂质氧化，可采取添加抗氧化剂、避免光照、降低氧气含量、控制金属离子含量以及优化温度和加工工艺等措施，从而延长油脂的保质期并确保食品安全。有效控制脂质氧化产物的生成是保障油脂质量和安全的重要环节。

（二） 3-氯丙醇酯

3-氯丙醇（3-MCPD）及其与脂肪酸形成的酯化产物——3-氯丙醇酯（简称为 3-MCPD 酯）展现出显著的毒性特征。关于其具体的毒性机制，目前国内外尚未发布全面的毒性研究报告，仍需深入研究。然而，已知的是，3-MCPD 酯进入人体后，可在肠道中受胰脂肪酶的作用分解为游离的 3-MCPD，从而引发毒性效应。实验研究表明，3-MCPD 会对小鼠的肝脏和肾脏造成损伤，同时还会导致大鼠的精子活力和数量下降，并抑制雄激素分泌，进而引发生殖功能障碍，严重时甚至可能导致不育。此外，3-MCPD 酯的代谢产物——环氧甘油酯已被国际癌症研究机构（IARC）列为 2A 类致癌物质，认为其很可能具有致癌性。为了有效控制 3-MCPD 酯的生成，可以从以下几个方面入手。在加工过程中，棕榈仁的粉碎会加速脂肪酶的活化，导致游离脂肪酸和甘油二酯（DAG）等前体物质的增加，而这些物质是 3-氯丙醇生成的关键前体。因此，应尽量选择完整的油料作为原料。此外，使用 75% 的乙醇洗涤油脂，可以有效去除部分氯，使棕榈油中的氯含量降低 20%～25%。在油脂精炼过程中，优化脱臭工艺可以显著减少 3-MCPD 酯的生成。在保证产品质量的前提下，适当降低脱臭温度并缩短脱臭时间，是一种有效的控制策略。在油脂精炼或食品加工过程中，添加二醋酸甘油酯或碳酸氢钠等外源性物质，可以有效降低 3-MCPD 酯的生成量。研究表明，这些添加剂可使 3-MCPD 酯的生成量减少 50%，碳酸盐生成量降低 66%。此外，在模型反应系统中加入抗氧化剂（如丁基羟基茴香醚、二丁基羟基甲苯和特丁基对苯二酚），也能有效抑制 3-氯丙醇在精制油品中的生成。

（三）反式脂肪酸

反式脂肪酸（TFA）是一种不饱和脂肪酸的异构体，主要在食用油氢化、硬化等加工过程中生成，同时在高温炒制过程中也可能少量产生。反式脂肪酸分子中含有一个或多个反式双键，这些双键的两个氢原子位于碳链的两侧，而天然脂肪酸中的双键通常为顺式，氢原子位于碳链的同侧。反式双键的键角小于顺式双键，可形成锯齿状直线型刚性结构，使得反式脂肪酸具有与顺式脂肪酸不同的性质，表现为更高的熔点和更好的热力学稳定性，其特性更接近饱和脂肪酸。反式脂肪酸主要在食品生产加工过程中，通过油脂处理特别是部分氢化工艺生成。油脂氢化可分为完全氢化和部分氢化两种方式，完全氢化能够使油脂中的不饱和脂肪酸绝大部分转化为饱和脂肪酸，因此完全氢化后的油脂几乎不含反式脂肪酸。而在部分氢化过程中，在催化剂作用下，氢原子加成至不饱和脂肪酸碳链的双键上，形成活跃的中间体，由于中间体不稳定，容易发生构型改变，从而可生成反式脂肪酸。

研究表明，反式脂肪酸的高摄入量与死亡风险显著增加呈正相关。WHO 系统性审查显示，反式脂肪酸的摄入可能使总死亡率增加 34%，冠心病死亡风险增加 28%，冠心病发生风险增加 21%。其机制主要是通过升高低密度脂蛋白胆固醇水平并降低高密度脂蛋白胆固醇水平，显著增加患心血管疾病的风险。WHO 建议饱和脂肪摄入量应低于总能量的 10%，反式脂肪摄入量应低于总能量的 1%。此外，美国心脏协会建议将饱和脂肪摄入量控制在总能量的 5%～6% 以内，而中国营养学会在 2022 年最新版的《中国居民膳食指南》中建议，成年人饱和脂肪摄入量应低于总能量的 8%，婴幼儿及青少年的饱和脂肪摄入量也应低于总能量的 8%。鉴于反式脂肪酸对健康的严重危害，2015 年，美国食品药品管理局（FDA）撤销了部分氢化油的"一般认为安全"状态。WHO 发布的"REPLACE 行动计划"，其目标是到 2023 年从全球食品供应中全面消除工业生产的反式脂肪酸。因此，减少或消除人类饮食中的反式脂肪酸成为未来油脂研究与食品加工工艺优化的重要方向。

（四）多环芳烃

多环芳烃（PAH）是一类由两个或更多苯环构成的芳香烃类化合物，分为非稠环型（如联苯、联多苯及多苯代脂肪烃）和稠环型（即两个苯环共享碳原子的结构）两种。在油脂加工，特别是煎炸过程中，PAH 主要因高温和长时间加热引起的油脂热解或不完全燃烧生成。同时，油脂在热氧化作用下生成的自由基也会经历复杂的化学反应，与油脂中的其他分子结合形成 PAH。此外，油脂类型、加工温度与时间、油脂中的杂质（如磷脂、游离脂肪酸、金属离子等）以及加工设备和工艺的选择均会显著影响 PAH 的生成量。PAH 的致癌性与其独特的化学结构及生物体内的代谢路径密切相关。动物实验和流行病学研究表明，PAH 具有明确的致癌潜力，部分 PAH 已被国际癌症研究机构列为潜在的人类致癌物。苯并芘是 PAH 中致癌性最突出的代表，它能够诱发皮肤癌、肺癌、胃癌等多种癌症。进入人体后，PAH 经过代谢转化生成致癌代谢产物，这些产物能够直接损伤细胞 DNA，从而诱发癌症。在致畸性方面，尽管针对 PAH 的直接研究较少，但已有证据显示，PAH 暴露可能增加胎儿宫内发育迟缓、低出生体重和先天性缺陷等风险。这些不良影响可能与 PAH 对生殖系统的毒性作用有关，PAH 可干扰胚胎的正常发育。PAH 还具有显著的致突变性，其能够通过多种机制损伤 DNA，包括碱基替换、碱基缺失以及 DNA 链断裂。这些 DNA 损伤可能进一步导致基因突变、染色体畸变和细胞恶性转化。由于其强遗传毒性，PAH 被认为是重要的环境诱变剂，对生物体的遗传稳定性构成严重威胁。

（五）挥发性污染物与非挥发性污染物

挥发性污染物种类繁多，主要可分为固体挥发性污染物和液体挥发性污染物，其中以有机挥发性污染物为主。在油脂加工过程中，脂质的热分解会导致脂质分子内部化学键的断裂，进而产生多种挥发性成分，这些成分不仅可赋予产品特定的香味和气味，还可能影响产品的质地、口感和品质。

常见的挥发性污染物包括：烃类化合物（如烷烃、环烷烃、烯烃、炔烃），主要来源于油脂原料的天然成分及加工过程中的化学反应；醛类化合物（如甲醛、乙醛），在油脂高温和氧化加工过程中容易生成，它们挥发性强，容易产生油脂酸败的哈喇味；酮类化合物（如丙酮、丁酮），与油脂的氧化和分解过程有关；芳香烃类化合物，具有较强的毒性，对人体和环境有很大危害，主要来源于油脂原料的杂质及加工过程中的化学反应；含氧有机物（如醇类、酯类）和含氮有机物（如胺类、酰胺类），也可在油脂加工中产生，作为溶剂或反应产物存在。

挥发性污染物对人体健康构成多重威胁，尤其是烃类、醛类和酮类等化合物，容易挥发到空气中并被人体吸入，可能引起呼吸系统的刺激和损害，导致呼吸道炎症、咳嗽和呼吸困难等症状。长期接触某些挥发性污染物，尤其是芳香烃，会对神经系统造成损害，表现为头痛、头晕和记忆力减退等症状。部分挥发性污染物（如甲醛和多环芳烃）已被证实具有致癌效应，长期暴露可能增加患癌风险。同时，挥发性污染物也对环境造成显著危害，它们排放到大气中会污染空气，形成光化学烟雾等有害物质，破坏大气环境，且可通过雨水冲刷和地表径流进入水体，污染水质，影响水生生物的生存与繁衍，还能通过渗透作用污染土壤，降低土壤肥力，影响农作物的生长。

非挥发性污染物（如杂环胺、甘油三酯多聚体）主要在油脂加工过程中生成。杂环胺是在高温烹饪过程中，由蛋白质和氨基酸热解形成的有毒小分子化合物，它们可显著增加患癌风险。甘油三酯多聚体是油脂在高温下发生热聚合反应的产物，容易被煎炸食物吸收或残留于煎炸容器上，这些物质不仅影响食物的煎炸效果，也可能对人体健康造成潜在威胁。

三、食品添加剂的安全性

食品添加剂在现代食品工业中扮演着不可或缺的角色，它们通过改善食品的感官特性、延长保质期、提高安全性和优化营养价值，在食品生产与加工中具有广泛应用。对于油脂产品而言，食品添加剂的合理使用同样至关重要。在油脂加工过程中，抗氧化剂、乳化剂、防腐剂和色素等添加剂的应用，不仅有助于抑制氧化反应，提高产品的稳定性，还能够保持产品的色泽与风味，延缓油脂的劣变。然而，食品添加剂的不当使用或过量添加可能对人体健康构成威胁。过量摄入某些添加剂可能会引发毒性反应，如肝肾功能损伤、过敏反应，甚至潜在的致癌风险。本小节将详细探讨食品添加剂如何影响油脂的安全性，并提出相应的评价方法和建议。

（一）食品添加剂在油脂加工中的应用

油脂加工精炼需要经过脱胶、脱色、脱臭等一系列复杂工序，旨在提升油脂的纯度、色泽和风味，而食品添加剂在各个工序中发挥了不同的重要作用。脱胶是油脂精炼的第一步，其目的是去除油脂中的磷脂、蛋白质等胶体物质。通常会使用磷酸、柠檬酸等酸性物质或碱（如氢氧化钠）来破坏胶体的稳定性，使磷脂与油脂分离。脱色工序则用于去除油脂中的色素，提升油脂透明度和白度。常用的脱色剂包括活性炭和活性白土。然而，活性炭的过量使用可能导致油脂中维生素 E、胡萝卜素等营养成分被吸附，导致营养价值降低；活性白土中可能含有微量重金属元素（如铝、硅等），尽管正常使用量下对人体无害，但过量使用或长期使用可能导致这些元素在人体内积累，造成潜在威胁。

脱臭工序的目的是去除油脂中的游离脂肪酸、醛类、酮类等挥发性物质，以改善油脂风味和稳定性。通常采用水蒸气蒸馏法，并可能添加抗氧化剂（如特丁基对苯二酚）以防止油脂在脱臭过程中发生氧化。然而，脱臭温度过高或时间过长可能导致不饱和脂肪酸发生氧化聚合反应，生成反式脂肪酸等有害物质。

食品添加剂在油脂加工中发挥着提升品质与稳定性、延长保质期、改善风味与色泽等多重作用，并可满足特定的功能需求。然而，在使用过程中必须严格遵守相关法律法规和标准，科学合理地使用食品添加剂，以确保其安全性和合规性，避免对人体健康产生不良影响。

（二）抗氧化剂的应用

在油脂加工中，抗氧化剂通常在精炼阶段加入，以确保其均匀分布在油脂中，从而最大化抗氧化效果。抗氧化剂不仅能够延长油脂的保质期，还能提高食品的安全性，减少因氧化导致的营养损失和食品安全问题。

抗氧化剂主要分为天然抗氧化剂和合成抗氧化剂两大类。常见的合成抗氧化剂包括特丁基对苯二酚、叔丁基对羟基茴香醚、2,6-二叔丁基-4-甲基苯酚等。这些抗氧化剂通过清除自由基、螯合金属离子、降低氧浓度等机制有效抑制油脂的氧化反应，因此在食品工业中被广泛应用。然而，合成抗氧化剂在高剂量下可能对人体健康产生不利影响，包括增加患癌风险、引发细胞毒性、干扰内分泌系统以及损害肝脏和肾脏等。例如，特丁基对苯二酚的降解产物 2-叔丁基-1,4-苯醌已被发现具有毒性，如能够抑制肝细胞生长。长期摄入或过量使用合成抗氧化剂可能引发 DNA 损伤、氧化应激和解毒物质消耗等问题，对儿童、老人及体弱者的健康威胁更为显著。

相比之下，天然抗氧化剂（如维生素 E、维生素 C、茶多酚和迷迭香提取物等）因其安全性高、毒副作用小而逐渐受到重视。这些天然成分不仅具有良好的抗氧化效果，还顺应了消费者对健康的追求。随着对食品安全的关注加深，许多国家正逐步淘汰某些合成抗氧化剂，转而推广天然抗氧化剂的使用。需要注意的是，由于不同国家或地区在食品安全考量、消费习惯等方面存在差异，国际社会对食品添加剂的监管标准不尽相同。因此，出口食品企业必须确保产品符合目标国家的法规和要求，以避免因合规问题带来的市场准入障碍。这种趋势也推动了食品工业向更加绿色、健康的方向发展。

（三）乳化剂的应用

乳化剂能够显著影响油脂的结晶过程，调节油脂的物理性质和最终产品的质量。亲油性乳化剂可以改变混合油脂的结晶温度和峰值温度，加速成核过程，并影响晶体的生长速率和形态。因此，乳化剂的选择和使用需要考虑其亲水亲油平衡值以及与油脂的相溶性。此外，乳化剂还能够调节食品中的脂肪分布，改善产品的质地和流变性，防止油脂重新聚集，有利于保持产品的完整性和均匀性。这对于需要长时间保持稳定性的油脂食品尤为重要。尽管乳化剂在食品工业中扮演着重要角色，但其潜在的健康风险不容忽视。研究表明，大量摄入乳化剂可能会增加患心血管疾病的风险，长期摄入乳化剂可能通过改变肠道微生物群，影响血糖控制水平，导致肥胖、胰岛素抵抗和肝功能异常等问题。合成乳化剂还会破坏皮肤的自然屏障功能，降低皮肤免疫力，使其更容易受到外界有害物质的侵害。因此，消费者应尽量选择成分简单、天然食品，以减少摄入含有合成乳化剂的食品，并关注食品标签以避免不必要的健康风险。同时，食品生产企业应严格按照国家标准使用乳化剂，确保食品安全。

（四）防腐剂的应用

在食品油脂加工中，防腐剂的主要作用是抑制微生物的生长和繁殖，防止油脂氧化酸败，从而延长食品的保质期并保持其品质。为了有效抑制微生物的生长，确保油脂及其制品的安全性，防腐剂的应用已成为许多油脂加工中的常见措施。然而，防腐剂的滥用或不当使用可能导致残留量超出安全标准，从而对消费者健康构成潜在威胁，因此正确且合规地使用防腐剂是保障食品安全的关键。

根据《食品安全国家标准　食品添加剂使用标准》（GB 2760—2024）的规定，食品防腐剂的使用应严格遵循该标准列明的允许使用种类、最大使用浓度及适用食品类别等内容。中国批准的防腐剂包括苯甲酸及其盐类、山梨酸及其盐类、尼泊金酯类等，其中苯甲酸钠和山梨酸钾是最常用的两种防腐剂。苯甲酸钠具有较强的毒性，而山梨酸钾则具有较强的抗菌力且毒性较小，能参与人体的正常代谢。

在使用防腐剂时，需要特别注意其混合使用的比例。根据 GB 2760—2024 的规定，当多种防腐剂混合使用时，各自的使用量占其最大使用量的比例之和不得超过 1。例如，在某膨化食品中使用了多种防腐剂时，各自的用量之和应小于或等于1，否则可能超标。此外，不同食品类别的防腐剂最大使用限量有所不同。例如，山梨酸及其盐类的最大使用限量为0.5～30 g/kg不等，对羟基苯甲酸酯类及其钠盐的最大使用限量为0.012～0.5 g/kg不等，苯甲酸及其盐类的最大使用限量为0.5～3 g/kg不等。

防腐剂的过量使用可能导致多种健康问题，包括胃肠道不适、过敏反应、肝肾损害及增加患癌风险等。例如，硝酸盐和亚硝酸盐在肉类加工中可能与肉产生化学反应，形成致癌物亚硝胺，增加胃肠道患癌的风险。苯甲酸及其钠盐、山梨酸及其钾盐等防腐剂也可能导致消化道菌群失衡，从而引发胃肠道疾病。因此，企业应严格遵守国家相关法规和标准，控制防腐剂的使用量和频率，以确保食品的安全性和健康性。

（五）调味剂与着色剂的应用

调味剂在食品油脂加工中对食品的营养价值和保质期有显著影响。首先，调味剂能够增强油脂的风味和感官体验，使食品更加美味，从而提升消费者的接受度和满意度。其次，调味剂还能够延长油脂的保质期。例如，通过添加香料和其他天然成分，可以抑制微生物的生长，延长油脂的储存时间。一些天然调味剂还具有抗氧化作用，能够提高食品的抗氧化稳定性，延长其保质期并保持其营养成分。然而，调味剂的使用需要严格遵守相关标准和规定，以确保不会降低食品的安全性和营养价值。

在油脂加工中，主要通过脱色过程来改善油脂的外观和提高其品质。通过选择合适的吸附剂和控制加工条件，可以有效去除油脂中的不良色泽，提高油脂的整体品质。着色剂可以通过调整食品的颜色来增加消费者的购买欲和食欲。常用的色素种类包括天然色素（如胡萝卜素、叶黄素）和人工合成色素（如胭脂红、柠檬黄、日落黄等）。天然色素通常来源于动植物，具有较高的安全性，且大多数在自然界中长期存在。相比之下，合成着色剂多由煤焦油等化学物质制成，部分化学结构为偶氮化合物，这类化合物在体内代谢后可能生成致癌物质（如 β-萘胺和1-氨基-2萘酚）。尽管在规定使用范围内，我国允许使用的合成色素对健康没有危害，但其长期毒性和潜在致癌性问题仍然引起了消费者的关注。根据 GB 7718—2011《食品安全国家标准　预包装食品标签通则》，如果在食品中使用了着色剂，必须在食品标签上进行标识，以确保消费者能够了解食品成分并做出知情选择。生产加工企业应对着色剂的安全性进行信息披露，并采取措施降低暴露水平。此外，加强对非法使用工业染料作为食品着色剂的监管和执法力度是保障食品安全的重要措施，以避免其对人体健康产生潜在威胁。

（六）其他功能性添加剂的应用

增稠剂、稳定剂等功能性添加剂在油脂加工中有着广泛的应用，它们能够有效改善油脂产品的物理性质、风味和质地，提高产品的质量与稳定性。例如，增稠剂如卡拉胶、瓜尔豆胶等，不仅能改善油脂的口感，还能增加产品的黏稠度，使其更适合于烘焙和烹饪。稳定剂如阿拉伯胶、黄原胶等，则能有效防止油脂的分离和沉淀，可确保产品的均匀性和稳定性。这些功能性添加剂在确保食品质量和稳定性的同时，也能满足特定的使用需求。

然而，这些功能性添加剂的使用也可能带来一定的健康风险，尤其是在长期、大量摄入的情况下。增稠剂和稳定剂可能干扰人体对矿物质的吸收，特别是对于消化系统较为敏感的人群。某些添加剂，如木质素胶和卡拉胶，可能增加肠道的渗透性，并与炎症性肠病的发生相关。此外，部分增稠剂可能会影响人体对钙、铁等矿物质的吸收，进而可能导致营养不良。例如，磷酸盐类添加剂可能阻碍铁的吸收，进而增加患骨质疏松和肾脏疾病的风险。另外，过量摄入某些稳定剂（如钠焦磷酸盐等）可能对健康产生负面影响，长期过量使用可能会导致骨质疏松、心血管疾病、糖尿病等慢性疾病的发生。因此，在食品油脂加工过程中，必须严格按照相关法规规定使用这些功能性添加剂，以确保其在安全剂量范围内，并做好品质控制，从而避免潜在的健康风险。

（七）食品添加剂使用的安全性要求

《食品安全国家标准　植物油》（GB 2716—2018）对植物油的生产、加工、销售及食品添加剂的使用进行了详细规定，以确保植物油的质量和安全性。根据该标准，食品添加剂的使用必须遵守《食品安全国家标准　食品添加剂使用标准》（GB 2760—2024），并不得超出规定的限量。食品添加剂必须经过毒理学评估，确保在规定的使用量下对消费者没有慢性中毒风险，且能在正常代谢中排出体外，或不被吸收。食品添加剂的使用应具备技术必要性，这意味着其使用是为了实现特定的技术功能，且不能掩盖食品的质量缺陷或腐败。所有使用的食品添加剂必须在规定的范围和功能内，且只能用于指定的产品。相关资料应当提供工艺必要性方面的证明，尤其是在新品种申报或扩大使用范围时。使用食品添加剂时，量应尽量减少，确保达到预期效果的同时不超过最大使用量。另外，生产过程中不能添加非食用化学物质或其他可能危害健康的物质。为了降低潜在风险，食品生产企业必须严格控制添加剂的使用，并确保所有使用的添加剂都符合相关法规，避免过量添加及不当使用。食用油的抽检项目包括过氧化值、特丁基对苯二酚和酸价等。如果某些添加剂超标，可能是由于加工过程中不当操作、原料把关不严、储存条件不当等造成的。因此，生产企业应加强管理，并采取严格的检测和控制措施，以确保所有产品符合食品安全标准。

四、微生物污染

食用油可细分为精炼油和未精炼油。未精炼食用油由于在生产过程中未经过高温和溶剂提取，保留了更多的天然成分，如天然脂肪酸、磷脂、蛋白质和水分等，这些成分为霉菌、细菌和真菌等微生物提供了丰富的营养。因此，未精炼油相较于精炼油更容易受到微生物污染，特别是在存储过程中。如果存储环境温度和湿度不合适，微生物容易繁殖，从而导致油的酸败、霉变以及异味产生。

（一）微生物检验

GB 4789.33—2024《食品安全国家标准　食品微生物学检验　粮食制品采样和检样处理》自 2024 年 8 月 8 日正式实施，为食用油脂制品的微生物学检验提供了统一的操作规范。该标准明确规定了食用油脂制品的采样和检样处理方法，确保检验结果的准确性和可靠性，适用于液态、半固态、粉末固态及固态食用油脂，可为食品生产者、检验机构和监管机构提供明确的指导。

（二）真菌毒素污染

真菌毒素是由真菌在生长过程中产生的次级代谢产物，毒性很高，广泛存在于植物中，能严重污染食物并危害人体健康。食用油作为日常消费品，其本身及其生产原料（油料种子）都容易受到真菌毒素污染，严重影响食品质量和人类健康。目前已鉴定出 400 多种真菌毒素，在植物油中常见的是黄曲霉毒素（AFT）、玉米赤霉烯酮（ZEN）、呕吐毒素（DON）、赭曲霉毒素 A（OTA）、T-2 毒素（T-2）和伏马毒素（FUM）等，它们已受到政府立法的高度重视和严格的监管。

（三）法规与标准

CAC 的油脂法典委员会制定了《特定植物油标准》（CXS 210），对 30 种植物油的质量、品质、安全和标签标识提出了明确要求。我国作为食用植物油的生产和消费大国，建立了完善的标准体系，以 GB 2716—2018《食品安全国家标准　植物油》为基础，作为强制性底线，并配套推荐性标准如《大豆油》和《花生油》等单品种植物油标准，用于规范商品流通和消费市场。CXS 210 中明确规定，产品需符合《食品和饲料中污染物和毒素通用标准》（CXS 193）的要求，确保植物油的安全性和质量。我国的标准体系中，《食品安全国家标准　食品中真菌毒素限量》（GB 2761—2017）对真菌毒素的限量做出了具体规定，如大豆油、棕榈油和菜籽油中的黄曲霉毒素 B_1 含量不得超过 10 $\mu g/kg$。相比之下，Codex 标准尚未对黄曲霉毒素 B_1 的限量进行明确规定，这表明我国在植物油安全性管理上有更严格的控制标准，可为消费者提供更高水平的健康保障。

（四）控制措施

为了控制食用油中的微生物污染并确保其质量与安全性，保护消费者健康，需要在生产的各个环节采取科学的措施。

（1）原料控制　卫生质量良好的原料是生产优质油脂的保障。原料是生产的源头，所以需要在原料上控制微生物污染。应选择正规厂家的产品，并向供应商索取产品检验报告及合格证，以确保原料的微生物指标符合相关食品安全标准。

（2）生产过程控制　在生产过程中，应严格控制工艺参数，如精炼过程的温度和真空度等，以防止微生物污染。

（3）清洁消毒制度　根据产品和工艺特点，应制订适宜的清洁消毒制度，降低微生物污染的风险。

（4）微生物监控　建立并实施食品加工过程的微生物监控方案，包括微生物监控指标、取样点、监控频率、取样和检测方法等。当生产线末端的监控指标出现异常时，应加大环境微生物监控的采样频率。

（5）包装和储存　食用油的包装应密封，储存环境应保持低温、避光，以避免氧化和微生物污染。

（6）质量检测　通过微生物检测可及时发现食用油在生产、储存或运输过程中可能受到的污染，进而可预防食源性疾病的发生。检测方法包括总菌落计数、霉菌和酵母菌检测等。

五、社会安全问题

（一）转基因油料

1. 转基因油料介绍

基因工程也被称为转基因技术，是通过生物化学手段对生物遗传物质进行改造的技术。

目前这一技术已被应用于油料作物的改良。大豆和棉花是最主要的转基因油料作物。普通大豆的含油率通常在 16%～18%，而通过基因工程技术引入高油率相关基因并经过多代培育筛选后，其含油率可提升至 20% 以上。这种改良显著提高了大豆的经济价值和产量。然而，转基因油料中的外源基因是否会对人体健康产生不利影响，仍是科学界争论的焦点。

各国对转基因油料的态度和监管措施各不相同。欧盟采取"共存准则"，强调全程监管和信息透明化，确保公众知情权。美国则注重转基因食品的安全性评价和监控管理，以保障人类健康和生态安全。中国在转基因食品的监管方面仍处于探索阶段，目前的规定要求凡使用转基因油料生产的油脂，必须在标签上明确注明"使用转基因原料"，以保障消费者的知情权。

2. 安全问题

转基因油料的安全问题一直备受争议，科学研究表明，这类食品可能存在多方面的安全隐患，包括过敏反应、抗生素耐药性、基因转移、营养问题以及环境威胁等。转基因油料中可能含有传统食用油中不存在的新蛋白质，这些蛋白质可能会诱发过敏反应，尤其可能对敏感人群健康构成潜在威胁。在抗生素耐药性方面，转基因作物通常引入抗生素耐药基因以实现筛选和稳定表达，例如转基因油菜中的 NPTII 基因可赋予作物对多种氨基糖苷类抗生素的耐药性。然而，这种基因可能通过食物链传递至人体肠道微生物，引发对抗生素疗效削弱的担忧。此外，摄入转基因食品后，其 DNA 片段可能在消化过程中未完全降解，并被肠道微生物或人体细胞吸收，从而可能发生水平基因转移。这种基因转移不仅涉及食品安全，还可能对人体遗传信息产生深远影响。在营养问题方面，转基因技术可能导致抗营养素水平增加，例如耐草甘膦大豆被发现含有更多的植物雌激素和植酸等，这些物质可能干扰营养素的吸收利用，甚至对动物生殖健康和矿物质代谢产生不利影响。此外，转基因作物还对环境造成潜在威胁。这些作物可能对鸟类、蜜蜂、鱼类等非目标生物产生负面影响，同时，转基因生物的基因可能在自然界中长期存在，可能会导致基因不稳定、生物多样性丧失以及农业化学品使用量增加等问题。这些风险需要引起足够的重视并须进一步研究，以便在推广和应用转基因技术时采取更为全面和谨慎的措施。

（二）运输安全问题

食用油在运输过程中存在多重污染风险，涉及罐车混用与清洁、温度控制、容器材质以及装卸操作等诸多环节。为保障食品安全，必须采取综合措施加强监管，并推动强制性国家标准的出台与实施。

运输过程中，规范性不足是污染的主要原因之一。部分罐车未使用专用食品级容器，甚至有些罐车曾装载过化工液体，但在转运食用油前未彻底清洗，残留的化工液体可能污染油品，直接危害消费者健康。同时，运输中的温度波动对油品质量影响显著。食用油储存对温度要求较高，而温控不当可能加速氧化，甚至生成有害物质。此外，装卸操作不规范也可能导致泄漏与混杂，不仅增加经济损失，还会引入外部杂质，影响油品纯度与质量。

针对这些问题，我国已制定相关法规和标准。《中华人民共和国食品安全法》明确规定，运输食品的容器、工具与设备应保持安全、无害，并满足特定的温度与湿度要求，避免与有毒有害物质混放或一起运输。GB/T 30354—2013《食用植物油散装运输规范》进一步强调运输工具须使用专用容器，禁止非食用植物油罐车和容器用于食用油运输。此外，于 2025年 2 月 1 日实施的强制性国家标准 GB 44917—2024《食用植物油散装运输卫生要求》，明确了散装运输的卫生要求，包括容器基本要求、清洁维护与管理、运输作业及记录等方面。

（三）加工安全问题

食用油加工过程中如果存在违规操作，不仅会影响产品质量，还可能带来严重的安全隐患。例如，使用非食品原料、无证生产或标签不合规等行为，都会直接威胁消费者健康。一些企业为降低成本，使用劣质原料或违规加工方法，导致食用油中可能含有重金属超标、黄曲霉毒素残留超标以及溶剂残留超标等问题。这些问题通常是由于原料采购把关不严、加工工艺不达标或储存条件控制不当等原因引起的。例如，霉变油料的存在会导致机榨毛油中毒素严重超标，同时产生影响气味和口感的有害物质，对人体和动物有显著的毒性。此外，还有不法分子利用餐厨垃圾、废弃油脂等非食品原料加工食用油（俗称"地沟油"），并将其销售给餐饮业经营者。这些违规加工行为不仅破坏了市场秩序，也对食品安全构成了极大的威胁。因此，必须对违规加工行为采取严厉的法律制裁，追究相关人员的法律责任。同时，各地市场监管部门应进一步加强对食用油生产和加工环节的监督管理，采取更加严格的措施，如定期抽检、突击检查以及信息公开等，确保生产环节的规范化。通过强化法律执行和加大监管力度，不仅可以有效打击违规行为，还能提升食用油行业整体质量水平，切实保障消费者健康和食品安全。

第三节　油脂加工、储藏中的安全问题

一、油脂的氧化过程

油脂氧化是油脂在热加工和储存过程中一种普遍且重要的变化过程，常发生于日常生活、食品加工和储藏环节。油脂氧化不仅会破坏其中的脂溶性维生素、必需脂肪酸和黄酮类化合物等重要营养成分，降低油脂的营养价值，还会生成多种氧化产物，对油脂的风味、色泽等品质特性产生负面影响。油脂氧化主要包括自由基引发的自动氧化、光催化引起的单线态氧氧化（光氧化）以及脂氧合酶作用导致的酶促氧化。其中，自动氧化和光氧化是油脂在日常生产、储存和使用中最容易发生的两种氧化类型。这两种氧化机制所生成的主要产物均为过氧化物，虽然其化学特性类似，但在产物的异构性和某些细节特征方面有所不同。

（一）初级氧化产物

油脂的氧化是其品质劣化的重要原因。其中，含有不饱和双键的油脂分子中活泼亚甲基在空气中的氧化尤为显著，会生成氢过氧化物。氢过氧化物虽然本身无色无味，但极其不稳定，易分解并引发进一步氧化反应，是油脂氧化的关键中间产物。

自动氧化是在不饱和油脂与空气中的氧气接触下，在无光照、无催化剂、室温等常规条件下发生的完全自发的氧化过程。例如，亚油酸分子在受到氧分子攻击后可脱去一个氢原子，形成亚油基自由基。此自由基会迅速与氧气结合生成过氧自由基，而过氧自由基将进一步从其他不饱和脂肪酸中夺取氢原子，生成氢过氧化物和新的烷基自由基。新生成的自由基可重复上述反应，形成自由基链式反应，过氧化物的含量随之不断增加。

光氧化反应的发生需要光敏剂和基态的氧分子。光敏剂（如叶绿素、脱镁叶绿素、核黄素等）吸收可见光或近紫外光后被激发，形成激发态单线态光敏剂，进一步转化为激发态三线态光敏剂。三线态光敏剂通过将能量传递给基态氧，使其转变为单线态氧。单线态氧具有极高的亲电性，会攻击油脂分子中双键（C═C）的电子密集区域，通过形成六元环过渡态，引发双键位移并生成氢过氧化物。

氢过氧化物的生成是油脂氧化初期的标志，其积累量可用来评估氧化程度。氢过氧化物本身稳定性较差，分解后会产生醛类、酮类及酸类等次级氧化产物，这些物质直接影响油脂的风味、色泽和品质。因此，测定过氧化值［即每千克油脂中氢过氧化物的物质的量（mmol）］是评价油脂初级氧化程度的重要方法。

（二）次级氧化产物

油脂在次级氧化阶段会发生裂解和聚合反应，形成次级氧化产物，如醛类、酮类、醇类和烃类化合物，以及聚合形成的环氧化物、二聚体和多聚体等。这些产物不仅影响油脂的品质，还可能对人体健康产生潜在危害。

次级氧化会导致酸价升高、不饱和脂肪酸持续氧化、聚合物增多、颜色加深、品质劣化及毒性积累等问题。第一，大量脂肪酸的生成直接导致酸价升高，这是油脂酸败的重要标志，伴随酸涩味和稳定性下降，进一步加剧氧化链反应。第二，脂肪酸及氧化产物作为氧化引发剂，形成自催化氧化链，导致油脂氧化稳定性显著降低，感官特性和营养价值严重受损，使用安全性下降。第三，次级氧化过程中生成的大分子聚合物使油脂黏度显著增加，流动性降低，影响食品、化妆品等工业应用的效果。第四，氧化重排生成的共轭双键及有色化合物（如醛、酮）引起油脂颜色加深，不仅影响其感官质量，还可作为氧化进程的重要指示。值得注意的是，次级氧化产物中的醛类物质（如丙二醛）具有一定毒性，可与蛋白质和核酸等生物大分子发生反应，改变其结构和功能，进而可能诱发心血管疾病和癌症等慢性疾病。

二、储存条件对油脂氧化的影响

油脂氧化反应是油脂加工、运输以及储存环节中的一个重要反应。该反应会致使油脂酸败，产生异味，同时生成众多有害物质，极大地损耗其营养成分，进而对油脂的储藏期限产生直接影响。影响油脂氧化反应的因素主要涵盖了环境中的重金属离子含量、氧气含量、温度高低、光照强度等。

（一）重金属离子含量对油脂氧化的影响

油脂氧化的促进机制主要通过以下几种方式进行。首先，某些物质作为油脂氧化反应的促氧剂，能够加速过氧化氢的分解，进一步促进自由基的生成。其次，这些物质也能使氧分子转变为单线态氧或氢过氧自由基，从而加速油脂的氧化进程。再次，一些金属离子，如Ca^{2+}、Mg^{2+}和Mn^{2+}，对油脂的酶促氧化具有强烈的催化作用，这些离子能显著增强脂肪氧化酶的活性。与此同时，油脂中可能含有一些天然的抗氧化剂，如维生素E等，这些抗氧化剂可抵抗氧化反应。然而，重金属离子与这些抗氧化剂反应，可导致其失去抗氧化活性，从而破坏油脂中的抗氧化防御体系，进一步促进氧化过程。

重金属离子在油脂氧化过程中，主要作为促氧剂发挥作用。它们不仅能加速氢过氧化物的分解，促进自由基的生成，还能激发氧分子转化为单线态氧或氢过氧自由基，从而进一步加剧油脂氧化。同时，重金属离子能显著增强脂肪氧化酶的活性，促进酶促氧化的进行，并且可与油脂中的天然抗氧化剂发生反应，降低其抗氧化能力。重金属离子影响油脂氧化程度的因素主要包括以下几种。首先，金属离子以低价态（如 Fe^{2+}、Cu^{2+}）时更加活跃，它们能直接从不饱和脂肪酸中夺取氢原子，促进脂质过氧化物的分解和自由基的生成。其次，通常情况下，重金属离子的浓度越高，它对油脂氧化的促进作用越强。即使在微量存在的情况下，重金属离子也能在油脂长期储存或特定条件下引发明显的氧化反应。最后，当重金属离子与温度、光照、氧气等其他因素协同作用时，油脂的氧化程度会进一步加剧。例如，较高的温度会加快油脂分子的运动和化学反应速率，使得重金属离子的催化作用更加明显；光照则可能通过产生自由基或激发某些氧化反应，增强重金属离子对油脂氧化的促进作用。

（二）氧气含量对油脂氧化的影响

氧气含量对油脂氧化反应的影响至关重要。氧气不仅是油脂氧化的触发因素之一，还可直接促进油脂的氧化反应。具体机制是油脂中的不饱和脂肪酸与氧气反应，形成过氧化物。这些过氧化物在进一步分解过程中生成醛、酮、醇等氧化产物，这些产物具有不稳定性，会继续反应，产生更多的氧化产物，形成自由基链反应，从而加速油脂氧化。氧气影响油脂氧化程度的因素：①油脂的氧化程度随着氧溶解量的增加而增加。当油中含氧量较低时，氧化的速率取决于氧的浓度；当氧浓度足够高时，其氧化速率与氧浓度无关。②氧气类型也会影响油脂的氧化速率。单线态氧（$^1O_2$）与脂质的反应速率远高于三线态氧（$^3O_2$）。③氧化速率与油脂暴露在空气中的表面积成正比。在单线态氧含量高的情况下，脂质的反应速率会显著升高，同时当油脂暴露在空气中的表面积越大时，氧化速率也会越快。

（三）温度对油脂氧化的影响

温度是影响油脂品质下降的重要因素之一，油脂酸败的速度与温度密切相关。温度的变化显著影响油脂的氧化机制：在较低温度下，氧化主要发生在与双键相邻的亚甲基上，生成氢过氧化物；而当温度超过 50℃ 时，氧化则主要发生在不饱和脂肪酸的双键上，生成环状过氧化物。此外，油脂的氧化速率与温度成正比关系，温度每升高 10℃，氧化速率通常会翻倍，导致油脂保质期显著缩短。高温不仅加速氧化反应，还可引发一系列复杂的化学变化，如脂肪酸的热降解、过氧化物的分解和聚合等，这些变化会进一步影响油脂的品质和安全性。

（四）光照强度对油脂氧化的影响

光照强度对油脂氧化的影响主要通过光氧化机制体现。光照能够激活氧分子，使其转化为活性氧（如单线态氧），活性氧可以与油脂中的不饱和脂肪酸反应，生成过氧化物和自由基。此外，光敏剂（如叶绿素、核黄素）在光照条件下获得光能后，会将三线态氧（$^3O_2$）激发为反应活性更高的单线态氧，直接攻击不饱和脂肪酸双键，生成氢过氧化物（ROOH）。光照强度的增加以及光照时间的延长均会显著加速油脂氧化过程，而波长较短、能量较高的光线（如紫外线）则可更有效地激发氧分子和光敏剂。此外，油脂中光敏物质（如植物甾醇）的存在会进一步加快光氧化进程，而不饱和脂肪酸含量较高的油脂对光照尤为敏感，因其更容易发生氧化反应。

（五）包装材料对油脂氧化的影响

包装材料对油脂氧化的影响主要体现在透光性、透氧率、材料表面的完整性及亲水性等方面。透光性较差的包装材料能够阻隔紫外线，从而减少光照对油脂氧化的促进作用；而透光性较好的材料（如聚乙烯、聚丙烯、聚氯乙烯薄膜等）容易引发光氧化。透氧率较低的包装材料有助于阻隔氧气进入，延缓油脂氧化；而透氧率较高的材料（如低密度聚乙烯）会加快氧化反应。此外，金属包装材料若表面阻隔层受损（如划痕、磨损或腐蚀），在金属离子的催化下会显著加速油脂氧化反应。而亲水性较强的材料可减少氢过氧化物的生成，但会促进其分解，从而影响油脂的氧化程度。为了延缓油脂氧化，应使用适宜的包装材料：①高阻隔性软包装，如含有紫外线阻挡功能的乙烯-乙烯醇共聚物和聚丙烯材料，可有效阻隔氧气和光照；②无氧包装，通过无氧环境灌装及封口，可有效防止自动氧化；③玻璃包装材料，尤其是棕色玻璃瓶，因其良好的阻隔性和密封性，可防止氧气、光线及水分侵入；④含氧吸收剂的活性包装材料，如利用铁粉等氧吸收剂可显著减缓油脂储存期间的氧化反应；⑤避免使用铜、铁等金属容器，这些金属会催化油脂氧化，而铝箔复合材料因其优异的阻隔性能则适合油脂储存。因此，在选择包装材料时，应优先考虑高阻隔性软包装、无氧包装、玻璃包装或含氧吸收剂的活性包装材料，同时避免使用铜、铁等易催化油脂氧化的金属容器，以延长油脂的储存期并维持其品质。

三、油脂氧化引起的安全问题及危害

（一）油脂氧化对营养品质的影响

油脂氧化对其营养品质和感官品质的影响显著，主要表现为以下几个方面：首先，油脂作为脂溶性维生素（如维生素 A、维生素 D 和维生素 E）的载体，在氧化过程中会破坏这些维生素，导致其营养价值显著下降。不饱和脂肪酸作为油脂中的重要成分，在氧化过程中同样遭到破坏，进而影响人体对必需脂肪酸的摄入。此外，氧化产生的自由基和过氧化物会与蛋白质反应，降低蛋白质的溶解性，从而进一步影响其功能和利用率。从感官品质来看，油脂氧化会导致其原有气味发生变化，产生典型的哈喇味，使其刺鼻难闻，严重影响感官接受度。同时，氧化后的油脂颜色逐渐加深，会从原本清澈透明的浅色逐渐变为黄色、棕色甚至棕红色，视觉品质显著下降。流动性方面，新鲜油脂通常具有良好的流动性，而氧化后则可能出现流动性变差甚至凝固的现象。

（二）油脂氧化产物吸收及代谢机理

油脂氧化产物通过胃肠道进入人体后，主要通过三种机制吸收：小分子氧化产物（如醛类和氢过氧化物）因其可溶性特性，可通过被动扩散穿过肠上皮细胞膜；某些具有特定结构的氧化产物通过与载体蛋白结合，依赖载体介导的转运方式进入细胞；当肠道受到炎症或感染等因素影响时，肠上皮细胞间的紧密连接变得松散，部分大分子氧化产物则通过细胞旁途径进入血液。吸收的氧化产物进入血液循环后首先到达肝脏，肝脏中的酶系统可将其进一步氧化为易于代谢的形式，如将醛类氧化为羧酸。部分氧化产物与内源性物质结合后，结构和性质发生改变，其水溶性增强，从而可通过尿液排出体外。少量氧化产物进入线粒体后可参与 β-氧化，最终分解为乙酰辅酶 A 并进入三羧酸循环，但这种代谢路径较少发生。此外，细胞中的抗氧化防御系统（如超氧化物歧化酶和谷胱甘肽过氧化物酶）可清除氧化产物产生的自由基或将其还原为相对稳定的物质。然而，也有部分氧化产物可能在肝脏中积累，对机体产生潜在影响。

（三）油脂氧化初级产物引起的安全问题以及危害

油脂氧化产生的初级产物主要是氢过氧化物，但由于其不稳定，容易进一步分解生成自由基，对人体健康造成多方面的危害。①氢过氧化物会与蛋白质发生相互作用，导致蛋白质的结构和功能受损，进而造成营养损失和潜在毒性，例如影响酶的活性和结构稳定性，形成蛋白质聚集体，从而降低蛋白质的消化性和营养价值。此外，氢过氧化物可能通过氧化作用破坏过氧化酶中的半胱氨酸残基，从而干扰细胞的抗氧化防御系统。②氢过氧化物能够引发DNA氧化损伤，生成具有致突变性的物质，增加基因突变风险。③它还可能激活炎症细胞，加重体内炎症反应。④它还可直接损害神经元膜，成为阿尔茨海默病等神经退行性疾病的危险因素。⑤其分解产物还能扰乱脂质代谢，导致血液中胆固醇水平升高，从而增加患动脉粥样硬化及其他心血管疾病的风险。⑥过量自由基可能对肝脏等重要器官造成损伤，进一步威胁机体健康。

（四）油脂氧化次级产物引起的安全问题以及危害

油脂氧化的次级产物主要包括醛、酮、醇、酸和烃类等化合物，这些物质对人体健康构成了多方面的威胁。醛类物质如丙二醛（MDA）和4-羟基壬醛（HNE）具有较高的毒性和致癌性。MDA可以与蛋白质和核酸发生交联，导致多种酶蛋白失活，引发细胞突变和肿瘤，破坏生物膜结构并导致组织损伤，显著增加患癌风险，尤其是前列腺癌、喉癌和口腔癌等。HNE会导致神经原纤维缠结，表现出神经毒性，并干扰细胞信号传导，诱发氧化应激，加速衰老及心血管疾病的发生。酮类化合物则对胃肠道黏膜有直接刺激作用，同时可加剧氧化应激反应，诱发慢性炎症并增加非传染性疾病的风险。醇类物质需要经肝脏代谢，长期摄入可能会导致肝功能负担加重，引发肝脏损伤。酸类物质可对胃肠道黏膜产生刺激，可能导致恶心、呕吐、腹痛等不适症状，并可长期干扰消化和吸收功能，降低人体对营养成分的吸收效率。烃类物质可能损伤免疫细胞线粒体，削弱免疫细胞活性，影响其正常功能，从而抑制免疫系统。综上所述，这些次级产物的积累对人体健康构成的威胁包括细胞毒性、基因毒性、神经毒性、慢性疾病风险增加、免疫抑制以及致癌性等。因此，在油脂储存过程中，应采取有效的防护措施，如避光、低温、密封存储，并使用适宜的储存容器。如此方能保证油脂的食用品质，有效降低氧化产物对人体健康的危害。

第四节　油脂品质的感官与理化评价

一、抗氧化活性测定

体外抗氧化活性是指抗氧化物质对自由基的清除能力以及对金属离子的还原能力的综合体现。常用的体外抗氧化活性检测方法包括DPPH自由基清除法、氧自由基吸收能力法（ORAC）、ABTS法和FRAP法。

（一） DPPH 自由基清除法

DPPH 自由基是一种合成的有机自由基，在油脂抗氧化活性测定方法中，DPPH 自由基清除法主要用于评估油脂抑制自由基的能力。此法是依据 DPPH 自由基在 517 nm 处有强吸收和其乙醇溶液呈紫色的特性，在有自由基清除剂时，由于与其单电子配对而使其吸收消失，其褪色程度与其接受的电子数成定量关系，因而可用分光法进行定量分析。

在检测富含维生素 E 的植物油抗氧化活性时，将植物油样品与 DPPH 溶液混合反应，若吸光度降低明显，说明植物油中的维生素 E 等抗氧化成分有效清除了 DPPH 自由基，进而表明该油脂抗氧化活性强，能更好地延缓油脂氧化酸败，延长油脂保质期。

（二）氧自由基吸收能力法

氧自由基吸收能力法是评估过氧自由基清除能力最广泛使用的方法之一，因为它与脂质氧化降解机制相似。其原理是基于荧光素在自由基作用下发生氧化反应而导致荧光衰退，而抗氧化剂的存在可以减缓这一衰退过程。

在油脂抗氧化活性测定中，油脂中的抗氧化成分（如维生素 E、酚类物质等）能够清除氧自由基，从而保护荧光素不被氧化，荧光衰退程度越小，则说明油脂的抗氧化能力越强。例如，在检测橄榄油的抗氧化活性时，橄榄油中的抗氧化物质与体系中的氧自由基反应，使荧光素的荧光强度维持在较高水平，通过对比标准抗氧化剂和橄榄油的 ORAC 值，可以判断橄榄油抗氧化活性的高低。

（三） ABTS 自由基清除法

ABTS［2,2-联氮二(3-乙基-苯并噻唑-6-磺酸啉)二铵盐］自由基是一种无色可溶性自由基，其主要通过氧化剂与 ABTS 反应而产生。ABTS 是一种水溶性的自由基引发剂，当它被活性氧氧化后，会生成稳定的蓝绿色阳离子自由基 $ABTS^{·+}$，向含有 $ABTS^{·+}$ 的溶液中加入被测物质，如果该物质中存在抗氧化成分，则该物质会与 $ABTS^{·+}$ 发生反应而使反应体系褪色，然后在 $ABTS^{·+}$ 这种自由基的最大吸收波长下（一般选择 734 nm）检测吸光度的变化，与含 Trolox（即 6-羟基-2,5,7,8-四甲基苯并二氢吡喃-2-羧酸）的一种类似于维生素 E 的水溶性物质的对照标准体系比较，换算出被测物质总的抗氧化能力，结果多表示为达到一定浓度测试物质相当的抗氧化能力所需要的 Trolox 的浓度，所以也把该方法称为 TEAC（Trolox equivalent antioxi dant capacity）法。也有研究者提出用抗坏血酸作为对照标准，将该方法称为 VCEAC 法或者 AEAC 法。对于油脂而言，油脂中的抗氧化成分（如天然的生育酚、植物甾醇等）能够与 $ABTS^{·+}$ 自由基反应。例如，在测定芝麻油抗氧化活性时，芝麻油中的抗氧化物质会清除 $ABTS^{·+}$ 自由基，吸光度的变化反映了芝麻油抗氧化成分的抗氧化能力，吸光度降低幅度越大，说明其抗氧化活性越强。

（四） FRAP 铁离子还原法

FRAP 铁离子还原法测定总抗氧化能力的原理是酸性条件下抗氧化物可以还原 Fe^{3+}-TPTZ（Ferric-tripyridyltriazine）产生蓝色的 Fe^{2+}-TPTZ，随后在 593 nm 测定蓝色的 Fe^{2+}-TPTZ 即可获得样品的总抗氧化能力。此反应在酸性条件下进行，可以抑制内源性的一些干扰因素。FRAP 法操作简单，易于标准化，且终产物无沉淀生成，稳定性好，得到广泛应用，同时它不是针对某一种自由基的清除活性，而是反映总的抗氧化活性，更适合实验室分析测定天然产物的抗氧化活性。在油脂中，其抗氧化成分（如生育酚、酚酸等）能够发挥还原作用。比如在检测葵花籽油抗氧化活性时，葵花籽油中的抗氧化成分与 Fe^{3+} 发生反应，使 Fe^{3+} 还原为 Fe^{2+}，可通过检测吸光度变化来反映油脂抗氧化成分的还原能力，进而判断油脂的抗氧化活性，吸光度越高，表明油脂的抗氧化活性越强。

二、油脂的感官品质评价

（一）油脂风味

1. 影响油脂风味的因素

挥发性化合物是决定油脂风味的关键因素。油中含有的酯类化合物普遍具有果香或花香的气息，它们常见于冷榨提取的油品之中。如橄榄油中所含的酯类化合物（乙酸乙酯、乙酸异戊酯等）是赋予其独特花香和果香风味的关键物质。醛类化合物（辛醛、丙烯醛等），是在油脂发生氧化反应的过程中形成的。这些化合物往往散发出刺激性或苦涩的气味，尤其是在油脂处于高温条件下发生氧化时，这种现象更为显著。醇类化合物（乙醇、芳香醇等），在某些油脂中具有增添香气的作用，它们能够为油脂带来轻盈且清新的风味。

脂肪酸是构成油脂的主要成分，油脂的脂肪酸种类及其比例直接影响其风味特点。饱和脂肪酸（如硬脂酸、棕榈酸）稳定性较高，因此这类脂肪酸含量较高的油脂（如椰子油、棕榈油）风味稳定，口感较为醇厚，且不易氧化变味。单不饱和脂肪酸（如油酸、亚油酸）具有较好的稳定性，油脂风味清新且柔和，往往带有一定的果香、草木香等特点。多不饱和脂肪酸（如 α-亚麻酸、二十碳五烯酸）较易氧化，其氧化产物会产生酸败味。含有大量多不饱和脂肪酸的油脂（如大豆油、葵花籽油等）更易出现苦涩味。

精炼过程通过去除油脂中的杂质（如游离脂肪酸、酚类化合物等），能够改善油脂的稳定性和清澈度，但精炼过程中，油脂中的部分挥发性化合物、酚类物质及其他天然风味物质（如香草、果香）会被去除，导致风味的单一化和清淡化。例如，精炼橄榄油的风味通常较为温和，缺乏未精炼橄榄油的特有果香。高温会加速油脂的氧化反应，产生醛类、酮类、酸类等具有刺激性或苦涩味的物质，这些物质也会影响油的风味。此外，长时间的高温加热还会引起脂肪酸的分解，生成一些具有酸败味或油腻味的物质，特别是多不饱和脂肪酸含量较高的油（如葵花籽油、玉米油等）在加热过程中容易出现这些不良风味。

2. 油脂风味检测方法

油脂中含有丰富的挥发性成分，这些成分不仅对油脂的风味和品质有重要影响，还可能与油脂的酸败和氧化相关。目前，国内外对油脂挥发性成分的分析方法主要包括气相色谱、质谱、离子迁移谱、液相色谱等。

气相色谱常用于分离挥发性化合物，而质谱则用于检测和鉴定化合物的分子结构和质量。气质联用（GC-MS）的优点在于其高灵敏度、强鉴别能力以及广泛的适用范围。气质联用能够检测痕量挥发性化合物并提供详细的化合物信息。油脂中的酸败产物大多数具有挥发性，因此 GC-MS 非常适合分析这些化合物，如多种酯类（如苯甲酸乙酯）、醛类（如丙烯醛）等。

除了 GC-MS 外，气相色谱还可与离子迁移谱（IMS）结合使用。IMS 能够通过检测挥发性化合物的离子迁移时间来分离和识别这些物质。由于其分离效率高、灵敏度强，IMS

可广泛应用于痕量挥发性物质的分析，且操作简单，无须复杂的样品前处理。在油脂氧化研究中，GC-IMS 可以用于实时检测油脂加热过程中产生的挥发性氧化产物，如醛类、酮类、醇类等。随着温度的升高，某些醛类和酮类化合物（如丙烯醛、丁酮等）的浓度会增加，GC-IMS 能够精确地检测这些物质，揭示它们是油脂氧化的主要产物。

液相色谱则用于分离非挥发性或热不稳定的风味化合物，并结合质谱进行检测。这种方法特别适用于分析那些不易挥发或易热分解的风味物质，尤其是在复杂基质中。液质联用在油脂风味分析中的应用主要集中在一些特殊成分的检测，如酚类物质、维生素、类胡萝卜素等。尽管这些成分不具备强烈的挥发性，它们却能显著影响油脂的风味特征。例如，橄榄油中的酚类成分（如羟基酪酸、橄榄多酚等）不仅可赋予橄榄油特有的苦味和辛辣感，还具有重要的抗氧化性能。

（二）色泽

1. 色泽的定义与油脂品质的关系

油脂色泽主要是指油脂本身带有的颜色，是油脂的一项重要质量指标。油脂色泽的来源较为复杂，一部分是由油脂原料本身所含的色素物质带来的，例如植物油中的叶绿素、类胡萝卜素等；另一部分可能是在油脂加工过程中产生的，如油脂的氧化、热聚合等反应生成的一些有颜色的物质。一般来说，色泽浅的油脂通常经过较为精细的加工处理，在精炼程度上可能较高，杂质和色素含量相对较低。例如，一级植物油的色泽较浅，其品质在一定程度上优于色泽较深的三级植物油。但这也不是绝对的，有些油脂本身色泽较深，但营养价值并不低，如一些富含天然色素的特种油脂。不过，如果油脂色泽突然发生明显变化，如颜色变深、变浑浊等，很可能是油脂发生了质量问题，如氧化酸败等。

2. 影响油脂色泽的因素

原料的新鲜程度和成熟度对油脂色泽有显著影响。例如，橄榄油的原料橄榄果的成熟度会影响油脂色泽，成熟度高的橄榄果制取的橄榄油色泽较深。新鲜且成熟度适宜的花生制取的花生油色泽较浅。如果花生在收获后储存不当，发生霉变或氧化，会产生新的色素物质，使制取的花生油色泽变深。同样，对于动物脂肪（如猪油），如果原料猪肉含有较多血液或杂质，提取的猪油色泽会受到影响，变得浑浊且色泽偏深。

在油脂加工过程中，脱胶、脱酸、脱色等工序对油脂色泽影响很大。脱色工序如果不彻底，色素残留较多，油脂色泽就会较深。在植物油精炼过程中，采用活性白土等吸附剂进行脱色，吸附剂的用量、吸附时间、吸附温度等因素都会影响油脂最终的色泽。而且，在油脂精炼过程中，如果发生氧化反应，则会产生新的色素物质，使油脂色泽变差。

油脂储存环境的温度、光照、氧气等因素也会影响色泽。在高温和光照条件下，油脂容易发生氧化反应，生成过氧化物等中间产物，这些中间产物进一步分解和聚合，会产生深色物质，导致油脂色泽变深。例如，将食用油长时间放置在阳光直射的地方，其色泽会逐渐加深，甚至产生异味。

3. 色泽评价的方法

直接观察法是最基本的人为主观评价方法。将油脂样品放置在透明的容器（如玻璃瓶或透明塑料瓶）中，在自然光或白色荧光灯下，通过肉眼直接观察油脂的颜色和透明度。观察时，应将样品与已知标准色泽的油脂或颜色参考卡进行对比。例如，对于食用油，可以将其与同一品牌、同一等级的新鲜食用油进行比较。如果油脂颜色明显变深或出现浑浊、沉淀等现象，就可以初步判断其色泽不符合正常标准。为了使观察结果更准确，需要尽量保证观察条件的一致性，包括光源的强度和颜色温度、观察角度和距离等。一般来说，光源的强度应该适中，避免过强或过暗的光线影响观察结果。颜色温度最好接近自然日光的色温（5000～6500 K），这样可以更真实地反映油脂的色泽。观察角度通常采用垂直于容器的方向，距离以能够清晰观察到油脂的整体状态为宜，一般在 20～30 cm。

罗维朋比色计法是一种常用的检测油脂色泽的方法。它是通过比较油脂样品与标准颜色玻璃片在特定光源下的颜色来确定油脂色泽的。罗维朋比色计有红、黄、蓝三种标准颜色玻璃片，测量时，将油脂样品放入比色皿中，在规定的光源下，通过调整红、黄玻璃片的号码，使其与样品的颜色一致，然后记录相应的红值和黄值，以此来表示油脂的色泽。例如，在食用油的质量检测中，常见的色泽表示为黄值（Y）和红值（R），如一级大豆油的色泽（罗维朋比色计 133.4 mm 槽）一般要求黄值不超过 20，红值不超过 2.0。

分光光度计法是基于物质对不同波长光的吸收特性。将油脂样品用适当的溶剂稀释后，放入分光光度计的比色皿中，通过扫描一定波长范围的光吸收情况即可确定油脂色泽。通常会选择在可见光范围内（400～700 nm）进行扫描，因为油脂中的色素在这个波长范围内有吸收峰。根据吸收峰的位置和强度，可以对油脂色泽进行定量分析。不过这种方法相对复杂，设备成本较高，多用于科研等较为精确的分析场景。

三、油脂的理化指标评价

（一）酸价

酸价（acid value，AV），又称酸值、中和值，表示中和 1 g 油脂所需的氢氧化钾（KOH）的质量（mg），是衡量油脂中游离脂肪酸含量的指标。油脂在长期贮藏过程中，由于微生物、酶和光等作用发生水解，产生游离脂肪酸。游离脂肪酸含量增加会引起油脂的酸败，降低油脂的稳定性和感官品质。在油脂生产过程中，酸价可作为水解程度的指标，在贮藏条件下，则可作为酸败的指标。酸价越小，说明油脂质量越好，新鲜度和精炼程度越好。

油脂酸价的大小与油脂原料、油脂制备方法、加工条件及贮运条件等因素有关。例如，成熟油料种子较不成熟或发霉的种子制备的油脂的酸价要低；甘油三酯在制备过程中受热或脂肪酶等作用可分解产生游离脂肪酸，从而使油脂酸价升高；油脂在贮藏过程中，由于温度、水分、光线等因素的作用可分解产生游离脂肪酸，使油脂酸价升高，降低油脂的贮藏稳定性。

食品中酸价的测定方法主要包括冷溶剂指示剂滴定法、冷溶剂自动电位滴定法和热乙醇指示剂滴定法。前两种方法主要适用于常温下能够被冷溶剂完全溶解成澄清溶液的食用油脂样品和含油食品中提取的油脂样品，如食用动植物油、膨化食品、油炸方便面、腌腊肉制品等。第三种方法适用于常温下不能被冷溶剂完全溶解成澄清溶液的食用油脂样品，适用范围包括食用植物油、食用动物油、食用氢化油、起酥油、人造奶油、植脂奶油。

（二）过氧化值

过氧化值是指 1 kg 样品中的活性氧含量，以 mmol/kg 表示。过氧化物是油脂酸败过程中的中间产物，具有高度的活性，能分解生成醛类、酮类和低分子脂肪酸等有害物质，从而降低油脂的品质，影响人体的健康。过氧化值是判断食用油新鲜程度和质量的重要指标之一。新鲜的食用油过氧化值较低，随着贮存时间的延长或贮存条件不当（如高温、光照、与空气接触等），油脂会发生氧化反应，过氧化值会逐渐升高。当过氧化值超过一定限度时，食用油可能会产生难闻的气味（哈喇味），并且会产生一些对人体有害的氧化产物。例如，长期食用过氧化值超标的油脂可能会对人体的肝脏等器官造成损害。对于含有油脂的食品，如油炸食品、含油的坚果等，过氧化值也是衡量其质量的重要指标。它可以帮助判断食品是否在加工、贮存过程中发生了过度氧化，从而有利于保证食品的安全性和品质。

过氧化值的测定方法主要包括滴定法和比色法两种，其中最常用的方法为指示剂滴定法，其原理为油脂氧化产生的过氧化物能将碘化钾氧化成游离碘，用硫代硫酸钠标准溶液滴定析出的碘，即可根据硫代硫酸钠的用量来计算过氧化值。

（三）碘值

碘值是指 100 g 油脂所能吸收的碘的质量（g），它是衡量油脂不饱和程度的一个重要指标。油脂的不饱和程度越高，其碘值越大。例如，植物油通常含有较多的不饱和脂肪酸，所以其碘值相对较高；而动物脂肪中饱和脂肪酸含量较高，其碘值相对较低。测定油脂产品的碘值通常采用韦氏试剂法，该方法的原理为：冰醋酸中的氯化碘（ICl）与脂肪酸双键发生加成反应，反应后的过量 ICl 与碘化钾反应生成碘分子，通过硫代硫酸钠滴定生成的碘分子，以淀粉溶液作为指示剂，可计算每 100 g 植物油吸收或加成的碘分子的质量（g）。

碘值在油脂的质量控制和鉴定方面有重要作用。例如，在食用油的生产和加工过程中，通过测定碘值可以判断油脂的种类和纯度。不同种类的植物油，如橄榄油、花生油、大豆油等，其碘值范围相对固定。如果碘值超出正常范围，可能表明该油脂掺杂了其他油脂或者发生了变质。在油脂的氢化加工过程中，碘值可以用来监测油脂的氢化程度。随着氢化反应的进行，油脂中的不饱和双键逐渐减少，碘值也会相应降低。通过控制碘值，可以生产出具有不同饱和度的油脂产品，以满足不同的食品加工需求，如用于生产人造奶油、起酥油等。

（四）皂化值

皂化值是指完全皂化 1 g 油脂所需氢氧化钾的质量（mg）。它是衡量油脂中脂肪酸平均分子量大小和油脂质量的一个重要指标。皂化值与油脂的平均分子量成反比关系，即皂化值越高，油脂的平均分子量越小；皂化值越低，油脂的平均分子量越大。皂化值可用于判断油脂的纯度。如果油脂中掺杂了其他物质，如矿物油等不能皂化的物质，皂化值就会降低。在油脂的加工过程中，皂化值也可用于控制反应进程。例如，在肥皂生产过程中，了解油脂的皂化值有助于确定合适的碱用量，以保证肥皂的质量和生产效率。在油脂质量检测中，皂化值可以用于鉴别油脂的种类。不同种类的油脂由于其脂肪酸组成不同，皂化值也不同。例如，椰子油的皂化值相对较高，是因为它含有较多分子量较小的脂肪酸；而牛油的皂化值相对较低，这是因为牛油中含有较多分子量较大的脂肪酸。

（五）不皂化值

油脂的不皂化值是指 100 g 油脂中不皂化物的质量（g）。不皂化物是指油脂用氢氧化钾皂化后，不能与碱起反应且不溶于水但溶于有机溶剂的物质，主要包括甾醇、萜烯、高级醇、色素、维生素等。这些物质在油脂的营养、风味、稳定性等方面都有重要作用。不皂化物的含量和组成受多种因素影响，如油脂的原料、加工方式以及储存条件等。因此，在油脂的质量控制和产品开发过程中，对不皂化物含量的监测和分析具有重要意义，可以为油脂的质量评价和应用提供有力支持。

（六）水分与挥发物含量

油脂中的水分与挥发物含量是指在一定条件下油脂中所含的水分和其他能够挥发的物质（如低沸点的有机溶剂、某些分解产物等）的质量占油脂总质量的百分比。这是衡量油脂质量的一个重要指标，因为水分和挥发物过多会影响油脂的稳定性、保质期和使用性能。在稳定性方面，水分和挥发物含量高会使油脂的稳定性变差，这是因为水会促进油脂的水解反应，使其产生游离脂肪酸和甘油，游离脂肪酸会进一步导致油脂酸败。例如，在含有水分的油脂中，脂肪酶的活性可能会增加，进而加速油脂的分解过程。在保质期方面，高含量的水分和挥发物会缩短油脂的保质期。随着时间的推移，水分可能会引发微生物的生长，如细菌、霉菌等在油脂中繁殖，导致油脂变质，产生异味、变色等现象。在使用性能方面，在食品加工中，如果油脂中的水分和挥发物过多，在油炸等操作过程中，可能会导致油溅、产生泡沫等问题，影响食品的质量和加工过程的安全性。在化妆品行业，用于护肤的油脂如果水分含量异常，可能会影响产品的质地和功效。

（七）共轭二烯值

共轭二烯值是用于衡量油脂中不饱和脂肪酸共轭双键含量的指标。共轭二烯值表示每100 g 油脂中所含共轭二烯的质量（g）或物质的量（mol），通过这个数值可以了解油脂的氧化稳定性、化学反应活性等性质。共轭二烯值高的油脂相对更容易发生氧化反应。在油脂的加工储藏过程中，通过监测共轭二烯值可以预测油脂的氧化程度和保质期。由于不同种类的油脂共轭二烯值不同，在油脂的质量检测和鉴别中，共轭二烯值可以作为一个参考指标，帮助判断油脂是否符合质量标准，是否存在掺假等情况。在油脂的精炼、氢化等加工过程中，共轭二烯值的变化可以反映加工工艺对油脂化学结构的影响。例如，在氢化过程中，随着氢化反应的进行，共轭二烯值可能会发生变化，通过监测这个值可以优化加工工艺参数。

四、油脂的营养成分分析

（一）油脂组成成分分析

油脂是由脂肪酸与甘油通过酯化反应生成的一类酯类化合物，其主要成分为甘油三酯。除了甘油三酯，油脂中还含有微量的其他成分，包括磷脂、游离脂肪酸、甾醇类化合物（如植物甾醇、胆固醇）、脂溶性维生素（如维生素 A、维生素 D、维生素 E、维生素 K）以及色素（如叶绿素、类胡萝卜素）等。这些成分尽管含量较低，但对油脂的营养价值、稳定性和风味特性具有重要影响。

1. 甘油酯

甘油酯根据分子所用脂肪酸分子的数目可分为甘油一酯、甘油二酯和甘油三酯，它们在食品、化学和生物学研究中非常重要。甘油酯的检测不仅有助于了解油脂的成分，还能评估油脂在加工过程中的变化。

甘油酯的检测通常采用高效液相色谱、气相色谱、质谱以及液质联用等技术。气相色谱是测定酯含量的经典方法，尤其适用于甘油酯中脂肪酸的成分分析。高效液相色谱是另一种常用的分析甘油酯的方法，尤其适用于测定不易挥发的甘油酯分子。质谱是精确测定甘油酯分子量和结构的技术，常与色谱技术联合使用，以提高分辨率。液质联用结合了液相色谱的分离性能和质谱的定性、定量优势，适用于复杂油脂样品的分析。

不同植物油和动物油中甘油酯的含量存在一定差异。例如，大豆油主要由甘油三酯组成，其含量通常高达98%～99%，而甘油二酯和甘油一酯的含量较低，一般在1%～2%之间。类似地，橄榄油和菜籽油的甘油三酯含量也接近98%～99%，甘油二酯和甘油一酯的含量相对较低，为1%～2%。相较之下，动物油如猪油和牛油中的甘油三酯含量稍低，一般在96%～98%，而甘油二酯和甘油一酯的比例相对较高，为2%～4%。此外，在油脂的提取、精炼和氢化过程中，甘油三酯的结构和含量可能发生变化。例如在氢化过程中，部分甘油三酯会转化为甘油二酯或甘油一酯。油脂在存储过程中也可能因氧化或水解反应而产生更多的甘油二酯和甘油一酯，这些变化会显著影响油脂的品质和特性。

2. 脂肪酸

脂肪酸虽然在植物油脂中的含量相对较低，但对油脂的稳定性和感官品质具有重要影响。通常，游离脂肪酸含量较低的油脂具有更高的储存稳定性，氧化或酸败的风险更小。根据碳链中是否含有双键，脂肪酸可分为饱和脂肪酸、单不饱和脂肪酸和多不饱和脂肪酸。

饱和脂肪酸是碳链中不含碳碳双键的脂肪酸，化学性质稳定，不易发生氧化反应。富含饱和脂肪酸的油脂具有较好的氧化稳定性，能够在高温下长时间使用，适合高温烹调。典型的饱和脂肪酸包括辛酸（$C_{8:0}$）和月桂酸（$C_{12:0}$）。例如，椰子油中饱和脂肪酸的含量约为92%，其中月桂酸约占47%，棕榈酸约占18%；而棕榈油中饱和脂肪酸的比例约为50%，主要成分为棕榈酸，占比约44%。

单不饱和脂肪酸是含有一个碳碳双键的脂肪酸，具有降低低密度脂蛋白水平的作用，有利于降低心血管疾病的风险。常见的单不饱和脂肪酸包括棕榈油酸（$C_{16:1}$）、油酸（$C_{18:1}$）和芥酸（$C_{22:1}$）。橄榄油中单不饱和脂肪酸的含量为55%～80%，主要成分为油酸；菜籽油中单不饱和脂肪酸的含量约为55%，同样以油酸为主。

多不饱和脂肪酸含有两个或多个碳碳双键，具有调节血压、减少炎症反应等生理功能。典型的多不饱和脂肪酸包括亚油酸（$C_{18:2}$）、二十碳五烯酸（EPA，$C_{20:5}$）和二十二碳六烯酸（DHA，$C_{22:6}$）。亚麻籽油中多不饱和脂肪酸的含量约为72%，主要成分为α-亚麻酸；鱼油中富含ω-3脂肪酸，例如EPA和DHA；葵花籽油中多不饱和脂肪酸的比例约为58%，主要为亚油酸（ω-6）。

（二）脂质伴随物分析

脂质伴随物是指在脂质提取、精制过程中产生的次要或附带物质，它们在食物中具有重要的生物功能和健康效应。

植物甾醇（phytosterol）是一种三萜化合物，以游离型脂肪酸酯、糖苷、脂肪酰基糖苷的形式存在。据报道，目前已从植物中鉴别出250多种植物甾醇，如β-谷甾醇、豆甾醇、菜油甾醇和菜籽甾醇。不同类型的食用油中，植物甾醇的含量差异较大。橄榄油中植物甾醇的含量较为丰富，为100～200 mg/100 g，主要含有β-谷甾醇、油菜甾醇和豆甾醇。这些植物甾醇有助于减少胆固醇吸收，改善心血管健康。玉米油的植物甾醇含量通常为200～300 mg/100 g，玉米油中的植物甾醇种类主要包括β-谷甾醇和拟谷甾醇。这些甾醇有助于改善胆固醇代谢，降低血液中的高密度脂蛋白胆固醇水平。花生油的植物甾醇含量为 $150\sim$ $250\ mg/100\ g$，棕榈油中的植物甾醇含量较低，为 $100\sim150\ mg/100\ g$。

维生素按照溶解性可分为脂溶性维生素和水溶性维生素。脂溶性维生素如维生素 A、维生素 D、维生素 E 和维生素 K 是膳食脂肪中的重要伴随物，它们在体内起到多种功能。维生素 A 是一系列具有视黄醇生物活性的化合物，对维持视觉功能、促进骨骼生长和发育、促进细胞分化和增殖等具有重要的作用。维生素 A 包括维生素 A_1（视黄醇）和维生素 A_2（脱氢视黄醇）两种。它在食用油中的含量相对较低，但在一些植物油（如胡萝卜油、棕榈油）和鱼肝油中含有较高水平的前体物质（如 β-胡萝卜素），其在体内可以转化为维生素 A。维生素 A 具有抗氧化特性，可以防止油脂中不饱和脂肪酸的氧化，进而提升油脂的稳定性。但维生素 A 对光和热比较敏感，因此在油脂生产和存储过程中需要防止暴露于强光和高温环境，以免破坏其活性。维生素 D 是一类固醇类物质，主要以维生素 D_2 和维生素 D_3 这两种形式储存在肝内，通过调节钙和磷的代谢来维持骨骼健康。植物油中的维生素 D 含量通常较低，更多存在于鱼肝油中。维生素 E 是另一类重要的脂溶性抗氧化剂，存在于植物油、坚果、种子和绿色蔬菜中，又称为生育酚，有 α、β、γ、δ 等 4 种构型，其中 α-生育酚的活性和抗氧化能力最强。油脂中的不饱和脂肪酸容易受到氧化，产生的过氧化物和自由基会降低油脂的质量，还可能产生对健康有害的化学物质。维生素 E 作为天然抗氧化剂，能够减少酸败，延长油脂的保质期，保持其营养和感官质量。葵花籽油、橄榄油、玉米油等富含大量维生素 E，具有更高的氧化稳定性，因此这些油脂在高温烹饪和长时间储存过程中较不容易发生氧化。橄榄油是维生素 E 的丰富来源，尤其是 α-生育酚，含量为 $100\sim200\ mg/100\ g$；大豆油的维生素 E 含量为 $10\sim15\ mg/100\ g$。维生素 K 是一系列 2-甲基-1,4 萘醌衍生物的统称。天然的维生素 K 有维生素 K_1 和维生素 K_2 两种，维生素 K_3 由人工合成，在血液凝固和骨骼代谢中发挥关键作用。维生素 K 对食用油的影响较小，其存在可使油脂的营养更加丰富。在食用油的存储和使用过程中，维生素 K 的稳定性通常较好，不容易受到氧化影响。橄榄油含有一定量的维生素 K，为 $5\sim10\ \mu g/100\ g$；葵花籽油中维生素 K 的含量较低，为 $0.5\sim1\ \mu g/100\ g$；菜籽油的维生素 K 含量较高，为 $30\sim40\ \mu g/100\ g$。

多酚类化合物是植物中广泛存在的抗氧化剂，具有多种生物活性功能。多酚通过中和自由基和过氧化物，减缓油脂中不饱和脂肪酸的氧化，延长油脂的保质期。多酚含量越高，油脂的抗氧化能力越强，油脂的酸败速度越慢。橄榄油是含有多酚类化合物的典型油脂，主要包括羟基酪醇、橄榄苦苷等，其含量一般在 $50\sim500\ mg/kg$ 之间；葡萄籽油中也含有一定量的多酚，主要是原花青素和类黄酮，含量一般为 $20\sim50\ mg/kg$；而大豆油中的多酚含量一般较低，通常在 $10\sim20\ mg/kg$ 之间。

角鲨烯是食用油中重要的功能性营养成分，含量相比于脂肪酸较低。如今已有许多植物和植物油被报道含有角鲨烯，如苋菜籽油、橄榄油、南瓜籽油等。角鲨烯能够与油脂中的脂肪酸形成稳定的分子，从而可提高油脂的热稳定性和化学稳定性，尤其是在高温烹饪和长时间储存的情况下，角鲨烯能有效抑制油脂的氧化反应，减少油脂中的过氧化物的形成，保持油脂的原始品质。角鲨烯主要来源于鱼油，尤其是深海鱼油和鲨鱼肝油，其角鲨烯的含量可达到 $1\%\sim5\%$，某些鲨鱼油的角鲨烯含量甚至更高；而棕榈油的角鲨烯含量相对较低，为 $0.1\%\sim0.2\%$。

磷脂是重要的脂质伴随物，广泛存在于各种食物油脂中。在食品加工中，磷脂作为天然乳化剂，能够改善油脂的乳化性能，提高食品的质地和口感，也能够与其他脂肪酸分子相互作用，形成更加稳定的结构，降低油脂氧化的速率。适量的磷脂能够提高油脂的口感、光泽和清香，而过量的磷脂可能导致油脂的黏稠感增强，产生不良口感。鱼油（尤其是鲨鱼肝油和深海鱼油）中的磷脂含量较高，为 $1\%\sim3\%$；亚麻籽油中的磷脂含量为 $1\%\sim1.5\%$；菜籽油中的磷脂含量一般为 $1\%\sim2\%$。

食用油中含有多种微量和常量金属元素，这些元素同人体的健康、生长发育及疾病防治有密切关系。一般采用火焰原子吸收光谱法、石墨炉原子吸收光谱法测定油脂中的微量金属元素。油脂中含有的铁离子会作为氧化反应的催化剂，加速脂肪酸的氧化反应，导致有害的过氧化物、醛类物质的形成，进而影响油脂的稳定性和风味；锌和铜这两种金属元素是人体必需的微量元素，适量地存在对人体健康有益，但当它们在油脂中的含量过高时，可能会影响油脂的口感，甚至导致摄入过量，引发中毒或其他健康问题；铁和锌的含量过高还会影响食物中其他矿物质（如钙、镁等）的吸收。大多数食用油中的铁含量在 $0.1\sim1.0$ mg/kg；铜在食用油中的含量也较低，通常在 $0.05\sim0.2$ mg/kg；锌的含量通常高于铜和铁，一般在 $0.2\sim1.0$ mg/kg 之间。

（三）脂质伴随物的摄入建议与食品应用

尽管许多脂质伴随物具有积极的功能和应用价值，但部分脂质伴随物可能对健康产生潜在危害。例如，脂肪酸在氧化过程中会生成过氧化物、醛类和羟基脂肪酸等产物，这些物质可能具有一定的毒性，并与心血管疾病、癌症等慢性疾病相关。因此，在食品加工和储存过程中，采取措施防止脂质氧化至关重要。这包括减少食品与氧气的接触、使用抗氧化剂，以及在低温和避光条件下存储等方法。在日常膳食中，通过合理选择和搭配食物，可以摄取足量的脂质伴随物，从而为身体提供必要的营养和健康保护。例如，类胡萝卜素广泛存在于红色、橙色和黄色的水果及深绿色蔬菜中，如胡萝卜、番茄和菠菜；坚果和植物油中富含维生素 E；橄榄油和茶类食品则富含多酚类物质。通过均衡饮食，可以在满足身体对脂质伴随物需求的同时，降低健康风险。

在食品工业中，脂质伴随物的应用也受到广泛关注。例如，添加天然或合成的脂质伴随物，如类胡萝卜素、维生素 E、多酚等，已成为功能性食品开发的重要方向。这类物质不仅有助于延长产品的货架期，还可以增强食品的健康功能，为消费者提供更多的营养选择。此外，通过优化工艺和原料配方，食品企业能够更加有效地利用脂质伴随物，从而满足消费者对健康食品和功能性食品日益增长的需求。

[1] 刘玉兰. 油脂制取与加工工艺学 [M]. 北京：科学出版社，2009.

[2] 陈文俐，张树仁. 中国生物物种名录 [M]. 北京：科学出版社，2018.

[3] 王文君，任媛媛，侯志华. 木本油料植物研究进展 [M]. 郑州：黄河水利出版社，2020.

[4] 何东平，张效忠. 木本油料加工技术 [M]. 北京：中国轻工业出版社，2016.

[5] 王兴国. 油料科学原理 [M]. 2版. 北京：中国轻工业出版社，2020.

[6] 李从发，陈文学. 热带农产品加工学 [M]. 海口：海南出版社，2007.

[7] 胡体嵘. 油棕商业种植 [M]. 北京：化学工业出版社，2018.

[8] 赵松林. 椰子综合加工技术 [M]. 北京：中国农业出版社，2007.

[9] 庄瑞林. 中国油茶 [M]. 北京：中国林业出版社，2008.

[10] 刘海林，程世敏，陈金雄. 南方特色经济作物关键栽培技术 [M]. 广州：广东科技出版社，2023.

[11] 李付鹏，秦晓威. 可可品种资源与栽培利用 [M]. 北京：中国农业出版社，2022.

[12] 王靖. 辣木营养功能与综合利用 [M]. 北京：中国轻工业出版社，2020.

[13] 过世东. 饲料加工工艺学 [M]. 北京：中国农业出版社，2010.

[14] 李新华，董海洲. 粮油加工学 [M]. 北京：中国农业大学出版社，2009.

[15] 张四红，张跃进，何东平，等. 核桃油加工技术 [M]. 北京：中国轻工业出版社，2019.

[16] 罗质，姜敏杰，何东平，等. 菜籽油加工技术 [M]. 北京：中国轻工业出版社，2019.

[17] 黄龙芳. 热带食用作物加工 [M]. 北京：中国农业出版社，1997.

[18] 河东平，相海. 油茶籽加工技术 [M]. 北京：中国轻工业出版社，2015.

[19] 罗志. 油脂精炼工艺学 [M]. 北京：中国轻工业出版社，2016.

[20] 何东平，闫子鹏. 油脂精炼与加工工艺学 [M]. 北京：化学工业出版社，2012.

[21] 齐玉堂. 油料加工工艺学 [M]. 郑州：郑州大学出版社，2011.

[22] Fereidoon Shahidi. 贝雷油脂化学与工艺学 [M]. 王兴国，金青哲，等译. 北京：中国轻工业出版社，2016.

[23] 周瑞宝. 特种植物油料加工工艺 [M]. 北京：化学工业出版社，2010.

[24] 毕艳兰. 油脂化学 [M]. 北京：中国轻工业出版社，2005.

[25] 王兴国，金青哲. 油脂化学 [M]. 北京：科学出版社，2012.

[26] 何东平. 油脂化学 [M]. 北京：化学工业出版社，2013.

[27] 刘元法. 食品专用油脂 [M]. 北京：中国轻工业出版社，2017.

[28] 帅希祥. 澳洲坚果油组成、营养及其油凝胶体系构建和应用 [D]. 南昌：南昌大学，2023.